□ 组合数学丛书

组合问题与练习（下册）

（第二版）

Combinatorial Problems and Exercises (II)

Second Edition

□ [匈] László Lovász 著

□ 李学良 史永堂 译

高等教育出版社·北京

图字：01-2016-8994 号

图书在版编目（C I P）数据

组合问题与练习：第二版．下册 /（匈）拉斯洛·洛瓦斯著；李学良，史永堂译．-- 北京：高等教育出版社，2019.4

书名原文：Combinatorial Problems and Exercises

ISBN 978-7-04-051491-9

Ⅰ．①组… Ⅱ．①拉… ②李… ③史… Ⅲ．①组合－高等学校－教材 Ⅳ．① O122. 4

中国版本图书馆 CIP 数据核字（2019）第 037778 号

策划编辑　赵天夫　　责任编辑　赵天夫　　封面设计　张　楠　　版式设计　张　杰
责任校对　胡美萍　　责任印制　尤　静

出版发行　高等教育出版社
社　　址　北京市西城区德外大街4号
邮政编码　100120
印　　刷　北京鑫丰华彩印有限公司
开　　本　787 mm × 1092 mm　1/16
印　　张　19.25
字　　数　400 千字
购书热线　010-58581118
咨询电话　400-810-0598

网　　址　http://www.hep.edu.cn
　　　　　http://www.hep.com.cn
网上订购　http://www.hepmall.com.cn
　　　　　http://www.hepmall.com
　　　　　http://www.hepmall.cn

版　　次　2019 年 4 月第 1 版
印　　次　2019 年 4 月第 1 次印刷
定　　价　79.00 元

物 料 号　51491-00

献给 Kati

第二版的序言

当本书的出版社让我出第二版来修正和更新习题集时, 我要考虑这一领域的迅速发展, 来决定要修改多少 (当然第一版已绝版). 组合学在过去十年里得到了迅速发展, 特别是与数学其他分支交叉的那些领域, 如多面体组合学、代数组合学、组合几何、随机结构以及更引人注目的算法组合学和复杂性理论. (计算理论在组合学等领域有如此广泛的应用, 以至于有时很难刻画它们之间的界线.) 但是组合学也是一门自成体系的学科, 这就使得本 (更新的) 习题集也是有意义的.

我决定不去改变本书的结构以及主要专题. 任何概念上的改变 (如坚持引入算法的问题, 以及算法分析和算法问题的复杂性分类) 都将意味着要写一本新书. 然而, 我忍不住去写一些关于图的随机路径以及与特征值、扩展性和电阻 (这一领域有比较经典的起源, 但在过去几年里具有爆炸式的发展) 之间关系的习题, 所以第 11 章的篇幅会非常长.

在一些其他章节, 我也发现很多思想在过去几年里以自然而又重要的方式得到了推广. 总而言之, 我已经增加了大约 60 个新习题 (可能更多, 如果你去数子问题的话)、简化了一些解答并更新了我知道的一些错误.

在第一版的序言中, 我说过计划出版第二卷来讲一些遗留的重要专题, 如拟阵、多面体组合学、格几何、块设计, 等等. 从那时起, 这些专题都得到了非常迅速的发展, 要想覆盖它们的全部, 仅仅一卷当然是不够的. 我仍然喜欢如下的过程: 在众多领域里选择一些主要结论, 分析它们, 并使得它们的证明可以被分解成很多步, 每步增加一个想法, 从而引出一系列习题, 来得到主要结论. (在准备新版时, 这一爱好是非常强烈的.) 但是此时撰写新卷是我的时间和能力所不及的.

同时, 已经出版了很多与这些主题相关的专著, 其中的一些 (特别值得一提的是 A. Recski 的书: *Matroid Theory and its Applications in Electric Network Theory and Statics*, Akadémiai Kiadó-Springer Verlag, 1989) 包含了一系列广泛而又精心编辑的问题和习题.

致谢: 我从同事们那里收到了很多注解、更正以及改进的建议; 它们中的一些是基于使用本书教课过程中的经验. 他们对这本书的兴趣, 让我非常高兴. 我也非常感谢这些同事将他们的注解写出来并且发送给我. 事实上, 他们是完全正确的, 在修改时, 我采用了几乎所有这些建议 (其中很少的一些研究结果以及更深入的主题不在本书范围内). 我非常感谢 J. Burghduff, A. Frank, F. Galvin, D.E. Kunth 以及 I. Tomescu 等人广泛而又深刻的意见, 特别感谢 D.E. Knuth 和 D. Aldous 对新增加习题的贡献, 事实上正是因为他们的注解我才如此快地完成了修改稿的最后版本.

我也要感谢 K. Fried 女士非常细心和专业的 TEX 排版 (并在这个过程中发现了第一版的很多错误), 同时感谢 G. Bacsó 和 T. Csizmazia 的帮助以及他们对本书的阅读和深刻见解.

布达佩斯, 1992 年 3 月

序　　言

组合学在数学科学的边缘成长了几个世纪, 现在已经成为数学中成长最快的分支之一——如果我们考虑这一领域中论著数目、在其他数学分支和其他科学中的应用以及科学家、经济学家和工程师们对组合结构的兴趣, 这是毫无疑问的. 数学的世界因为代数和分析的成功而受到瞩目, 仅在近些年来, 人们越来越清楚地看到, 由于经济学、统计学、电子工程以及其他应用科学所产生的问题, 研究有限集合与有限结构的组合学有了自己的问题和理论. 这些问题和理论独立于代数和分析但和它们一样困难, 是有实际和理论的价值, 并且很漂亮.

然而一流数学家们对组合学的态度依旧是轻蔑的, 他们接受组合学的有趣性和困难性, 但是他们否认组合学的深度. 人们总是强硬地说组合学是一些问题的收集, 这些问题本身可能是有趣的, 但是它们是不关联的而且不能组成一个理论. 在组合学或图论中很容易得到新结果, 因为只有很少的技巧需要学习, 并且这迅速增加了论著的数量.

上述指控显然刻画了科学的任何领域在最初发展阶段——收集数据阶段的特征. 只要核心问题没有形成、还没抽象成更一般的理论, 就没有办法去辨别有趣和不太有趣的结果——除了基于审美的角度, 但这太主观了. 那些被一流数学家认可但还未出现的技巧正在等待它们的发现者, 所以, 没有发展成熟并不是反对的理由, 而是需要引导年轻的科学家去面对一个给定的领域.

在我看来, 组合学现在已经过了这个最初的阶段. 有很多方法需要学习: 计数技巧、拟阵、概率方法、线性规划、块设计构造, 等等. 有很多包含分层次的定理、形成研究基础的中心结构定理的分支: 从图论中随便拿出两个例子, 如图 (网络流) 的连通性或图的因子. 有很多从非平凡结果中抽象出来的概念, 它们形成理论的很大一部分, 例如拟阵或好的刻画的概念 (见下面). 我感觉如果没有这些事实、概念和技巧的知识, 是不可能得到有意义的结果的. (当然, 例外的情况是可能发生的, 因为这一领域要去覆盖数学世界的如此大的部分, 完全崭新的问题仍可能是要产生的.)

*

请读者谅解, 我希望插入一些想法, 它们能够对概念的系统化和统一化起到作用.

其中的第一个是 NP 类的概念[†]. 图的一个性质 T 在 NP 中, 如果当 T 成立时我们能够有效地证明 (展示) 它. (在技术上, "有效地" 意思是证明的长度可以被图的大小的一个多项式所界住.) 例如, 如果图 G 是哈密顿的, 我们可以通过指定 G 的一个哈密顿圈来展示它. 这个概念引导我们到 "好的刻画", 或者——用计算复杂性语言—— NP∩co-NP 类的概念, 这是 J. Edmonds 定义的. 图的性质 T 在 NP∩co-NP 中, 如果 (使用定义的不同表示形式和等价条件) 当 T 成立时我们能有效地证明它, 并且当它不成立时我们能有效地否定它. 例如, 平面图的 Kuratowski 经典刻画给出了平面性的一个好的刻画: 如果图是平面的, 通过将它画在平面上我们很容易验证它; 如果不是平面的, 我们可以通过展示其中的一个 Kuratowski 子图 (参见问题 5.37) 来证明它. 好的刻画反映了性质的深刻、潜在的二元性, 正如读者通过比较本书中出现的好的和 "不好的" 刻画来说服自己, 而且好的刻画经常就是问题的解. 当然, 这并不意味着 "不好的" 刻画就不是深刻的、有用的定理.

好的刻画的存在倾向于好的判定算法的存在 (我们用 "好的" 或者 "有效的" 算法来表示那些即使是在最坏情况下, 运行时间也是输入规模的多项式的算法, 这也不会直接影响它的实际值). 很多组合性质被认为是存在多项式时间算法来确定一个给定结构是否具有这个性质, 但是它的存在决不显然 (如有 1-因子). S.A. Cook, R.M. Karp 和 L.A. Levin 给出的一个有趣的理论结果如下. 图的很多性质 (例如, 哈密顿圈的存在性、独立数、色数、核的存在性, 等) 在如下意义下被认为是等价的: 如果它们中的任一个可以在多项式时间内求解, 那么所有这些问题都可以在多项式时间内求解, 这种情形下, 数学不同领域中大量问题 (仅提一个很遥远的问题: 验证一个 n 位数是否为素数) 都有 "好的" 算法求解. NP 中的这些 "非常困难" 的问题称为 NP-完全. 所有这些问题可以被有效地求解好像是不太可能的, 但是也没有办法来证明. 这就是计算机科学中著名的 P≠NP 问题.

另一个被证明富有成效的想法是组合优化问题通常可以表示为具有整约束的线性规划问题. 如果我们松弛这些约束, 那么线性规划的对偶定理将会给出一个解, 所以这些问题的解关联于整约束对最优解影响的研究. 例如, 我们可以证明它们不改变最优解, 我们得到一个*最小最大定理*. 很多关于这种想法的例子可以在 §13 (超图) 找到.

最后, 但是同样重要的, 我们提及*线性代数*的用处, 它来自于将矩阵乘积应用到同调群和上同调群. 线性代数很多应用的一个共同背景是*拟阵论*. 现如今拟阵论本身也是组合学的一个欣欣向荣的分支.

*

编写本书的主要目的是为正在学习组合学技巧的人提供帮助, 学习这些技巧的最有效的 (但公认是非常耗时的) 方式是做 (合适选择的) 习题和解决问题.

[†]详细描述可参见: A.V. Aho, J.E. Hopcroft, J.D. Ullman, *The Design and Analysis of Computer Algorithms*, Addison-Wesley, 1974, Chap. 10; 或者 M.R. Garey and D.S. Johnson, *Computers and Intractability: A Guide to the Theory of NP-Completeness*, Freeman, San Francisco, 1979.

本书以问题和系列问题的形式 (除了每章开始时一些概括性的评论) 介绍所有材料. 我们希望这对于打算在图论、组合数学或它们的应用中开展研究的学生们, 以及那些感觉组合技巧对他们在数学其他分支、管理科学、电子工程等领域的工作有所帮助的人们, 是有用的. 读者只需要有线性代数、群论、概率论和微积分的背景知识就可以了.

当我选择原材料时, 我不得不限制所要覆盖的主题, 我感觉与触及几乎所有可能的研究领域相比较, 详细地分析较少的基本概念将会更加有用, 所以在这一卷中只讨论计数问题、图和集合系统. 一些领域不得不完全丢掉: 随机结构 (这里建议读者阅读专著: P. Erdős and J. Spencer, *Probabilistic Methods in Combinatorics*, Akadémiai Kiadó, Budapest and Academic Press, New York-London, 1974)、整数规划、拟阵 (组合几何)、有限几何、块设计、格几何, 等等. 我最终希望为本卷写第二卷以覆盖后面的一些主题.

本书包含三个主要部分: 问题、提示和解答. 没有太多经验的读者在尝试解决一个问题时, 可以先读一下该问题的提示; 其中标有一个或两个星号的问题被认为是困难的, 读者可以立刻去读提示除非他已准备在这个问题上花费几天的工夫 (我敢说, 它们中的一些是值得的). 读者即使已经解决了某个问题, 也建议去比较一下他的解和书中给出的解: 可能我们解答中出现的想法将会是接下来一系列问题的基础. 这里应该指出的是接下来的一系列问题与之前的问题在整个系列中总是逐步地到达最后、最深刻的结论. 也要注意, 问题的解答经常会用到提示中介绍的概念或者性质.

对于参考文献, 我非常喜欢给出可以看到一个专题更深入发展的那些, 因此, 对在教材和专著中重现的那些结果, 通常用后者作为参考文献. 没有参考文献意味着, 要么这个习题的结论是众所周知的, 去追踪它是不可能的或者是多余的; 要么这个问题被认为是新的. 在本卷最后我们给出了经常被引用的教材和专著的一个列表, 也给出了包含本书中用到的一些组合概念定义的字典、符号列表、作者索引以及名词索引.

致谢: 首先, 我希望对 P. Erdős 和 T. Gallai 两位教授表示我的谢意, 因为他们, 我才逐步爱上了组合学, 并且从他们那里, 我大体上学习了本书中几乎所有内容. 我必须提到同一课题组中的教授们, Vera T. Sós, A. Hajnal 以及许多其他的图论学家和组合学家, 他们 (直接或间接地) 对本书做出了贡献. 我特别感谢 J.C. Ault, L. Babai, A. Bondy, A. Hajnal, G. Katona, M.D. Plummer 以及 M. Simonovits, 他们阅读了本书的草稿或其中的部分, 并给出了很多有价值的注解、建议和更正; 感谢 L. Babai 和他的学生, 特别是 E. Boros 和 Z. Füredi, 在校对过程中给予了非常宝贵的帮助.

我想对 I. Rábai 教授表示我的感谢, 是他给出了撰写这样一本习题集的想法并对撰写给出了鼓励; 也感谢 A. Porubszky 女士细致认真的排版; 并且感谢 Akadémiai Kiadó 出版社, 特别是 Á. Sulyok 女士得力而又严谨的编辑工作.

但是最重要的, 我必须感谢我的妻子 Kati, 她持之以恒的鼓励以及专业、技术和精神上的支持是我工作的坚实基础.

译 者 序

本书作者 László Lovász 为国际著名数学家、组合学家, 沃尔夫奖获得者, 曾担任国际数学联盟主席. 他不仅研究成果卓著, 而且出版了一系列富有影响力的著作和教材.

本书包含组合学领域中大量经典习题, 共有 15 章, 我们将分上、下册出版, 上册 8 章, 下册 7 章, 其中主要分为三个部分: 习题、提示和解答.

受高等教育出版社的邀请翻译这本著名习题集, 我们感到非常荣幸, 但也感到诚惶诚恐, 而且越翻译就越感受到压力. 由于我们的翻译水平有限, 可能翻译得有不尽人意之处, 还请读者不吝赐教, 我们当深表感谢.

本书的翻译初稿是在过去几年讲授图论这门课程中逐步形成的, 在此要感谢南开大学组合数学中心 2013 级全体研究生; 特别感谢参加校对整理的研究生们, 他们是覃忠美、陈琳、刘金凤、魏美芹、顾冉、蔡庆琼、杨华. 初稿之后, 我们又核对了几遍, 并对有些单词反复查询词典, 体会作者的用意. 高等教育出版社编辑赵天夫先生一直鼓励我们翻译此书, 并耐心回答我们的各种问题, 我们衷心地感谢他为本书的出版所做的努力, 可以说没有他的鼓励和督促就没有这本翻译教材. 最后感谢国家自然科学基金委、南开大学以及组合数学中心对译者们的资助和大力支持.

译者

2016 年 1 月

南开大学组合数学中心

目　录

第二版的序言			v
序言			vii
译者序			xi
	问题	提示	解答
9. 色数	1	39	61
10. 图的极值问题	7	42	89
11. 图谱与随机游走	12	46	117
12. 图的自同构	20	49	155
13. 超图	22	51	172
14. Ramsey 理论	29	55	212
15. 重构	34	58	240
字典			263
符号			277
参考文献			281
名词索引			283
作者索引			289

I. 问　　题

§9. 色　　数

色数是最著名的图不变量, 它的名声主要来自四色猜想: 所有平面图都是 4-可染的. 这已经成为一个世纪以来组合数学中的最具挑战性的问题, 并且它对这一领域的发展所作的贡献远比任一其他问题都要多. 最终在 1977 年, 由 Appel 和 Haken 发现了这一猜想的一个计算机辅助证明. 尽管由于一些其他原因, 其中很多都是源自应用数学领域, 如运筹学, 色数在今天也得到了很多关注, 但是尝试寻找四色定理的一个更加简单的证明仍然是色数研究的一个重要动力.

除了它的广泛普及, 对色数我们知之甚少. 它的计算是困难的, 对色数为 k 的图都没有好的刻画, 除了 $k=2$ 这一平凡的情形 (问题 9.6, 9.9, 9.11, 9.15, 9.16 中给出了非平凡的但是 "不好" 的刻画); 并且色临界图具有比 α-临界图更弱的性质. 最难的证明往往涉及一些反例.

这里出现的问题集尝试去涵盖这一领域中目前发展出来的一些重要思想. 这些虽然没有给出色数一个令人满意的理论 (特别地, 它们都没有使我们给出四色定理的一个不借助计算机的证明), 但是它们可能会成为更高级理论的要素. 在这一章中, 我们要处理的主要思想包括: 最小度小的图具有小的色数; 尝试推广第 5 章中二部图用到的 "potential" 的思想; 临界饱和图; 完美图; 色多项式及其他代数方法; 以及 Kempe 链.

1. 如果图 G 的每个顶点的度至多为 k, 那么 $\chi(G)\le k+1$.

2. 证明对任意图 G, 我们都可找到一个划分 $V(G)=V_1\cup V_2$ $(V_1, V_2\ne\emptyset)$ 使得

$$\chi(G[V_1])+\chi(G[V_2])=\chi(G).$$

更进一步, 如果 G 不是完全图, 我们可以找到一个划分 $V(G)=V_1\cup V_2$ 使得

$$\chi(V[G_1])+\chi(G[V_2])>\chi(G).$$

3. 证明不等式 $\chi(G_1\cup G_2)\le\chi(G_1)\cdot\chi(G_2)$.

4. 假设 G 有一个 (好的) 染色, 其中每种颜色至少出现两次. 证明 G 有一个使用 $\chi(G)$ 种颜色的染色.

5. (a) 假设 $|V(G)| = n$, 并且 $V(G)$ 有一个划分 $\{V_1, \ldots, V_k\}$ 使得对任意的 $1 \le i < j \le k$, 都存在不相邻的 $x \in V_i$, $y \in V_j$, 那么

$$\chi(G) \le n - k + 1.$$

(b) 令 G 是具有 n 个顶点的简单图, 那么

$$\chi(G) + \chi(\overline{G}) \le n + 1, \quad \chi(G) \cdot \chi(\overline{G}) \ge n.$$

6. 证明图 G 的色数等于满足

$$\alpha(G \oplus K_m) = |V(G)|$$

的最小 m. ($(G \oplus K_m)$ 是 G 和完全 m-图的卡氏积.)

7. (a) $\chi(G_1 \times G_2) \le \min(\chi(G_1), \chi(G_2))$.

(b) $\chi(G \times G) = \chi(G)$.

(c) $\chi(G \times K_n) = \min(\chi(G), n)$.

(d)* 证明若 G 是连通的并且 $\chi(G) > n$, 那么 $G \times K_n$ 有唯一的 n-染色 (在颜色置换意义下).

(e) 一个图可以有多少种 n-染色?

8. 令 S 是一个点集. 如果 $S \subseteq V(G)$, 那么 G 的任一染色都会导出 S 的一个划分. 将 S 以如下方式嵌入某个图 G 中: 由 G 的 k-染色 ($k \ge 3$) 导出的 S 的划分满足

(a) S 每个部分都是单点集 (只有当 $|S| \le k$ 时, 这种划分才有意义);

(b) S 的除了上述划分外的所有划分;

(c) 只包含 $\{S\}$ 的划分;

(d) 除了上述划分外的所有划分;

(e)* 给定集合 $\{P_1, \ldots, P_N\}$ 的划分.

*

9. 如果有向图 G 不含长为 m 的路, 那么 $\chi(G) \le m$.

10. 什么情况下我们可以用颜色 $1, 2, \ldots$ 去给有向图 G 的顶点染色, 使得每条边都连接一个 i 色的点到一个 $i+1$ 色的点 ($i \geqslant 1$)?

11*. 证明 G 是 k-可染的当且仅当 G 中存在一个定向, 使得 G 中任意圈 C 和任意给定的方向 C, C 中至少 $\frac{|E(C)|}{k}$ 条边是以这个方向来定向的.

*

12. (a) 令 G 是连通图, 且假设对 G 的每个点 x 关联一个色集 $C(x)$. 假设对每个点 x, 都有 $|C(x)| \ge d_G(x)$, 且至少有一个点 x_0 使得不等式成立. 那么, 我们可以找到 G 的一个 (好的) 染色, 使得每个点都染给定颜色中的一种.

(b) 再次假设对图 G 的每个点 x 关联一个色集 $C(x)$, 但现在对每个点 x, 令 $|C(x)| = d_G(x)$, 且对某些 a 和 b 有 $C(a) \neq C(b)$. 进一步假设 G 是 2-连通的. 证明: G 有一个 (好的) 染色, 其中对每个点 x, 都可以用 $C(x)$ 中的一个元素去染 x. (注意一个重要的特殊情形, G 是一个圈; 参考 9.8(d) 的解答.)

13*. (Brook 定理)(a) 证明: 如果 G 的每个点的度数至多为 k (其中 $k \geq 3$), 且 G 是 3-连通的但不是完全 $(k+1)$-图, 那么 $\chi(G) \leq k$ (即在这种情况下, 条件 "每个点的 $C(x)$ 都不相同" 可以去掉).

(b) 证明 3-连通的条件可以被连通所替换.

*

14*. (a) 令 G 是一个无限图[†]满足 G 的所有有限子图都是 k-可染的, 但是, 如果用一条新边连接 G 中任意一对不相邻的点, 那么将会得到一个不是 k-可染的有限子图. 证明 $V(G)$ 有一个划分使得两点相邻当且仅当它们属于不同的类.

(b) (Erdős–de Bruijn 定理) 假设无限图 G 的所有有限子图都是 k-可染的, 证明 G 本身是 k-可染的.

(c) 对每个点 $v \in V(G)$, 令 T_v 是点为 $1, \ldots, k$ 的离散拓扑空间的一个拷贝. 那么, $V(G)$ 的使用 k 种颜色的染色可被看作拓扑乘积空间 $\underset{v \in V(G)}{\times} T_v$ 的点. 证明 G 的规定的染色形成一个闭子集. 给出 Erdős–de Bruijn 定理的另一个证明.

15. 令 $\mathcal{K} \neq \emptyset$ 为满足如下条件的一类简单图:

(i) 如果 $G \in \mathcal{K}$ 并且 G 有一个到 G' 的同态, 那么 $G' \in \mathcal{K}$.

(ii) 如果 G 是一个图, $a, b, c \in V(G)$ 满足 a 和 c 相邻, 但 b 和其他两个都不相邻, 如果 $G + (a,b) \in \mathcal{K}$ 且 $G + (b,c) \in \mathcal{K}$, 那么 $G \in \mathcal{K}$.

证明: 对某个 $k \geq 0$, $\mathcal{K}$ 是由所有非 k-可染的图组成.

16*. (Hajós 构造) 考虑简单图上的如下操作:

(α) 在图中增加边和/或点,

(β) 等同两个不相邻的点 (并删除由此而产生的重边),

(γ) 对两个图 G_1, G_2, 以及 $(x_i, y_i) \in E(G_i)$, $i = 1, 2$. 去掉 (x_i, y_i), 然后增加一条新边 (y_1, y_2), 并等同 x_1 和 x_2.

证明这些操作可由非 k-可染的图生成非 k-可染的图, 并且每个非 k-可染的图都可由初始图 K_{k+1} 通过重复上述操作而得到 (图 1 说明 5-轮图是如何从 K_4 得到的).

*

17. (a) 哪些图是临界 3-可染的?

(b) 在 $4n$ 个点上构造临界 4-可染图, 使得边数至少为 n^2.

[†]这个习题表明, 色数有限的无限图的问题, 通常是可以归结为有限的情形的. 这是我们在这里提到它的原因, 参阅 14.19.

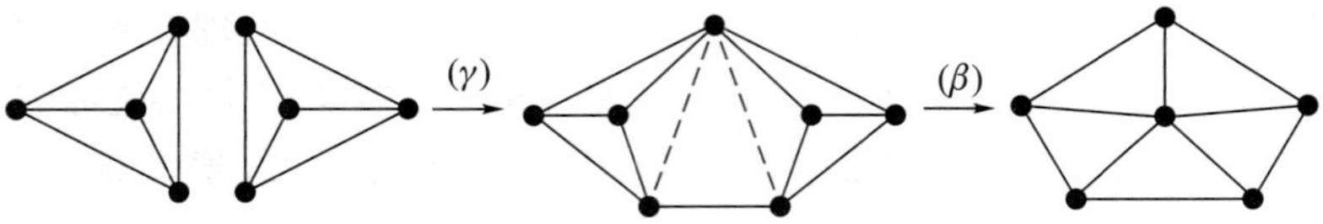

图 1

(c) 在 $2n$ 个点上构造临界 6-可染图, 使得图中每个点的度至少为 n.

18. 对 χ-临界图 G 的每个顶点 x, 增加一个顶点 x', 并将 x' 与 x 在 G 中的所有邻点相连. 取另外一个新的顶点 y, 将它与所有的顶点 x' $(x \in V(G))$ 相连. 证明得到的图 G' 是 χ-临界的, 且有 $\chi(G') = \chi(G) + 1$.

19. (a) 图 2 中的图是某个临界 4-色图的导出子图吗?

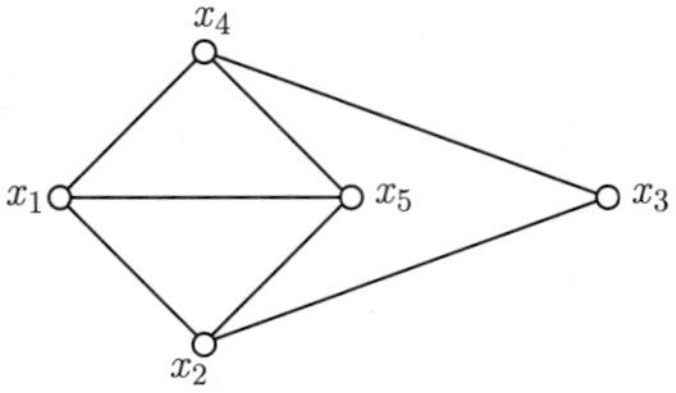

图 2

(b) 图 G_0 是一个临界 $(k+1)$-色图 G 的子图 (或导出子图) 当且仅当对每条边 e, 都有 $\chi(G_0/e) \le k$ 成立.

20. 如果我们分裂临界 $(k+1)$-色图 G 的一个顶点, 那么得到的图 G' 要么是 k- 可染的, 要么是临界 $(k+1)$-色图. k 取什么值时后一种情况发生?

21. 临界 $(k+1)$-色图至少是 k-边连通的.

22. 每个 χ-临界图是 2-连通的. 哪些不是 3-连通的呢?

23. 证明: 如果 G 是 χ-临界图, $\chi(G) = k+1$, S 是具有 m 个顶点的分离集, 那么 $G - S$ 的连通分支数目不超过将 m 个物体分到至多 k 个类的划分的数目 $B_{m,k}$. 同时证明这是最好的可能.

24. 令 G 是临界 $(k+1)$-色图, 证明每对相邻的点可以被 $k-1$ 条边不相交的无弦的偶长路所连接.

*

25. 确定如下图的色数

(a) K_n 的线图,

(b) 它的补图, 及

(c) 用两条方向相反的有向边代替 K_n 的每条边, 由此得到的对称有向图 $\overrightarrow{K_n}$ 的线图. (你可能会用到问题 13.21.)

26. (a) 令 G 为有向图, $L(G)$ 是它的线图. 证明

$$\chi(L(G)) \geq \lceil \log_2 \chi(G) \rceil.$$

另外, 可以定向 G 的边使得这里的等式成立.

(b)* 如果 G 是对称的, 那么

$$\chi(L(G)) \leq k \quad \text{当且仅当} \quad \chi(G) \leq \binom{k}{\lfloor k/2 \rfloor}.$$

27. (a) 构造一个不含三角形的 k-色图.

(b)* 构造一个不含 3-, 4-, 5-圈的 k-色图.

(c) 构造不含长度小于 $2s+1$ 的奇圈且色数大于 k 的图 †.

28. 令 $I_1, \ldots, I_n$ 为一条线上的闭区间. 在集合 $\{x_1, \ldots, x_n\}$ 上定义图 G, x_ν 和 x_μ 相邻当且仅当 $I_\nu \cap I_\mu \neq \emptyset$.

(a) 证明得到的图 G 满足 $\chi(G) = \omega(G)$.

(b) 证明这个图的补图 $\overline{G}$ 也满足 $\chi(\overline{G}) = \omega(\overline{G})$.

(c) 证明 G 中每个长大于 3 的圈 C 都含有一条弦.

29. (a) 令 G 是满足长大于 3 的任意圈都有弦的图, 证明 G 的每个 (包含关系意义下) 极小割 S 导出一个完全图.

(b) 图 G 具有如下性质. 长大于 3 的任意圈都有一条弦, 当且仅当它有表示: 令 $F_1, \ldots, F_n$ 是树 T 的子树; $V(G) = \{x_1, \ldots, x_n\}$, 连接 x_i 到 x_j 当且仅当 $F_i \cap F_j \neq \emptyset$.

(c) 如果 G 中不含长度大于 3 的无弦圈, 那么对 G 有 $\chi(G) = \omega(G)$; 对 G 的补图, 等式也同样成立.

30. 令 G 是二部图, 那么 $\chi(\overline{G}) = \omega(\overline{G})$.

31. 如果 G_1 和 G_2 都满足 $\chi(G_i) = \omega(G_i)$, 那么它们的强积 $G_1 \cdot G_2$ 也满足该式.

32. 令 P 是偏序集, 在 P 上定义图 G: 连接 $x, y \in P$ 当且仅当 $x \leq y$ 或 $y \leq x$.

(a) 证明 $\chi(G) = \omega(G)$.

(b) 证明上式对 G 的补图同样成立.

33. 在以前的练习中, 哪些可以得到完美图‡?

34. 图 G 是完美的当且仅当它的每个导出子图 G' 包含一个与 G' 中所有最大团都相交的独立集.

35*. 证明用完美图 G_x 替换完美图 G 的每个点 x, 得到的图 G' 仍是一个完美图.

*

† 实际上, 存在具有任意大的围长和色数的图. [P. Erdős; 参见 ES.]

‡ 问题 9.28–32 表明任何完美图的补都是完美的. 事实上, 这个结论是正确的, 它的一个证明将会由超图理论给出. 见 13.55–57.

36. 证明图 G 的色多项式是关于颜色数目 λ 的一个多项式, 并确定多项式的度.

37*. 证明

$$P_G(\lambda) = \sum_{T\subseteq E(G)} (-1)^{|T|}\lambda^{c}(T),$$

其中 $c(T) = c(V(G); T)$.

38*. 证明

$$P_G(\lambda) = P_{G-e}(\lambda) - P_{G/e}(\lambda).$$

39. 确定完全图、树、圈和轮图的色多项式.

40. 给定图 G 的

(a) 连通分支, 和

(b) 块

的色多项式, 写出 G 的色多项式.

41. 确定一个区间图的色多项式.

42*. 如果 G 没有自环, 那么

$$P_G(x) = x^n - a_{n-1}x^{n-1} + a_{n-2}x^{n-2} - \cdots + (-1)^{n-1}a_1 x,$$

其中 $a_i \geq 0$. 那么 a_{n-1} 是多少? 寻找系数 a_1 的一种解释. (这里和以后出现的 n 都表示顶点数.)

43. 如果 G 是连通的, 那么 $a_i > 0$ $(i = 1, \ldots, n-1)$, 而且 $a_{n-1} < a_{n-2} < \cdots < a_{\lfloor n/2\rfloor+1}$.

44. 令 x_0 为 $P_G(\lambda)$ 的最大实根, 证明 $x_0 \leq n-1$.

45. 证明 $P_G(\lambda)$ 在区间 $(0,1)$ 上没有根.

46. (a) 确定根 0 和 1 的重数的意义.

(b) 证明 $|P_G(-1)|$ 是图 G 的无圈定向的数目.

47. (a) 设 G 为具有一个四边形面 F 的平面图, 令 e_1, e_2 为 F 的两条对角线, $G_i = G + e_i$ $(i = 1, 2)$. 找出 $P_{G_1}(\lambda)$, $P_{G_2}(\lambda)$, $P_{G_1/e_1}(\lambda)$, $P_{G_2/e_2}(\lambda)$ 之间的关系.

(b) 是否存在线性关系

$$aP_G(\lambda) + bP_{G_1}(\lambda) + cP_{G_2}(\lambda) = 0$$

对任意的图 G 和 λ 都成立? 其中 a, b, c 是不全为零的固定整数. 证明: 除了至多五种情况, 即使对固定的 λ, 上述关系也不成立.

(c) 设 $\tau = \frac{\sqrt{5}+1}{2}$. 那么

$$P_G(\tau+1) = (\tau+1)(P_{G_1}(\tau+1) + P_{G_2}(\tau+1)).$$

48. 证明 $\tau + 1$ 不是任何色多项式的根.

49*. (黄金分割定理) (a) 如果 G 是具有 n 个点的平面三角剖分, 那么

$$P_G(\tau+2)=(\tau+2)\tau^{3n-10}P_G^2(\tau+1).$$

(b)† 对任意的平面图 G,

$$P_G(\tau+2)>0.$$

*

50. 不含自环的平面图 G 的色数至多是 5.

51. 给定一个 3-正则 2-连通的平面图, 我们可以用 4 种颜色去染它的面 (使得相邻的面具有不同的颜色) 当且仅当它的色指数是 3.

52. 设 G 是一个 3-正则 2-连通的平面图, 那么 G 的面是 4-可染的当且仅当我们可给每个顶点赋值 $+1$ 或 -1 使得每个面上的顶点所关联的值之和都可被 3 整除.

53. 假设一个平面图具有 Hamilton 圈, 证明它的面是 4-可染的.

54*. (a) 如果连通平面图 G 的每个顶点的度都至多为 5, 且至少有一个顶点的度至多为 4, 证明 G 是 4-可染的.

(b) 证明所有的 5-正则平面图也都是 4-可染的.

55. 我们可用两种颜色去染每个简单平面图 G 的顶点, 使得每个面都同时得到这两种颜色.

56. 一个平面三角剖分是 3-可染的当且仅当它的每个点都是偶度.

57. 在平面上画一些线, 使得任意 3 条都不共点, 将线之间的交点看作图的顶点, 两个相邻交点之间的片段看作图的边. 证明以这种方式得到的平面图是 3-可染的.

§10. 图的极值问题

Turán 在 1943 年提出并解决了如下问题: 需要多少条边才可以保证一个图具有这么多边 (以及给定 n 个顶点) 就可以包含一个 k 个点的完全子图? 从那时起, 这类问题就被广泛研究至今, 事实上, 每个具有形式 “对一类给定的图, 给定参数的极值是多少?” 的问题都是一个 “极值问题”; 从这个意义上来讲, 组合中几乎所有的问题都可以包含在本章中. 然而, 我们将主要限制到如下情形: 在 n 个顶点但不包含某个子图的图中寻找最大边数. 当然, 这些子图是在同构意义下、同态意义下 (例如, 圈除外), 或者是一些其他的方式 (例如, 不包含 Hamilton 圈) 考虑的, 这将引导我们用相当不同的方法来研究.

然而, 一个共同的特性是, 它们都可以从与边数相关的问题转换为与顶点度相关的问题. 有很多众所周知的技巧来借助其他公式去解释一个公式中的信息.

†由四色定理可断言: 对每个平面图 G, 都有 $P_G(4)>0$. 因为 $\tau+2=3.618\cdots$ 趋向于 4, 从这点看来, $P_G(\tau+2)>0$ 是很有意思的.

再次, 在这一宽广的领域中, 我们仅选取少量的刻画问题. 读者可从所有图论著作中找到其他一些问题, 以及 P. Erdös 的论文† 中找到大量的已经解决或未解决的问题.

1. 假设 n 个点的简单图 G 的边数超过 $3(n-1)/2$, 证明它包含一个 Θ-图, 即连接同一对顶点的三条独立路.

2. (a) 若简单图 G 每个点的度至少为 3, 那么 G 包含一个有弦的圈.

(b) 若 G 是一个有 $n \geq 4$ 个顶点和 $2n-3$ 条边的简单图, 那么 G 包含一个有弦的圈.

3. (a) 假设简单图 G 的所有顶点的度都至少为 3, 证明它包含一个 K_4 的剖分.

(b) 假设 G 是有 n 个顶点和 $2n-2$ 条边的简单图, 证明 G 包含一个 K_4 的剖分.

4*. 设 G 是一个所有顶点的度都至少为 3 的简单图且不包含两个不相交的圈, 证明 G 是如下图中的一个: (i) K_5, (ii) 轮图, (iii) $K_{3,n-3}$ 且在 3 个顶点的部分添加任意的边集 (图 3).

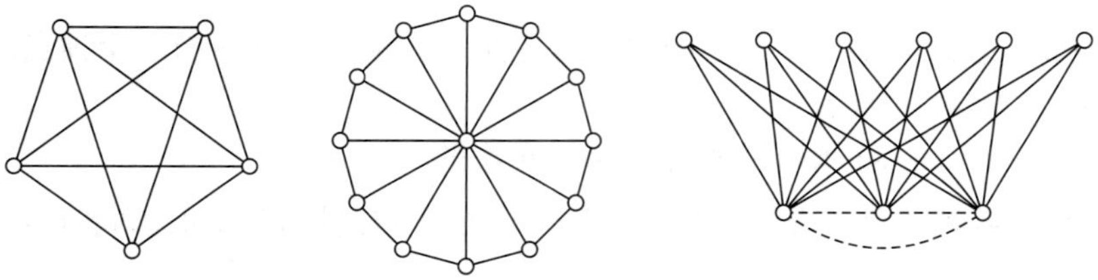

图 3

5. (a) 每个具有 $n \geq 5$ 个顶点和 $2n-2$ 条边的简单 2-连通图都包含一个 $K_{2,3}$ 的剖分.

(b) 每个具有 $n \geq 6$ 个顶点和 $3n-5$ 条边的简单 3-连通图都包含一个 $K_{3,3}$ 的剖分.

(c) 在没有上面连通性假设的前提下, 多少条边可以分别保证一个 $K_{2,3}$ 和 $K_{3,3}$ 的剖分的存在性?

6. (a) 如果一个简单图可以被收缩到 K_4, 那么它也包含一个 K_4 的剖分.

(b) 把 K_4 换作 K_5 结论不成立, 寻找一个 4-连通的反例.

7. 设 G 是一个具有 m 条边和 n 个顶点的简单图. 证明它包含一个连通 (非生成) 子图 G_1 满足 G_1 的邻点 (即 $V(G)-V(G_1)$ 中那些与 G_1 中的点相邻的点) 导出一个图, 且导出的图的所有点的度都大于 $\frac{m}{n}-1$.

8. 设 G 是一个具有 n 个点的简单图, $m \geq 3$ 且 $|E(G)| \geq 2^{m-3}n$, 那么图 G 可以收缩到 K_m.

†参见 P. Erdös, The art of Counting, Selected Writings, The MIT Press, Cambridge–London, 1973.

9. 设 F 为任意具有 k 条边且没有自环和孤立点的图, 证明: 如果 G 是一个满足

$$|E(G)| \geq 2^k |V(G)|$$

的简单图, 那么 G 包含 F 的一个剖分.

*

10. 确定围长为 4 和 5 的最小 3-正则图.

11. 设 G 是一个围长为 g 的 r-正则图, 那么

$$|V(G)| \geq \begin{cases} 1 + r + r(r-1) + \cdots + r(r-1)^{\frac{g-3}{2}} & \text{如果 } g \text{ 是奇数,} \\ 2[1 + (r-1) + \cdots + (r-1)^{\frac{g}{2}-1}] & \text{如果 } g \text{ 是偶数.} \end{cases}$$

12. 给定 $r \geq 2$ 和 $g \geq 2$, 那么存在一个围长为 g 的 r-正则图.

13. 设 G 是一个具有最少点数的围长至少为 g 的 k-正则图, 证明下面的论断

(a) G 的直径至多为 g.

(b) G 的围长是 g.

(c) $|V(G)| \leq \frac{r}{r-2}(r-1)^g$.

14. 如果 G 是一个围长至少为 g 的 r-正则图 $(r \geq 2)$ 且 G 有 $2n$ 个点, 这里 $n \geq 2r^g$, 那么 G 可以嵌入到一个具有相同顶点集的围长至少为 g 的 $(r+1)$-正则图中.

15. (a) 构造一个有 $2(p^2+p+1)$ 个顶点且围长为 6 的 $(p+1)$-正则图 (p 是素数).

(b)* 构造一个有 $2(p^3+p^2+p+1)$ 个顶点且围长为 8 的 $(p+1)$-正则图 (参见 10.11).

16. (a) 设 G 是具有 n 个顶点的图, 且对每个顶点 x 有 $3 \leq d_G(x) \leq d$, 那么要覆盖 G 中所有的圈, 我们至少需要 $\frac{n+2}{d+1}$ 个顶点.

(b) 如果 G 的围长为 g 且最小度至少为 3, 那么要覆盖 G 中所有的圈, 我们至少需要 $\frac{3}{8}2^{\frac{g}{2}}$ 个顶点.

17*. 设 G 是一个所有顶点度至少为 3 且围长 $g \geq 3$ 的图, 证明 G 包含 $\frac{3}{8g}2^{g/2}$ 个不相交的圈.

18. 设 G 是一个图, 用 ν 表示 G 中不交圈的最大数目且用 τ 表示能够覆盖 G 的所有圈的点的最小数目. 证明

(a) 如果 $\nu = 1$, 那么 $\tau \leq 3$,

(b) $\tau \geq \nu \geq \frac{\tau}{4\log\tau}$,

(c) 对 τ 的无限多的值都存在图 G 满足

$$\nu \leq \frac{4\tau}{\log\tau}.$$

*

19. 设 G 是 2-连通图, $x, y \in V(G)$ 且假设除 x, y 外的每个顶点的度至少为 k. 证明 x, y 可以被一条长至少为 k 的路连接.

20*. 设 G 是一个简单图且满足: 对每个满足 $|X| \le k$ 的 $X \subset V(G)$ 有

$$|\Gamma(X) - X| \ge 2|X| - 1.$$

证明 G 包含一条长度为 $3k-2$ 的路.

21. 设 G 是定义在 n 个点 $x_1, \cdots, x_n$ 上的简单图, 顶点的度满足 $d_1 \le d_2 \le \cdots \le d_n$. 证明如果下列条件之一成立, 那么 G 就有一个 Hamilton 圈:

(a) (Dirac 条件) $d_1 \ge \frac{n}{2}$,

(b) (Pósa 条件) 对所有 $k < \frac{n}{2}$, 有 $d_k \ge k+1$,

(c) (Bondy 条件) $d_l \le l, d_k \le k$ 蕴含着 $d_l + d_k \ge n$ $(k \ne l)$,

(d) (Chvátal 条件) $d_k \le k < \frac{n}{2}$ 蕴含着 $d_{n-k} \ge n-k$.

22. 如果 G 是一个具有 n 个顶点且所有顶点的度至少为 $\frac{n+q}{2}$ 的简单图, 那么任意来自不相交路的 q 条边的集合 F 必包含在一个 Hamilton 圈中.

23*. 设 G 是一个有 $2n+1$ 个顶点的 r-正则简单图, 证明 G 有一个 Hamilton 圈.

24. 在具有 $n \ge 2$ 个顶点的简单图 G 中, 每个顶点的度比 $n/2$ 大, 证明 G 的任意两点由一条 Hamilton 路相连.

25. 设 G 是一个具有 n 个点的简单有向图, 其中所有的入度和出度都至少为 $n/2$. 证明 G 包含一个 Hamilton 圈 (参见 10.21(a)).

26. 设 G 是一个 k-连通的简单图, 满足 G 中不包含 $k+1$ 个顶点的独立集 $(k \ge 2)$, 证明 G 有一个 Hamilton 圈.

27. 设 G 是 n 个点上的简单图且所有度都至少为 k, 则

(a) G 包含一个长至少为 $k+1$ 的圈.

(b)* 如果 G 是 2-连通的, 它包含一个长至少为 $2k$ 的圈或 Hamilton 圈.

28. 设 G 是一个有 n 个顶点且边数多于 $\frac{k(n-1)}{2}$ 的简单图 $(k \ge 2)$, 那么 G 包含一个长至少 $k+1$ 的圈.

29*. 设 G 是一个 2-连通简单图, 且 l 是 G 中圈的最大长度, 那么 G 不包含长为 $\lfloor \frac{l^2}{4} \rfloor + 1$ 的路.

*

30. 具有 n 个顶点的简单图 G 不包含三角形, 证明

$$|E(G)| \le \frac{n^2}{4}.$$

31. 如果 G 是一个不含三角形的简单图, 那么

$$|E(G)| \le \alpha(G) \cdot \tau(G).$$

由此证明上一个问题的结论.

32. (a) 若 G 是具有 n 个顶点的 k-正则简单图, 则 G 和 $\overline{G}$ 中的三角形总个数为

$$\binom{n}{3} - \frac{n}{2}k(n-k-1).$$

(b) 任意 n 个点的简单图 G 和它的补图 $\overline{G}$ 一共包含至少

$$\frac{n(n-1)(n-5)}{24}$$

个三角形.

33. 具有 n 个点和 m 条边的图中三角形的个数至少为

$$\frac{4m}{3n}\left(m - \frac{n^2}{4}\right).$$

34. (Turán 定理) 设 G 是一个有 mk 个点且边数大于 $\binom{k}{2}m^2$ 的简单图, 证明 G 包含一个 $(k+1)$-完全图. 对 $n = mk + r$, $1 \le r \le k-1$ 的情形, 推广这一结果.

35. 假定 G 是不包含 $(k+1)$-完全图的简单图, 证明在 $V(G)$ 上存在 k-可染的简单图 H 使得

$$d_H(x) \ge d_G(x) \quad (x \in V(G)).$$

由此导出 Turán 定理.

36. (a) 每个具有 n 个点且至少 $\frac{n}{4}(1+\sqrt{4n-3})$ 条边的简单图包含一个四边形 (4-圈).

(b) 如果 $n = p^2 + p + 1$ (p 是素数), 那么存在一个有 n 个点无 4-圈的简单图, 它有 $\frac{1}{2}p(p+1)^2 \sim \frac{1}{2}n^{3/2}$ 条边.

37. 假设 n 个顶点 m 条边的简单图 G 不包含 $K_{r,r}$, 证明

$$m < C \cdot n^{2-\frac{1}{r}},$$

其中 C 仅依赖于 r.

38*. (Erdős-Stone 定理) (a) 设 $\varepsilon > 0$ 且给定 $k, t \ge 1$. 证明: 如果 n 足够大, 那么具有 n 个点且每个点的度至少为 $(1 - 1/k + \varepsilon)n$ 的任意图都包含 $k+1$ 个不交的 t-集合, 使得任意两个在不同 t-集合中的点都是相邻的.

(b) 设 G 是有 n 个点和 $(1 - 1/k + \varepsilon)\frac{n^2}{2}$ 条边的简单图, 那么, 若 n 足够大, 则 G 包含 $k+1$ 个不相交的 t-集合, 使得任意两个在不同 t-集合中的点都是相邻的.

(c) 对每个包含至少一条边的图 G_0, 用 $M(n, G_0)$ 表示定义具有 n 个点且不包含 G_0 作为子图的简单图的最大边数. 证明

$$\lim_{n\to\infty} \frac{M(n,G_0)}{n^2} = \frac{1}{2}\left(1 - \frac{1}{\chi(G_0)-1}\right).$$

39*. 设 G_0 是 $(k+1)$-色图且满足对某些边 e 有 G_0-e 是 k-可染的. 证明: 10.34 解答中的图 $H_{n,k}$ 不包含 G_0, 但若 n 足够大, 则任意其他有相同边数的图包含 G_0 作为它的一个子图, 所以 $H_{n,k}$ 是唯一的极图.

40*. 设 G 是具有 n 个点的简单图, 用 N_k 表示 G 中 k-完全图的数目, 证明

(a) $\frac{N_{k+1}}{N_k} \geq \frac{1}{k^2-1}\left(k^2\frac{N_k}{N_{k-1}}-n\right)$,

(b) 如果 $|E(G)| = \left(1-\frac{1}{\vartheta}\right)\frac{n^2}{2}$, 那么 $N_k \geq \binom{\vartheta}{k}\left(\frac{n}{\vartheta}\right)^k$ $(k \leq \vartheta+1, \vartheta$ 是实数).

41. (a) n 个顶点的竞赛图 T 包含至多 $\frac{1}{4}\binom{n+1}{3}$ 个 3-圈.

(b) n 个顶点的强连通竞赛图 T 包含至少 $n-2$ 个 3-圈.

42. 具有 n 个顶点的强连通竞赛图 T 至少包含 $\binom{n-1}{2}$ 个圈.

43. 具有 n 个顶点的竞赛图至少包含 1 条、至多包含 $\frac{n!}{2^{n/2}}$ 条 Hamilton 路.

44. (a) 每个具有 n 个点的竞赛图 T 包含一个 $\lfloor \log_2 n \rfloor + 1$ 点的传递子竞赛图.

(b) k-元传递子竞赛图 $(1 \leq k \leq \log_2 n)$ 的数目至少为

$$\prod_{j=0}^{k-1}\left(\frac{n+1}{2^j}-1\right).$$

(c) 若 T 是强连通的, 则 k-元传递子竞赛图 $(k \geq 3)$ 的数目至多为

$$\binom{n}{k}-\binom{n-2}{k-2}.$$

§11. 图谱与随机游走

有一个经典的问题是用一些 “不变量” 去研究结构. 合适地选取不变量, 理论上所考虑的问题就会转变为与这个不变量相关的计数或代数问题, 经典代数的强大方法就可以加以运用.

前面章节中讨论的不变量 (连通度, 色数, 色多项式) 是从组合的角度定义的, 它们的代数性质很少起作用. 另一方面, 引入图的邻接矩阵的谱作为图的谱, 我们可以得到一个代数上的不变量系统. 一般来说, 谱不能唯一地刻画图, 尽管它的确可以反映图的很多性质, 并且越来越多这样的联系持续不断地被发现. 因此, 图谱的引入不是解决所有问题的通用方法, 但它在许多纯粹的图理论情形中 (例如, 强正则图的分类) 被证明是非常有力的.

在图的理论研究中, 图谱的有效应用取决于我们采取两大主要步骤的能力. 第一, 我们必须能够计算出很多图类的谱 (或, 更一般地, 我们必须能够将图的理论信息转换为图谱信息); 第二, 我们能够从它们的谱性质推导出图的性质. 有趣的是, 有各种各样的方法将图与它的谱在这两个意义上联系起来.

一些联系是时有时无的, 但某些特征值与很多组合性质却紧密相连. 因此, 最大特

征值对应于密度, 第二大特征值对应于"全局连通度"或电导 (膨胀率); 一些最小特征值对应于色数. 反过来, 膨胀率与图中随机游走的各种性质紧密相关, 我们也给出了有关随机游走的一系列习题.

*

图谱的一些性质是非负矩阵的 Frobenius-Perron 理论的特殊结论. 我们将不加证明地使用, 或给出如下事实的参考文献 (参见 F. R. Gantmacher, *Applications of the Theory of Matrices*, Interscience, 1959, 或者 H. Minc, *Non-negative Matrices*, Wiley-Interscience, 1988). 任何图 G 的最大特征值是非负的, 且存在一个属于它的非负特征向量. 更进一步, 如果图是连通的, 那么最大特征值的重数为 1, 且存在一个属于它的严格正的特征向量. 属于最大特征值的任一个非负单位特征向量都使得二次型 $\mathbf{x}^T A_G \mathbf{x}$ 在单位球面上取得最大值. 最大特征值在所有特征值的绝对值中达到最大.

为了方便起见, 在本章中除非特别申明, 我们都假设 $V(G) = \{1, \ldots, n\}$.

1. 确定 n 个顶点的完全图 K_n、星图 S_n、完全二部图 $K_{n,m}$、圈 C_n 的谱和特征向量.

2. 假设我们知道正则图 G 的谱, 试确定下列图的谱:

(a) 它的补图 $\overline{G}$.

(b) 它的线图 $L(G)$.

(c) Petersen 图 (图 4).

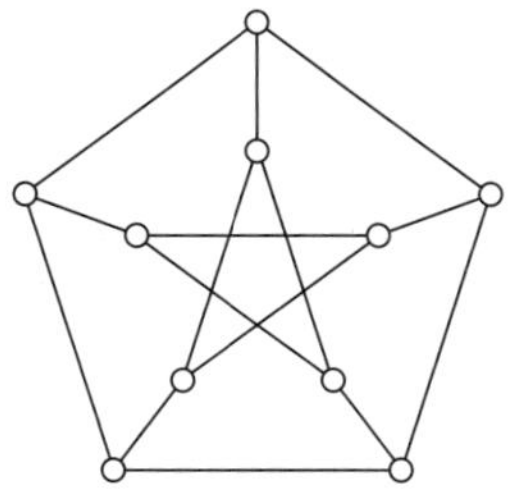

图 4

3. 设 T 是森林且 $e = (x, y) \in E(F)$, 那么

$$p_T(\lambda) = p_{T-e}(\lambda) - p_{T-x-y}(\lambda).$$

4. 设 T 是具有 n 个点的森林, a_k 是 T 中 k-匹配的数目, 那么

$$p_T(\lambda) = \lambda^n - a_1\lambda^{n-2} + a_2\lambda^{n-4} - \cdots + (-1)^{\lfloor \frac{n}{2} \rfloor} a_{\lfloor \frac{n}{2} \rfloor} \lambda^{n-2\lfloor \frac{n}{2} \rfloor}.$$

5. 设 P_n 是 n 个点的路, 证明它的特征多项式可表示成如下形式中的任一种

(a) $p_{P_n}(\lambda) = \lambda^n - \binom{n-1}{1}\lambda^{n-2} + \binom{n-2}{2}\lambda^{n-4} - \binom{n-3}{3}\lambda^{n-6} \ldots,$

(b) $p_{P_n}(\lambda) = \frac{1}{\sqrt{\lambda^2-4}} \left((\frac{\lambda+\sqrt{\lambda^2-4}}{2})^{n+1} - (\frac{\lambda-\sqrt{\lambda^2-4}}{2})^{n+1} \right).$

(c) 确定 P_n 的特征值.

(d) 确定深度为 t 的完全有根 D-叉树的特征值.

6. 寻找无穷多对同谱但非同构的树.

7. 假设给定 G_1 和 G_2 的特征值, 确定以下图的谱

(a) G_1 和 G_2 的 Descartes 积.

(b) G_1 和 G_2 的 (强) 直积 $G_1 \cdot G_2$.

8. 设 G 是一个其自同构群包含一个正则交换子群 Γ 的图, 设 $\gamma_{x,y}$ 是 Γ 中将 x 变为 y 的元素, 设 χ 是 Γ 的乘法特征. 证明

$$\sum_{(1,i)\in E(G)} \chi(\gamma_{1,i})$$

是 G 的一个特征值.

9. 确定 n 维立方体 Q_n 的特征值.

10. 设 G, H 是点集为 $1, \varepsilon, \varepsilon^2, \cdots, \varepsilon^{p-1}$ 的两个图, 这里 $\varepsilon = e^{2\pi i/p}$, p 是素数且这两者在旋转 $2\pi/p$ 下是不变的. 假设 $G \cong H$, 那么存在整数 t, 使得对每个点取 t 阶幂将 G 同构映射到 H.

11. 如果二部图 G 没有 1-因子, 那么 0 是 G 的特征值.

12. 如果 3-正则图 G 有一系列不交子图, 其中每个都同构于图 5 中的图, 且这些子图覆盖了所有的顶点, 那么 0 是 G 的一个特征值.

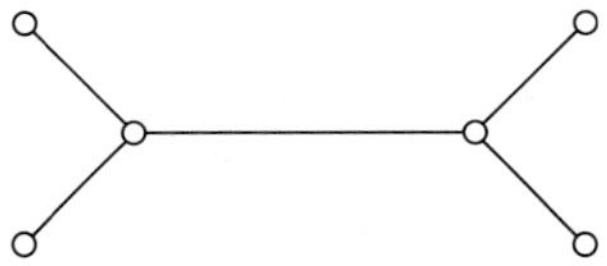

图 5

13. 如果 λ_1 和 λ_1' 分别是 G 和 G' 的最大特征值, 其中 G' 是 G 的子图, 那么 $\lambda_1 \geq \lambda_1'$.

14. (a) 设 λ_1 是 G 的最大特征值, d, D 分别是 G 的最大度和最小度, 那么

$$\max(d, \sqrt{D}) \leq \lambda_1 \leq D.$$

对哪些连通图有 $\lambda_1 = D$?

(b) 如果 G 有 n 个点和 m 条边, 那么

$$\frac{2m}{n} \leq \lambda_1 \leq \sqrt{\frac{2m(n-1)}{n}}.$$

(c) 如果 G 是一棵树, 那么

$$\lambda_1 \leq 2\sqrt{D-1}.$$

15. 证明任一图 G 的线图的所有特征值都至少为 -2, 并且如果 $|E(G)| > |V(G)|$, 那么它的最小特征值为 -2.

16*. 假设 G 的特征值都是不同的, 证明 G 的每个非平凡的自同构的阶为 2.

17*. 假设简单图 G 的特征值是不同的, 且它的自同构群是传递的, 证明 $G \cong K_2$.

18. 设 $\lambda_1 \geq \cdots \geq \lambda_n$ 是图 G 的特征值, 证明

$$\lambda_{\tau(G)+1} \leq 0, \quad \lambda_{\alpha(G)} \geq 0, \quad \lambda_{w(G)} \geq -1, \quad \lambda_{n-w(G)+2} \leq -1.$$

19. (a) 最大特征值为 λ_1 的连通图是二部的当且仅当 $-\lambda_1$ 是一个特征值.

(b) 一个图是二部的当且仅当它的谱关于原点对称.

20. 设 λ_1 是 G 的最大特征值, 那么

$$\chi(G) \leq \lambda_1 + 1.$$

21*. (a) 设 $\lambda_1 \geq \cdots \geq \lambda_n$ 是 G 的特征值, 令 $k = \chi(G)$, 那么

$$\lambda_n + \cdots + \lambda_{n-k+2} \leq -\lambda_1.$$

(b) 证明: 如果 G 是 k-可染的, 且满足两个点相邻当且仅当它们有不同的颜色, 那么 (a) 中的等号成立.

22. 设 G 是点集 $\{1, 2, \ldots, n\}$ 上的 d-正则图, 且特征值为 $d = \lambda_1 \geq \lambda_2 \geq \cdots \geq \lambda_n$. 令 $\mathbf{x}$ 是顶点上任一满足 $\sum_i x_i = 0$ 的向量. 证明

$$(d - \lambda_2) \sum_{i=1}^{n} x_i^2 \leq \sum_{(i,j) \in E} (x_i - x_j)^2 \leq (d - \lambda_n) \sum_{i=1}^{n} x_i^2.$$

23. 证明对每个特征值为 $d = \lambda_1 \geq \lambda_2 \geq \cdots \geq \lambda_n$ 的 d-正则图 G, 都有

$$\alpha(G) \leq \frac{-n\lambda_n}{d - \lambda_n}.$$

24*. 假设 G 有 k 个负特征值和 l 个正特征值, 同时假设 G 是 m 个边不交的完全二部图的并. 那么

$$m \geq \max(k, l).$$

25. 一个连通图的不同特征值的数目大于它的直径.

26. 给定图 G, 我们可以找到多项式 $f(x)$ 使得

$$f(A_G) = J$$

当且仅当 G 是连通的正则图.

27. 给定一个射影平面, 它的**线图** L 按照如下方式形成: 令 U 表示平面中点的集合, V 表示平面中线的集合, 那么 $V(L) = U \cup V$, $u \in U$ 与 $v \in V$ 相邻当且仅当 $u \in v$. 确定 L 的谱.

28*. 设简单图 G 有下列性质:

(i) 每个点的度为 d,

(ii) 对每个点对, 存在 $b>0$ 个其他点与它们都相邻.

(a) 确定 G 的谱.

(b) 确定满足 $b=1$ 的所有图.

(c) 找到无穷多个这类图的非平凡的例子 (完全图是平凡的例子).

29. (a) 设 G 是 d-正则的连通图, 直径为 D, 特征值为 $d=\lambda_1\geq\lambda_2\geq\cdots\geq\lambda_n$. 证明

$$d-\lambda_2>\frac{1}{Dn}.$$

(b) 如果 G 不是二部图, 那么

$$d+\lambda_n>\frac{1}{2dDn}.$$

30. 设 G 是一个电导为 Φ 的 d-正则图, 令 $\mathbf{y}$ 是点集 $V(G)=\{1,2,\ldots,n\}$ 上的任意向量, $\overline{y}$ 是 y 的中值, 即 $\overline{y}$ 使得至多 $n/2$ 个 y 的分量比 $\overline{y}$ 小, 同时至多 $n/2$ 个 y 的分量比 $\overline{y}$ 大. (对奇数 n, $\overline{y}$ 是 y 的第 $(n+1)/2$ 大的分量.) 那么,

$$\sum_{(i,j)\in E}|y_i-y_j|\geq\Phi\sum_i|y_i-\overline{y}|.$$

31. 设 G 是一个电导为 Φ 的 d-正则图.

(a) 证明

$$\lambda_1-\lambda_2\leq 2\Phi.$$

(b)* 证明

$$\lambda_1-\lambda_2\geq\frac{\Phi^2}{4d}.$$

32. (a) 设 G 是 $\{0,\cdots,n-1\}$ 上的 d-正则图, 且满足映射 $i\mapsto i+1 \pmod n$ 是 G 的一个自同构. 证明 G 的电导小于 $10dn^{-1/d}$.

(b) 设 G 是点数为 n、直径为 D、具有点传递的自同构群的连通图, 证明 G 的电导至少为 $1/(2D)$.

33*. (a) 设 G 是定义在点集 $\{1,\cdots,2n\}$ 上的三个随机 1-因子的并, 证明如果 n 充分大, G 是 3-正则简单图的概率在 0.1 与 0.9 之间.

(b) 证明 G 的电导至少为 1/1000 的概率至少是 95% (具有常数度且电导被正常数界定的图称为 “expander”).

*

在此章余下的部分, 令 G 表示具有 n 个点和 m 条边的连通图, $(v_0,v_1,v_2,\cdots)$ 是 G 上的一个随机游走.

34. 用 v_0 的分布、顶点度以及 G 的邻接矩阵来表示 v_k 的分布.

35. (a) 找到 v_0 的分布使得 v_k 的分布对所有的 k 都是相同的 (**平稳分布**).

(b) 证明这个平稳分布是唯一的.

(c) 如果 G 是非二部的, 那么 v_k 的分布趋向于一个平稳分布. 当 $n > 1$ 时, 这对二部图是不成立的.

36. 如果 G 是非二部的, 那么事件 $v_i = x$ 和 $v_j = y$ 在 $j - i$ 很大时是"几乎独立的". 更准确地说, 对任何 $\varepsilon > 0$, 都存在 $t_0 > 0$ 使得如果 $j - i > t_0$, 那么

$$|\mathsf{P}(v_i = x, v_j = y) - \mathsf{P}(v_i = x)\mathsf{P}(v_j = y)| < \varepsilon.$$

37. 令 $\nu_t(x)$ 表示点 x 在 $v_0, v_1, \cdots, v_{t-1}$ 中出现的次数. 证明

(a) $\mathsf{E}(\nu_t(x)/t) \to \frac{d(x)}{2m}$ $(t \to \infty)$.

(b) $\mathsf{D}^2(\nu_t(x)/t) \to 0$.

38. (a) 点 u 的平均返回时间为 $2m/d(u)$.

(b) 始于 u 的随机游走在通过边 vu 返回 u 之前所走步数的期望为 $2m$.

39. 找到完全图两个点之间以及一条路两个端点之间的平均访问时间 (access time).

40. (a) 用一个例子证明: 从点 u 到点 v 的平均访问时间也可能与从点 v 到点 u 的平均访问时间不同, 即使在正则图中也是如此.

(b) 如果 u 和 v 的度相同, 那么从 u 出发的随机游走在返回 u 之前访问 v 的概率等于从 v 出发的随机游走在返回 v 之前访问 u 的概率, 那么如果 u 和 v 的度不同会怎样呢?

41. 从 u 出发的随机游走在返回 u 之前访问 v 的概率是 $2m/(d(u)\kappa(u,v))$, 其中 $\kappa(u,v)$ 是 u 和 v 之间的平均来回时间 (commute time).

42. (a) * 证明对任意三个点 u, v, w 有

$$a(u,v) + a(v,w) + a(w,u) = a(u,w) + a(w,v) + a(v,u).$$

(b) 证明任何图的点都可以被排序, 使得如果 u 排在 v 前, 那么 $a(u,v) \le a(v,u)$.

43. 距离为 r 的两个点之间的平均来回时间至多为 $2mr$.

44. 设 $a(i,j)$ 表示从 i 到 j 的平均访问时间, B 代表矩阵 $(a(i,j))_{i,j=1}^n$. 如之前, 令 D 表示对角矩阵 $D_{ii} = 1/d(i)$, 令 $M = DA_G$.

(a) 证明等式 $(I - M)B = J - 2mD$.

(b) 基于这种方法给出 11.38(a) 的一个新证明.

(c)* 如果图 G 是 d-正则的, 那么

$$a(i,j) = nd\sum_{k=2}^{n} \frac{w_{kj}^2 - w_{ki}w_{kj}}{d - \lambda_k},$$

其中 $\lambda_1 = d > \lambda_2 \ge \cdots \ge \lambda_n$ 是 G 的特征值, 且 $\mathbf{w}_1, \cdots, \mathbf{w}_n$ 是对应的正交特征向量.

45. (a) 利用 11.44(c) 给出 11.42(a) 的一种新证明.

(b) (渐近地) 找出 k 维立方体 Q_k 两个对径点之间的平均访问时间.

46. (a) 类似于 11.44(c), 给出平均来回时间的公式.

(b) 证明 d-正则图中任一对点之间的平均来回时间至少是 n, 至多是 $2nd/(d-\lambda_2)$. 当 n 趋向 ∞ 时, 平均访问时间是否存在下界?

47. (a) 给出 K_n 的平均覆盖时间.

(b) 任何一个图 (从任意点出发) 的平均覆盖时间至多是 $4nm$.

48. (a) 设 $\mu(u,v)$ 表示从 u 出发的随机游走在到达 v 之前所访问点数的期望. 证明对每个点 $u \in V(G)$, 存在点 $v \in V(G)\setminus\{u\}$, 使得 $\mu(u,v) \geq n/2$.

(b) 设 b 是随机游走访问超过半数点之前所走步数的期望, 设 a 是最大的平均访问时间. 证明 $b \leq 2a$.

49. 平均覆盖时间 (从任意点出发) 最多是任意两点之间的平均访问时间的最大值的 $2\log_2 n$ 倍.

50. 设 G 是 d-正则连通图且 p_{ij}^t 表示从点 i 出发的随机游走在 t 步之后到达点 j 的概率, 令 $\lambda = \max\{|\lambda_2|, |\lambda_n|\}$. 证明

$$\left|p_{ij}^t - \frac{1}{n}\right| \leq \left(\frac{\lambda}{d}\right)^t.$$

51. 考虑 k 维立方体 Q_k 上的随机游走, 证明: 在 $t = k^2 + 5k$ 步之后, v_t 的分布在合适的颜色子集上是 "几乎一致的", 也就是说对于与 v_0 距离偶长的每个点 u 来说有

$$0.99 \cdot 2^{1-k} < \mathsf{P}(v_t = u) < 1.01 \cdot 2^{1-k}.$$

[将这个时间界与 Q_k 的对径点之间的平均访问时间近似为 2^k 这一事实进行对比.]

52. (a) 设 $s \neq t$ 是 G 的固定点, 并设 $\phi(v)$ 表示从点 v 出发的随机游走在到达 t 之前到达 s 的概率 (所以 $\phi(s)=1$, $\phi(t)=0$). 证明: ϕ 是一个 "以 s 和 t 为极的调和函数", 即对任意点 $v \neq s,t$, 有

$$\frac{1}{d(v)} \sum_{u \in \Gamma(v)} \phi(u) = \phi(v).$$

(b) 将 G 作为一个电阻网络来考虑, 其中每条边代表一个单位电阻. 设电流从 G 中流过, 由 s 流入, 从 t 流出. 设 $\phi(v)$ 是点 v 处的电压. 证明: ϕ 是一个以 s 和 t 为极的调和函数.

(c) 将 G 的边考虑成拥有单位 Hooke 常数的理想弹簧 (即使用 h 单位的力可以使它拉伸至长度 h), 我们把点 s 和 t 用钉子固定在实直线上的点 1 和点 0 处, 让图达到平衡. 证明顶点的位置定义了一个以 s 和 t 为极的调和函数.

(d) 对任一对 $s,t \in V(G)$, G 上存在唯一的以 s 和 t 为极的调和函数 $\phi = \phi_{st}$, 使得 $\phi(s)=1$ 且 $\phi(t)=0$.

53. (a) 如果将 G 作为前面问题中的电阻网络来考虑, R_{st} 表示点 s 和 t 之间的电阻, 那么点 s 和 t 之间的平均来回时间恰好为 $2mR_{st}$.

(b) 找到电阻 R_{st} (或者平均来回时间) 与弹簧模型中力与能量之间的类似关系 (11.52(c)).

(c) 设 G' 表示在 G 中等同点 s 和点 t 得到的图, 设 $T(G)$ 表示 G 中生成树的数目, 证明

$$R_{st} = \frac{T(G')}{T(G)}.$$

54. (Raleigh 定律) 向图 G 中添加边不会增加电阻 R_{st}.

55. 设 G' 是通过在 G 中添加一条新边 (a, b) 得到的图, 设 $s, t \in V(G)$.

(a) 证明 G' 中 s 和 t 之间的平均来回时间不超过 G 中的平均来回时间.

(b) 用例子说明类似的结论对于平均访问时间并不成立.

(c) 如果 $a = t$, 那么 G' 中从 s 到 t 的平均访问时间不超过 G 中从 s 到 t 的平均访问时间.

56. 设 G 是正则图且 $t \in V(G)$.

(a) 遍历所有的 $s \in \Gamma(t)$, $a(s, t)$ 的平均值恰好是 $n - 1$.

(b)* 遍历所有的 $s \in V(G) \setminus \{t\}$, $a(t, s)$ 的平均值至少是 $n - 1$.

(c)* 遍历所有的 $s \in V(G) \setminus \{t\}$, $a(s, t)$ 的平均值至少是 $n - 1$.

57. 设 $\pi(u, v)$ 表示从 u 出发的随机游走在到达点 t 前访问所有点的概率.

(a) 证明: 如果 G 是长为 n 的圈, 那么对所有的 $u \neq v$ 都有 $\pi(u, v) = 1/(n - 1)$. 是否存在其他图满足这一性质?

(b) 如果 u 和 v 是连通图 G 中两个不相邻的点, 且 $\{u, v\}$ 不是一个割集, 那么存在 u 的一个邻点 w 使得 $\pi(w, v) < \pi(u, v)$.

(c) 假设对任一对 $u \neq v \in V(G)$, 有 $\pi(u, v) = 1/(n - 1)$, 证明 G 是圈或完全图.

58*. 考虑图 G 上从 u 点出发的随机游走, 对每个不是 u 的点, 标记这个点第一次进入时的那条边. 被标记的边形成了图 G 的一棵子树, 这棵子树以概率 1 为生成树. 证明每棵生成树以相同的概率出现.

59*. 设 G 是连通的 d-正则图且 $v_0 \in V(G)$, 假设在每个点处, 与这个点关联的边的端点被标记为 $1, 2, \cdots, d$. (对这个图, 这个起始点, 以及这个标记) 一个**遍历序列** (traverse sequence) $(h_1, h_2, \cdots, h_t) \subseteq \{1, \cdots, d\}^t$ 是一个满足以下条件的序列: 如果从 v_0 出发的一个游走在第 i 步通过标记为 h_i 的边离开当前点, 那么我们访问了每个点. 一个**全局遍历序列** (universal traverse sequence) 是一个对任何 n 个点上的 d-正则图, 它的任何一个标记, 以及任何一个起始点都是遍历序列的这么一个序列.

证明: 对于任何 $d \geq 2$ 和 $n \geq 2$, 都存在一个长度为 $O(d^2 n^4)$ 的全局遍历序列.

§12. 图的自同构

尽管很多图除了恒等映射外没有其他自同构, 许多由不同的组合结构、几何结构或者代数结构产生的图是由大同构群刻画的. 这就使得研究图结构和它们的自同构群的关系很重要.

这些研究的早期方向是去处理独立性的结果, 即说明如下情况的结果: 即使是对图有相当强的限制也可能不会限定它们的自同构群. 这种方法涉及图的构造, 这是因为完全标准的方法现在是可行的. 另外的方法, 即那些可以在图的自同构群的性质中发现图的某些性质的方法, 需要更多特别的想法.

如果自同构群不仅可以被考虑为是一个抽象群, 而且是一个置换群, 那么当然地, 我们可以发现它与图的严格的相互关系. 举例来说, 自同构群的传递性质意味着图的很多好的性质.

研究自同态半群而不是自同构群, 通常会得到一些具有更复杂结构的类似结果, 然而, 这会有一些惊人的不同 (参见最后一个习题).

1. Petersen 图的自同构群是什么 (图 4, 问题 11.2)?

2. (a) 证明十二面体图 (图 6) 的自同构群同构于 $A_5 \times Z_2$.
(b) 立方体的自同构群同构于 $S_4 \times Z_2$. 请问其他 Plato 立体的自同构群是什么呢?

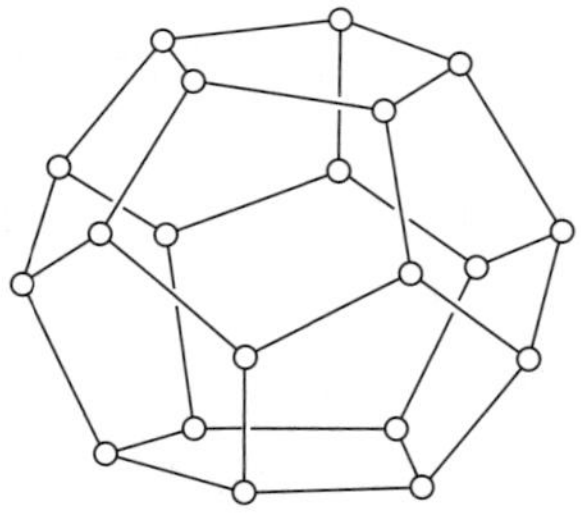

图 6

3. 构造一个图, 它的自同构群同构于阶为 k 的循环群 Z_k.

4. 设 $\Gamma = \{g_1, \cdots, g_n\}$ 为一个群. 如下定义有向图 G: 如果 $g_i g_j^{-1} = g_k$, 用一条 k 色的边连接 g_i 到 g_j. 那么得到的染色有向图的自同构群是什么呢?

5. (Frucht 定理) 给定有限群 Γ, 存在一个简单图 G, 它的自同构群同构于 Γ.

6*. 设 Γ 是 n 阶群 $(n \geq 6)$, 构造具有 $2n$ 个顶点的简单图 G 满足 $A(G) \cong \Gamma$.

7. (a) 任何竞赛图都有奇数个自同构群.
(b)* 每个奇数阶 n 的群 Γ 都是一个具有 $2n$ 个顶点的竞赛图的自同构群.

8*. 给定有限群 Γ, 构造自同构群为 Γ 的 3-正则图.

9. 如果 G 是连通图, 它有一个点 x_1 的度为 2 且其他点的度都为 3, 那么对某个 k, G 的自同构群的阶为 2^k.

10. 令 G 是一个图满足 $A(G)$ 半正则作用在 $E(G)$ 上, 设 Γ 是 $A(G)$ 的任意子群, 那么 G 有一个定向 $\overrightarrow{G}$ 使得 $A(\overrightarrow{G}) = \Gamma$.

11*. 设 Γ_1, Γ_2 是两个有限群, 构造包含边 e 的图 G 满足 $A(G) \cong \Gamma_1$ 且 $A(G-e) \cong \Gamma_2$.

12. (a) 令 G 是连通图且 Γ 是 $A(G)$ 半正则作用的一个子群, 证明 G 可以收缩成 G' 满足 $A(G')$ 有一个正则作用的子群 $\Gamma' \cong \Gamma$.

(b) 令 G 是连通图且 Γ 是 $A(G)$ 的一个单子群, 那么 G 的某个连通子图可以收缩成图 G' 使得 $A(G')$ 有一个边传递作用在 G' 上的子群 $\Gamma' \cong \Gamma$. 此外, 如果 Γ 中的元素没有公共的固定顶点, 那么 Γ' 有相同的性质.

*

13. (a) 如果图 G 的自同构群是可交换且传递的, 那么它同构于一些 2 阶循环群的直积.

(b) 对任意给定的 n, 构造一个图使得它的自同构群是传递的且同构于 n 个 2 阶循环群的直积.

(c)* 对足够大的 n, 构造具有这个性质的一个简单图.

14*. r-正则连通图 G 有一个传递的自同构群, 证明 G 是 r-边连通的.

15. (a) 设 3-连通图 G 具有传递的自同构群, 证明 G 是 3-正则的. 如果用 4 来替换 3, 这还成立吗?

(b) 具有传递的自同构群的一个 r-正则连通图的连通度必须是多大呢?

(c) 一个具有边传递的自同构群且其所有点的度至少为 r 的简单连通图是 r-连通的.

16*. 具有偶数个点以及传递自同构群的连通图 G 有 1-因子, 并且事实上, 它的每条边都属于一个 1-因子.

17. 图 G 是连通的并且 $A(G)$ 包含一个可交换的传递子群 Γ. 证明 G 有一个 Hamilton 圈.

18. 哪些平面图有边传递的自同构群?

19*. 假设平面图 G 有一个非循环的自同构单群, 证明 $A(G) \cong A_5$.

20*. (a) 假设 G 是连通图且 $A(G)$ 包含一个半正则作用的子群 $\Gamma \cong (Z_p)^3$ (p 是素数), 那么 G 可以收缩为 K_p.

(b) 假设 G 是连通图且 $A(G) > \Gamma' > \Gamma \cong (Z_p)^3$, 其中 p 是素数且 Γ' 是没有公共固定点的单群, 那么 G 可以收缩为 K_m, 其中 $m = \lfloor \log p / \log 8 \rfloor$.

(c) 设 $\mathcal{K}$ 是一类图, 但不包含所有的图, 满足如果 $G \in \mathcal{K}$ 且 $e \in E(G)$, 那么 $G - e$ 和 G/e 都属于 $\mathcal{K}$ (例如, 或者是嵌入曲面 F 上的一类图, 或者是一类不包含能收缩到

K_m 的子图的图), 那么存在群 Γ 满足 $\mathcal{K}$ 中没有图具有与 Γ 同构的自同构群.

21. 令 Γ 是集合 Ω 上的置换群. 构造一个简单图 G 使得 $V(G) \supseteq \Omega$, Ω 在 $A(G)$ 下保持不变且 $A(G)$ 在 Ω 上的限制产生 Γ.

*

22. 确定 Petersen 图的自同态 (图 4, 问题 11.2).

23. 构造一个刚性图.

24*. (a) 设 Σ 是一个有限幺半群 (有单位元的半群), 证明存在一个边染色的有向图 G 满足其自同态半群 $\mathrm{End}(G) \cong \Sigma$.

(b) 证明也存在这样的一个简单图.

25. (a) 如果 $\mathrm{End}(G)$ 同构于乘法半群 $\{0, 1, -1\}$, 那么对任一条边 e, $G - e$ 都不是刚性的.

(b)* 对任何的幺半群 Σ 都存在着一个简单图 G, 有 $\mathrm{End}(G) \cong \Sigma$, 且满足对某条新边 e, $G + e$ 是刚性的.

§13. 超 图

一个超图, 是某些给定子集合的集合, 是一个需要考虑的非常一般的结构. 图 (每个给定子集合都是二元的) 以及一些其他的组合结构 (区组设计, 拟阵) 是非常特殊的情形. 因此, 除了大量的问题和 "理论", 超图的研究是非常分散的. 然而, 当大量问题被翻译成超图时, 一些概念就看起来出现的非常频繁, 如匹配数、覆盖数和色数等. 在我看来, 这些概念几乎都如逻辑中的概念一样, 例如, 给定一个极小的组合量, 通常容易将它表述为一个合适超图的覆盖数. 匹配数和覆盖数之间的对偶性是图论和组合结果的一个典型例子, 事实上这种对偶现象比我们第一次碰到它要多得多.

超图理论中也有很多一般的方法. 常见的方法 (参见问题 12, 21, 27, 28, 32, 41, 52, 53) 看起来是平凡的, 但是它的直接应用已经解决了很多年未解决的问题 (如 32, 57). 线性代数方法 (参见问题 13, 15, 32, 45) 也是非常强有力的, 并且促进了代数组合领域的快速发展.

最后, 我们注意到关于超图的某些特殊问题产生了与那些更高级方法不同的一些理论. 我们仅在问题 5–7 中考虑了横截理论. 区组设计 (例如, 具有高度齐性的超图) 理论我们在这里就不考虑了.

1. 一个连通超图 H 不包含圈当且仅当

$$(*) \qquad \sum_{E \in E(H)} (|E| - 1) = |V(H)| - 1.$$

2. (a) 令 H 是完全平衡超图且 $|E(H)| \geq 2$, 那么 H 有两条边 E, F 满足 $E - F$ 中

每个点度为 1.

(b) 令 H 是完全平衡超图, 且假设任意两条边有至多 p 个公共点, 那么

$$(**)\qquad \sum_{E\in E(H)} (|E|-p) = |V(H)|-p.$$

3. 令 P 是一条路, $P_1,\cdots,P_m$ 是 P 的子路 (区间), 令 $V=V(P)$, $E_i=V(P_i)$, 证明超图 $(V;\{E_1,\cdots,E_m\})$ 是完全平衡的.

4. 3-一致超图 H (无重边) 有 $|V(H)|-1$ 条边. 证明它包含一个长至少为 3 的圈.

*

5. (a) (Hall 定理) 超图 H 有一个具有不同代表元的系统当且仅当对 H 的每个部分超图 H' 有 $|V(H')|\geq|E(H')|$.

(b) 给定超图 H, 我们希望在每条边 E 中选取一个 2 元子集 $f(E)$, 使得将集合 $f(E)$ 看作一个图的边集时, 这个图是森林. 证明这样的选择是可能的当且仅当对 H 的每个部分超图 H' 有 $|V(H')|\geq|E(H')|+1$.

6. 令 $T\subseteq V(H)$, H 什么时候会有一个包含 T 的不同代表元的系统?

7*. 令 H_1, H_2 是两个超图满足 $V(H_1)=V(H_2)$ 且 $|E(H_1)|=|E(H_2)|=m$, 那么 H_1, H_2 有一个共同的不同元代表系统当且仅当对 H_1, H_2 的任两个部分超图 H', H'' 有

$$|V(H')\cap V(H'')|\geq|E(H')|+|E(H'')|-m.$$

*

8. 令 H 是具有 m 条不交边的超图 ($m\geq 2$), 证明以下论断

(a) 具有形式 $E\triangle F$ $(E,F\in E(H))$ 的集合数目至少为 m.

(b*) 具有形式 $E-F$ $(E,F\in E(H))$ 的集合数目至少为 m.

(c*) 具有形式 $E\cup F$ 或 $E\cap F$ $(E,F\in E(H), E\neq F)$ 的集合数目至少为 m.

9*. 令 H 是满足如下条件的超图: 如果 $E\in E(H)$, 那么每个 $F\subseteq E$ 都属于 $E(H)$. 证明存在 $E(H)$ 的一个置换 σ, 使得对每个 $E\in E(H)$ 有 $E\cap\sigma(E)=\emptyset$.

10. (a) 超图 H 有 n 个点和 n 条不同边, 证明 H 有点 x 使得 $H\backslash x$ 有 n 条不同边.

(b) 超图 H 有 n 个点和 $m\leq\frac{3}{2}n$ 条不同边, 证明 H 有点 x 使得 $H\backslash x$ 有至少 $m-1$ 条不同边.

(c) 超图 H 有 n 个点和

$$m>\sum_{i=0}^{k-1}\binom{n}{i}$$

条不同边. 证明存在集合 $X\subseteq V(H)$, $|X|=k$, 使得 X 的每个子集都出现在集合 $X\cap E, E\in E(H)$ 中.

11. 令 H, K 为相同 n 个点的集合 V 上的两个超图, 假设

$$A' \subseteq A \in E(H) \Rightarrow A' \in E(H),$$

并且

$$V \supseteq B' \supseteq B \in E(K) \Rightarrow B' \in E(K).$$

证明

$$|E(H) \cap E(K)| \leq \frac{1}{2^n}|E(H)| \cdot |E(K)|.$$

12. (a) 令 H 是任一 r-一致超图, 证明 $V(H)$ 可以被分成两个部分使得包含在一个部分中的边至多是 $\frac{|E(H)|}{2^{r-1}}$ 条.

(b) 证明 $V(H)$ 可以划分成 r 个部分使得至少有 $\frac{r!}{r^r}|E(H)|$ 条边满足性质: 它们恰好包含每个部分中的一个顶点.

13*. 一个 r-一致超图有 m 条边, 任意两条边有至多 k 个公共点. 证明它至少有

$$\frac{r^2m}{r+(m-1)k}$$

个点.

14*. 令 H 是有 n 个点和 m 条边的超图. 用 $d(x)$ 表示 x 的度, 假设 $d(x) < m$, $0 < |E| < n$ 对所有边 E 及任一点 x 都成立. 进一步假设, 如果 $x \notin E$, 那么

$$d(x) \leq |E|.$$

证明 $m \leq n$.

15. (a) 令 H 是一个超图, $V(H) \neq \emptyset$, 任意两条边恰有一个公共元素, 没有点出现在所有的边上, 那么

$$|E(H)| \leq |V(H)|.$$

(b)* (Fisher 不等式) 证明: 若任意两条边恰有 λ 个公共元素 ($\lambda > 0$), 且边的关联向量在实数域上线性独立, 则上面的结论也成立.

16. 令 H, K 为具有相同点集的两个超图, 假设 $|E(H)| = m$, $|E(K)| = m'$, $m' = m$ 或 $m+1$, 那么

$$\sum_{A\in E(H)} \sum_{B\in E(K)} |A\triangle B| \geq \sum_{\{A,A'\}\subseteq E(H)} |A\triangle A'| + \sum_{\{B,B'\}\subseteq E(K)} |B\triangle B'|.$$

17*. (a) 令 $F_1, \cdots, F_m$ 是满足 $|F_i\triangle F_j| = 2k$ $(1 \leq i < j \leq m)$ 的集合, 那么任一点的度 d 满足

$$d(m-d) \leq km.$$

(b) 如果存在点 x, 它的度 $\neq 0, 1, m-1, m$, 那么 $m \leq k^2+k+2$.

18. (a) 假设具有 n 个点的简单超图 H 的任意两条边相交, 证明 $|E(H)| \leq 2^{n-1}$.

(b) 如果还满足没有两条边包含所有顶点, 那么 $|E(H)| \leq 2^{n-2}$.

19. 令 H 是具有 n 个点且没有重边的超图, 且满足对任意两条边 $E, F \in E(H)$, 或者 $E \subset F$ 或者 $F \subset E$ 或者 $E \cap F = \emptyset$, 那么 H 中的最大边数是多少呢?

20. 将 n 元集 S 的所有子集划分成对称链. (对称链是指一个链 $E_r \subset E_{r+1} \subset \cdots \subset E_{n-r}$, 其中 $|E_i| = i$ 且 $0 \leq r \leq n/2$.)

21. (a)(Sperner 定理) 假设 H 是 n 个点的混乱集族 (即没有两条边包含彼此), 那么 $E|(H)| \leq \binom{n}{\lfloor n/2 \rfloor}$.

(b) 对什么样的超图以上等式成立?

22*. 任意偏序集 $(S, \leq)$ 中都存在一个两两不可比的最大集 (最大反链), 它在 S 的自同构下保持不变.

用以上观察给 Sperner 定理 (13.21) 一个新的证明.

23*. 称超图 H 为**交叉割**, 如果 $V(H)$ 的每个子集都与 H 的一条边可比.

(a) 每个交叉割超图都包含一个交叉割的混乱集族吗?

(b) 一个极小交叉割超图有至多 $\binom{n}{\lfloor n/2 \rfloor}$ 条边 ($n = |V(H)|$).

24. 如果 k 是具有 n 个点且没有重边的超图 H 的边中链 $E_1 \subset E_2 \subset \cdots \subset E_k$ 的最大长度, 那么 $|E(H)|$ 不超过 Pascal 三角中第 n 行的前 k 大二项式系数之和.

25. (a) 假设 r-一致超图 H 的任意 $r+1$ 条边的集合都有一个公共点. 那么 H 的所有边都有一个公共点.

(b) 假设 r-一致超图 H 的任意 k 条边都有一个公共点, 那么

$$\tau(H) \leq \frac{r-1}{k-1} + 1.$$

26. 令 H 是满足 $\nu(H) = 1$ 且 $\tau(H) > 1$ 的 r-一致超图. 证明存在集合 $S \subseteq V(H)$ 使得对每条边 E 和 $|S| \leq 3r - 3$ 有 $|E \cap S| \geq 2$.

27*. 令 H 是任意两条边都相交的 r-一致超图. 证明存在集合 $W \subseteq V(H)$ 使得

$$|W| \leq (2r-1)\binom{2r-3}{r-1}$$

且由 W 导出的子图 H_W 中的任意两条边都相交. 这在

$$|W| \leq \binom{2r-3}{r-1}$$

时是不一定成立的.

28. (a) 令 $A_1, \cdots, A_t$ 是圈 C ($|V(C)| \geq 2k$) 的长为 k 的不同弧, 假设任意两条弧有一条公共边, 那么 $t \leq k$.

(b) (Erdős-Ko-Rado 定理) 令 H 是具有 n ($n \geq 2r$) 个点且没有重边的 r-一致超图, 满足 H 的任意两条边都相交. 证明

$$|E(H)| \leq \binom{n-1}{r-1}.$$

29*. (a) 令 H 是有 n 个点, m 条不同边的 r-一致 ν-临界超图, 那么 (对固定的 r, ν)

$$m = O(n^{r-2}).$$

(b) 令 H 是有 n 个点, m 条不同边的 r-一致超图, 那么对 $n \geq n_0(r,\nu)$ ($\nu = \nu(H)$), 我们有

$$m \leq \binom{n-1}{r-1} + \binom{n-2}{r-1} + \cdots + \binom{n-\nu}{r-1}.$$

30*. 令 H 是一个超图, d 表示其最大度. 证明最优点覆盖和分数覆盖的大小之间的不等式

$$\tau(H) \leq (1 + \log d)\tau^*(H).$$

31*. (a) 令 $0 < k \leq r$ 为整数, u, v, w 是实数且 $u \geq v \geq r-1$, $v \geq w \geq r-2$, 假定

$$\binom{u}{r} = \binom{v}{r} + \binom{w}{r-1}.$$

证明

$$\binom{u}{k} = \binom{v}{k} + \binom{w}{k-1}.$$

(b) 令 H 是没有重边的 r-一致超图, 把 $|E(H)|$ 写作 $\binom{u}{r}$, 其中 $u \geq r$ 是实数. 证明包含在 H 的边中的 k 元组的数目至少为 $\binom{u}{k}$ ($1 \leq k \leq r$).

(c) 由 (b) 导出 Erdős-Ko-Rado 定理 13.28(b).

32*. (a) 令 $|A_1| = \cdots = |A_m| = p$, $|B_1| = \cdots = |B_m| = q$, 并且 $A_i \cap B_j = 0 \Leftrightarrow i = j$, 那么

$$m \leq \binom{p+q}{p}.$$

(b) 一个 r-一致 τ-临界超图 H 有至多 $\binom{\tau(H)+r-1}{r}$ 条边.

*

33. 如果超图 H 中没有两条边恰有一个公共点, 那么 H 是 2-可染的.

34. 如果连通超图 H 中每个点的度都为 2, 且 H 不是 (2-一致) 奇圈, 那么 H 是 2-可染的.

35. 确定所有满足如下条件的超图: 任意两条边都恰有一个公共点且不是 2-可染的.

36. 令 H 是有 $n \geq 5$ 个点的 3-一致超图, 其中每对点出现在相同数目 (正的) 的边中. 证明 H 不是 2-可染的.

37*. 超图 H 有一个完全幺模关联矩阵当且仅当每个子超图 H_W 有一个二染色 $\{A_0, A_1\}$ 满足

$$\left\lfloor \frac{|E|}{2} \right\rfloor \leq |E \cap A_1| \leq \left\lceil \frac{|E|}{2} \right\rceil$$

对每个 $E \in E(H_W)$ 都成立. ($H = (\{v_1, \cdots, v_n\}; \{E_1, \cdots, E_m\})$ 的**关联矩阵** $A = (a_{ij})$ 定义为

$$a_{ij} = \begin{cases} 1 & \text{如果 } v_i \in E_j, \\ 0 & \text{其他}. \end{cases}$$

一个矩阵称为**完全幺模的**, 如果每个子方阵行列式是 0 或 ±1.)

38. (a) 如果超图 H 的每个圈都是偶长的, 那么它的点可以 2 染色使得任一条边中红点和蓝点的数目至多相差 1.

(b) H 的关联矩阵是完全幺模的.

39. 如果超图 $H = (\{v_1, \cdots, v_n\}; \{E_1, \cdots, E_m\})$ 的关联矩阵 A 是完全幺模的, 那么 H 是平衡的.

40. 每条边都至少有两个点的平衡超图是 2-可染的.

41. 如果一个 r-一致超图有至多 2^{r-1} 条边, 那么它是 2-可染的.

42. 利用 13.30, 证明存在一个具有 $2r^2$ 个点和 $c \cdot r^2 2^r$ 条边的非 2-可染的 r-一致超图.

43*. 如果 r-一致超图 H 的每条边与至多 2^{r-3} 条其他边相交, 那么 H 是 2-可染的.

44*. 令 H 是具有 n 个点和 m 条边的 r-一致超图, 且任意两条边至多有一个公共点.

(a) 如果 $n \leq 2^{r-4}$, 那么 H 是 2-可染的.

(b) 如果 H 不是 2-可染的, 那么它至少包含 $\frac{2^{r-4}}{r}$ 个点, 它们的度至少是 $\frac{2^{r-4}}{r}$.

(c) 如果 $m \leq \frac{4^{r-4}}{r^3}$, 那么 H 是 2-可染的.

(关于这些超图的存在性问题参见 14.24.)

45. (a) 超图 H 具有如下性质: 对所有的 $k \geq 1$, 任意 k 条边的并至少有 $k+1$ 个点. 证明 H 是 2-可染的.

(b) 构造 r-一致超图 H 使得任意 k 条边 $(k = 1, 2, \cdots)$ 有至少 k 个点但是 H 不是 2-可染的.

(c) 令 H 是 n 个点的 3-可染的超图, 没有孤立点, 满足删掉 H 的任一点后得到的超图都是 2-可染的. 证明 H 的边的关联向量生成整个 n 维空间. 基于此给出 (a) 的一个新证明.

46. 构造对任意无限的 r-一致超图没有重边并且不是 2-可染的但是任意两条边都相交, 同时

(a) 有超过 $r!$ 条边,

(b) 有至多 3^{r-1} 条边,

(c) 有超过 3^{r-1} 个点.

47. 如果 r-一致超图 H 是 3-可染的并且任意两条边都相交, 那么

$$|E(H)| < r^r.$$

*

48. 证明以下最优匹配、覆盖、分数匹配、分数覆盖的关系成立†

$$\nu(H) \le \nu^*(H) = \tau^*(H) \le \tau(H).$$

49. (a) 令 F 是一个图. 那么任意 k-覆盖是 2-覆盖和 $(k-2)$-覆盖的和.

(b) 相似的论断对 k-匹配如果 k 是偶的也成立.

(c) 有最优分数覆盖和最优分数匹配, 其中权重是半整数. 从而 $2\tau^*(G)$ 是整数.

(d) 利用 (c) 证明 7.37.

50. 令 G 是一个二部图. 证明任意 k-覆盖是 k 个 1-覆盖的和并且每一个 k-匹配是 k 个 1-匹配的和. 从而 $\tau(G) = \tau^*(G)$ 并且 $\nu(G) = \nu^*(G)$.

51. (a) 证明

$$\tau^*(G \otimes H) = \tau^*(G)\tau^*(H),$$

$$\tau(G)\tau(H) \ge \tau(G \otimes H) \ge \tau(G)\tau^*(H),$$

$$\nu(G)\nu(H) \le \nu(G \otimes H) \le \nu(G)\nu^*(H).$$

对任意两个超图 G, H 都成立.

(b) 给定超图 H, $\tau(G \otimes H) = \tau(G)\tau(H)$ 对每个超图 G 成立当且仅当 $\tau(H) = \tau^*(H)$.

(c) 令 $H^p = H \bigotimes H \bigotimes \cdots \bigotimes H$ (p 因子), 求 $\lim\limits_{p\to\infty} \sqrt[p]{\tau(H^p)}$.

52. 如果超图 H 是 τ-临界的, 那么, 或者 H 由不交边组成, 或者

$$\tau(H) > \tau^*(H).$$

53. 如果超图 H 是 ν-临界的且没有空边, 那么

$$\nu(H) < \nu^*(H).$$

54. 每一个平衡超图 H 都有 $\tau(H) = \nu(H)$.

55. 如果 H 是一个超图, 以下三个论断等价.

(i) 对 H 的任意部分超图 H', $\nu(H') = \nu^*(H')$.

(ii) 对 H 的任意部分超图 H', $\tau(H') = \tau^*(H')$.

(iii) H 是**正常的**, 即对 H 的任意部分超图 H', $\nu(H') = \tau(H')$.

---

†可以利用线性规划的对偶定理: 如果在限制 $A\mathbf{x} \le \mathbf{b}$, $\mathbf{x} \ge 0$ 下, $\max \mathbf{c}^T\mathbf{x}$ 存在, 那么在限制 $\mathbf{A}^T\mathbf{y} \ge \mathbf{c}$, $\mathbf{y} \ge 0$ 下, $\min \mathbf{b}^T\mathbf{y}$ 存在, 并且 $\min \mathbf{b}^T\mathbf{y} = \max \mathbf{c}^T\mathbf{x}$ (这里 A 是任意 $n \times m$ 实矩阵, $\mathbf{b}$, $\mathbf{c}$ 是 n 维, m 维实向量).

56*. (Cont'd) 以下论断与前面的 (i)–(iii) 等价:

(iv) 对 H 的任意部分超图 H', $d(H') = q(H')$.

(v) H 有 Helly 性质 (即如果边 $E_1, \cdots, E_m$ 两两相交, 那么 $E_1 \cap \cdots \cap E_m \neq \emptyset$) 并且 $\overline{L(H)}$ 是完美的.

57*. (完美图定理) 一个图 G 是完美的当且仅当 $\overline{G}$ 是完美的.

§14. Ramsey 理论

每个 "不规则" 的结构, 如果它足够大, 一定包含一个给定大小的 "规则" 子结构. 这一现象出现在很多情形中, 一个典型的例子 (本章的题目) 是, 如果我们取一个大的完全图, 对它的边进行 2 染色 (如我们任意的那样不规则), 总是存在一个大的单色完全子图. 然而, 我们也可以对其他目标 (空间中的点、数字、子集合, 等等) 进行染色, 来寻找它们的 "正则" 子结构 (单色子空间、等差数列、构形, 等等). 这些问题中一些被证明是非常困难的. 然而, 它们中的相当一部分可用分类来给出一个一般的处理 (对组合背景可参见问题 14.13–18). 最后的一系列问题处理了几何学和组合学中序列的单调子序列及其相关问题. 例如, 寻找一个集合的凸子集这一著名问题就在这里处理了.

Ramsey 理论从狭窄意义上来讲, 当寻找单色子集时, 是超图色数理论的特殊情形, 这里大部分结果可表述为如下论断: 一个超图如果 "正则" 且足够大, 一定有很大的色数.

我们并没有考虑无限 Ramsey 理论, 尽管这是最接近有限理论的, 这里的有限理论可能是组合学中任何其他领域的有限或无限的原型. 我们希望问题 9.14 和 14.19 能阐明这种联系.

1. (a) 每个有 $\binom{k+l}{k}$ 个点的图要么包含一个 $k+1$ 个点的完全图, 要么包含一个 $l+1$ 个点的独立集.

(b) 令 $a_1, \cdots, a_k \geq 1$ 为给定的整数 ($k \geq 2$). 证明存在一个 (最小的) 自然数 $n = R_k(a_1, \cdots, a_k)$ 满足, 如果我们以任意方式给 K_n 的边一个 k-染色, 那将存在一个 $1 \leq i \leq k$ 以及 a_i 个顶点的完全图使得它的所有边都用第 i 种颜色染色.

2. (a) 证明

$$R_k(3) \stackrel{\text{def}}{=} R_k(3, \cdots, 3) \leq \lfloor e \cdot k! \rfloor + 1;$$

并且, 等号对 $k = 2, 3$ 时成立.

(b)* 证明对 $k \geq 2$,

$$2^{k/2} \leq R_2(k, k) < 2^{2k}.$$

3. (a) (Ramsey 定理) 令 K_n^r 表示 n 个点的所有 r-元组构成的超图, 且令 $a_1, \cdots, a_k \geq 1$. 如果我们给 K_n^r 的边一个 k-染色, 证明存在一个 (最小的) 数 $n = R_k^r(a_1, \cdots, a_k)$,

使得对至少一个 $1 \le i \le k$, 将存在 $V(K_n^r)$ 的一个 a_i-元子集满足它的所有 k-元子集具有第 i 种颜色.

(b) 定义 $R_k^r(a) = R_k^r(a, \cdots, a)$. 证明

$$R_k^{r+1}(a) < k^{\lfloor R_k^r(a) \rfloor^r}.$$

4. 给 n ($n \ge 3$) 个顶点的完全图的边一个 2-染色, 证明将存在一个 Hamilton 圈满足要么它是单色的, 要么它由两条单色的弧构成.

5*. 给顶点数为 $\lfloor \frac{3k+1}{2} \rfloor$ 的完全图的边进行 2-染色, 证明存在一条 k 长的单色路.

6*. 让我们给 n 个顶点的完全图的边进行 2-染色, 证明以下论断成立:

(a) 如果存在一个单色的 $(2k+1)$ 长圈 $(k \ge 3)$, 那么就存在一个单色的 $2k$ 长圈.

(b) 如果存在一个单色的 $2k$ 长圈 $(k \ge 3)$, 那要么存在一个单色的 $(2k-1)$ 长圈, 要么存在两个顶点数为 k 的不交的单色完全图.

(c) 如果 $n \ge 2m-1$ 且 $n \ge 6$, 那么将存在一个单色的 m 长圈.

*

7. 让我们给平面上的点进行 3-染色, 证明将存在两个距离为 1 的点染相同的颜色.

8*. 我们给平面的点进行 2-染色, 假设存在 3 个同色的点构成一个边长为 1 的正 (等边) 三角形 (简称为一个单色的边长为 1 的正三角形), 那么对使得 $|a-b| < 1 < a+b$ 的每对 $a, b > 0$, 我们都有一个边长为 1, a, b 的单色三角形.

9. (a) 证明如果我们给平面上的点一个 2-染色, 那么我们不一定有一个边长为 1 的单色正三角形.

(b) 给平面的点一个 2-染色, 证明我们总能得到一个边长为 $\sqrt{2}$, $\sqrt{6}$, π 的单色三角形.

10*. 如果我们给 n 维 Euclid 空间的点一个 k-染色, 那么是否存在一个自然数 $n = n_0(k, R)$, 使得其中一种颜色将包含一个全等于 R 的构形, 其中

(a) R 是一个矩形,

(b) R 是一个非矩形的平行四边形.

*

11. 我们将前 n 个自然数分成 k 类, 证明如果 $n \ge k!e$, 那么其中某个类包含三个整数 x, y, z 使得 $x+y=z$.

12. 给定 $k, r \ge 1$, 则存在 $n_0(k,r)$ 使得如果 $n \ge n_0(k,r)$ 且 $\{1, \cdots, n\}$ 是 k-可染的, 那么我们可以找到自然数 $a, d_1, \cdots, d_r$ 使得所有和

$$a + d_{i_1} + \cdots + d_{i_\nu} \quad (1 \le i_1 < \cdots < i_\nu \le r, \quad 0 \le \nu \le r)$$

具有相同的染色 (当然, 也有 $a + d_1 + \cdots + d_r \le n$).

13. 让我们给一个 n-元集的所有非空子集一个 k-染色, 证明如果 n 足够大, 那么存在两个不交的非空子集 X, Y 使得 $X, Y, X \cup Y$ 具有相同的颜色.

14*. (a) 假设 n-元集 S 的所有子集构成的集合是 k-可染的, 其中 $n \geq N(k,t)$. 找到不交的集合 $A_1, B_1, \cdots, A_t, B_t$ 使得对任意给定的序列 $1 \leq i_1 < \cdots < i_\nu \leq t$, 所有形如

$$C_{i_1} \cup \cdots \cup C_{i_\nu} \quad (C_i = A_i \text{ 或者 } B_i \text{ 或者 } A_i \cup B_i)$$

的并集都有相同的颜色.

(b) 证明对任意给定的 k 和 r 存在满足以下性质的 $n = n(k,r)$: 只要 n-元集 S 的所有子集构成的集合是 k-可染的, 那么就会存在非空的不交子集 $X_1, \cdots, X_r \subseteq S$ 使得它们的任意子集的非空并都有相同的颜色.

15. 将 14.12 加强如下: 对任意 k 和 r, 存在一个自然数 n 使得如果 $\{1, \cdots, n\}$ 是 k-可染的, 那么总是存在自然数 $d_1, \cdots, d_r$ 使得 $d_1 + \cdots + d_r \leq n$ 且所有的和 $d_{i_1} + \cdots + d_{i_\nu}$ $(1 \leq i_1 < \cdots < i_\nu \leq r, \nu \geq 1)$ 具有相同的颜色.

16*. 我们称一个映射 $S \to \{0, \cdots, m-1\}$ 为 S 上的一个 m-**向量**. 考虑 S 上的所有 m-向量构成的集合 m^S, 其中 $m \geq 2$, 并令 α 为 m^S 的一个 k-染色.

(a) 存在一个 $n_1(k,m)$, 使得如果 $|S| \geq n_1(k,m)$, 则存在一个非空集合 $X \subseteq S$ 以及 $S - X$ 上的一个 m-向量 $\mathbf{b}$, 使得 $(m-1)X + \mathbf{b}$ 和 $(m-2)X + \mathbf{b}$ 具有相同的颜色. (我们用两种方式来使用记号: 我们用 X 表示集合 X 上的全 1 向量, 我们将不同集合上的两个 m-向量相加时, 是通过用 0 将它们拓展到整个并集上.)

(b) 存在一个 $n_r(k,m)$, 使得如果 $|S| \geq n_r(k,m)$, 那么就存在不交的非空集合 $X_1, \cdots, X_r \subseteq S$ 以及 $S - X_1 - \cdots - X_r$ 上的一个 m-向量 $\mathbf{b}$, 使得每个向量

$$\mathbf{a} = \sum_{i=1}^{r} a_i X_i + \mathbf{b} \quad (0 \leq a_i \leq m-1)$$

与

$$\mathbf{a}' = \sum_{i=1}^{r} \min(a_i, m-2) X_i + \mathbf{b}$$

具有相同的颜色.

17*. (Cont'd) 证明存在 $N(k,r,m)$, 使得如果 $|S| \geq N(k,r,m)$, 那么就存在 S 的不交的非空子集 $X_1, \cdots, X_r$ 以及由 $S - X_1 - \cdots - X_r$ 的点构成的一个 m-向量 $\mathbf{b}$, 使得所有 m-向量

$$\mathbf{a} = \sum_{i=1}^{r} a_i X_i + \mathbf{b} \quad (0 \leq a_i \leq m-1)$$

都具有相同的颜色.

18. (Van der Waerden 定理) 存在一个数 $w = w(k,m)$, 使得如果自然数 $0, 1, \cdots, w$ 是 k-可染的, 那么就存在一个长度为 m 的单色等差数列.

19. 令 P 为 k-可染的有限自然数集上的任意性质 (例如: 一个集合具有性质 P, 如果它是单色的且形成一个等差数列). 以任意方式给所有的自然数一个 k-染色, 假设某个有限子集具有性质 P, 那么存在一个自然数 N, 使得任意地给集合 $\{1, \cdots, N\}$ 一个 k-染色, 它的某个子集将具有性质 P. †

20*. 判断下面的断言是否正确: 如果所有自然数构成的集合是 k-可染的, 就会有其中一个类包含 x, y, z 使得

(a) $$x + y = 3z,$$

(b) $$x + 2y = z.$$

21*. 令

(∗) $$a_1x_1 + \cdots + a_nx_n = 0$$

是一个整系数方程, 那么下列两个性质是等价的:

(i) (∗) 有一个非平凡的 $(0, 1)$-解.

(ii) 如果我们用有限多种颜色给自然数染色, 那么 (∗) 将有一个单色解.

22*. 证明存在函数 $f(k)$ 具有如下性质: 如果 S 是满足 $|S| \geq f(k)$ 的任意整数集, 那么所有整数构成的集合可以用 k 种颜色进行染色, 使得对每个整数 j 都有 $S + j$ 包含所有的颜色 ($S + j = \{s + j : s \in S\}$). 这个 k-染色甚至可以要求是循环的.

23. 令 q 为一个素数幂且 $k \geq 1$, $r \geq 0$.

(a) 令 $n \geq N(k, r, q - 1)$. 如果我们对 $GF(q)$ 上的 n-维仿射空间中的点进行 k-染色, 那么某个 r-维子空间将是单色的.

(b) 证明对射影空间也有一个类似的定理.

24. 根据 Ramsey 定理和 14.23(a), 给出一个色数至少为 $k + 1$ 且任意两条边至多有一个公共点的 r-一致超图 H 的两种构造方法.

*

25. 令 $(a_1, \cdots, a_{k^2+1})$ 为任意整数序列, 证明它包含一个长为 $k + 1$ 的单调子序列.

26. (a) 令 f 为定义在 $\{1, \cdots, 2^{n-1}\}$ 上的整值函数, 使得 $1 \leq f(i) \leq i$ 对 $i = 1, \cdots, 2^{n-1}$ 成立. 证明存在序列

$$1 = a_1 < \cdots < a_n \leq 2^{n-1}$$

满足 $f(a_1) \leq \cdots \leq f(a_n)$.

(b) 如果用 $2^{n-1} - 1$ 代替 2^{n-1}, 那么上述结论不一定总成立.

---

† 这个断言是称为**紧性**的一般原理的一种非常特殊的情形. 这个原理可以作为例子看作是 Ramsey 定理 14.2 的一种无限形式的演绎. 因为我们不涉及集合论, 这个习题只是给出一个解释.

27*. (a) 令 T_n 表示有 n 个顶点的传递竞赛图且将数 $f(x,y)$ 与每条边 $(x,y)\in E(T_n)$ 相关联. 证明如果 $n>\binom{p+q-2}{p-1}$, 那么要么存在一条 (有向) 路 $(x_0,\cdots,x_p)$ 满足

$$f(x_0,x_1)\le f(x_1,x_2)\le\cdots\le f(x_{p-1},x_p),$$

要么存在一条路 $(y_0,\ldots,y_q)$ 满足

$$f(y_0,y_1)>f(y_1,y_2)>\cdots>f(y_{q-1},y_q).$$

(b) 证明这个界是紧的.

28*. 我们将集合 S 的每个非空子集 $X\subseteq S$ 关联一个元素 $f(X)\in X$.

(a) 如果 $|S|=2m$, 那么存在集合 $T\subseteq S$ 满足 $|T|=m$, 以及 $S-T$ 上的一个排序 $(x_1,\ldots,x_m)$, 使得

$$f(S-\{x_1,\cdots,x_i\})\in T\quad(i=0,\cdots,m).$$

(b) 如果 $|S|=2^n$, 那么存在一个链 $X_0\subset X_1\subset\cdots\subset X_n\subseteq S$ 满足 $f(X_1)=\cdots=f(X_n)$.

(c) 当 $|S|=2^n-1$ 时, 上述结论就不再成立了.

29. 给定平面上的 $N=k^n+1$ 个点, 我们总能找到一条 "几乎垂直的" 折线, 即满足每个角 $a_{i-1}a_ia_{i+1}$ 至少为 $(1-(1/n))\pi$ 的序列 $a_0,a_1,\cdots,a_k$.

30. 我们称一个多边形是下 (上) 凸的, 如果它是凸的且从它的顶点出发并与 y 轴的负 (正) 半轴平行的任意射线与该多边形仅有端点是公共的 (图 7).

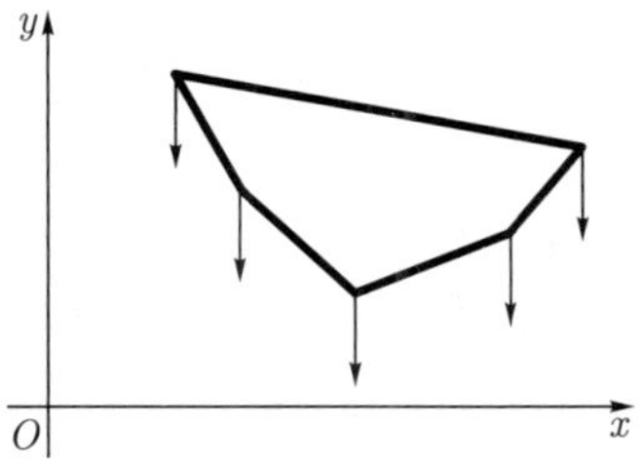

图 7

(a) 证明平面上有 $\binom{p+q}{p}+1$ 个点的任意集合 S, 处于一般位置时 (这个性质指的是由它们决定的直线不会平行于任一轴线), 要么包含一个下凸的 $(p+2)$-边形, 要么包含一个上凸的 $(q+2)$-边形.

(b) 上述结论对于有 $\binom{p+q}{p}$ 个点的集合不成立.

31. (a) 存在一个 (最小的) 自然数 $K(m)$ 使得, 如果我们有平面上处于一般位置的 $K(m)$ 个点, 就总会存在一个点取自给定集合的凸的 m-边形.

(b)* 证明不等式†

$$2^{m-2}+1 \le K(m) \le \binom{2m-4}{m-2}+1.$$

(c) 证明 $K(4)=5$ 以及 $K(5)=9$.

§15. 重 构

重构问题是不变量经典原理的一个形式. 如果我们对每个结构 A 关联某个结构 A' (例如, 一个图的线图, 或者一个序列的生成函数, 或者一个流形的 Betti 数), 我们可能会关心这样的问题: A' 是否唯一地确定 A. 例如, 形式级数确定了它的系数就是这一类型的结果. 另外, 我们也可能会关心这样的问题: 刻画在形式 A' 中出现的那些结构.

我们将限制到组合字符的重构类问题上; 由它们的线图、"拟阵"、它们自身的直积, 等等, 来重构图. 这一领域最广为人知的问题是重构猜想, 猜想断言一个图可由它的极大真导出子图的集合来重构. 对这个猜想人们只解决了一些特殊情形.

为了完整性, 这里我们将提到与之相关的另一类问题, 但是我们在本书中将不再研究. 这些问题是来自有限域的对称组合结构 (区组设计、部分集合、拉丁方) 的重构. 经常是这样的情形, 对参数的某些值, 它们只对应某些给定类型的结构. 例如, 对维数至少为三的有限射影几何的情形就是这样的. 然而, 需要的技巧通常都涉及区组设计理论的广泛应用, 这也是我们在这里没有包含它的原因.

1. (a) 假设 G_1, G_2 是所有顶点度至少为 4 的两个简单图, 且假设它们的线图 $L(G_1)$ 和 $L(G_2)$ 同构, 证明 $G_1 \cong G_2$.

(b) 假设 G_1, G_2 是两个简单连通图, 且假设 $L(G_1) \cong L(G_2)$, 但 $G_1 \ncong G_2$, 那么 G_1 和 G_2 是什么样的图呢?

(c) 假设 G_1, G_2 是简单连通图, 且 $\varphi: L(G_1) \to L(G_2)$ 是 $L(G_1)$ 和 $L(G_2)$ 之间的同构. 若存在同构 $\psi: G_1 \to G_2$ 使得 ψ 在 $E(G_1)$ 上诱导出 φ, 那么我们称 φ 是平凡的. 对哪些图, 存在 $L(G_1)$ 和 $L(G_2)$ 之间的非平凡的同构呢?

2. (a) 令 α 为超图 K_n 的线图的一个自同构, 其中超图 K_n^r 是由 n ($n \ge 3r$) 个顶点的所有 r-元组构成, 那么 α 是由 K_n^r 的一个自同构所诱导的 (即 $V(K_n^r)$ 的一个置换).

(b) 前面的结论对 $3r \ge n > 2r$ 成立, 但对 $n \le 2r$ 不成立.

3. 给定 $0 \le i < r$, 构造图 $L_i(K_n^r)$, 它的顶点为 K_n^r 的 r-元组, 两个 r-元组 A, B 相邻当且仅当 $|A \cap B| = i$. 证明对充分大的 n, $L_i(K_n^r)$ 的每个自同构都是由 $V(K_n^r)$ 的一个置换以自然的方式所诱导的.

4. (a) 每个简单图是某个超图的线图, 描述这些超图.

† 我们猜想下界就是 $K(m)$ 的准确值.

(b) 证明每个具有 n 个顶点且不含孤立点的图 G 是一个具有 $\lfloor n^2/4 \rfloor$ 个顶点的超图的线图.

5. (a) 令 G 为多于 9 顶点的简单图, 对任意顶点 x, 假设 $G-x$ 是某个简单图 H_x 的线图, 证明 G 是一个简单图的线图.

(b) 可以找到有限多个 "样本图" $G_1, \cdots, G_k$ 使得简单图 G' 是一个简单图的线图当且仅当它不含有 $G_1, \cdots, G_k$ 的任意一个作为导出子图.

6. (a) 称图 G 的一个三角形 abc 是**奇的**, 如果存在顶点 $x \neq a, b, c$, 与顶点 a, b, c 中的一个或者三个相邻. 证明: 若简单图 G 是一个线图, 那么

(i) 它不包含 3-星作为导出子图,

(ii) 每当 abc, bcd 是奇的三角形 $(a \neq d)$ 时, 都有 a 与 d 相邻.

(b) 若简单图 G 满足 (i) 和 (ii) 都成立, 那么 G 是某个简单图的线图.

(c) 确定 15.5(b) 中的 "样本图".

7*. 证明 15.5(b) 的结论对 3-一致超图 (无重边) 的线图不成立.

8. (a) 构造两个同构的 2-连通平面图, 它们的对偶不同构.

(b) 若两个 3-连通平面图同构, 那么它们的对偶也同构.

9. 令 G_1, G_2 为两个 3-连通图, 且 $\varphi: E(G_1) \to E(G_2)$ 为它们的边之间的一个一一映射使得 G_1 中形成一个圈的边映射到 G_2 中一个圈的边, 反之亦然.

(a) 证明 φ 保持边的相邻性.

(b) 证明[†]$G_1 \cong G_2$.

10. 令 T, T' 为两棵树, 且假设它们有相同的端点集 $\{x_1, \cdots, x_r\}$. 设

$$d_T(x_i, x_j) = d_{T'}(x_i, x_j) \quad (1 \leq i < j \leq r).$$

证明 T 和 T' 同构.

11. 令 $x_1, \cdots, x_r$ 为树 T 的端点, 且设

$$d_{ij} = d(x_i, x_j).$$

证明

(a) 对任意的三个指标 i, j, k, 有

$$d_{ij} + d_{jk} - d_{ik} \geq 0, \quad d_{ij} + d_{jk} - d_{ik} \equiv 0 \pmod 2,$$

(b) 对任意的四个指标 i, j, k 和 l, 三个数 $d_{ij} + d_{kl}$, $d_{ik} + d_{jl}$, $d_{il} + d_{jk}$ 中的两个是相等的, 且第三个数不超过这两个数.

(c) 假设 $(d_{ij})_{i,j=1}^r$ 是由非负整数组成的对称矩阵, 其中 $d_{ij} = 0$ 当且仅当 $i = j$, 且满足 (a) 和 (b), 那么存在一棵具有 r 个端点 $x_1, \cdots, x_r$ 的树 T 使得

$$d(x_i, x_j) = d_{ij}.$$

[†]这个问题表明 3-连通图可通过它们的拟阵来重构.

12*. (a) 令 $n=2^k$. 构造两个整数集 $\{a_1,\cdots,a_n\}\neq\{b_1,\cdots,b_n\}$ (同一个整数可以出现多于一次) 使得两个集 $\{a_i+a_j:1\le i<j\le n\}$ 和 $\{b_i+b_j:1\le i<j\le n\}$ 相等.

(b) 当 n 不是 2 的幂时, 这是不可能的; 即在这种情况下, $\{a_1,\cdots,a_n\}$ 可由 $\{a_i+a_j:1\le i<j\le n\}$ 所重构.

13. 令 (a_{ij}), (b_{ij}) 为复矩阵, 其中每个矩阵中的任意两行都不相等, 并且令

$$f(s_1,\cdots,s_k)=\sum_{i=1}^{N}\binom{a_{i1}}{s_1}\cdots\binom{a_{ik}}{s_k},$$

$$g(s_1,\cdots,s_k)=\sum_{i=1}^{N}\binom{b_{i1}}{s_1}\cdots\binom{b_{ik}}{s_k}.$$

进一步假设对非负整数 $s_1,\cdots,s_k$ 的每个选择, 都有 $f(s_1,\cdots,s_k)=g(s_1,\cdots,s_k)$. 证明 $f\equiv g$, 即矩阵 (a_{ij}) 和 (b_{ij}) 可由行的置换相互生成.

14. 假设 G_1, G_2 是两个具有公共顶点集合 V 的简单图, 其中 $|V|>3$. 假设对所有的 x, $y\in V$, 都有 $G_1-x-y\cong G_2-x-y$. 证明 G_1 和 G_2 是恒等的.

15. (a) 以下陈述是否正确? 如果 G_1, G_2 是具有公共顶点集 V (足够大) 的简单图, 并且对所有的 $x\in V$, 都有 $G_1-x\cong G_2-x$, 那么 G_1 和 G_2 是恒等的.

(b) 假设 G_1, G_2 是两个具有公共顶点集 V 的简单图. 假设对所有的 $x\in V$, 都有 $G_1-x\cong G_2-x$. 令 H 为任意给定的顶点数少于 $|V|$ 的图. 证明 G_1 和 G_2 中同构于 H 的子图 [导出子图] 的数目是相同的.

(c) 如果 G_1 是不连通的, 那么 G_2 也是不连通的, 并且它们是同构的†.

16*. 假设 T_1, T_2 为相同集合 V 上的两棵树. 假设对每个 $x\in V$, 都有

$$T_1-x\cong T_2-x.$$

(a) 证明 T_1, T_2 具有相同的直径 d.

(b) 进一步证明 $T_1\cong T_2$.

17*. (a) 令 G_1, G_2 为两个简单图, 且 $|V(G_1)|=|V(G_2)|=n$, $E(G_1)=\{e_1,\cdots,e_m\}$, $E(G_2)=\{f_1,\cdots,f_m\}$. 假设 $m>\frac{1}{2}\binom{n}{2}$, 且对 $i=1,\cdots,m$ 有 $G_1-e_i\cong G_2-f_i$, 那么 $G_1\cong G_2$.

(b) 当 $m>\frac{1}{2}\binom{n}{2}$ 被 $m>n\log n$ 替换时, 证明相同的结论.

18. 令 H_1, H_2 为同一集合 V 上的两个 r-一致超图, 且令 $r\le k\le |V|-r$. 假设对所有的 $X\subseteq V$, $|X|=k$, 都有

$$(*)\qquad |E(H_1-X)|=|E(H_2-X)|.$$

那么 H_1 和 H_2 是恒等的.

---

†Ulam 的著名猜想表明, 这个断言对**任意**图对都是成立的.

19. 假设 H_1, H_2 为相同集合 V 上的超图. 假设对每个 $x \in V$, 都有

$$H_1 \setminus x = H_2 \setminus x.$$

证明: 要么 $H_1 = H_2$, 要么 H_1 包含 V 的所有偶元子集且 H_2 包含 V 的所有奇元子集(或相反地).

20*. (a) 假设 G_1, G_2 为两个简单图, 并假设它们映射到任意第三个图 H 上的同态的数目是相等的. 那么 $G_1 \cong G_2$.

(b) 假设 G_1, G_2 为两个简单图, 并且每个图 H 映射到 G_1 和 G_2 的同态的数目是相等的. 那么 $G_1 \cong G_2$.

21. 如果 $G_1 \times G_1 \cong G_2 \times G_2$, 那么 $G_1 \cong G_2$.

22. (a) 构造不含孤立点的简单图 G_1, G_2, F 使得 $G_1 \ncong G_2$, 但 $G_1 \times F \cong G_2 \times F$.

(b) 假设 $G_1 \times F \cong G_2 \times F$, 其中 G_1, G_2, F 都是简单图, 那么对 F 的所有子图 F_0, 都有

$$G_1 \times F_0 \cong G_2 \times F_0.$$

(c) 证明消去律对强直积成立, 即如果 $G_1 \cdot H \cong G_2 \cdot H$, 那么 $G_1 \cong G_2$.

(d) 相同的消去律对有限群和环的直积成立.

II. 提　　示

§9. 色　　数

1. 除去一个顶点, 对 $|V(G)|$ 进行归纳.

2. 要证明第二个结论, 令 V_1 为一个最大团的顶点集合.

3. 用颜色对 $G_1 \cup G_2$ 染色.

4. 考虑一个每种颜色至少出现两次的染色 α 和一个使用 $\chi(G)$ 种颜色的染色 β, 使得它们有尽可能多的公共色类.

5. 对 k 进行归纳, 使用与 9.2 类似的重新染色的方法.

6. 回答下面的问题将会对解答有帮助: $\alpha(G \oplus K_m)$ 能大于 $|V(G)|$ 吗?

7. (a) 如果给定 G_1 的一个染色, 根据它的第一个坐标对 $G_1 \times G_2$ 的顶点进行染色.

(b) 观察到 $G \times G \supseteq G$.

(c) 如果 α 是 $G \times K_n$ 的一个 k-染色, $n > k$, 利用事实: 对每个 $v \in V(G)$, 某个颜色在集合 $\{(v, x) : x \in V(K_n)\}$ 上出现了两次.

(d) 对 $G \times K_n$ 的一个 n-染色 α, 证明如果 $\{\alpha(v, x) : x \in V(K_n)\}$ 不相同, 那么对 v 的任意邻点 u, $\{\alpha(u, x) : x \in V(K_n)\}$ 也不相同.

(e) 如果 $K_n^m = \underbrace{K_n \times \cdots \times K_n}_{m}$ 呢?

8. 对 (d), 观察到, 如果我们想用三种颜色去染一个奇圈, 且每个顶点处都有一个颜色被排除, 那么这种染色是可能的当且仅当在每个点处被排除的颜色不相同. 对 (e), 首先考虑除了一个划分外, 其他都是被允许的情况.

9. 首先证明结论对无圈图成立; 对一般的情形, 参见 6.11 的解答.

10. 当且仅当每个圈中沿着圈的不同方向的有向边的条数相同.

11. 若 $\vec{G}$ 是 G 的具有所提性质的一个定向, 那么对 G 的一个途径, 定义它的费用: 如果我们以正确的方式 (从尾到头) 通过一条边, 那么我们增加 1; 否则减少 $k-1$. 验证并运用以下结论:

(a) 由如下可知, 从 a 到 b 的费用有界,

(b) 如果 a 和 b 相邻, 那么 (x_0, a) 和 (x_0, b) 的最小费用是不同的, 但至多相差 $k-1$.

12. (a) 寻找 G 的顶点的一个排列 $(x_0, \cdots, x_{n-1})$ 使得 x_i 与某个 x_j $(j < i)$ 相邻; 从点 x_{n-1} 开始染色. (b) 证明在前面的解答中用到的序列可以被这样选择, 使得 x_0 与 x_{n-1} 相邻, 且 $C(x_0) \neq C(x_{n-1})$.

13. (a) 考虑 x_0, x_{n-2}, x_{n-1} 使得 $(x_{n-2}, x_{n-1}) \notin E(G)$, $(x_0, x_{n-1}) \in E(G)$, $(x_0, x_{n-2}) \in E(G)$. (b) 若 $G = G_1 \cup G_2$, 并且 $V(G_1) \cap V(G_2) = \{x_1, x_2\}$, $|V(G_i)| \geq 3$, 考虑 $G_1 + (x_1, x_2)$ 和 $G_2 + (x_1, x_2)$.

14. (a) 必须证明 "不相邻" 是一个等价关系. (b) 将 G 嵌入具有同样集合和性质的极大图中. (c) 对给定的边 e, 考虑 e 的端点染为不同颜色的染色的集合.

15. 令 K_{k+1} 为 $\mathcal{K}$ 中最小的完全图, 那么 $\mathcal{K}$ 将成为所有非 k-可染的图类. 事实上, 要证明这些图在 $\mathcal{K}$ 中, 考虑具有固定顶点数但边数最大的一个反例, 并证明 "不相邻" 是这些顶点上的一个等价关系.

16. 运用上一题的结论.

17. (a) 奇圈. (b) 在 $K_{n,n'}$ 的每个 3-染色中, 两个类中的一个是单色的. (c) 在 $K_{n,n'}$ 的每个 5-染色中, 两个类中的一个只得到两种颜色.

18. 为了证明 $\chi(G') > \chi(G)$, 令 α 为 G' 的一个使用颜色 $1, \cdots, \chi(G)$ 的染色且 $\alpha(y) = 1$. "投射" α 得到 G 的一个不使用颜色 1 的染色.

19. (a) $G - (x_3, x_4)$ 的一个 3-染色是什么样的? (b) 用 9.8 证明充分性.

20. 对所有的 $k \geq 3$, 都会发生.

21. 若 $k-1$ 条边将 G 分为两个片段 G_1, G_2, 考虑它们的 k-染色且置换颜色使这两个染色结合在一起.

22. 如果 G 是临界 $(k+1)$-色图, 有 $G = G_1 \cup G_2$ 且有 $V(G_1) \cap V(G_2) = \{x, y\}$, 那么研究由 G_1 和 G_2 通过连接或等同点 x 和 y 而得到的图的 k-可染性.

23. 令 $G_1, \cdots, G_N$ 为 $G - S$ 的连通分支. 考虑由 $G - V(G_i)$ $(i = 1, \cdots, N)$ 的 k-染色导出的 S 的划分.

24. 在 $G - (x, y)$ 的每个 k-染色中, 顶点 x, y 具有相同的颜色. 如果这个颜色是 i, 那么对任意其他颜色 j, 染 i 和 j 色的顶点集一定包含一条 (x, y)-路.

25. (a) 将 K_n 看作是由一个正则 n 边形的边和对角线所形成的图. (b) 对应于 $\overline{L(K_n)}$ 的染色的一个色类中的边形成一个星或三角形. (c) 考虑 $L(\overrightarrow{K_n})$ 的一个染色, 对 $\overrightarrow{K_n}$ 的任意两个顶点 u 和 v, 一定存在一种颜色, 它出现在离开 u 的边中, 但不出现在离开 v 的边中.

26. (a) 假设给定 $L(G)$ 的一个染色, 即对每个顶点 v, 用出现在离开 v 的边上的颜色集给其染色. (b) 利用 13.20 去改进 (a) 中给出的界.

27. (a) 利用 9.18. (b) 如果我们有 G_k 满足 $\chi(G_k) = k$, 且用一条新的边连接每个顶点 x 和一个新的顶点 x'. 那么, 用 n 种颜色给这个片段染色, 新的顶点集合不可能是单色的. (c) 取传递竞赛图的迭代线图.

28. (a) 除去左右端点距离尽可能远的一个区间. (b) 考虑如之前所说的 I_1 和 a, 但是现在从这个系统中除去包含 a 的所有区间. (c) 我们可以假设 $V(G) = V(C)$. 考虑如之前所说的 I_1 和 a.

29. (a) 考虑连接 $v \in S$ 到 $u \in S$ 的两条弧经由 $G - S$ 的不同连通分支形成的圈. (b) "充分性" 部分类似于 9.28(c), "必要性" 部分利用 (a) 和归纳法. (c) 利用归纳法和 (a).

30. 问题等价于 $\alpha(G) = \varrho(G)$.

31. 证明

$$\chi(G_1 \cdot G_2) \le \chi(G_1) \cdot \chi(G_2),$$

$$\omega(G_1 \cdot G_2) \ge \omega(G_1) \cdot \omega(G_2).$$

32. (a) 启发性地说, 将 P 划分成 "层". 取最顶端的点为 "第一层", 接下来的最大点为 "第二层", 依次进行下去.

(b) 利用 8.4.

33. 即使 G_1 和 G_2 都是完美图, 9.31 也不会给出一个完美图.

34. $\omega(G)$-染色的一个色类可以满足.

35. 只需在只有一个 G_x 含有多于一个顶点的情况下, 对 G' 证明前面的条件.

36. 考虑由 λ-染色导出的 $V(G)$ 的划分.

37. 用容斥原理计数 λ-染色的数目.

38. $G - e$ 的哪些 λ-染色不是 G 的 λ-染色呢?

39. 对圈, 利用前面的公式.

40. 如果 G 有若干连通分支, 我们可以独立地对它们进行染色; 如果它含有若干块, 我们也可以几乎独立地对它们进行染色.

41. 除去左右端点距离最远的一个区间.

42. 利用 9.38.

43. 对 $|E(G)|$ 进行归纳, 但是从树开始.

44. 利用 9.36 解答中所给出的公式.

45. 事实上, 对连通图而言, 在 $(0, 1)$ 上都有 $(-1)^{n-1}P_G(\lambda) > 0$. 用与 9.43 解答中类似的归纳法证明这个结论.

46. (a) 证明 0 是一个简单根当且仅当 G 是连通的, 1 是简单根当且仅当 G 是 2-连通的或者 $G \cong K_2$. (b) 利用归纳法和 9.38.

47. (a) 由 9.38, 结论是平凡的. (b) 任意一个类似这样的线性关系都必须满足

当 $V(G) = V(F)$ 时的三种情况. (c) 证明: 如果这个 (实际上, 任意) 线性关系在 $V(G) = V(F)$ 时的三种情况下成立, 那么在一般情况下, 这个线性关系也是成立的.

48. 那么 $\frac{3-\sqrt{5}}{2}$ 呢?

49. (a) 证明当 G 是某个很简单的三角剖分时, 这个关系成立. 通过 "交换" 四边形的对角线, 将问题简化为这种情况; 利用等式

$$P^2_{G_1}(\tau+1) - P^2_{G_2}(\tau+1) = \tau^{-3}(P^2_{G_1|e_1}(\tau+1) - P^2_{G_2|e_2}(\tau+1)).$$

(b) 从一个三角剖分中除去边, 使用 "向后" 归纳法.

50. 证明 G 有一个度至多为 5 的顶点.

51. 若用颜色 1, 2, 3, 4 对面进行染色, 与染 1 和 2 色的面相邻或与染 3 和 4 色的面相邻的边, 我们将其染为 α 色; 与染 1 和 3 色的面相邻或与染 2 和 4 色的面相邻的边, 我们将其染为 β 色; 剩下的边染 γ 色.

对于逆命题, 在边的一个 3-染色中, 首先去染图中由红–绿和红–蓝边所形成的面.

52. 若用三种颜色 1, 2, 3 对边进行染色, 对顶点 v, 如果与其相关联的边, 按顺时针方向, 依次染为 1, 2, 3, 我们将其赋值为 1, 否则赋值为 -1. 对于逆命题, 考虑 $L(G)$ 和 5.4.

53. 在 Hamilton 圈的内外均用两种颜色.

54. (a) 用归纳法, 移去一个度至多为 4 的点, 用 4 种颜色去染剩下的点且改变这个染色使得除去点的邻域只用 3 种颜色. (b) 等同一个面的边界上不相邻的两个点, 并使用与 (a) 类似的论证.

55. 我们可以假设 G 是一个三角剖分, 然后考虑它的对偶图 G^* 的一个 1-因子.

56. 对 "充分性" 部分, 以如下方式给边定向: 如果以给定的方向通过给定的边需要 1 单位工作, 那么绕每个面一圈需要 0 (mod 3) 单位工作.

57. 假设不存在与 x-轴平行的线, 那么按顶点的坐标, 逐个对顶点进行染色.

§10. 图的极值问题

1. 否则, G 的每个块都将由一个单独的圈构成.

2. (a) 考虑一条最长路. (b) 基于 (a) 用归纳法.

3. (a) 作为 (a) 的替代, 证明这个更强的结果: 如果简单图 G 至多有一个点度至多为 2, 那么 G 包含 K_4 的剖分. (b) 像之前一样归结到 (a).

4. 证明并运用以下事实: G 不包含一个 K_4 的剖分以及与它不交的一条边.

5. (a) 图包含一个 K_4 的剖分. (b) 运用 Kuratowski 定理 5.39(d).

(c) 丢掉连通性假设时, (ε) 的唯一例外的情形是, 图就变成了其块是 4-完全图的连

通图.

6. 关键是 K_4 中点的度至多为 3.

7. 收缩边得到一个连通图, 只要得到的图 G' 满足

$$\frac{|E(G')|}{|V(G')|} \geq \frac{m}{n}$$

成立.

8. 对 m 用归纳法并利用上一问题.

9. 运用和 10.8 中类似的方法.

10. 如果分别从一个给定的点和一个给定的圈开始, 那什么时候这两个分支 "能长到一起"?

11. 可以从点 x_0 经过长度至多为 $\frac{g-1}{2}$ 的路到达的点是不同的.

12. 假设 $G(r,g)$ 和 $G(r',g-1)$ 是可得的, 其中 $r' = |V(G(r,g))|$, 构造 $G(r+1,g)$.

13. (a) 如果两个点 a,b 之间的距离比 g 大, 那么移除 a,b 并匹配它们的邻点.

(b) 分别处理情形 $r=2l$ 和 $r=2l+1$. 在第一种情形下, 一定存在一个长为 g 的圈经过任意给定的点. 在第二种情形下, 任意两个相邻顶点之一具有这个性质.

(c) 运用类似于 10.11 中的那样的一种计数.

14. 如果 G' 围长至少为 g, $(u,v) \in E(G')$ 且 x,y 到 $\{u,v\}$ 的距离都至少为 $g-1$, 那么 $G' - (u,v) + (x,u) + (y,v)$ 的围长至少为 g.

15. (a) 运用一个有限射影平面. (b) 设 G 的点为 $GF(p)$ 上 4-维射影平面上的超曲面 $x_1^2 + x_2^2 + x_3^2 + x_4^2 + x_5^2 = 0$ 的线和点, 连接一个点到一条线当且仅当它们是关联的.

16. (a) 设 Z 是覆盖所有圈的点的最小集, 并计数 Z 和 $V(G) - Z$ 之间边的数目. (b) 运用 (a) 和与 10.11 类似的论证.

17. 设 $G_1 = G$; 如果 $G_1, \cdots, G_i$ 已经有定义, 那么设 C_i 是 G_i 中的一个最小圈, 并且令 G_{i+1} 是由 G_i 通过去掉 C_i 的点和 $G_i - V(C_i)$ 的不在圈中的所有点再 "消掉" 2 度点得到. 考虑使得 G_i 有最大围长的 i.

18. (a) 运用 10.4.

(b) 用与之前问题证明中类似的论证.

(c) 围长为 $\log_2 k$ 的极小 3-正则图有这个性质.

19. 去掉 x 并运用归纳法.

20. 考虑一条最长路 $P = (x_0, x_1, \cdots, x_m)$. 我们称路 $(x_0, \cdots, x_i, x_m, x_{m-1}, \cdots, x_{i+1})$ 可以由 P (假设 $(x_i, x_m) \in E(G)$) 经过**变形**得到. 设 X 是所有由 P 经过不断变形得到的那些路的端点的集合.

21. (a) 可以假设添加一条边 (x,y) 到 G 中就产生一个 Hamilton 圈. 考虑 x 和 y 在这个 Hamilton 圈上的邻点. (b) 和 (c) 需要先证明 (d).

(d) 在 (a) 解答中的论断证明: 如果 $d_k + d_l \geq n$, 那么 x_k 和 x_l 是相邻的. 考虑一条使得 $k+l$ 极大的被丢掉的边 (x_k, x_l).

22. 证明如果 G 是饱和的且 x_i 和 x_j 是不相邻的, 那么

$$d_G(x_i) + d_G(x_j) \leq n + q - 1.$$

23. 寻找一个 $2n$ 长的圈.

24. 如果有必要就连接两个顶点 x, y 并剖分边 (x, y).

25. 考虑一个最大圈 C. 首先证明 $|V(G)| > \frac{n}{2}$, 然后考虑 $G - V(C)$ 的一条最大路 P, 并且尝试用经过 P 的一条路来替换 C 的一条弧.

26. 考虑一个最长圈 C, $G - V(C)$ 的一个连通分支 G_1, 以及 C 的那些与 G_1 相邻的点的邻点.

27. (a) 考虑 G 中一条最长路的端点. (b) 设 $(x_0, \cdots, x_m)$ 是一条最长路, 首先考虑存在边 (x_0, x_j) 和 (x_m, x_i) 使得 $i < j$ 的情形.

28. 对 n 用归纳法并借助 7.27(b).

29. 图 G 的任意一条路 P 都包含在如图 8 所示的一个子图中.

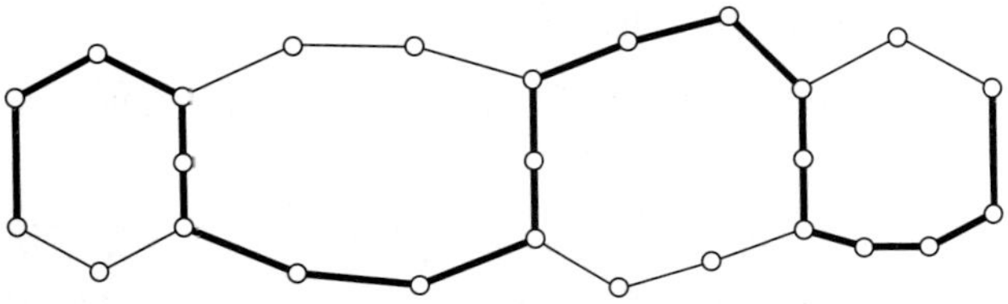

图 8

30. 运用以下事实: 如果 x, y 是相邻顶点, 那么

$$d_G(x) + d_G(y) \leq n.$$

31. 观察到对每个顶点 x 有

$$d_G(x) \leq \alpha(G).$$

32. 如果 3-元组 $\{x, y, z\} \subseteq V(G)$ 不能张成 G 或者 $\overline{G}$ 的一个三角形, 那么它恰好包含两个点满足与这两个点之一关联的 3-元组中的两条边不同时属于 G 或 $\overline{G}$.

33. 边 (x, y) 包含在至少 $d(x) + d(y) - n$ 个三角形中.

34. 从一个 k-完全图出发, 对 m 运用归纳法.

35. 考虑一个最大度点的邻域并对 k 运用归纳.

36. (a) 用两种方式计数图中 “樱桃” (3-顶点的树) 的数目. (b) 运用与 10.15 中类似的方法.

37. 现在计数 G 中 $K_{1,r}$ 的数目.

38. (a) 对 k 用归纳法, 选择 k 个不交的 s-集 $A_1, \cdots, A_k$ 使得任意两个不在同一 s-集的点相连接 (s 是一个恰当大的数), 并证明外面的许多点与每个 A_i 中的至少 t 个点是相邻的.

(b) 不断地去掉度为 $\left(1-\frac{1}{k}+\frac{\varepsilon}{2}\right)\cdot|V(G)|$ 的点; 证明当我们停止时, 顶点的数目仍然是很大的.

(c) 由 (b) 可得.

39. 证明如果 $G \neq H_{n,k}$ 不包含 G_0, 那么有 $2k\cdot|V(G_0)|$ 个点可以从 G 中去掉, 使得余下的图 G_1 满足

$$|E(G_1)|-|E(H_{n_1,k})|>|E(G)|-|E(H_{n,k})| \qquad (n_1=|V(G_1)|).$$

40. (a) 如果一个给定的 k-完全图包含在 "很少的" $(k+1)$-完全图中, 那么我们寻找 "一些" k-元点集的对 (A,U) 使得 A 是完全图, U 不是, 且 $|A\cap U|=k-1$. (b) 首先证明

$$(*) \qquad \frac{N_k}{N_{k-1}} \geq \frac{\vartheta-k+1}{\vartheta}\cdot\frac{n}{k}.$$

41. (a) 设 $d_1, \cdots, d_n$ 是 T 中点的出度, 那么 T 包含

$$\binom{n}{3}-\binom{d_1}{2}-\cdots-\binom{d_n}{2}$$

个 3-圈. (b) 观察到每个点至少与一个 3-圈相邻.

42. 证明对每个 $3\leq k\leq n$, 它至少包含 $n-k+1$ 个 k-圈.

43. 如果我们指定 $\left[\frac{n}{2}\right]$ 条独立边

$$e_1, \cdots, e_{[\frac{n}{2}]},$$

那么至多存在一个 Hamilton 圈使得它的第 1, 第 $3, \cdots$ 条边恰好是这些边.

44. (a) 论断中说, 如果 $n=2^{k-1}$, 那么存在一个有 k 个点的传递竞赛子图. 通过对 k 用归纳法来证明这个结果.

(b) 对 k 用归纳法, 观察到从 x 可到达的点的集合至少包含

$$\prod_{j=0}^{k-2}\left(\frac{d+1}{2^j}-1\right)$$

个具有 $k-1$ 个顶点的传递竞赛子图, 其中 d 是 x 的出度.

(c) 对 n 用归纳法来证明至少存在 $\binom{n-2}{k-2}$ 个包含一个 3-圈的 k-元组.

§11. 图谱与随机游走

1. 特征向量在组合上的含义是什么?

2. (a) 使用如下事实: $(1,\cdots,1)$ 是一个特征向量且特征向量是两两正交的.

(b) 确立并利用等式

$$A_G = B_G B_G^T - dI, \quad A_{L(G)} = B_G^T B_G - 2I.$$

(c) Petersen 图是 $\overline{L(K_5)}$.

3. 我们不妨假设 $V(T) = \{x_1,\cdots,x_n\}$, $e = (x_k, x_{k+1})$ $(1 \le k \le n-1)$, 且 $T - e = T_1 \cup T_2$, 其中 $V(T_1) = \{x_1,\cdots,x_k\}$ 且 $V(T_2) = \{x_{k+1},\cdots,x_n\}$. 考虑用前 k 行来展开 $\det(\lambda I - A)$.

4. 利用归纳法和之前的习题.

5. (a) 可由 11.4 和 1.31 推出. (a) 和 (b) 都可用归纳法得到. (b) 和 (c) 实际上在 1.29 中就已解决. 对 (d), 考虑属于特征值 λ 的且在树的自同构下不变的特征向量 $\mathbf{y}$, 推出以下递推关系式

$$Dy_{k+1} + y_{k-1} = \lambda y_k,$$

这里 y_k 是 $\mathbf{y}$ 中与根点距离为 k 的任意分量.

6. 由 11.4, 我们只需找到, 对任一 k, 都有相同数目的 k-匹配的两棵树. 在没有三条独立边的树中去寻找.

7. (a) 证明

$$p_G(\lambda) = \det p_{G_1}(\lambda I - A_{G_2}).$$

(b) 邻接矩阵 $A_{G_1 \cdot G_2}$ 是如何产生的?

8. 向量 $\mathbf{v} = (\chi(\gamma_{1,1}),\cdots,\chi(\gamma_{1,n}))^T$ 是一个特征向量.

9. Q_n 的自同构群包含了交换正规子群 $(Z_2)^n$; 也可利用 11.7(a).

10. 如果 $G \cong H$, 那么它们的特征值是相同的.

11. 注意 0 不是特征值当且仅当 $\det A \neq 0$.

12. 找到覆盖子图中三度点对应的 a, 和其他点对应的 b 的一个特征向量.

13. 利用事实 $\lambda_1 = \max\limits_{|\mathbf{v}|=1} \mathbf{v}^T A_G \mathbf{v}$.

14. (a) 利用之前的结果; 为了确定等号成立的情形, 利用事实: 连通图的邻接矩阵有一个 (严格) 正的特征向量. (b) 利用事实: 所有特征值之和为 0, 它们的平方和为 $2m$. (c) 将 G 嵌入一个有根完全 $(D-1)$-叉树.

15. 利用公式 $A_{L(G)} = B^T B - 2I$, 其中 B 是点边关联矩阵:

$$B = (b_{ij}), \quad b_{ij} = \begin{cases} 1 & \text{如果 } i \text{ 属于第 } j \text{ 条边}, \\ 0 & \text{其他}. \end{cases}$$

16. G 的任何自同构 α, 都对应一个置换矩阵 P 使得 $A_G P = P A_G$. 同时利用 $A = T^{-1}LT$ 的事实, 其中 T 是一个正交矩阵且 L 是以特征值为对角线元素的对角矩阵.

17. 利用之前的结果, 证明 Γ 是可交换且正规的, 并利用 11.8 计算特征值.

18. 利用特征值的交错定理: 如果 A 是特征值为 $\lambda_1 \geq \lambda_2 \geq \cdots \geq \lambda_n$ 的对称矩阵, B 是特征值为 $\mu_1 \geq \cdots \geq \mu_m$ 的对称子矩阵, 那么 $\lambda_i \geq \mu_i \geq \lambda_{i+n-m}$.

19. (a) 假设 $A_G\mathbf{w} = -\lambda_1\mathbf{w}$, $\mathbf{w} = (w_1, \cdots, w_n)^T$. 证明 $\mathbf{w}' = (|w_1|, \cdots, |w_n|)^T$ 满足 $-\mathbf{w}^T A_G \mathbf{w} = \mathbf{w}'^T A_G \mathbf{w}'$. (b) 考虑最小特征值极小的那个分支.

20. 利用 11.13, 11.14 和归纳法.

21. (a) 证明: 在一组合适的基下, A 有一个 $k \times k$ 的对称子矩阵 D, 其中主对角线上是 0, 并且 λ_1 是 D 的一个特征值. (b) 0 是一个重数为 $n-k$ 的特征值.

22. 证明对任一向量 $\mathbf{x}$,

$$\mathbf{x}^T(dI - A_G)\mathbf{x} = \sum_{(i,j)\in E} (x_i - x_j)^2.$$

23. 考虑如下向量: 它在最大独立集及其补集上是常数.

24. 将 $\mathbf{x}^T A_G \mathbf{x}$ 写成 m 个正的和 m 个负的平方数之和.

25. 如果多项式 $f(\lambda)$ 的根是 A_G 的不同特征值, 那么 $f(A_G) = 0$.

26. 证明这两个论述都等价于 "A_G 的每个特征向量都是 J 的特征向量".

27. 计算 A_L^2.

28. (a) A_G 满足方程

$$A_G^2 = bJ + (d-b)I.$$

(b) $G = K_3$. (c) 推广例子 $K_4 \oplus K_4$.

29. (a) 考虑属于 λ_2 的特征向量 $\mathbf{x}$, 以及 11.22 中那些对应于连接向量 $\mathbf{x}$ 的最小、最大分量的路上的边的项. (b) 考虑 $A_G^2 - dI$.

30. 对顶点排序使得 $y_1 \leq y_2 \leq \cdots \leq y_n$, 再利用 $y_j - y_i = (y_{i+1} - y_i) + \cdots + (y_j - y_{j-1})$, $i < j$.

31. (a) 利用 11.22. (b) 对 $y_i = (\max\{x_i - \overline{x}, 0\})^2$ 利用 11.30, 其中 $\mathbf{x}$ 是属于 λ_2 的特征向量, 且 $\overline{x}$ 是 x 的中值.

32. (a) 用 11.8 表示 G 的特征值. (b) 考虑所有点对间的最短路, 及在自同构下的所有像.

33. (a) 用容斥原理表示问题中的概率, 并找到 $n \to \infty$ 时的极限 (参见 4.23 的解答). (b) 对给定的划分, M_1 包含 S 与 $V(G) \setminus S$ 之间 p 条边的概率是多大?

34. 用 $p_j^{(k)}$ 表示 $v_k = j$ $(j \in V(G))$ 的概率, 证明并应用

$$p_j^{(k+1)} = \sum_{i \in \Gamma(j)} p_i^{(k)} \frac{1}{d(i)}.$$

35. (a) 尝试 $p_i^{(0)} = d(i)/(2m)$. (b) 一个平稳分布是 M 的一个特征向量. (c) 运用 11.34 和 11.19.

36. 注意到 $\mathsf{P}(v_j = y | v_i = x)$ 恰好是由 x 出发的随机游走在第 $j-i$ 步到达 y 的概率.

37. (a) 利用 11.35(c) 以及等式

$$\mathsf{E}(\nu_t(x)) = \sum_{i=1}^{t-1} \mathsf{P}(v_i = x).$$

(b) 利用 11.36 以及等式

$$\mathsf{D}^2(\nu_t(x)) = \sum_{i=0}^{t-1} \sum_{j=1}^{t-1} [\mathsf{P}(v_i = x,\ v_j = x) - \mathsf{P}(v_i = x)\mathsf{P}(v_j = x)].$$

38. (a) 利用 11.37. (b) 对经过某条边的通路数目, 找到并证明与 11.37 类似的结论.

39. 对具有 n 个点的路的情形, 找到从第 $n-1$ 个点到第 n 个点的平均访问时间.

40. (a) 考虑长为 2 的路. 为了得到正则的例子, 可以将 u 选为割点.
(b) 从 u 到 v 的游走与从 v 到 u 的游走之间存在一个自然的双射.

41. 对从 u 到 v 并返回的游走, 考虑它第一次返回 u 的情形.

42. (a) 寻找从 u 出发, 访问 v, 再访问 w 的往返旅行 (roundtrip) 与从 u 出发, 访问 w, 再访问 v 的往返旅行之间的双射.
(b) 对固定点 t, 按照 $a(u,t) - a(t,u)$ 的值对所有点进行排序.

43. 对 $r = 1$, 利用 11.38(b).

44. (a) 利用结论: 对 $i \neq j$,

$$a(i,j) = 1 + \frac{1}{d(i)} \sum_{k \in \Gamma(i)} a(k,j).$$

(b) 对 $i = j$, 等式的右边是什么?

(c) 令 $p_{ij}^{(t)}$ 表示一个从 i 出发的随机游走在 t 步之后到达 j 的概率. 令 $q_{ij}^{(t)}$ 表示一个从 i 出发的随机游走在第 t 步时第一次到达 j 的概率. 证明

$$p_{ij}^{(t)} = \sum_{s=0}^{t} q_{ij}^{(s)} p_{jj}^{(t-s)},$$

并根据生成函数来解释这个关系.

45. 把 11.44(c) 的结果加起来就得到了 (a). 对于 (b), 利用 11.9 的第一个结论.

46. 对于 (a), 利用 11.44(c). 对于 (b), 注意到向量 $\mathbf{w}_i = (w_{ki})_{k=1}^n$ 是两两正交的单位向量.

47. (a) 找到恰好有 i 个点未访问时步数的期望值. (b) 参见 11.43.

48. (a) 证明遍历所有的 $v \in V(G) \setminus \{u\}$, $\mu(u,v)$ 的平均值是 $n/2$.
(b) 如果 α_v 是在访问 v 之前已走的步数, 那么 b 是 α_v 的中位数的期望.

49. 由 11.48(b), 在 $2a$ 步内, 我们可以访问超过半数的点; 在另外 $2a$ 步内, 我们可以访问剩下点中超过半数的点, 以此类推.

50. 利用 11.44(c) 中的方法.

51. 利用 11.44(a).

52. 由基本的概率方法, (a) 是平凡的. (b) 可由 Kirchhoff 定律和 Ohm 定律得到. (c) 可通过考虑作用在点上的力来得到. 对于 (d), 考虑具有给定性质的两个调和函数的差, 以及差达到最大值时的点.

53. (a) 证明并利用结论: s 和 t 之间的电阻为 $(\sum_{u\in\Gamma(t)} \phi_{st}(u))^{-1}$. (b) 首先, 将 R_{st} 与施加在 0 处的力相联系. (c) 由 Kirchhoff 定律计算各点处的电压, 并利用 4.9.

54. 利用 11.53(b).

55. 对于 (b), 考虑以 a 和 b 为端点的路. 对于 (c), 注意到如果 (a,b) 被使用了, 那么我们已经到达 t.

56. 对于 (b) 和 (c), 利用 11.44(c) 以及算术平均数与调和平均数之间的不等式.

57. (a) 考虑访问 v 的邻点时的第一步, 证明 $\pi(u,v)$ 是独立于 v 的. (b) 存在从 u 的任一邻点出发的游走, 使得倒数第二个被访问的点是 v 以及最后一个被访问的点是 u. (c) 利用 6.6(c).

58. 设 $P(S,u)$ 是从 u 出发的一个随机游走生成问题中所要求的生成树 S 的概率. 对每条边 $(u,v) \in E(G)$, 设 (u,v^S) 表示在 S 中的 (u,v)-路上的第一条边. 证明

$$P(S,u) = \frac{1}{d_G(u)} \sum_{v\in\Gamma(u)} P(S-(u,v^S)\cup(u,v), v^S).$$

59. 考虑一个随机序列.

§12. 图的自同构

1. Pertersen 图是 K_5 的线图的补图.

2. (a) 考虑图 9 中所示类型的立方体. (b) 对于立方体的情形, 考虑 4 条主对角线.

3. 一个 k-圈有一些多余的自同构; 我们怎样通过改变方向来预防它呢?

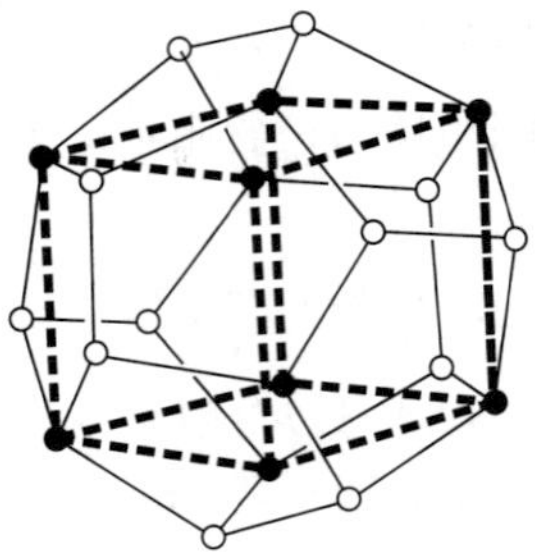

图 9

4. 从右边乘任一固定元素都是 G 的一个自同构.

5. 通过与 12.3 中类似的方法除去方向和染色.

6. 设 $\{h_1, \cdots, h_m\}$ 为 Γ 的一个极小生成集. 取 $\Gamma \times \{1,2\}$ 中的元素作为顶点, 且连接 $(g,1)$ 到 $(g',2)$ 当且仅当对某个 i 有 $g'g^{-1} = h_i$ 成立. 添加 $\Gamma \times \{1\}$ 和 $\Gamma \times \{2\}$ 之间的边, 来保证除了由 Γ 中的元素通过自然方式导出的自同构外没有其他自同构.

7. (a) 偶数阶的群有一个阶为 2 的元素. (b) 找到允许其自同构的一个正则群同构于 Γ 的所有竞赛图.

8. 尝试如 12.5 中相同的构造, 容易得到所有不在 $V(G_0)$ 中的顶点度都为 3. 将 G_0 的每个顶点分裂成度为 1 的顶点并用一个圈连接它们.

9. 令 $x_1, x_2, \cdots, x_n$ 为 G 中顶点的一个排列且满足对 $i > 1$, x_i 与某个 x_j 相连, $j < i$. 考虑固定顶点 $x_1, \cdots, x_i$ 后的自同构的子群.

10. 只需要考虑 $A(G)$ 在 $E(G)$ 中的一个轨道.

11. 首先解决 $\Gamma_2 = \{1\}$ 的情形, 然后考虑例子中的一个特定的"产物".

12. (a) 对每个 $\gamma \in \Gamma, \gamma \neq 1$, 考虑满足 $T \cap \gamma(T) = \emptyset$ 的极大树 T, 并收缩每个 $\gamma(T)$.

(b) 令 $e \in E(R)$, G_1 是由 e 在 γ 下的像构成的子图, 并尝试收缩 G_1 的补图.

13. (a) 一个可交换的传递置换群是正则的. 固定点 $x_0 \in V(G)$ 并且考虑映射 $\alpha(x_0) \mapsto \alpha^{-1}(x_0)$ $(\alpha \in A(G))$. (b) n 阶立方体几乎满足条件.

(c) 考虑 n 阶立方体 Q_n 和它的一个顶点 x. 在 x 的邻点之间添加一些边并且所有边是由 Q_n 的那些自同构群来保持方向的, 那么 x 的邻点导出的子图是什么呢?

14. 运用与 6.49 的解答中类似的讨论.

15. (a)–(b) 对某个最小割集 T, 考虑 $G - T$ 的一个极小连通分支 X. 运用 6.60(a). 连通度一定至少是 $\frac{2}{3}(r+1)$. (c) 再次运用 6.60(a).

16. 运用 Tutte 定理 7.27 和 12.14.

17. 一个圈和一条路的 Descartes 积包含一个 Hamilton 圈.

18. 满足条件的连通图如下: 圈、Plato 立体、立方体和十二面体的线图, 每条边加相同倍数的重边后得到的图, 对例子中的图剖分每条边得到的图, 立方体和十二面体的线图的对偶图, 以及星图.

19. 运用 12.12(b) 以及之前的方法.

20. (a) 证明两条 $(p-1)$-路和一个 K_2 的 Descartes 积可以收缩到 K_p.
(b) 可以假设 Γ' 是边传递作用的且 Γ 不是半正则作用的. 运用 10.8.
(c) 考虑一个单群.

21. 构造一个简单图 G 满足 $A(G) \cong \Gamma$, 并且用一种合适的方式将它连接到 Ω.

22. Petersen 图的每个自同态都是自同构.

23. 运用与之前问题中相同的方法: 在一个极小的奇圈上, 任一自同态都是一一对应.

24. (a) 运用 12.4 中的解决办法. (b) 当用有粘贴片的路替换染色边时, 在每一个上粘贴许多没有同态的刚性图.

25. (a) 要么 0 要么 -1 保持一个自同态. (b) 更正之前的构造方案.

§13. 超 图

1. 将一个二部图 G 以如下方式与 H 关联: 令 $U = V(H)$, $W = E(H)$, $V(G) = U \cup W$, 连接 $u \in U$ 到 $w \in W$ 当且仅当 $u \in w$.

2. (a) 如果 E 是一条边满足 $H' = (H - \{E\})\backslash E$ 是连通的 (所以 $\emptyset \notin E(H)$), 那么我们可以找到满足性质的边 F.
(b) 用归纳法, 在之前的问题中去掉边 E.

3. 考虑长 >3 的任意圈, 并选取两个点满足它们在圈上是连续的, 但由路 P 定义的序, 还有一个更远的圈上的点在这两个点之间.

4. 否则它是完全平衡的!

5. 应用 7.4 和 7.6.

6. 这样一个具有不同代表元的系统存在当且仅当 H 有一个不同代表元的系统, 并且超图

$$V(H_T^*) = E(H),$$

$$E(H_T^*) = \{U_x : x \in T\}$$

也是, 其中 U_x 是 H 中包含 x 的边的集合.

7. 将问题表示成一个流问题而不是匹配问题.

8. (a) 集合 $E_0 \triangle F$ $(F \in E(H))$ 都是不同的!
(b) 令 $x \in V(H)$, 考虑超图 $H\backslash x$ 和 H', 其中 $V(H') = V(H) - \{x\}$,

$$E(H') = \{E \in E(H) : E \cup \{x\} \in E(H), x \notin E\}.$$

(c) 考虑超图 $H_1 = H - x$, $H_2 = H - E(H_1)$.

9. 对某个 $x \in V(H)$, 考虑超图 $H_1 = H - x$, $\overline{H}_2 = H - E(H_1)$, $H_2 = \overline{H}_2 \backslash x$.

10. (a) 对 k 用归纳法, 证明存在集合 $X \subseteq V(H)$ 且 $|X| = k$, 使得 H_X 有至少 $k+1$ 条不同边 $(1 \le k \le n-1)$. (b) 构造一个与前面问题解法二类似的图. 证明它是二部的且不包含 Θ 图. (c) 令 $H_1 = H \backslash x$, $V(H_2) = V(H) - x$, 且 $E(H_2) = \{E \in E(H) : x \notin E, E \cup \{x\} \in E(H)\}$. 证明或者 H_1 在 k 时满足条件, 或者 H_2 在 $k-1$ 时满足条件.

11. 考虑包含给定 $x \in V$ 的边, 利用归纳法.

12. (a) 对所有把 $V(H)$ 分成两个部分的划分, 对包含在这些部分里的边数做平均.

(b) 现在对 $V(H)$ 的所有 r-染色做平均.

13. 建立并利用如下不等式

$$\sum_{x \in E} d(x) \le r + (m-1)k \quad (E \in E(H)),$$

其中 $d(x)$ 是点 x 的度.

14. 假设 $m > n$, 对如下不等式求和

$$\frac{d(x)}{m - d(x)} < \frac{|E|}{n - |E|} \quad (x \in E).$$

15. (a) H 满足前面问题的条件. (b) 如果 $\mathbf{a}_1, \cdots, \mathbf{a}_m$ 是边的特征向量, 那么对 $i \ne j$, $\mathbf{a}_i \mathbf{a}_j = \lambda$.

16. 两端的给定元素都被计数多少次?

17. (a) 假设 $x \in F_1, \cdots, F_d$, $x \notin F_{d+1}, \cdots, F_m$. 取 $m-d$ 个 $F_1 - \{x\}, \cdots, F_d - \{x\}$ 的拷贝和 d 个 $F_{d+1}, \cdots, F_m$ 的拷贝并应用 13.16. (b) 假设 $|F_1| = \cdots = |F_{m-1}| = 2k$, $F_m = \emptyset$, 且 (间接地) $m = k^2 + k + 3$. 验证度至少为 $m - k - 1$ 的点不超过 k 个, 但每个 F_j $(1 \le j \le m-1)$ 一定包含至少 $k+1$ 个这样的点.

18. (a) X 和 $E(H) - X$ 中至多有一个是一条边. (b) 应用 13.8(b), 13.9 或 13.11.

19. 计数这样的边对 (E_1, E_2), 使得 $E_2 \subseteq E_1$ 且不存在 $F \in E(H)$ 使得 $E_2 \subset F \subset E_1$.

20. 对 n 作归纳.

21. (a) 考虑前面问题构造的链. 另一种证明方法, 用两种不同的方式计数 $V(H)$ 的那些始于 H 中一条边的置换.

(b) 偶数的情况易证. 对 $n = 2k+1$, 证明每条边一定有 k 个点或 $k+1$ 个点, 并证明如果 $X \subset Y$, $|X| = k$, $|Y| = k+1$, 那么 X 和 Y 中之一一定属于 $E(H)$.

22. 如果 A 和 B 都是最大反链, 那么 $A \vee B = \{x \in A \cup B : x \not< y$ 对所有 $y \in A \cup B\}$ 也是最大反链 ($x < y$ 意味着 $x \le y$ 且 $x \ne y$).

23. 为证明 (b), 考虑只与边 E 可比的子集 S_E $(E \in E(H))$, 证明如果选择合适, 它们可以形成一个混乱集族.

24. 令

$$\binom{n}{p}, \cdots, \binom{n}{p+k-1}$$

是前 k 大的二项系数, 且令 M 是 $V(H)$ 上的超图, 它的边集包含所有的 $p, \cdots, (p+k-1)$-元组. 在 13.20 中的每个对称链中比较 H 和 M.

25. (a) 固定一条边 E. 如果 E 中没有点出现在所有边上, 那么将会怎样呢?

(b) 找到 j 条边使得它们的交至多有 $r-(j-1)(\tau(H)-1)$ 个点, $j=1, \cdots, k$.

26. 如果可能的话, 取具有一个公共点的两条边, 以及不包含这个点的第三条边.

27. 取满足 H_W 的任意两条边都相交的极小的 W, 对 W 的每个排序, 计数满足如下条件的点 $x \in W$ 的数目: H_W 中那些边的第一个点和最后一个点.

28. (a) 对任一给定点, 它至多是一个 A_i 的端点.

(b) 用两种不同方式计数如下边的数目: 它由 $V(H)$ 的循环置换中的连续点构成 (参考 13.21(a) 中 Sperner 定理的第二种解法).

29. (a) 选择集合 S 满足对每条边 E, $|S \cap E| \geq 2$ 且 $|S|$ 是有界的.

(b) 如果 H 不是 ν-临界的, 对 ν 作归纳.

30. 选择点 $x_1, \cdots, x_t$, 使得 x_{i+1} 是 $H - x_1 - \cdots - x_i$ 中的一个最大度为 δ_{i+1} 的点. 证明

$$|E(H - x_1 - \dots - x_i)| \leq \tau^* \delta_{i+1}.$$

31. (a) 写成如下形式

$$\binom{u}{r} = \binom{w+1}{r} + \binom{w}{r-1}\binom{u-w}{1} + \binom{w-1}{r-2}\binom{u-w+1}{2} + \cdots,$$

且类似地, 写出 $\binom{v}{r}$, $\binom{u}{r-1}$, $\binom{v}{r-1}$ 的形式, 并比较 $\binom{u}{r}-\binom{v}{r}-\binom{w}{r-1}$ 和 $\binom{u}{r-1}-\binom{v}{r-1}-\binom{w}{r-2}$ 中对应项的系数.

(b) 考虑最小度点 x, 并考虑超图 $H-x$, $H-E(H-x)$. 基于 (a), 对 r 和 $|E(H)|$ 作归纳.

(c) 假设 H 的边两两相交, 其中 H 是 r-一致的. $V(H)-E$ 中包含多少个 r-元组, 其中 $E \in E(H)$?

32. (a) 用类似于 13.21 和 13.27 中的讨论; 对点的一个给定置换, 存在至多一个指标 i 使得 A_i 的每个成员的指标比 B_i 的每个成员的指标小.

(b) 这是 (a) 的一个特殊情形.

33. 对点进行逐个染色; 何时会出现一个完全单色边呢?

34. 首先证明如果一个点的度为 1, 其他点的度为 2, 那么 H 是 2-可染的.

35. 假设 H 没有 1-边和孤立点, 证明

(a) 每个点的度至少为 2.

(b) 度至少为 4 的点仅属于 2-边.

(c) 任意两个点属于一条边.

36. 假设存在一个 2-染色, 用两种方法计数它的边: 包含在其中的单色对, 包含在其中的双色对.

37. 对于“当且仅当”, 要证“当”部分, 寻找一个集合 $W \subseteq V(H)$ 满足 $|W \cap E_1|, \cdots, |W \cap E_m|$ 都是偶的或其中之一是奇的.

38. (a) 证明将边 E 替换成不交的子集合 $E_1, \cdots, E_k \subset E$ 不会影响假设. (b) 利用之前的有完全幺模关联矩阵的超图的刻画.

39. 奇圈的关联矩阵不是幺模的.

40. 证明一个极小反例将会包含一个连通的生成 2-一致 (超) 图.

41. 证明, 随机给顶点染色, 得到一条单色边的概率小于 1 [参见 13.12(a)].

42. 令 $|S| = 2r^2$ 并令 S 中的 $\binom{2r^2}{r}$ 个 r-元组构成另一超图 H 的点; 对 S 的每个划分 $P = \{X, Y\}$, 令包含在 X 或 Y 中的这些 r-元组形成 H 的边 E_p. 那么 $\tau(H)$ 和 $\tau^*(H)$ 表示什么呢?

43. 再次考虑一个随机染色, 但用 2.18 来估计.

44. (a) 考虑一个最大度点. (b) 从每条边中去掉最大度点. (c) 计数与高度数关联的边.

45. (a) 从每条边中选取一个 2-元子集使得它们形成一个森林.

(b) 对 $r = 2$, 三角形是这样的超图. 对 r 作归纳.

(c) 假设存在一个非零向量与每条边的关联向量正交, 考虑它的正项和负项.

46. (a) 修改 13.45 的构造.

(b) 尝试“乘”两个小的构造.

(c) 寻找一个简单直接的例子.

47. 选取一个 k-元子集 X 对 $1 \le k \le r$ 使得包含 X 的边数超过 $\frac{|E(H)|}{r^k}$.

48. 令 $V(H) = \{v_1, \cdots, v_n\}$, $E(H) = \{E_1, \cdots, E_m\}$,

$$a_{ij} = \begin{cases} 1 & \text{如果 } v_i \in E_j, \\ 0 & \text{其他,} \end{cases}$$

$A = (a_{ij})_{i=1,j=1}^{n\ \ m}$, $\nu^*(H)$ 是 $\mathbf{1}^T\mathbf{x}$ 在限制 $A\mathbf{x} \le 1, \mathbf{x} \ge 0$ 下的最大值.

49. (a) 直接分解, 但是考虑点的重数.

(b) 利用 7.40.

(c) 存在有有理权重的最优分数覆盖 (匹配). 利用 (a) 和 (b) 约去权值的最小公分母.

(d) $2\nu^*(G)$ 是 2-匹配的最大边数. $2\tau^*(G)$ 是 7.37 给出的关于 $\nu_2(G)$ 的式子.

50. 利用前面用过的构造.

51. (a) 为了证明第二个不等式, 观察到如果 $S \subseteq V(G \otimes H)$ 覆盖 $G \otimes H$ 的所有边, 那么对 H 的每条边 F, $S \cap (V(G) \otimes F)$ 有至少 $\tau(G)$ 个元素.

(b) 由 (a) "当" 易证; 为了证明 "仅当", 假定 $\tau_n(H) < n\tau(H)$ 并且令超图 G 包含了全部 N-元集的 $(N-n)$-元子集 (N 很大).

(c) 利用 13.30 估计 $\tau(H^p)$.

52. 假设 X 关联于两条不交边 E_1, E_2, 取 $H - \{E_1\}$, $H - \{E_2\}$ 的 $(\tau - 1)$-覆盖的平均.

53. 取 $H - v_i$ ($v_i \in E_0 \in E(H)$) 的最大匹配的平均.

54. 证明一个 τ-临界平衡超图由不交的边组成. 利用 7.2 的解法二.

55. 为证 (i)⇒(iii), 注意到一个极小反例是 ν-临界的.

56. 证明下列事实: 如果一个超图 H 满足 (iv), 那么添加一条新的边与 H 的一条边是平行边, 那么产生的超图 H_0 有性质 (iv). (重数包含 0 重, 即删掉它.)

57. 假设图 G 是完美的; 对 G 关联一个图 H 使得 $L(H) \cong G$.

§14. Ramsey 理论

1. (a) 点 x 要么与至少 $\binom{k+l-1}{k-1}$ 个点相邻, 要么与至少 $\binom{k+l-1}{k}$ 个点不相邻.

(b) $R_2(a_1, a_2)$ 的存在性由之前的结论可得. 对 k 作归纳.

2. (a) $[ek!] = k[e(k-1)!] + 1$. (b) 根据 14.1(a), 上界是平凡的. 为证明下界, 考虑满足

$$V(H) = E(K_n) \quad 及 \quad E(H) = \{E(A) : A \text{ 为 } K_n \text{ 的一个 } k \text{ 个顶点的完全子图}\}$$

的超图 H.

3. (a) 对 $r = 2$ 我们已经知道. 对 $a_1 + \cdots + a_k$ 和 r 进行归纳. (b) 选取元素的一个有序子集 $(x_1, \cdots, x_m)$ 使得对每个 r-元组 $1 \le \nu_1 < \cdots < \nu_r < m$, 所有形如 $(x_{\nu_1}, \cdots, x_{\nu_r}, x_\mu)$ ($\nu_r < \mu \le m$) 的 $(r+1)$-元集都有相同的染色.

4. 通过对 n 作归纳易得.

5. 考虑一条最长的红色路 P 和两条不交的蓝色路 Q_1, Q_2, 使得 Q_1, Q_2 由 $(V(P), V(G) - V(P))$-边构成, 它们的端点在 $V(G) - V(P)$ 中, 都不包含 P 的端点且它们的长度是极大的. 证明 $Q_1 \cup Q_2 \cup P$ 覆盖了所有顶点.

6. (a) 令 $(x_0, \cdots, x_{2k})$ 为一个红色的圈, 证明 (x_i, x_{i+2}) 是蓝色的, (x_i, x_{i+4}) 是红色的且 (x_i, x_{i+3}) 是蓝色的 ($i = 0, \cdots, 2k; x_{2k+1+j} = x_j$). (b) 令 $(x_1, \cdots, x_{2k})$ 为一个红色的圈, 证明 $\{x_1, x_3, \cdots, x_{2k-1}\}$ 和 $\{x_2, x_4, \cdots, x_{2k}\}$ 导出完全子图. (c) 证明对某个 $M \ge m$, 存在一个单色的 M 长圈, 然后利用 (a), (b).

7. 考虑图 10 的构形, 其中所有线条都具有单位长度.

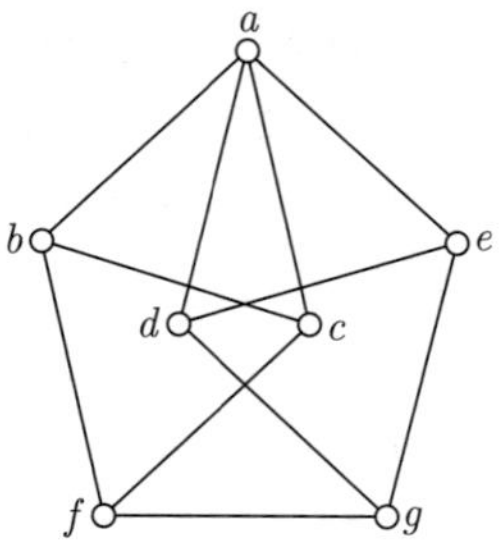

图 10

8. 考虑图 11 中边长为 1, a, b 的六个三角形的排列.

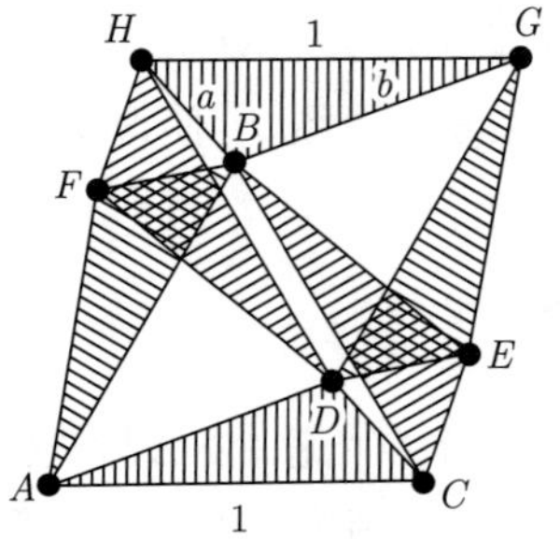

图 11

9. (a) 选取一个带形的染色. (b) 参见图 12.

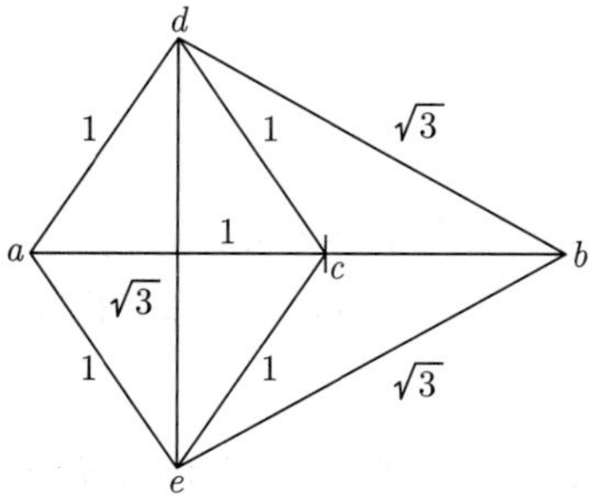

图 12

10. (a) 考虑两个大的单纯形的 Descartes 积. (b) 我们可以假设 $\mathbf{ab}=1$, 其中 $\mathbf{a}$, $\mathbf{b}$ 是 R 的两边的向量. 用 $[\mathbf{w}^2]$ 模 4 所得的值来给点 $\mathbf{w}$ 染色.

11. 令 $\{A_1,\cdots,A_k\}$ 为问题中 $\{1,\cdots,n\}$ 的划分. 以 $\{1,\cdots,n+1\}$ 为顶点集构造一个完全图, 并且用颜色 ν 给边 (i,j) 染色当且仅当 $|i-j|\in A_\nu$.

12. 对 r 作归纳: 找一个"长"区间序列 $I_1,\cdots,I_r$, 这些区间的第一项构成一个等差数列且它们的染色相似.

13. 与 14.11 中方法类似, 利用 14.2(a) 求解.

14. (a) 首先选择一个大的集合 T 以及 $A_1, B_1 \subseteq S - T$ 满足 $A_1 \cap B_1 = \emptyset$, 使得对每个 $X \subseteq T$, $A_1 \cup X$, $B_1 \cup X$, $A_1 \cup B_1 \cup X$ 的颜色是相同的. (b) 令 (a) 中的 t 很大且用 $A_{i_1} \cup \cdots \cup A_{i_\nu}$ 的颜色给子集 $\{i_1, \cdots, i_\nu\} \subseteq \{1, \cdots, t\}$ 染色.

15. 将 n-元集的子集用它们的基数所对应的颜色进行染色.

16. (a) 对 $n_1(k, m) = k$ 是平凡的. (b) 令 $|T| = k^{m^{r-1}}$, $T \subseteq S$. 用 $m^{|T|}$-元组 $(\alpha(\mathbf{a}+\mathbf{d});$ $\mathbf{d} \in m^T)$ 给 $S - T$ 的点构成的向量 $\mathbf{a}$ 染色.

17. 通过反复应用 14.16(b), 我们可以得到不交的非空集合 $X_1', \cdots, X_t' \subseteq S$ 以及一个由 $S - X_1' - \cdots - X_t'$ 的点构成的 m-向量 $\mathbf{b}$, 使得每个 m-向量

$$\mathbf{a} = \sum_{i=1}^{t} c_i X_i' + \mathbf{b}'$$

的颜色都与 m-向量

$$\bar{\mathbf{a}} = \bigcup_{c_i \neq \emptyset} X_i' + \mathbf{b}'$$

的颜色相同. 现在应用 14.14(b).

18. 利用与 14.15 中类似的方法.

19. 假设对每个 N 存在 $\{1, \cdots, N\}$ 的一个 k-染色, 使得它的任一子集都不具有性质 P. 寻找一个这样的 k-染色并结合使用.

20. (a) 利用以下观察: 如果 x, y, z 满足 (a) 且 $x, y, z \equiv 0$ 或 $i \pmod 5$, 那么 $x, y, z \equiv 0 \pmod 5$ (对每个给定的 $1 \leq i \leq 4$). (b) 对 k 作归纳并利用 Van der Waerden 定理.

21. 将之前解答中的 (a) 部分和 (b) 部分转化为一般的情形.

22. 随机地给顶点染色并利用 2.18 来保证每条边染到每种颜色.

23. (a) 这是 14.17 的一种特殊情形. (b) 给定 $r_1, \cdots, r_k \geq 0$, 证明存在数 $\overline{N}(k; r_1, \cdots, r_k; q-1)$ 使得如果 $n \geq \overline{N}$ 且 $GF(q)$ 上的 n-维射影空间的所有点是 k-可染的, 那么对某个 $1 \leq i \leq k$, 就总会存在一个 r_i-维子空间满足所有点都染颜色 i. 通过移除 “无穷远” 超平面, 试着将该结论归结到仿射空间的情形.

24. 对 $r = q$, 其中 q 是一个素数幂, $GF(q)$ 上一个维数足够大的仿射空间的线符合要求. 否则取一个素数幂 $q \geq r$ 并删除 q-一致超图的边.

25. 对每个 a_i, 考虑从 a_i 开始的最大的单调递增子序列.

26. (a) 令 $t(x)$ 为满足 $f(a_1) \leq f(a_2) \leq \cdots$ 的序列 $x = a_1 < a_2 < \cdots$ 的最大长度. 证明: 如果 $t(x) \geq t(1) - k$, 那么 $f(x) \leq 2^k$ $(0 \leq k \leq t(1) - 1)$.

(b) 令 f 由 $(n-1)$ 个单调递减的部分构成.

27. (a) 用 $\eta(x,y)$ 和 $\varphi(x,y)$ 分别表示从边 $(x,y)\in E(T_n)$ 出发的最长的单调递增路的长度和最长的单调递减路的长度. 对任意两个顶点 a, b,

$$\{(\eta(a,x),\varphi(a,x));(a,x)\in E(T_n)\}\neq\{(\eta(b,x),\varphi(b,x));(b,x)\in E(T_n)\}.$$

(b) 对 p 和 q 作归纳来证明这个界是紧的.

28. (a) 令 x_{i+1} 为不同于

$$f(S-\{x_1,\cdots,x_\nu\}),\quad \nu=0,\cdots,i\quad(0\le i\le m-1)$$

的一个点.

(b) 证明 (a) 和 (b) 的一个常见的推广: 存在 S 的一个排序 $(x_1,\ldots,x_{2^n})$, 使得对每个 $1\le j\le n$,

$$f(\{x_1,\ldots,x_\nu\})\in\{x_1,\ldots,x_{2^j}\},$$
$$2^j<\nu\le 2^n$$

对 ν 的至少 $(n-j)2^j$ 个值成立.

(c) 找到具有以下形式的一个 f: 给定一个满足 $1\le\varphi(i)\le i$ 的函数 φ, 令 $f(X)$ 为 X (其中 $X\subseteq S=\{1,\cdots,2^{n-1}-1\}$) 的第 $\varphi(|X|)$ 个元素.

29. 规定由两个给定的点构成的每个线段 (p,q) 都指向上, 且如果它与 x-轴的正半轴形成的角介于 $\frac{i}{n}\pi$ 和 $\frac{i+1}{n}\pi$ 之间, 就用 i 颜色给它染色. 对于由颜色为 i 的线段构成的图 G_i, 如果它不包含 "几乎垂直的" 折线, 那么它的色数是多少?

30. (a) 将值 $\frac{y_1-y_2}{x_1-x_2}$ 与 S 上的完全图的边 $((x_1,y_1),(x_2,y_2))$ 结合起来; 如果 $x_1<x_2$, 就将这条边定向为 (x_1,y_1) 指向 (x_2,y_2) 并应用 14.27.

(b) 对具有这里所考虑的特殊形式的竞赛图运用 14.27 中的构造法.

31. (a) 如果顶点的一个四元组构成一个凸的四边形, 就将它染成红色, 否则就染成蓝色; 应用 Ramsey 定理.

(b) 由之前的习题可以直接得到上界. 通过将基数为 $\binom{m-2}{i}$ 且不包含下凸的 $(i+2)$-边形和上凸的 $(m-i)$-边形的集合放在一起考虑 $(i=0,\ldots,m-2)$, 就能得到下界.

§15. 重 构

1. (a) 怎样在 $L(G)$ 中识别 G 的顶点呢? (b) 存在从某个点出发的三条边 e_1, e_2, $e_3\in E(G_1)$ 使得对应的边 e_1', e_2', $e_3'\in E(G_2)$ 形成一个三角形. (c) 在 (b) 的求解中就包含了答案.

2. (a) 对任意两个 E, $F\in E(K_n^r)$, 证明 $|E\cap F|=|\alpha(E)\cap\alpha(F)|$. (b) 证明: 在 $L(K_n^r)$ 中, 对 $k=r-1$, 当两个 r-元组有 k 个公共点时, 它可以被 "识别"; 那么, 对 $k=1,2,\cdots$, 证明这个结论.

3. 再次, 通过计数与 E 和 F 都相邻的 r-元组, 从 $L_i(K_n^r)$ 中 "恢复" $|E \cap F|$.

4. (a) 考虑星图的超图. (b) 我们需要的是被 $\lfloor n^2/4 \rfloor$ 个团覆盖边的覆盖. 这可用类似于 Turán 定理 10.28 中的方法得到.

5. (a) 利用 15.1(b) 证明所有的图 H_x "在一起是合适的". (b) 由前一个问题易得.

6. (a) 如果 $G = L(H)$, 那么 H 中形成 G 的一个奇三角形的边的这些三元组属于一个星图, 反之亦然. (b) 定义图 G 中的两条边 (a, b) 和 (c, d) 是等价的, 如果它们是恒等的, 或者它们属于一个奇的三角形, 或者它们张成一个完全四边形. 证明这是一个等价关系, 并且等价类是如 15.4(a) 中的完全覆盖子图, 在除掉一些特殊情形外的所有情况中, 这些等价类将给出需要的图 H, 并且满足 $L(H) = G$. (c) (ii) 在 (a) 中是如何被违反的?

7. 验证图 13 所示的图不是任何不含重边的 3-一致超图的线图, 但是它的每个真子图都是这样的线图.

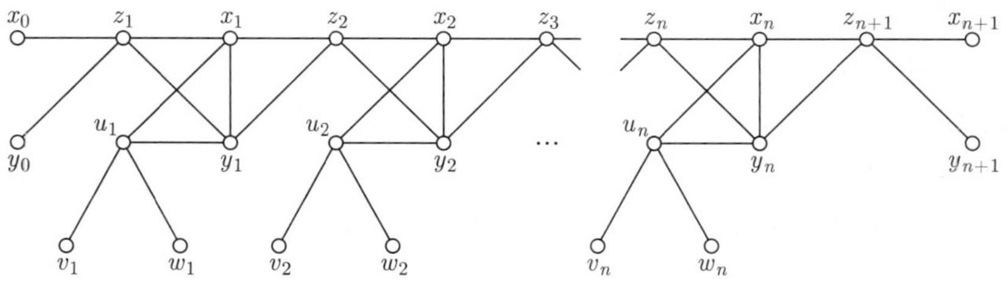

图 13

8. (a) 这意味着: 找出相同的平面图在平面上的两个本质不同的嵌入. (b) 利用 6.69.

9. (a) 考虑两条边 (x, y), (x, z) 以及 $G_1 - x$ 中的通过 y, z 的圈 C.

(b) 因为在这种情形下, 不存在对应于一个三角形的星图, 这就简化了 15.1(b) 的解答.

10. 对 r 进行归纳, 证明 T 和 T' 同构, 其中 x_i' 对应于 x_i.

11. (a) 由上一题的解答中用到的一个恒等式可得. (b) 是类似的. (c) 通过归纳来构造 T. 考虑两个点 x_i, x_j 满足

$$d_{ri} + d_{rj} - d_{ij}$$

是极小的.

12. (a) 令 $\{a_1, \cdots, a_n\}$ 是由 $\binom{k+1}{2l}$ 个 $2l$ 的拷贝组成, 其中 $0 \le l \le \frac{k+1}{2}$, 且令 $\{b_1, \cdots, b_n\}$ 是由 $\binom{k+1}{2l+1}$ 个 $2l+1$ 的拷贝组成, 其中 $0 \le l \le \frac{k}{2}$. (b) 考虑多项式

$$f(x) = \sum_{i=1}^{n} x^{a_i}, \quad g(x) = \sum_{i=1}^{n} x^{b_i}.$$

13. 通过考虑 $f-g$, 只需证明对所有的整数 $s_1,\cdots,s_k\geq 0$,

$$\sum_{i=1}^{M} a_i \binom{c_{i1}}{s_1}\cdots\binom{c_{ik}}{s_k}$$

不等于 0, 除非它恒等于 0.

14. 首先证明 G_1 和 G_2 具有相同的边数, 然后证明它们具有相同的度.

15. (a) 考虑 V 上的两个 Hamilton 圈. (b) 在所有子图 $G-x$ 中计数 H. (c) 证明: 对 $k=|V|-1,\cdots$, 每个 k-点连通图在 G_1 和 G_2 的连通分支中出现的次数都相同.

16. (a) 除了 T_i 是一条路外, T_i 的直径是所有 T_i-x 的直径的最大值. (b) 如果对每个端点 x, T_i-x 的直径是 d, 那么 T_i 的关于它的中心的分支可以用类似于 15.9(c) 的方式被重构. 如果一个端点 x_0 包含在所有的 d 长路中, 那么检验 T_i-x_0 的所有 $(d-1)$-路是否可以被一个点所覆盖.

17. (a) 用类似于 5.18 中的公式, 表达出 G_1 到 G_2 以及 G_1 到其自身的同构的数目, 并且观察到右边是恒等的. (b) 用 2.7(b) 中的等式替换筛法公式.

18. 首先证明, 如果对每个 $|X|=k$, $(*)$ 都成立, 那么对每个 $|X|\leq k$, 它也是成立的 (假设 $k\leq|V|-r$).

19. 假设 $H_1\neq H_2$. 证明 $\emptyset\in E(H_1)$ 或 $\emptyset\in E(H_2)$; 然后对 k 进行归纳来证明: 依据 k 的奇偶性, 每个 k-元子集属于 H_1 或 H_2.

20. (a) 对于满态射 (映射到 H 上的同态), 断言是平凡的. 用同态的数目, 表达满态射的数目. (d) "对偶化" (a) 的解.

21. 证明 H 到 $G\times G$ 上的同态的数目是 H 到 G 上的同态数目的平方.

22. (a) 尝试 $F=K_2$; 观察到 G_1 和 G_2 一定具有相同的度序列. (b) 利用类似于上一题解答中的论述. (c) 令 G° 表示在 G 的每个点上增加一个自环后所得到的图. $(G\cdot H)^\circ=G^\circ\times H^\circ$. (d) 再次, 如果两个群具有性质 "每个群映射到它们中的每一个上的同态的数目相等", 那么它们是同构的.

III. 解　答

§9. 色　数

1. 令 $x \in V(G)$. 因为 $G - x$ 的每个顶点的度至多为 k, 由归纳知, 我们可以对它进行 $(k+1)$-染色. x 至多关联 k 个顶点, 因此我们可以找到一种在 x 的邻域中不出现的颜色. 如果我们给 x 染这个颜色, 那么我们就得到了 G 的一个好的染色.

2. 第一个结论是平凡的: 考虑 G 的任意一个使用 $\chi(G)$ 种颜色的 (好) 染色, 令 V_1 为 $k < \chi(G)$ 个色类的并, V_2 为剩余点的集合. 那么最开始的 $\chi(G)$-染色导出了 $G[V_1]$ 的一个 k-染色和 $G[V_2]$ 的一个 $(\chi(G)-k)$-染色: 因此

$$\chi(G[V_1]) \le k, \quad \chi(G[V_2]) \le \chi(G) - k.$$

另外, $G[V_1]$ 不能用少于 k 种颜色去染, 因为这样的一个染色, 与我们已经有的 $G[V_2]$ 的染色一起, 将给出 G 的一个颜色数少于 $\chi(G)$ 的染色. 因此

$$\chi(G[V_1]) = k$$

并且类似地,

$$\chi(G[V_2]) = \chi(G) - k.$$

现在假设 G 不是团, 那么它包含一个极大团 H_1. 令 $V_1 = V(H_1)$, $V_2 = V(G) - V_1$ 且 $H_2 = G[V_2]$. 我们断言

$$\chi(H_1) + \chi(H_2) > \chi(G).$$

因为 H_1 是一个团, (不妨设) $\chi(H_1) = |V_1| = k$. 我们需要证明 $\chi(H_2) > \chi(G) - k$.

假设, 间接地, H_2 存在一个使用颜色 $1, \cdots, \chi(G)-k$ 的 $(\chi(G)-k)$-染色. 用颜色 $\chi(G)-k+1, \cdots, \chi(G)$ 去染 H_1. 我们将证明可以去掉这 k 种颜色中的一种, 不妨设为 $\chi(G)$ 色. 为此, 观察染 1 色的那些顶点的集合 T, 它们是染 $\chi(G)$ 色的顶点 x 的邻域. 因为 H_1 是一个极大的完全子图, 每个 $t \in T$ 不相邻于某个 $t' \in V_1$. 现在对这个图重新染色, 给每个 $t \in T$ 染对应的 t' 的颜色. 这是另一个合理的染色, 因为 t' 的颜色没有出现在任何其他地方, 并且染这个颜色的新点是独立的. 现在观察到在这个新染色中, x

是染 $\chi(G)$ 色的唯一顶点且不存在染色为 1 的邻点. 因此用 1 色对 x 重新染色, 我们得到一个使用 $\chi(G)-1$ 种颜色的染色. 矛盾.

3. 令 α_i 为 G_i 的一个 $\chi(G_i)$-染色 (i=1, 2). 我们可以假设 $V(G_1)=V(G_2)$, 因为这总可以通过给这两个图增加孤立点而得到. 那么

$$\alpha(x)=(\alpha_1(x),\alpha_2(x))$$

定义 $G_1\cup G_2$ 的一个使用了 $\chi(G_1)\cdot\chi(G_2)$ 种颜色的染色, 容易看出这是一个合理的染色.

4. 令 α, β 如提示中所定义. 我们证明 β 使用每个颜色至少两次. 不妨假设 1 色只出现一次. 令 x 为 β 中染色为 1 的顶点, S 为 α 中与 x 颜色相同的色类. 令 β' 为由 β 通过将 S 中的点重新染为 1 色而得到的染色. 那么 α 和 β 中 "原来" 的公共色类仍保持不变, 但是现在我们又得到了新的公共色类 S, 矛盾. [T. Gallai, *Mat. Kut. Int. Közl.* **8** (1964) 373–385.]

5. (a) 对 k 进行归纳, 我们可以假设

$$\chi(G-V_k)\le n-|V_k|-(k-1)+1.$$

设 α 是 $G-V_k$ 的一个使用颜色 $1,\cdots,n-|V_k|-k+2$ 的染色. 用颜色 $n-|V_k|-k+3,\cdots,n-k+2$ 给 V_k 中的顶点染色, 这样就把 α 扩充成 G 的一个染色. 为了减少一种颜色, 我们希望对这个图重新染色.

由假设可知, 每个 V_i $(1\le i\le k-1)$ 都包含一个顶点 y_i, y_i 与 V_k 的某个点 x_i 不相邻. 那么一定会有一种颜色仅出现在集合 $\{y_1,y_2,\cdots,y_{k-1}\}$ 上, 这是因为这个集合以外的顶点数目仅为 $n-k+1$. 不妨设 1 为这种颜色, 现在用顶点 x_i 的颜色对 $\alpha(y_i)=1$ 的那些顶点 y_i 进行重新染色. 很显然得到的染色是好的并且只用了 $n-k+1$ 种颜色. [R. P. Gupta, in: *Theory of Graphs*, Proc. Int. Coll. Rome, Gordon and Breach, 1969.]

(b) 考虑 $\overline{G}$ 的一个 $\chi(\overline{G})$-染色, 其色类为 $V_1,\cdots,V_k$ $(k=\chi(\overline{G}))$. 那么任意两个 V_i 通过 $\overline{G}$ 中的一条边相连, 否则这两个 V_i 就可以合并在一起. 因此 G 满足 (a) 的条件, 所以

$$\chi(G)\le n-k+1=n-\chi(\overline{G})+1.$$

所以第一个不等式成立. 由 9.3 可知, 第二个不等式是平凡的:

$$\chi(G)\cdot\chi(\overline{G})\ge\chi(G\cup\overline{G})=\chi(K_n)=n.$$

[E. A. Nordhaus-J. W. Gaddum, *Amer. Math. Monthly* **63** (1956) 175–177.]

6. 令 $V(K_m)=\{x_1,\cdots,x_m\}$, 假设 T 是 $G\oplus K_m$ 的一个独立集, 那么 T 至多包含 $\{(y,x_1),\cdots,(y,x_m)\}(y\in V(G))$ 中的一个点, 因为这是完全图. 因此, $|T|\le|V(G)|$. 如

果等号成立, 那么 $\{(y,x_1),\cdots,(y,x_m)\}$ 中恰有一点属于 T. 定义 G 的一个 m-染色: 如果 $(y,x_i)\in T$, 给 y 颜色 i. 这是一个合理的染色, 因为如果 y, z 都具有颜色 i, 那么 (y,x_i), $(z,x_i)\in T$, 所以它们是不相邻的, 从而 y, z 也是不相邻的. 相反地, 假设 G 是 m-可染的, 考虑它的一个使用颜色 $1,\cdots,m$ 的染色 α. 那么 $\{(y,x_{\alpha(y)}):y\in V(G)\}$ 是 $G\oplus K_m$ 的一个基数为 $|V(G)|$ 的独立子集 [V. G. Vizing; B].

7. (a) 设 α 是 G_1 的一个 $\chi(G_1)$-染色. 定义 $G_1\times G_2$ 的一个染色 β 为 $\beta(x,y)=\alpha(x)$ $(x\in V(G_1),y\in V(G_2))$. 这是一个合理的染色, 因为如果 (x_1,y_1) 和 (x_2,y_2) 相邻, 那么 x_1 和 x_2 相邻 (且 y_1 和 y_2 相邻), 所以 $\alpha(x_1)\neq\alpha(x_2)$. 因此 $\chi(G_1\times G_2)\le\chi(G_1)$. 类似地, $\chi(G_1\times G_2)\le\chi(G_2)$.

(b) 因为点集 $\{(x,x):x\in G\}$ 导出 $G\times G$ 的一个与 G 同构的子图, 所以我们有 $\chi(G\times G)\ge\chi(G)$, 由 (a) 可知等式成立.

(c) 假设 $k=\chi(G\times K_n)<n$, 我们证明 $k\ge\chi(G)$. 令 α 是 $G\times K_n$ 的一个 k-染色. 因为 $k<n$, 所以对每个 $v\in V(G)$, 集合 $\{\alpha(v,x):x\in V(G)\}$ 中都有一个重复; 令 $\beta(v)$ 为出现多于一次的颜色. 我们断言 β 是 G 的一个好的 k-染色. 假设 $(v_1,v_2)\in E(G)$, 存在 x_i,x_i' 使得 $\alpha(v_i,x_i)=\alpha(v_i,x_i')=\beta(v_i)$ $(i=1,2)$. 我们假设 $x_1\neq x_2$, 那么 (v_1,x_1) 和 (v_2,x_2) 在 $G\times K_n$ 中是相邻的, 因此

$$\beta(v_1)=\alpha(v_1,x_1)\neq\alpha(v_2,x_2)=\beta(v_2).$$

(d) 令 α 是 $G\times K_n$ 的一个 n-染色. 若对每个顶点 v, 都存在一种颜色在 $\{\alpha(v,x):x\in V(K_n)\}$ 中出现两次, 那么由前面的解答, 我们可得到 G 的一个好的 n-染色, 这与 $\chi(G)>n$ 矛盾. 因此, 存在一点 $v\in V(G)$ 使得 $\alpha(v,x)$ 和 $x\in V(K_n)$ 是不相同的.

我们断言, 结论对 v 的每个邻点 u 均成立. 事实上, 对每个 $x\in V(K_n)$ 都有 $\alpha(u,x)=\alpha(v,x)$. 这是因为, 对 $x\neq y$, 我们有 $\alpha(u,x)\neq\alpha(v,y)$ 并且所有颜色均出现在除 $\alpha(v,x)$ 外的所有点 $\alpha(v,y)$ 上, $y\neq x$. 所以 $\alpha(u,x)=\alpha(v,x)$, 并且因为 G 是连通的, 所以这个结论对任意的 u 和 v 均成立. 因此, n-染色 α 是由 K_n 的 (唯一) n-染色所导出的.

(e) 如果 $n=2$, 二部图 G 存在 $2^{c(G)-1}$ 种 2-染色, 这是因为每个连通分支都有唯一的 2-染色 (在互换颜色的意义下), 且它们可用 $2^{c(G)-1}$ 种方式结合.

因此假设 $n\ge3$. 我们断言 K_n^m 恰有 m 个 n-染色 (这些染色可由因子的 n-染色导出). 对 m 用归纳法. 令 α 为 $K_n^m=K_n^{m-1}\times K_n$ 的一个 n-染色.

首先假设存在一点 $v\in V(K_n^{m-1})$ 使得所有点 $(v,x),x\in V(K_n)$ 都有相同的颜色. 那么断言成立, 这是因为由前面的解答可知, $\alpha(v,x)$ 与 v 是独立的 (因为由 6.4, 对 $n\ge3$, K_n^{m-1} 是连通的), 即它是由最后一个因子的一个 n-染色导出. 因此假设对每个 $v\in V(K_n^{m-1})$ 都存在两点 x_v, x_v' 使得 $\alpha(v,x_v)=\alpha(v,x_v')$. 如果 $\alpha(v,x)$ 与 x 是独立的, 那么它由 K_n^{m-1} 的一个染色导出, 由归纳可得结论. 所以假设存在 $v_0\in V(K_n^{m-1})$ 以及 x_0, $x_0'\in V(K_n)$ 使得 $\alpha(v_0,x_0)\neq\alpha(v_0,x_0')$. 现在定义

$$\beta(v) = \begin{cases} \alpha(v_0, x_0), & \text{若 } v = v_0, \\ \alpha(v, x_v), & \text{否则}, \end{cases}$$

$$\beta'(v) = \begin{cases} \alpha(v_0, x_0'), & \text{若 } v = v_0, \\ \beta(v), & \text{否则}. \end{cases}$$

那么容易验证 β, β' 是 K_n^{m-1} 的合理的 n-染色, 并且它们仅在 v_0 处不同. 但是由归纳假设, 我们知道了 K_n^{m-1} 的所有 n-染色并且在这些染色中没有这样的两个 β, β'. 这个矛盾证明了我们的论断. [I. Tomescu][D. l. Greenwell-L. Lovász, *Acta Math. Acad. Sci. Hung.* **25** (1974) 335–340.]

8. (a) S 上的完全图.

(b) 取 $k-|S|+1$ 个新点, 将它们彼此相连且与 S 相连.

(c) 取 $k-1$ 个新点, 将它们彼此相连且与 S 相连.

(d) 取一个长度 $\geq |S|$ 的奇圈 C; 将 C 中的每个点与 S 中的一个点相连, 使得 S 中的每个点都出现. 另外, 取 $k-3$ 个其他点 $u_1, \cdots, u_{k-3}$, 将它们彼此相连, 且每个点都与 C 中的点和给定的点 $s_0 \in S$ 相连.

得到的图 G 不存在 k-染色导出 $\{S\}$, 这是因为如果 S 中的所有点都被染成同样的颜色, 那么 $u_1, \cdots, u_{k-3}$ 将被 $k-3$ 种其他颜色 (与 s_0 相邻) 所染, 并且我们只能用两种颜色去染 C, 这是不可能的. 考虑 S 的一个 k-染色, 其中至少两种颜色出现. 用不同于 s_0 的颜色对顶点 $u_1, \cdots, u_{k-3}$ 进行染色. 现在 C 中的每个顶点上至多有 $k-2$ 种颜色 ($u_1, \cdots, u_{k-3}$ 以及它们在 S 中的邻点的颜色) 未出现, 因此仍然存在两种合法的颜色. 另外, 这两种颜色在每个点上是不相同的. 我们将证明这意味着我们可以将这个染色扩展到 C 上.

令 $C = (x_1, \cdots, x_m)$(在这个论证中, 我们不必要求 C 是奇的). 仍假设在 x_1 和 x_m 上被允许的颜色是不相同的, 即存在 x_1 上被允许的颜色 α_1 不会在 x_m 上出现. 令 α_2 为在 x_2 上被允许且不同于 α_1 的颜色 (因为这两种颜色在 x_2 上都是被允许的, 所以存在这样一种颜色), 类似地, 如果定义了 $\alpha_1, \cdots, \alpha_i$, 那么令 α_{i+1} 为在 x_{i+1} 上被允许且不同于 α_i 的颜色. 那么

$$\alpha(x_i) = \alpha_i \quad (i = 1, \cdots, m)$$

定义了 C 的一个好的染色. 事实上, 由定义可知, x_i, x_{i+1} 的颜色是不同的, 且 x_1 和 x_m 的颜色也是不同的, 这是因为颜色 α_m 在 x_m 上是被允许的而 x_1 的颜色则不是.

(e) *解法一*. 首先, 令 P 是给定的划分. 我们构造图 G_P 使得 $S \subseteq V(G_P)$ 且 G_P 的一个 k-染色导出 S 的除 P 之外的所有划分. 令 $P = \{X_1, \cdots, X_r\}$. 对每个 $(r-1)$-子集 $A = \{a_1, \cdots, a_{r-1}\}$, 增加一个新的顶点, 使得 $a_i \in A_i$ $(i = 1, \cdots, r-1)$, 并且将这个新增的点与 $a_1, \cdots, a_{r-1}$ 相连. 令 T 为这些新点的集合. 得到的图具有以下两个性质: (1) 若我们用 k 种颜色对它进行染色, 使得这个染色导出 S 上的划分 P, 那么 $T \cup X_r$

一定是单色的.

(2) 若用 k 种颜色对 S 进行染色, 使得相应的划分不同于 P, 那么这个染色可以扩展到 T 上使得 $T \cup X_r$ 不是单色的.

在 $T \cup X_r$ 上粘上一个图, 使得 $T \cup X_r$ 的一个 k-染色可以扩展到这个图上当且仅当 $T \cup X_r$ 不是单色的 (参见 (d) 部分), 那么得到的图 G_P 具有想要的性质.

如果 S 的任一划分 $\{P_1, \cdots, P_N\}$ 都已给定, 对每个划分 $P \neq P_1, \cdots, P_N$, 构造一个图 G_P. 假设这些图 G_P 的公共顶点是只有 S 中的点, 那么 $G = \cup G_P$ 是具有所需性质的图.

注意到 S 的另一个性质是, 它是一个独立集.

解法二. 我们仅简要地描述构造过程. 考虑 K_k^N, 由 9.7, 这个图恰有 N 个 k-染色 $\alpha_1, \cdots, \alpha_N$. 令 β_i 为 S 的一个导出划分 P_i $(i = 1, \cdots, N)$ 的 k-染色, 令 $\gamma_i = \alpha_i \cup \beta_i$ (这是 $S \cup V(K_k^N)$ 的一个 k-染色). 将 S 和 K_k^N 之间的所有边增加到这个图中, 保证染色 γ_i 是合理的. 容易验证得到的图只有 $\gamma_1, \cdots, \gamma_N$ 是 k-染色, 因此这满足我们的要求.

9. 首先假设 G 中不含圈. 令 $\alpha(x)$ 表示由 x 出发的最长路的长度, 那么 α 是一个使用颜色 $0, 1, \cdots, m-1$ 的染色. 这是因为, 假设存在相邻的两点有相同的颜色 i; 不妨设 $(x, y) \in E(G)$. 令 P 为一条由 y 出发的长为 i 的路; 因为 G 中没有圈, 所以 P 不经过 x 点. 因此, $(x, y) + P$ 是一条始于 x 的长为 $i+1$ 的路, 故 $\alpha(x) \geq i+1$, 矛盾. 观察到在这个染色中, 不存在连接相同颜色点的路.

现在令 $\{e_1, \cdots, e_k\}$ 表示去掉之后可以破坏所有圈的最小边集. 那么 $G' = G - \{e_1, \cdots, e_k\}$ 是无圈的, 且具有如上构造的 m-染色. 因为 $G' + e_i$ 不再是无圈的, 所以它有一个通过 e_i 的圈. 因此, G' 有一条连接 e_i 的端点的路, 由上面的注释, 这意味着 e_i 的两个端点有不同的颜色. 因此, G' 的这个 m-染色也是 G 的一个好的 m-染色 [T. Gallai, B. Roy, 参见 B].

10. 假设我们有一种满足题中性质的染色, 那么每个圈 "向上" 和 "向下" 的次数是相同的, 即沿两个方向的边的条数相同.

相反地, 假设这些圈满足这个性质. 令 W 为任意闭途径, 我们断言 W 也有相同的性质. 对 $|E(W)|$ 作归纳. 如果 W 是一个圈, 结论显然成立; 否则令 x 为在 W 中出现两次的点. 那么 x 将 W 分成两个更短的闭途径, 由归纳法可得出结论.

定义一条途径的 "费用" 为被用于向右方向的边比被用于反向的边少的条数. 令 x_0 为一个点. 对任意的点 a, 所有 (x_0, a)-途径的费用是相同的, 因为否则的话, 在一条途径上从 x_0 走到 a 然后再从另一条途径上走回来, 整个途径的费用是非零的. 用任一 (x_0, a)-途径的费用给点 a 染色, 那么这个染色满足题中的性质.

11. 若 G 是 k-可染的, 且所用颜色为 $1, \cdots, k$. 若颜色 b 的值高于 a, 那么将 (a, b) 定向为从 a 到 b. 容易验证这种定向具有题中所述的性质. 反之, 假设 $\vec{G}$ 是 G 的一个合适的定向. 下面首先验证提示中的结论.

(a) 根据对定向的假设观察到, 若沿着 G 的任意圈走, 费用不会增加. 因此, 从任意

(a,b)-途径中去掉一个"自环", 将得到一个费用不会增加的 (a,b)-途径. (a,b)-路的条数是有限的, 所以总存在极小费用的路.

(b) 假设 a 和 b 是相邻的, 如 $(a,b)\in E(G)$. 令 W_a, W_b 分别是费用为 $\varepsilon(a), \varepsilon(b)$ 的最优的 (x_0,a)-途径, (x_0,b)-途径, 那么 $W_a+(a,b)$ 是一条费用为 $\varepsilon(a)-1$ 的 (x_0,b)-途径, 因此 $\varepsilon(b)\le\varepsilon(a)-1$. 相反地, $W_b+(a,b)$ 是一条费用为 $\varepsilon(b)+k-1$ 的 (x_0,a)-途径, 因此 $\varepsilon(a)\le\varepsilon(b)+k-1$, 故

$$1\le\varepsilon(a)-\varepsilon(b)\le k-1$$

如上所述.

现在固定点 x_0, 且定义 a 的颜色为 (x_0,a)-途径的最小费用 $\pmod k$. 因此我们使用颜色 $0,1,\cdots,k-1$. 因为若 a 和 b 相邻, 则由上面的 (b) 可知, (x_0,a) 和 (x_0,b)-途径的最小费用属于模 k 的不同的剩余类, 所以这种染色是合理的. [G. J. Minty *Am. Math. Monthly* **69** (1962) 623–624.]

12. (a) 令 x_0 是满足 $|C(x_0)|>d_G(x_0)$ 的顶点; 假设 $x_0,\cdots,x_i$ $(0\le i\le n-1)$ 已被定义, 那么令 x_{i+1} 是与其中之一相邻的点 (这是存在的, 因为 G 是连通的). 所以我们得到了序列 $(x_0,\cdots,x_{n-1})$.

现在用 $C(x_{n-1})$ 中的一种颜色染 x_{n-1}. 假设 $x_{n-1},\cdots,x_{n-i}$ 已经被染色, 那么从 $C(x_{n-i-1})$ 中选取与 x_{n-i-1} 以及它的已染的邻点的颜色均不同的一种颜色. 这是可能的, 因为如果 $i\ne n-1$, 那么 x_{n-i-1} 有少于 $d_G(x_{n-i-1})$ 个邻点已被染色, 而且 $|C(x_{n-i-1})|\ge d_G(x_{n-i-1})$. 当 $i=n-1$ 时, 这仍然是可能的, 因为 x_0 具有 $d_G(x_0)$ 个邻点且 $|C(x_0)|>d_G(x_0)$. 因此我们得到了一个需要的染色.

(b) 我们可以找到两个相邻的顶点 a,b 使得 $|C(a)|\ne|C(b)|$. 不妨设 $C(a)\not\supseteq C(b)$. 因为 $G-b$ 是连通的, 所以我们可以将 $G-b$ 中的点排成一个序列 $(x_0=a,\cdots,x_{n-2})$ 使得对任意 $1\le j\le n-2$, x_j 与某个 x_i 相邻, 其中 $i<j$. 令 $b=x_{n-1}$, 它也具有这个性质.

我们给 x_{n-1} 一个不在 $C(a)$ 中的颜色 (这是存在的, 因为 $C(a)\not\supseteq C(b)$). 类似之前的解答, 我们对 $x_{n-2},\cdots,x_1$ 进行染色. 然而, 我们也可以给 $x_0=a$ 找到一个合适的颜色; 因为它有 $d_G(a)=|C(a)|$ 个邻点, 但是它们中的一个 b, 颜色为 α, 因为 $\alpha\notin C(a)$, 所以这个颜色不会被考虑. 因此, 我们可以在 $C(a)$ 中找到一种颜色, 它不同于 a 的邻点的颜色.

13. (a) 具有提示中所说性质的顶点 x_0, x_{n-2}, x_{n-1} 是存在的, 因为否则的话, 相邻关系将是一个等价关系, 且 G 是完全的.

因为 G 是 3-连通的, 所以 $G-x_{n-2}-x_{n-1}$ 是连通的, 且它的点可以按序列 $x_0,\cdots,x_{n-3}$ 进行排列使得 x_j 与 x_i 相连, 其中 $i<j$ $(j=1,\cdots,n-3)$.

现在用颜色 1 去染 x_{n-1} 和 x_{n-2}. 再次向后对顶点进行染色, 我们可以用颜色 $1,\cdots,k$ 中的一种去染每个 x_i $(i\ge1)$, 因为 x_i 有少于 k 个邻点已被染色. 当到达 x_0 时, 同样可以找到一种颜色对其染色, 这是因为尽管 x_0 已有 k 个邻点被染色, 但是其中

的两个 x_{n-1} 和 x_{n-2} 具有相同的颜色.

(b) 我们可以假设 G 是 2-连通的; 因为否则的话, 如果我们可以用 k 种颜色对它的块进行染色, 那么我们可以以显然的方式将这些染色放在一起 (如果需要, 可以置换颜色, 来使得割点的颜色相同). 我们也可以假设 G 是 k-正则的, 否则可由 9.12(a) 直接得到.

现在假设 G 不是 3-连通的, 即 $G = G_1 \cup G_2$ 满足 $V(G_1) \cap V(G_2) = \{x_1, x_2\}$, $|V(G_i)| \geq 3$. 因为 $k \geq 3$, 且 G_1 和 G_2 多于 3 个顶点. 我们也可以假设 $d_{G_1}(x_1) > 1$, 否则在 G_1 中我们可以用 x_1 的邻点替换 x_1. 类似地, 我们可以假设 $d_{G_2}(x_2) > 1$. 那么 $G_1 + (x_1, x_2)$ 和 $G_2 + (x_1, x_2)$ 中点的度数至多为 k, 所以它们是 k-可染的 (用归纳法或 9.12(a)). 在这些 k-染色中, x_1 和 x_2 可以得到不同的颜色, 这是因为它们是相邻的. 因此, 可通过置换颜色, 使 x_1 和 x_2 分别在这两个图中得到同样的颜色. 现在将这两个 k-染色放在一起就可以得到 G 的一个 k-染色. [R. L. Brooks; 参见图论的任一本教材.]

14. (a) 如提示中所述, 我们需要证明 "不相邻" 是 $V(G)$ 上的等价关系. 这意味着存在 $V(G)$ 的一个划分 $\{V_1, V_2, \ldots\}$ 使得两个点相邻当且仅当它们属于不同的类. 因为 G 不含有完全 $(k+1)$-图, 所以类的数目不会超过 k; 由 G 的最大性可知, 类的数目不能少于 k.

"不相邻" 关系的对称性和自反性是平凡的. 因此, 我们只需证 $(a, b) \notin E(G)$, $(b, c) \notin E(G)$ 蕴含 $(a, c) \notin E(G)$. 由 G 的最大性可得, 存在 G 的一个有限子图 H_1 使得 $H_1 + (a, b)$ 不是 k-可染的. 显然地, a, $b \in V(H_1)$. 类似地, 存在 G 的一个有限子图 H_2 具有性质 $H_2 + (b, c)$ 不是 k-可染的. 考虑 $H_1 \cup H_2 + (a, c)$; 我们断言这个图不是 k-可染的. 间接地假设它有一个 k-染色 α, 那么 $\alpha(a) = \alpha(b)$, 否则 α 将是 $H_1 + (a, b)$ 的一个 k-染色. 类似地, $\alpha(b) = \alpha(c)$. 现在 $\alpha(a) = \alpha(c)$, 这是不可能的, 因为 a 和 c 在 $H_1 \cup H_2 + (a, c)$ 中是相邻的. 因此, $H_1 \cup H_2 + (a, c)$ 不是 k-可染的, 从而它不是 G 的子图. 因此, a 和 c 在 G 中是不相邻的.

(b) 我们假设 G 是简单的. 考虑所有的满足如下条件的图 G': $V(G') = V(G)$, 且 $G' \cup G$ 的所有有限子图都是 k-可染的. 因为这个性质仅依赖于有限子图 G' (即 G' 具有这个性质当且仅当所有的有限子图都具有这个性质), 所以存在一个极大的简单图 G_0 具有这个性质. 显然 $G_0 \supseteq G$. 因此由 (a), $V(G)$ 存在一个划分 $V_1, \cdots, V_k$ 使得两点在 G 中相邻当且仅当它们属于不同的类. 显然, 这个划分是 G 的一个好的染色. [P. Erdős-N. G. De Bruijn, *Indag. Math.* **13** (1961) 371–373; 证明归于 L. Pósa.]

(c) 令 $e = (x, y) \in E(G)$. 那么 $V(G)$ 的 k-染色的集合

$$F_e = \{\alpha : \alpha(x) \neq \alpha(y)\}$$

是闭的, 这是因为它的补是开集

$$\{\alpha : \alpha(x) - \alpha(y) = j\} \quad (j = 1, \cdots, k)$$

的并.

合法的染色的集合为

$$\bigcap_{e\in E(G)} F_e,$$

因此, 它也是闭的.

为了证明 Erdős-de Bruijn 定理, 注意到: 由 Tihonv 引理可知, 乘积空间 $\underset{x\in V(G)}{\times} T_v$ 是紧的. G 的每个有限子图是 k-可染的这一假设可转化为假设: 任意有限个 F_e 的交集是非空的. G 是 k-可染的等价于它们所有的交集是非空的. 但是这可由 Riesz 相交定理得到.

15. I. 很明显 $\mathcal{K}$ 包含一些完全图. 令 K_{k+1} 为 $\mathcal{K}$ 中最小的完全图. 我们断言 $\mathcal{K}$ 恰好是非 k-可染的图的集合. 首先令 $G\in\mathcal{K}$, 且假设 G 是 k-可染的, 那么 G 的 k-染色定义了一个从 G 到 K_k 的一个同态, 从而由 (i), $K_k\in\mathcal{K}$, 矛盾.

II. 我们现在证明每个非 k-可染的图属于 $\mathcal{K}$. 假设 G 是一个反例. 我们可以假设 G 满足: 用一条新边连接 G 的任意两个不相邻的顶点, 都可得到 $\mathcal{K}$ 中的一个图. 我们断言 "不相邻" 是 $V(G)$ 上的一个等价关系. 假设 $(a,b)\notin E(G)$, $(b,c)\notin E(G)$, 但是 $(a,c)\in E(G)$ (等价关系的其他条件显然已经满足). 由 G 的极大性, $G+(a,b)\in\mathcal{K}$, $G+(b,c)\in\mathcal{K}$. 因此, 由 (ii) $G\in\mathcal{K}$, 矛盾.

因此 "不相邻" 是一个等价关系, 于是 $V(G)$ 有一个划分 $\{V_1,\cdots,V_m\}$ 使得两个顶点相邻当且仅当它们属于不同的类. 因为 G 不是 k-可染的, 所以 $m\geq k+1$. 那么 G 包含 K_{k+1}, 这与 $K_{k+1}\in\mathcal{K}$ 而 $G\notin\mathcal{K}$ 是矛盾的.

16. 如果初始图不是 k-可染的, 那么可以直接证明操作 (α), (β) 和 (γ) 得到的图也是非 k-可染的.

令 $\mathcal{K}$ 表示从完全 $(k+1)$-图开始, 重复进行 (α), (β), (γ) 操作得到的所有图的集合. 我们断言 $\mathcal{K}$ 满足 9.15 的条件. (i) 是平凡的. 令 H 为一个图, a, b, $c\in V(H)$ 满足 $H+(a,b)\in\mathcal{K}$, $H+(b,c)\in\mathcal{K}$. 令 H' 为与 H 同构的图, 且 x' 是 H' 中与 $x\in V(H)$ 对应的点, 那么 $H'+(b',c')\in\mathcal{K}$. 等同 b 和 b' 并连结 a 和 c'; 然后等同 x 和 x' $(x\in V(H))$, 除去重边得到一个简单图. 从 $H+(a,b)$ 和 $H'+(b',c')$ 开始, 通过操作 (γ) 和 (β), 我们得到了 H. 这就证明了 $H\in\mathcal{K}$.

因此, 对于某个 r, $\mathcal{K}$ 包含所有非 r-可染的图. 显然地, $r=k$ [G. Hajós; 参见 B, S].

17. (a) 由 5.3, 一个图是 2-可染的当且仅当它不包含奇圈. 因此, 临界 3-可染图恰为奇圈.

(b) 为了简单起见, 假设 n 是奇的; 偶数的情形可以类似地对待. 考虑完全二部图 $K_{n,n}$, 它的色类为 A, B. 取两个长为 n 的不交的奇圈 C_A, C_B, 并用独立边将 C_A 的每个点与 A 的一个点相连, 将 C_B 的每个点与 B 的一个点相连. 令 G 表示得到的图 (图 14).

图 G 不是 3-可染的. 事实上, $K_{n,n}$ 的每个 3-染色可将集合 A, B 中的一个染为单色. 但这个染色不能扩展到对应的奇圈上.

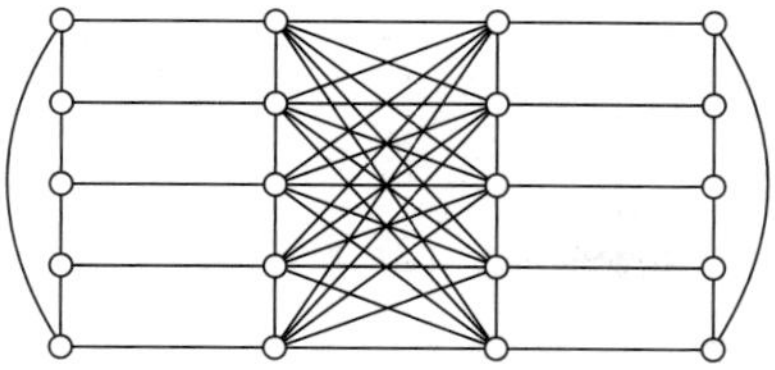

图 14

另外, G 是 χ-临界的. 令 $e=(x,y)$ 为任一条边. 如果 $x\in A, y\in B$, 那么将 x 和 y 染为红色, $A-\{x\}$ 中的所有点染为蓝色, $B-\{y\}$ 中的所有点染为绿色. 在这个染色中, A 和 B 都不是单色的, 因此它可以扩展为 $G-e$ 的一个 3-染色. 对每条边 e, 我们可以类似地得到 $G-e$ 是 3-可染的.

由于 G 的边数大于 n^2, 这样我们就找到了所求的图. [B. Toft, *Studia Sci. Math. Hung.* **5** (1970) 461–470.]

(c) 为了简单起见, 我们再次假设 n 是奇的. 取两个不交的 n-圈 C_1, C_2, 并将 C_1 的每个点与 C_2 的每个点都相连. 得到的图不是 5-可染的, 因为我们需要 3 种颜色去染 C_1 并且不同的 3 种颜色去染 C_2. 可以直接地找到 $G-e$ $(e\in E(G))$ 的 5-染色, 因此, G 是 χ-临界的. 这显然满足度的要求. [G. A. Dirac, *J. London Math. Soc.* **27** (1952) 85–92.]

18. 令 $\chi(G)=k$. 首先我们证明 $\chi(G')>k$. 假设存在 G' 的一个 k-染色 α. 令 $\alpha(y)=1$; 定义 $V(G)$ 的染色 β 如下:

$$\beta(x)=\begin{cases}\alpha(x), & 若\ \alpha(x)\neq 1,\\ \alpha(x'), & 若\ \alpha(x)=1.\end{cases}$$

那么 β 是 G 的一个合理的染色. 事实上, 如果 $(x,z)\in E(G)$, 那么它们中的一个, 不妨设为 x, 满足 $\alpha(x)\neq 1$, 因此 $\beta(x)=\alpha(x)$. 现在无论是 $\beta(z)=\alpha(z)$ 还是 $\beta(z)=\alpha(z')$, $\beta(z)$ 都与 $\beta(x)$ 不同, 这是因为 z, z' 都是 x 的邻点. β 只用了 $k-1$ 种颜色, 矛盾.

现在令 $e\in E(G')$, 我们证明 $\chi(G'-e)\geq k$. 如果 $e\in E(G)$, 那么取 $G-e$ 的一个 $(k-1)$-染色, 将点 x' 染为 k 色 $(x\in V(G))$, 点 y 染为 1 色. 如果 $e=(u,v')$, 取 $G-(u,v)$ 的一个 $(k-1)$-染色 β. 定义

$$\alpha(z)=\begin{cases}\beta(z), & 若\ z\in V(G)-\{v\},\\ k, & 若\ z=v\ 或\ z=y,\\ \beta(x), & 若\ z=x'.\end{cases}$$

最后, 如果 $e=(y,v')$, 令 β 是 $G-v$ 的一个 $(k-1)$-染色, 并定义

$$\alpha(z)=\begin{cases}\beta(z), & 若\ z\in V(G)-\{v\},\\ k, & 若\ z=v,\ v'\ 或\ y,\\ \beta(x), & 若\ z=x'.\end{cases}$$

在所有的情形中我们都找到了 $G'-e$ 的一个 k-染色. 因此 G' 是 χ-临界的且 $\chi(G')=k+1$. [J. Mycielsky; 参见 S].

19. (a) 假设 G_0 是 4-色 χ-临界图 G 的一个子图, 那么 $G-\{x_3,x_4\}$ 是 3-可染的. 考虑它的任意一个 3-染色, 那么 x_1 和 x_5 颜色不同; 因此 x_2 和 x_4 都被染为第三种颜色, 从而 x_3 和 x_4 颜色也不同. 但这意味着我们的染色也是 G 的一个好染色, 矛盾.

(b) 假设 $G_0\subseteq G$, 其中 G 是 χ-临界的且 $\chi(G)=k+1$. 令 $e\in E(G_0)$, 那么 $G-e$ 有一个 $(k-1)$-染色 α. 因为这不是 G 的一个好染色, 所以 e 的两个端点具有相同的颜色. 但是, 这意味着 α 给出 G_0/e 的一个 k-染色.

相反地, 假设对每条边 $e\in E(G_0)$ 有 $\chi(G_0/e)\le k$. 我们证明 G_0 甚至可以作为一个导出子图被嵌入到一个临界 $(k+1)$-色图中. 这个假设表明对每条边 $e\in E(G_0)$, 存在 $S=V(G_0)$ 的一个 k-染色 α_e, 其中 e 的两个端点有相同的颜色, 但 G_0 的任意其他边的两个端点都有不同的颜色. 令 P_e 是由 α_e 诱导的 S 的一个划分. 由 9.8, 我们可以找到一个图 G 使得 $S\subseteq V(G)$ 且 G 的 k-染色只会导出 S 的划分 P_e $(e\in E(G_0))$ 且没有其他的划分. 记 $G'=G\cup G_0$.

现在 $\chi(G')>k$. 这是因为如果存在 G' 的一个 k-染色, 它将导出 S 上的一个 P_e, 这是不可能的, 因为 e 将连接 P_e 的同一类中的两点. 因此, G' 包含一个 $(k+1)$-色 χ-临界图 G''. 我们只需证明: 由 G' 得到 G'', 我们不用除去 G_0 中任一条边. 假设 $e\in E(G_0)$, $e\notin E(G'')$. 令 α_e 为 G 的一个 k-染色, 它可导出 S 上的 P_e. 由 P_e 的定义, α_e 是 $G''\subset G\cup(G_0-e)$ 的一个好染色. 这与 $\chi(G'')=k+1$ 矛盾. [D. Greenwell-L. Lovász, *Acta Math. Acad. Sci. Hung.* **25** (1974) 335–340.]

20. 第一个论断显然成立: 这是因为, 对 G 的任一条边 e, $G-e$ 是 k-可染的, 且这可给出 $G'-e$ 的一个 k-染色. 因此要么 G' 自身是 k-可染的, 要么它是临界 $(k+1)$-色的.

如果 $k=2$, 那么临界 3-色图是奇圈. 分裂奇圈的任意一个顶点, 我们得到一个 2-色图 (一条路).

我们通过例子来证明对 $k\ge 3$, 第二种情形是会发生的. 如图 15 所示, 将 K_{k+1} 的 3 个拷贝按照 Hajós 构造的方式放在一起, 那么由 9.16 (或平凡地) 可知, 得到的图 G' 不是 k-可染的. 另外, 即使我们等同点 x 和 x', 得到的图仍将是临界 $(k+1)$-色的. 这是因为我们去除任意的边 e, 如去掉 K_{k+1} 的包含 x 的一条边, 那么我们可以给 K_{k+1} 的点染色使得只有 e 的端点有相同的颜色; 特别地, u 和 v 具有不同的颜色. 给其他的 K_{k+1} 的点 (包含 x') 染色使得只有点 t 和 w 具有相同的颜色. 用 u 的颜色去染 v'. 余下的 $k-2$ 个点可以用与 v', w' 和 u 的颜色不同的 $k-2$ 种颜色进行染色. 当 e 是任意其他边时, 类似的论述可以得到 $G-e$ 的一个 k-染色.

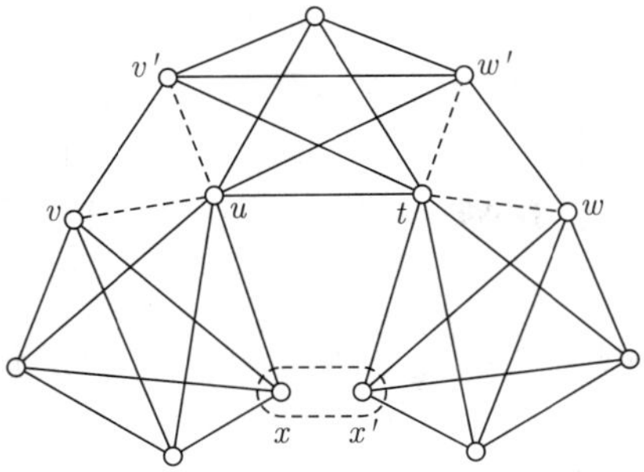

图 15

21. 假设 $m \le k-1$ 条边 $e_1,\cdots,e_m$ 将 G 分成两个片段 G_1 和 G_2. 我们可以假设这是极小割集, 满足每个 e_i 都连接 G_1 和 G_2. 考虑 G_1 的一个色类为 $T_1,\cdots,T_k$ 的 k-染色和 G_2 的一个色类为 $S_1,\cdots,S_k$ 的 k-染色 (由 G 的临界性, 这些是存在的).

我们想让每个 T_i 与某个 S_i 匹配使得没有边连接 T_i 和 S_i. 因为只有 $m \le k-1$ 条边可以考虑, 那么肯定存在一个 S_i 不会通过一条边连接到 T_1. 显然地, 我们可以选取这个 S_i 满足 T_1 或 S_i 与边 $e_1,\cdots,e_m$ 中一条相关联. 令这个指标为 $1'$. 那么我们需要将剩余的 $k-1$ 个类 T 与剩余的 $k-1$ 个类 S 匹配, 且此时这些类之间的边 e_i 的数目 $\le m-1 \le k-2$. 所以我们可用与上述相同的方式进行分析. (实际上, 我们想要证明的是: 移去 $K_{k,k}$ 的 $k-1$ 条边, 余下的二部图有一个 1-因子. 这当然可由 König-Hall 定理直接得到.)

现在划分 $\{T_1 \cup S_1,\cdots,T_k \cup S_k\}$ 是 G 的一个 k-染色, 矛盾. [G. Dirac; B.]

22. 首先假设 G 是可分的, 即 $G = G_1 \cup G_2$ 且 $V(G_1 \cap G_2) = \{x\}$, $|V(G_i)| \ge 2$. 因为 G 是 χ-临界的, 所以 $\chi(G_i) < \chi(G) = k+1$. 考虑 G_i 的 k-染色 α_i. 通过置换颜色, 不妨假设 $\alpha_1(x) = \alpha_2(x)$, 那么将 α_1 和 α_2 放到一起我们就得到 G 的一个 k-染色, 矛盾.

现在假设 $G = G_1 \cup G_2$ 且 $|V(G_i)| \ge 3$, $V(G_1 \cap G_2) = \{x,y\}$. 令 α_i 是 G_i $(i=1,2)$ 的一个 k-染色, 不可能有 $\alpha_1(x) \ne \alpha_1(y)$ 且 $\alpha_2(x) \ne \alpha_2(y)$; 这是因为我们可以通过置换颜色得到 $\alpha_1(x) = \alpha_2(x)$, $\alpha_1(y) = \alpha_2(y)$, 从而将 α_1, α_2 放到一起就得到 G 的一个 k-染色, 矛盾. 如果 $\alpha_1(x) = \alpha_1(y)$, $\alpha_2(x) = \alpha_2(y)$, 我们可以类似地得到矛盾. 因此可得: 通过近似地选取指标, G_1 的任一 k-染色将 x 和 y 染为相同的颜色, 而 G_2 却不存在这样的 k-染色. 故 $G_1' = G_1 + (x,y)$ 不是 k-可染的, 等同 G_2 的点 x 和 y 得到的 G_2' 也不是 k-可染的.

我们断言 G_1', G_2' 都是 χ-临界的. 显然, $\chi(G_1') = \chi(G_2') = \chi(G)$. 令 $e \in E(G_1')$. 现在 $G-e$ 是 k-可染的; 由上述可知, 这个染色将 x, y 染为不同的颜色 (G_2 使得这种情况发生), 因此得到 $G_1'-e$ 的一个 k-染色. 故 G_1' 是 χ-临界的. 类似地, G_2' 也是 χ-临界的.

注意到 G_2 的 k-可染性不能由 G_2' 是临界 $(k+1)$-色图的事实得到 (参见 9.20), 因此可总结结果如下:

每个非 3-连通的临界 $(k+1)$-色图 G 都可由如下构造得到. 取两个临界 $(k+1)$-色图 G_1', G_2'. 除去 G_1' 的一条边 (x_1, y_1), 将 G_2' 的一个点分裂为两个点 x_2, y_2 使得所得到的图是 k-可染的. 最后, 将 x_1 与 x_2 等同, y_1 与 y_2 等同. 容易验证反过来也是正确的: 由这种方式构造的图是临界 $(k+1)$-色的. [G. A. Dirac, *J. Reine Angew. Math.* **214/215** (1964) 43–52.]

23. 令 α_i 是 $G - V(G_i)$ 的一个 k-染色, 那么 α_i 导出 S 的一个至多有 k 个类的划分 P_i. 我们断言: 对 $i \neq j$, 有 $P_i \neq P_j$. 这是因为, 如果 $P_i = P_j$, 那么通过置换颜色, 我们可以安排 α_i 和 α_j 使得它们以相同的方式对 S 进行染色. 现在用 α_i 对 $G - V(G_i)$ 染色, 用 α_j 对 G_i 染色 (因为 $i \neq j$, 这是可以定义的), 这样得到 G 的一个 k-染色. 这和 $\chi(G) = k+1$ 相矛盾. 因此 P_i 是不同的, 从而 $N \leq B_{m,k}$.

构造一个 χ-临界图 G, 使得存在一个集合 $S \subseteq V(G)$ 且 $|S| = m$ 将这个图恰好分为 $p = B_{m,k}$ 个连通分支, 令 $P_1, \cdots, P_p$ 是 S 的一个至多有 k 个类的划分. 对每个 i, 由 9.8 得到一个含有 S 的图 G_i 使得 G_i 的 k-染色导出 S 的除 P_i 之外的含有至多 k 个类的所有划分. 我们可以假设 $V(G_i) \cap V(G_j) = S$. 令 $G = G_1 \cup \cdots \cup G_p$.

一般地, G 不是 χ-临界的. 但它一定不是 k-可染的, 这是因为, G 的一个 k-染色导出 S 的一个划分 P_i, 这和 G_i 的定义矛盾. 因此我们可以考虑 G 的一个 χ-临界子图 G' 且 $\chi(G') = k+1$. 我们证明 G' 具有所要求的性质: 只需验证

(1) $S \subseteq V(G')$;

(2) G' 与每个 $G_i - S$ 都相交.

为了证明 (1), 假设 $a \in S$ 但 $a \notin V(G')$. 不妨设 $P_1 = \{\{a\}, S - \{a\}\}$, $P_2 = \{S\}$. 令 α_1 为 G_1 的一个 k-染色, 它导出 S 的划分 P_2. 对于 $i = 2, \cdots, p$, 令 α_i 是 G_i 的导出 P_1 的 k-染色. 因为 P_1 和 P_2 在 $S - a$ 上一致, 我们可以假设所有的 a_i 放一起, 将得到 $G - a$ 的一个 k-染色; 因此, $G' \subseteq G - a$ 是 k-可染的, 矛盾.

为了证明 (2), 假设 G' 与 $G_i - S$ 不相交. 令 a_j 是 G_j 的一个 k-染色, 它导出 S 的划分 P_i $(j \neq i)$, 那么所有的 a_j 放在一起可以得到 $G - (V(G_i) - S)$ 的一个 k-染色. 因为 G' 是这个图的子图, 因此 G' 是 k-可染的, 矛盾.

24. 令 $(x, y) \in E(G)$. 因为 G 是 χ-临界的, 所以 $G - (x, y)$ 有一个 k-染色 α. 由于 G 本身不是 k-可染的, 故在这个染色中存在颜色相同的点, 不妨设 $\alpha(x) = \alpha(y) = 1$. 考虑另一种颜色 i 及由颜色 1 和 i 的顶点所导出的图 H_i, 令 H_i' 为 H_i 的包含 x 的连通分支. 那么我们断言 $y \in V(H_i')$; 因为否则的话, 我们可以在 $V(H_i')$ 中交换颜色 1 和 i, 这样得到的染色 α' 是合理的且有 $\alpha'(x) \neq \alpha'(y)$, 即它是 G 的一个好染色, 而这是不可能的. 所以在 H_i 中存在 (x, y)-路; 令 P_i 是其中最短的一条. 因为 P_i 包含颜色交错为 1 和 i 的顶点, 所以它是偶长的; 由极小性, 它不会张成弦. 因为 P_i 的每条边连接染色为 1 的顶点和染色为 i 的顶点, 那么路 $P_2, \cdots, P_k$ 一定是边–不交的. 这也就证明了断言. 注意, 由此我们很容易得到 9.21 的结论.

25. (a) 必须找到 K_n 所需要的最小的颜色数, 使得具有公共端点的边染不同的颜色.

因为 $L(K_n)$ 含有一个完全 $(n-1)$-图, 所以它的色数至少为 $n-1$. 注意到, 通过一个正则 n 边形的边和对角线实现 K_n, 可用相同的颜色去染平行的片段, 给出了 $L(K_n)$ 的一个 n-染色. 因此

$$n-1 \leq \chi(L(K_n)) \leq n.$$

我们将证明: 对偶数 n, 下界给出等式; 对奇数 n, 上界给出等式.

首先, 假设 n 是奇的. 那么红色一定在至少一个点上不出现, 且与这个点相关联的 $n-1$ 条边需要 $n-1$ 种其他的颜色; 因此至少需要 n 种颜色.

其次, 假设 n 是偶的. 删除 K_n 的任一顶点 v, 并考虑如上所述的 $K_{n-1}=K_n-v$ 的一个 $(n-1)$-染色. 在这个染色中, K_{n-1} 的每个点 u 上恰好有一种颜色没有出现, 且每种颜色恰好不会出现在 K_{n-1} 的一个点上. 因此对每条边 uv, 我们可用不在 u 上出现的颜色去染它.

(b) 现在我们需要对 K_n 的边进行染色使得具有相同颜色的边都有一个公共端点. 我们可以对顶点进行排序, 并用较小的端点对边进行染色. 这种染色使用 $n-1$ 种颜色; 观察到最后三条边可能得到相同的颜色, 所以对 $n \geq 3$, 我们可得到一个染色. 因而

$$\chi(\overline{K}_n) \leq n-2.$$

我们证明这个式子等号成立. 在任一合理的染色中, 具有相同颜色的边形成一个星或三角形. 不妨设顶点 $1, \cdots, n-k$ 为用到的星的中心. 那么由顶点 $n-k+1, \cdots, n$ 生成的边必被染色使得这些颜色形成三角形. 因此, 通过一些基本的分析, 所用颜色的数目至少为

$$n-k+\frac{1}{3}\binom{k}{2} \geq n-2.$$

(c) 转化这个问题, 我们用最少的颜色对 $\overrightarrow{K}_n$ 的边进行染色使得形成 2-路或 2-圈的边对得到不同的颜色. 首先, 假设我们有一个的这样的染色, 颜色的数目为 t. 对每个顶点 v, 定义 A_v 为离开 v 的边的颜色集合, 那么对任意两个点 u 和 v, $A_u \not\subseteq A_v$ (uv 的颜色出现在 A_u 中, 但不出现在 A_v 中). 因此由 Sperner 定理 13.21,

$$n \leq \binom{t}{\lfloor t/2 \rfloor}. \tag{1}$$

反之, 我们证明: 如果 (1) 成立, 那么 $L(\overrightarrow{K}_n)$ 是 t-可染的. 用 $\{1, \cdots, t\}$ 的 $\lfloor t/2 \rfloor$-元子集标记 $\overrightarrow{K}_n$ 的顶点; 令 A_u 为点 u 的标号. 对每条边 uv, 将 $A_u \setminus A_v$ 的任意元素与它的颜色相关联. 平凡地, 这定义了 $L(\overrightarrow{K}_n)$ 的一个好染色.

因此 $L(\overrightarrow{K}_n)$ 的颜色的数目至少为 t, 故 (1) 式成立.

26. (a) 令 $\chi(L(G))=k$, 考虑 $L(G)$ 的一个 k-染色 α, 那么 α 是 G 的边的一个 k-染色使得边 (x,y) 和 (y,z) 具有不相同的颜色. 对每个顶点 u, 令 A_u 为离开 u 的边的颜色集合. 对每条边 (u,v), 因为 (u,v) 的颜色包含在 A_u 中, 但不在 A_v 中, 所以 $A_u \neq A_v$. 因此我们定义了 G 的一个使用 2^k 种颜色的染色.

下面证明: 对 G 的一个适当的重新定向, 等式成立. 令 $k=\lceil\log_2\chi(G)\rceil$, 用 $\{1,\cdots,k\}$ 的子集给 G 的顶点染色. 令 A_u 为 u 的颜色, 对每条边 (u,v), 从 $A_u\Delta A_v$ 中选一种颜色 j 对其染色, 并且如果 $j\in A_v$, 将这条边反向. 如果 G' 表示由 G 反复进行这些操作而得到的图, 那么我们得到 $L(G')$ 的一个好染色.

(b) 首先, 假设 $\chi(G)\le\binom{k}{\lfloor k/2\rfloor}$, 那么我们用 $\{1,\cdots,k\}$ 的 $\lfloor k/2\rfloor$-元子集对 G 的顶点染色, 从而如 9.25(c) 中的解答, 我们得到 $L(G)$ 的一个 k-染色.

其次, 假设 $\chi(L(G))\le k$, 这意味着 G 的边可用 k 种颜色进行染色使得能形成一条 2-路或 2-圈的任意两条边有不同的颜色. 如 9.25(c) 中的解答, 考虑 G 中离开 u 的边的颜色集合 A_u. 类似那里的分析, 我们可得到: 如果 (u,v) 是 G 的一条边, 那么 A_u 不是 A_v 的子集 (反之亦然); 但是现在, 如果 u 和 v 不相邻, 那么 A_u 可能包含 A_v. 然而, 我们可用 13.20 替代 Sperner 定理得到: $\{1,\cdots,k\}$ 的子集可分成 $\binom{k}{\lfloor k/2\rfloor}$ 条链. 我们用包含 A_u 的链作为 u 的颜色. 那么如果 u 和 v 相邻, 则它们不属于相同的链, 因此它们得到不同的颜色. [A. Hajnal.]

27. (a) 令 G_3 为 5-圈. 若 G_r 已经被定义, 令 G_{r+1} 是由问题 9.18 中的构造而得到的图. 那么由此问题的论断可知 G_r 是一个 r-色图 (也是 r-临界的), 并且容易验证 G_r 中不含三角形.

(b) 令 G_3 为 7-圈. 假设 G_n $(n\ge 3)$ 已经被定义满足 $\chi(G_n)\ge n$. 取出一个有 $n(|V(G_N)|-1)+1$ 个顶点的集合 S, 我们将 S 的每个 $|V(G_n)|$-元子集 F 与 G_n 的一个复制 G_F (这些复制必须是不交的) 关联起来, 并且通过一个匹配将 G_F 与 F 的一个点连接起来. 令 G_{n+1} 为得到的图, 那么 $\chi(G_{n+1})>n$. 假设 G_{n+1} 是 n-可染的, 那么 S 的 $|V(G_n)|$ 个顶点将得到相同的颜色 1; 令 F 为这些点的集合. 如提示中所提到的, G_F 中的点不会得到颜色 1, 所以它们实际上是 $(n-1)$-可染的; 但是这与 G_n 的定义矛盾.

因此可以直接得到: G_n 中不含 3-, 4-, 或 5-圈. [W. T. Tutte (Blanche Descartes); 见 S.]

(c) *解法一:* 令 $\overrightarrow{G}_{r,n}$ 为传递竞赛图 T_n 的 r-次迭代线图. 由前面的问题可知,

$$\chi(\overrightarrow{G}_{r,n})\ge\underbrace{\log\log\cdots\log}_{r}\ n.$$

现在令 $G_{r,n}$ 为不考虑定向的 $\overrightarrow{G}_{r,n}$. 我们将证明 $G_{r,n}$ 中不含长度至多为 $2r+1$ 的奇圈. 对 r 用归纳法. 令 C 为 $G_{r,n}$ 中一条长为 $2s+1$ 的闭路. 因为 $\overrightarrow{G}_{r,n}$ 是无圈的, 所以 C 可分解为弧 $P_1,Q_1,P_2,Q_2,\cdots,P_t,Q_t$ 使得 $P_1,\cdots,P_t$ 为 $\overrightarrow{G}_{r,n}$ 中以相同方向环绕 C 的有向路, 且 $Q_1,\cdots,Q_t$ 为反方向的有向路; 而且, 它们在途径中是一个接一个的.

因为 $\overrightarrow{G}_{r,n}$ 是无圈的, 容易看到 P_i (或 Q_i) 的点对应于 $\overrightarrow{G}_{r-1,n}$ 中一条路 P_i' (或 Q_i') 的边. 那么 P_1' 的最后一条边与 Q_2' 的最后一条边是一致的 (相对于 G_r 的定向), 等等. 因此, 如果我们除去这些最后一条边, 那么 $P_1',Q_1',\cdots,P_t',Q_t'$ 余下的边形成一条长为 $2s+1-2t$ 的途径. 明显地, 这条途径包含一条长度为 $l\le 2s+1-2t\le 2s-1$ 的

奇圈. 由归纳假设可知 $l \geq 2r$, 其中 $2s+1 > 2r+1$, 如上所述.

解法二: 考虑 k-维单位球体的表面. 连接它上面的两点, 这两点的距离, 如果按表面上的距离测量, 至少为 $(1-1/l)\pi$. 这样得到的图不是 k-可染的. 事实上, 由 Borsuk 的一个定理, 可以断言: k-维单位球体的表面上的任意 k-染色中, 其中一个色类的直径为 2; 那么这个色类含有相邻的顶点.

另外, 令 $(x_0, \cdots, x_{2p})$ 为这个图中的任一奇圈. 如果 d 表示球面距离, 那么 $d(x_i, x_{i+1}) \geq (1-(1/l))\pi$, 其中 $d(x_i, x_{i+2}) \leq 2\pi/l$, 从而由归纳假设可知 $d(x_0, x_{2p}) \leq 2p\pi/l$. 此外, 这个距离至少为 $(1-(1/l))\pi$. 故 $2p+1 \geq l$, 于是这个图中不含短的奇圈.

这个图是无限的, 但是由 Erdős-de Bruijn 定理 9.14 知, 它包含一个具有相同性质的有限子图. [P. Erdős-A. Hajnal, *Ann. N. Y. Acad. Sci.* **157** (1970) 115–124.]

28. (a) 不妨设 $I_1 = [b, a]$ 是 a 作为从左边开始的第一个端点的区间. 系统 $I_2, \cdots, I_n$ 确定了图 $G - x_1$. 由归纳可知, $\chi(G - x_1) = \omega(G - x_1) \leq \omega(G)$. 而且观察到, 如果 x_i 与 x_1 相邻, 即 I_i 与 I_1 相交, 那么 $a \in I_i$ (因为否则的话, I_i 的右端点将位于 a 的左侧). 因为至多 $\omega(G)$ 个区间包含 a (包括 I_1), 那么 x_1 的度至多为 $\omega(G)-1$. 因此, 我们可将 $G - x_1$ 的 $\omega(G)$-染色扩展到 x_1 上. 由此, $\chi(G) \leq \omega(G)$. 显然有 $\chi(G) \geq \omega(G)$, 故结论成立.

(b) 令 $I_1, I_2, \cdots, I_r$ 表示包含 a 的区间. 那么 $x_1, x_2, \cdots, x_r$ 构成 $\overline{G}$ 的一个独立集. 考虑 $\overline{G} - \{x_1, \cdots, x_r\}$. 如果 $x_{i_1}, \cdots, x_{i_q}$ 形成 $\overline{G} - \{x_1, \cdots, x_r\}$ 中的一个团, 那么 $I_{i_1}, \cdots, I_{i_q}$ 为不含 a 的不交区间. 由 a 的定义可知, $I_{i_1}, \cdots, I_{i_q}$ 位于 a 的右侧, 因此 I_1 与它们都不相交. 故 $\{x_1, x_{i_1}, \cdots, x_{i_q}\}$ 是 $\overline{G}$ 中的一个团. 这就证明了 $\chi(\overline{G} - \{x_1, \cdots, x_r\}) \leq \omega(\overline{G}) - 1$. 因此 $\overline{G} - \{x_1, \cdots, x_r\}$ 可用 $\omega(\overline{G}) - 1$ 种颜色进行染色, 且我们可用相同的新颜色去染 $x_1, \cdots, x_r$. 故 $\chi(\overline{G}) \leq \omega(\overline{G})$. 如上所述, 等式显然成立.

(c) 令 x_2, x_3 是 x_1 在这个圈上的邻点. 正如我们所知, I_2, I_3 包含 a, 因此, 它们彼此相交. 故 (x_2, x_3) 是这个圈的一条弦 (除非 $C = (x_1, x_2, x_3)$). [G. Hajós, *Intern. Math. Nachr.* **11** (1957) Sondernummer 65.]

29. (a) 若 G_1 是 $G - S$ 的一个连通分支, 那么它与 S 中的所有点都相邻, 因为否则一个比 S 小的集合 (G_1 的邻点集) 将分离 G.

令 u, $v \in S$, 且 G_1, G_2 为 $G - S$ 的两个连通分支. 令 P_i 为 G_i 中连接 u 和 v 的极小路. 那么由极小性, 可能除 (u, v) 外, P_i 中不含有弦. 设 $C = P_1 \cup P_2$, 那么 C 的长度大于 3, 因此 C 有一条弦. 这条弦不可能连接 P_1 的一个内点和 P_2 的一个内点, 这是因为这些点在 $G - S$ 的不同连通分支中. 因此, 这条弦只能连接相同 P_i 中的两个点. 如果这条弦是 (u, v), 那么这是唯一的可能情况. 因此, u, v 是相邻的. [G. Dirac.]

(b) 首先, 如公式中所表示的, 令 G 是通过子树定义的. 考虑 G 的圈 C, 我们可以假设 C 是一个 Hamilton 圈.

只要 $F_1, \cdots, F_n$ 的剩余部分至少含有 1 个点, 就去掉 T 中度为 1 的点. 我们不会

改变图 G, 即如果 $F_i \cap F_j \neq \emptyset$, 并且 x 是度为 1 的点, 那么 $(F_i - x) \cap (F_j - x) \neq \emptyset$; 这是因为, 如果 x 是 F_i 和 F_j 的一个公共点, 那么 x 的邻点也是它们的公共点. 当我们停止时, 存在某个 F_i 只包含一个点; 不妨设为 F_1. 令 F_2, F_3 为 F_1 在 C 上的两个邻点, 则 F_2, F_3 都包含 F_1 的 (唯一) 的点, 所以它们相交. 因此 (x_2, x_3) 是 C 的一条弦.

相反地, 假设 G 是不含有长度至少为 4 的无弦圈的图. 我们对 $|V(G)|$ 进行归纳来证明 G 能够以提到的方式被表示. 令 S 为 G 的最小割, 那么由之前的结果, S 导出一个完全子图 H. 设 $G = G_1 \cup G_2$, $G_1 \cap G_2 = H$, $G_1, G_2 \neq H$. 由归纳假设可知, G_1, G_2 可分别通过某棵子树 T_1, T_2 以给定的方式被表示. 令 $F_1, \cdots, F_{|S|}$ 和 $F'_1, \cdots, F'_{|S|}$ 分别为 G_1 和 G_2 的表示中对应于 S 中点的子树. 由 6.18 知, $F_1, \cdots, F_{|S|}$ 有一个公共点 v; 类似地, $F'_1, \cdots, F'_{|S|}$ 有一个公共点 w. 令

$$T = T_1 \cup T_2 + (v, w),\ F''_i = F_i \cup F'_i + (v, w) \qquad (i = 1, \cdots, |S|),$$

那么子树 F''_i 连同对应于 $G_1 - S$ 和 $G_2 - S$ 的点的子树构成 G 的一个表示.

(c) 我们用 (b) 中的表示来给出证明. 正如在 (b) 中证明的第一部分我们所看到的: 我们可以从 T 中去掉度为 1 的顶点, 仍可得到表示 G 的树的系统, 直到最后得到一个只有一个点的树 F_1. 设 x_1 是 G 中对应的点, 那么 $G - x_1$ 有 $\chi(G - x_1) = \omega(G - x_1) \leq \omega(G)$. 更进一步, x_1 的邻域形成一个完全图, 从而 x_1 的度至多为 $\omega(G) - 1$. 因此, 用 $\omega(G)$ 种颜色对 $G - x_1$ 进行染色, 我们可为 x_1 找到一种颜色.

要证明 $\chi(\overline{G}) = \omega(\overline{G})$, 去掉 x_1 以及它所有的 G-邻点 $x_2, \cdots, x_r$. 任何在 $\overline{G} - \{x_1, \cdots, x_r\}$ 中形成一个团的集合, 即在 $G - \{x_1, \cdots, x_r\}$ 是一个独立集的集合, 可与 x_1 形成一个新的团. 因此 $\omega(\overline{G} - \{x_1, \cdots, x_r\}) \leq \omega(\overline{G}) - 1$. 由归纳法, 可用 $\omega(\overline{G}) - 1$ 种颜色给 $\overline{G} - \{x_1, \cdots, x_r\}$ 染色; 那么再用一种新的颜色给 $x_1, \cdots, x_r$ 染色, 我们就得到了 $\overline{G}$ 的满足要求的染色. [A. Hajnal-J. Surányi; C. Berge; 参见 B.]

30. 设 G 有 m 个孤立点 $x_1, \cdots, x_m$. 由 7.2 可知, $V(G - \{x_1, \cdots, x_m\})$ 可以被

$$\alpha(G - \{x_1, \cdots, x_m\}) = \alpha(G) - m$$

条边所覆盖. 因此 $V(G)$ 可以被 G 的 $\alpha(G)$ 条边和点所覆盖. 我们可以假设这些边是不交的, 这是因为如果两条边具有一个公共顶点, 我们可以将其中的一条边用它的另外一个端点替代. 那么 G 的这 $\alpha(G)$ 条边和点给出 $\overline{G}$ 的覆盖这些点的 $\alpha(G) = \omega(\overline{G})$ 个独立子集, 即 G 的一个 $\omega(\overline{G})$-染色. 因此 $\chi(\overline{G}) \leq \omega(\overline{G})$. 因为反向的不等式也成立, 这样我们就证明了等式.

31. 设 H_i 是 G_i $(i = 1, 2)$ 的最大完全子图, 那么 $V(H_1) \times V(H_2)$ 张成 $G_1 \cdot G_2$ 的一个大小为 $|V(H_1)| \cdot |V(H_2)| = \omega(G_1) \cdot \omega(G_2)$ 的完全子图. 因此 $\omega(G_1 \cdot G_2) \geq \omega(G_1) \cdot \omega(G_2)$.

另外, 令 α_i 为 G_i $(i = 1, 2)$ 的一个 $\chi(G_i)$-染色. 定义染色 α 为

$$\alpha(x_1, x_2) = (\alpha_1(x_1), \alpha_2(x_2)) \qquad (x_i \in V(G_i)),$$

那么容易验证, α 是 $G_1 \cdot G_2$ 的一个好的染色并且用了 $\chi(G_1) \cdot \chi(G_2)$ 种颜色. 所以 $\chi(G_1 \cdot G_2) \le \chi(G_1) \cdot \chi(G_2)$. 因此,

$$\chi(G_1 \cdot G_2) \le \chi(G_1) \cdot \chi(G_2) = \omega(G_1) \cdot \omega(G_2) \le \omega(G_1 \cdot G_2)$$

且反方向的不等式显然成立, 因此我们得到了要证的等式.

32. (a) 用提示中的公式. 令 $\alpha(x)$ 表示一条链 $x = x_1 < x_2 < \cdots < x_\alpha$ 的最大长度. 因为 $\omega(G)$ 是一个完全有序子集的最大阶数, 即一条链的最大长度, 所以 $1 \le \alpha(x) \le \omega(G)$. 另外, α 是一个合理的染色. 这是因为若 x 和 y 相邻, 不妨设 $x > y$, 那么最大长度为 $\alpha(x)$ 的一条链 $x = x_1 < x_2 < \cdots < x_{\alpha(x)}$ 可以扩展到 y, 这就表明 $\alpha(y) \ge \alpha(x) + 1$.

(b) 定义有向图 $\overrightarrow{G}$: 如果 $x < y$, 那么将边 (x, y) 的方向定为 x 到 y. 那么, 显然有 $\omega(\overline{G}) = \alpha(\overrightarrow{G})$. 由 8.4 可知, $\alpha(\overrightarrow{G})$ 条不交路覆盖了 $\overrightarrow{G}$ 的顶点. $\overrightarrow{G}$ 的一条路对应于 P 的一条链, 所以它张成 G 的一个完全子图; 即 $\overline{G}$ 的一个独立集. 因此, $\overline{G}$ 可以划分成 $\alpha(\overrightarrow{G}) = \omega(\overline{G})$ 个独立集, 即 $\chi(\overline{G}) \le \omega(\overline{G})$. 平凡地, 不等式的反方向总成立. [这是 Dilworth 定理的等价形式; 参见 B.]

33. 问题 9.28, 29, 30, 32 中考虑的图满足它们的所有导出子图均属于相同的类, 因此它们也满足 $\chi(G) = \omega(G)$. 然而一般地, 我们不能从 9.31 中得到完美图. 为证明这个结论, 假设 G_1, G_2 是两条 3-长路, 那么 $G_1 \cdot G_2$ 包含一个无弦的 7-圈, 如图 16 所示.

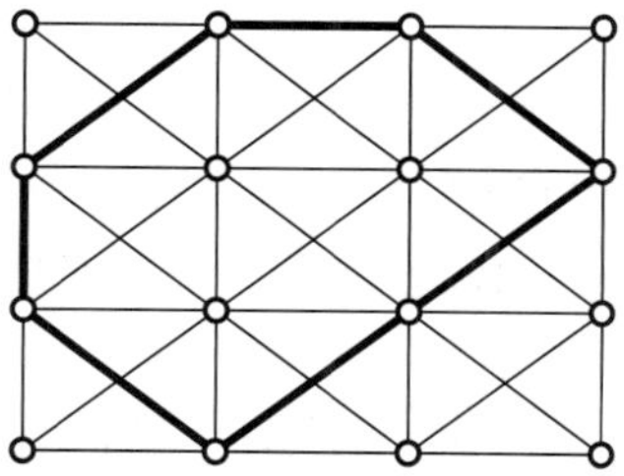

图 16

34. 首先假设 G 是完美图, 令 G' 是 G 的任一导出子图. 设 S 是 G' 的一个 $\chi(G')$-染色的一个色类, 那么 $\chi(G' - S) = \chi(G') - 1$, 从而 S 与 G' 的所有最大团都相交.

相反地, 假设 G 的每个导出子图都包含一个独立集, 它与所有的最大团都相交. 我们对 $|V(G')|$ 用归纳法, 来证明对导出子图 G', 有 $\chi(G') = \omega(G')$. 令 S 是与 G' 的所有最大团都相交的独立集. 由于 S 是独立集, 那么我们有

$$\chi(G') \le \chi(G' - S) + 1$$

并且由 S 的定义可知,

$$\omega(G') \ge \omega(G' - S) + 1.$$

根据归纳假设可知, 这两个不等式的右端是相等的. 因此 $\chi(G') \le \omega(G')$. 反向的不等式是平凡的.

35. 将图 G 的所有点逐个用图 G_x 来替换, 我们只需证明每一步都保持完美性. 因此我们可以假设一个非平凡图 G_{x_0} 是由替换点 x_0 得到的, 而其他点保持不变 (或者我们可以说其他点用 1-点图来替换).

另外, 只需证明 G' 的最大团可以被一个独立集所覆盖; 这是因为, G' 的导出子图与 G' 以同样的方式得到, 所以由之前的练习可知 G' 是完美的. 现在用 $\chi(G)$ 种颜色对 G 染色, 并取出包含 x_0 的色类 S. 同时取出 G_{x_0} 的一个独立集 S_1, 它与 G_{x_0} 的所有最大团都相交.

那么显然地, $(S - x_0) \cup S_1$ 在 G' 中是独立的. 下面证明它覆盖了 G' 的所有最大团, 令 T 为 G' 的一个最大团. 如果 T 与 G_{x_0} 不相交, 那么它是 G 的一个最大团且 $S - x_0$ 覆盖它. 如果 T 与 G_{x_0} 相交, 那么显然地, 它包含 G_{x_0} 的一个最大团且 S_1 覆盖它. [L. Lovász, *Discrete Math.* **2** (1972) 253–267.]

36. 如果 P 是将 $V(G)$ 分成独立集的一个划分, 那么显然地, 作为一个由 G 的 λ-染色导出的划分, 它能以

$$\lambda(\lambda-1)\cdots(\lambda-|P|+1)$$

种方式产生; 这对 $|P| > \lambda$ 也是成立的. 因此

$$P_G(\lambda) = \sum_P \lambda(\lambda-1)\cdots(\lambda-|P|+1), \tag{1}$$

其中求和遍历所有将 $V(G)$ 分成独立集的划分. 故 $P_G(\lambda)$ 确实是一个多项式.

显然地, (1) 中的每一项的度至多为 $n = |V(G)|$, 而且唯一一个度为 $|V(G)|$ 的项属于将 $V(G)$ 分成一元集的划分. 因此, 如果一元集是独立的, 即 G 中没有自环, 那么 $P_G(\lambda)$ 的度为 n, 而且 λ^n 的系数为 1.

如果 G 中含有自环, 那么 G 中不存在好的染色, 因此 $P_G(\lambda) = 0$. [关于图的色多项式, 参见 O, B, Wi; R. C. Read, *J. Comb. Theory* **4** (1968) 52–71; W. T. Tutte, *Comb. Structures and their Appl.* Gordon and Breach, 1970, 439–453.]

37. 为了得到 G 的所有 λ-染色, 考虑所有从 $V(G)$ 到 $\{1, \cdots, \lambda\}$ 的映射. 需要排除这些映射: 将一条边的两个端点映到同一个点. 由容斥公式 (2.2) 可得

$$P_G(\lambda) = \sum_{T \subseteq E(G)} (-1)^{|T|} p(T, \lambda),$$

其中 $p(T, \lambda)$ 表示将 T 中的每条边的两个端点映为一点的映射的数目. 注意到映射满足这个条件当且仅当它将图 $\langle V(G), T \rangle$ 的每个连通分支映射到一个数; 因此 $p(T, \lambda) = \lambda^{c(T)}$, 上述公式得证.

38. 如果 $G - e$ 的一个 λ-染色使得 e 的两个端点染成不同的颜色, 那么它是 G 的一个好的 λ-染色, 反之亦然. 因此, $P_{G-e}(\lambda) - P_G(\lambda)$ 是 $G - e$ 中将 e 的两个端点染成相同

颜色的 λ-染色的数目. 现在注意到 $G-e$ 的这样一个 λ-染色给出 G/e 的一个 λ-染色, 反之亦然. 因此, 对每个自然数 λ, 有

$$P_{G-e}(\lambda)-P_G(\lambda)=P_{G/e}(\lambda).$$

因为等式两端都是多项式, 所以对每个 λ 上式都成立.

39. 因为 K_n 只有一个划分为独立集的划分, 所以 9.36 的解答中的公式表明

$$P_{K_n}(\lambda)=\lambda(\lambda-1)\cdots(\lambda-n+1).$$

令 F 是一棵树且 x 是 F 中度为 1 的点. $F-x$ 的任一 λ-染色都可以以 $\lambda-1$ 种方式扩展到 x 上; 因此

$$P_F(\lambda)=(\lambda-1)P_{F-x}(\lambda).$$

由于单点树的色多项式是 λ, 所以

$$P_F(\lambda)=\lambda(\lambda-1)^{n-1}.$$

令 C_n 是一个 n 长的圈, 且 e 是它的一条边. 那么

$$P_{C_n}(\lambda)=P_{C_n-e}(\lambda)-P_{C_n/e}(\lambda).$$

现在注意到 C_n-e 是一条有 n 个点的路, 而 C_n/e 是 $(n-1)$-圈 C_{n-1}. 因此

$$P_{C_n}(\lambda)=\lambda(\lambda-1)^{n-1}-P_{C_{n-1}}(\lambda)$$

且重复这种规约, 又因为 $P_{C_1}(\lambda)=0$, 因此可得

$$P_{C_n}(\lambda)=\lambda(\lambda-1)^{n-1}-\lambda(\lambda-1)^{n-2}+\cdots+(-1)^{n-2}\lambda(\lambda-1).$$

将这些求和可得,

$$P_{C_n}(\lambda)=(\lambda-1)^n+(-1)^n(\lambda-1).$$

最后, 令 W_n 为具有 n 个点的轮图. 任意染中心点, 然后用剩余的 $\lambda-1$ 种颜色给边缘染色. 因此

$$P_{W_n}(\lambda)=\lambda P_{C_{n-1}}(\lambda-1)=\lambda(\lambda-2)^{n-1}+\lambda(-1)^{n-1}(\lambda-2).$$

40. 令 $G_1,\cdots,G_m$ 为 G 的连通分支. 那么, 我们可以任意地结合它们的 λ-染色来得到 G 的一个 λ-染色, 因此

$$P_G(\lambda)=P_{G_1}(\lambda)\cdots P_{G_m}(\lambda).$$

现在假设 G 是连通的, 且设 $B_1,\cdots,B_m$ 为它的块. 我们可以假设 B_m 是与其他块仅有一个公共点 x_0 的块, 令 $G'=B_1\cup\cdots\cup B_{m-1}$.

取 G' 的一个 λ-染色 α_0. 现在只有 B_m 的那些用 $\alpha(x_0)$ 给 x_0 染色的 λ-染色可以给出 G 的一个 λ-染色. 因为这意味着颜色的排列, 所以 B_m 中这种 λ-染色的数目为

$$\frac{1}{\lambda}P_{B_m}(\lambda).$$

因此

$$P_G(\lambda) = P_{G'}(\lambda)\frac{1}{\lambda}P_{B_m}(\lambda),$$

且由归纳法, 我们得到

$$P_G(\lambda) = \frac{1}{\lambda^{m-1}}P_{B_1}(\lambda)\cdots P_{B_m}(\lambda).$$

41. 设 G 是由区间系统 $\{[a_1,b_1],[a_2,b_2],\cdots,[a_n,b_n]\}$ 得到的图. 我们可以假设 $b_1 < b_2 < \cdots < b_n$, 令 x_i 为 G 中对应于 $[a_i,b_i]$ 的点. 那么, 由之前的观察和应用可知, x_1 的邻点形成一个完全图. 因此, 如果我们取 $G - x_1$ 的任一 λ-染色, 那么这个染色满足恰有 $d(x_1)$ 种颜色不能染 x_1 (假定 λ 很大). 因此,

$$P_G(\lambda) = (\lambda - d(x_1))P_{G-x_1}(\lambda).$$

令 μ_i 表示包含 b_i 的区间数, 那么 $d(x_1) = \mu_1 - 1$, 所以我们可以写成

$$P_G(\lambda) = (\lambda - \mu_1 + 1)P_{G-x_1}(\lambda).$$

以类似的方式继续下去, 我们可以得到

$$P_G(\lambda) = (\lambda - \mu_1 + 1)(\lambda - \mu_2 + 1)\cdots(\lambda - \mu_n + 1)$$

(我们不得不注意, 由定义可知前 j 个区间不包含 b_{j+1}, 所以如果我们将它们除去, 那么 b_{j+1} 将被包含在 μ_{j+1} 个区间中).

注意到, 9.28 是本题的一个直接结论; 如果 $\lambda \geq \omega(G) = \max \mu_i$, 那么 $P_G(\lambda) \neq 0$, 所以存在一个 λ-染色.

42. 我们对 $E(G)$ 进行归纳. 对 n 个顶点但没有边的图, 我们有 $P_G(\lambda) = \lambda^n$. 我们可以假设 G 是简单的, 这是因为除去重边不会影响 $P_G(\lambda)$. 因此 G/e 中不含有自环. 由 9.38, 对 G 的每条边 e, 有

$$P_G(\lambda) = P_{G-e}(\lambda) - P_{G/e}(\lambda).$$

根据归纳假设

$$P_{G-e}(\lambda) = \lambda^n - a'_{n-1}\lambda^{n-1} + a'_{n-2}\lambda^{n-2} - \cdots,$$

$$P_{G/e}(\lambda) = \lambda^{n-1} - a''_{n-2}\lambda^{n-2} + a''_{n-3}\lambda^{n-3} - \cdots,$$

其中 $a'_i, a''_i \geq 0$. 根据递推关系式, 我们有

$$P_G(\lambda) = \lambda^n - (a'_{n-1} + 1)\lambda^{n-1} + (a'_{n-2} + a''_{n-2})\lambda^{n-2} - \cdots,$$

这就证明了断言. 可以看出 $a_{n-1}=a'_{n-1}+1$, 于是根据归纳, a_{n-1} 是 G 的边数 (假设 G 是简单的).

为了得到 a_1 的一种解释, 考虑问题 9.37 中给出的公式. 公式中的线性项对应于图 G 的连通生成子图. 因此, $(-1)^{n-1}a_1$ 表示具有偶数条边的连通生成子图的数目与具有奇数条边的连通生成子图的数目之差. 值得注意的是, $a_1\geq 0$ 蕴含这两个数目的一个不等式. 读者将会发现给出一个直接的证明是有趣的.

43. 对 $|E(G)|$ 用归纳法. 如果 G 是棵树, 那么由 9.40 (以及二项式定理) 可知, 命题成立. 假设 G 是简单连通图但不是树, 那么它有一条边 e 使得 $G-e$ 是连通的, 显然 G/e 也是连通的, 且它们都没有自环. 由前面的解答 (以及那里的记号) 可知,

$$a_i\geq a'_i>0.$$

另外, 由归纳假设可知 $a'_{n-1}<a'_{n-2}<\cdots<a'_{\lfloor n/2\rfloor}, a''_{n-2}<\cdots<a''_{\lfloor (n-1)/2\rfloor}$, 因此

$$a_{n-1}<\cdots<a_{\lfloor n/2\rfloor}.$$

44. 由 9.36 可知,

$$P_G(\lambda)=\sum_P \lambda(\lambda-1)\cdots(\lambda-|P|+1),$$

其中 P 取遍将 $V(G)$ 分成独立集的所有划分, 若 $\lambda>n-1$, 则所有的项都是正的.

45. 我们可以假设图 G 是连通的, 我们将证明如果 $0<\lambda<1$, 那么 $(-1)^{n-1}P_G(\lambda)>0$. 结论对树显然成立. 令 e 是 G 的一条边使得 $G-e$ 是连通的, 那么由归纳假设

$$(-1)^{n-1}P_{G-e}(\lambda)>0,\qquad (-1)^{n-2}P_{G/e}(\lambda)>0,$$

因此,

$$\begin{aligned}(-1)^{n-1}P_G(\lambda)&=(-1)^{n-1}\{P_{G-e}(\lambda)-P_{G/e}(\lambda)\}\\&=(-1)^{n-1}P_{G-e}(\lambda)+(-1)^{n-2}P_{G/e}(\lambda)>0.\end{aligned}$$

46. (a) 如果 G 是连通的, 那么 9.43 表明 0 是 P_G 的一个简单根. 因此, 由 9.40 可知, 根 0 的重数等于连通分支的数目. 令 G 是 2-连通的, 我们可以对 $|E(G)|$ 用归纳法来证明 1 是简单根; 事实上, 我们将证明

$$(-1)^n\frac{P_G(\lambda)}{\lambda-1}>0.$$

为此, 我们注意到: 如果 G 有一条边, 那么由定义知 1 是一个根; 所以如果 G 是连通的但不是 2-连通的, 且 $G\neq K_2$, 那么由 9.40 直接可得 1 是一个重根. 因此, 如果 e 是 G 的任一条边, 那么

$$(-1)^n\frac{P_{G-e}(\lambda)}{\lambda-1}\bigg|_{\lambda=1}\geq 0,$$

$$(-1)^n \frac{P_{G/e}(\lambda)}{\lambda-1}\bigg|_{\lambda=1} \geq 0,$$

这是因为, 如果 $G-e$ 和/或者 G/e 是 2-连通的, 那么由归纳假设知, 结论成立; 否则左边等于 0.

因为对 $|V(G)| \leq 3$, 结论显然成立, 所以我们可以假设 $|V(G)| \geq 4$. 我们将证明 $G-e$, G/e 中的一个是 2-连通的. 假设 G/e 是可分的; 显然只有 e 的像可以是它的一个割点, 由此 e 的两个端点 x, y 构成一个割集. 令 P_1, P_2 为两条经过 $G-x-y$ 的两个连通分支的 (x,y)-路, 那么 $P_1 \cup P_2$ 是一个圈, 且 e 是它的一条弦. 但由 6.35, 这意味着 $G-e$ 是 2-连通的.

(b) 令 $\sigma(G)$ 表示 G 的无圈定向的数目. 考虑 $G-e$ 的一个无圈定向, 那么这个定向可根据它是否是 G/e 的一个无圈定向, 以一种或者两种方式扩展成 G 的一个无圈定向. 因此

$$\sigma(G) = \sigma(G-e) + \sigma(G/e).$$

因此由归纳法和 9.38 知, 结论成立. [R. Stanley, *Discrete Math.* **5** (1973), 171–178.]

47. (a) 由 9.38,

$$P_{G_1}(\lambda) = P_{G_1-e}(\lambda) - P_{G_1/e_1}(\lambda) = P_G(\lambda) - P_{G_1/e_1}(\lambda),$$

$$P_G(\lambda) = P_{G_1}(\lambda) + P_{G_1/e_1}(\lambda),$$

且类似地,

$$P_G(\lambda) = P_{G_2}(\lambda) + P_{G_2/e_2}(\lambda);$$

因此,

$$P_{G_1}(\lambda) + P_{G_1/e_1}(\lambda) = P_{G_2}(\lambda) + P_{G_2/e_2}(\lambda).$$

(b) 考虑图 17 中的三个图 G, 如果存在一个线性关系, 那么由它们结论是成立的. 因此

$$a\lambda(\lambda-1)(\lambda^2-3\lambda+3) + b\lambda(\lambda-1)(\lambda-2)^2 + c\lambda(\lambda-1)(\lambda-2)^2 = 0,$$
$$a\lambda(\lambda-1)(\lambda-2)^2 + b\lambda(\lambda-1)(\lambda-2)^2 + c\lambda(\lambda-1)(\lambda-2)(\lambda-3) = 0,$$
$$a\lambda(\lambda-1)(\lambda-2)^2 + b\lambda(\lambda-1)(\lambda-2)(\lambda-3) + c\lambda(\lambda-1)(\lambda-2)^2 = 0.$$

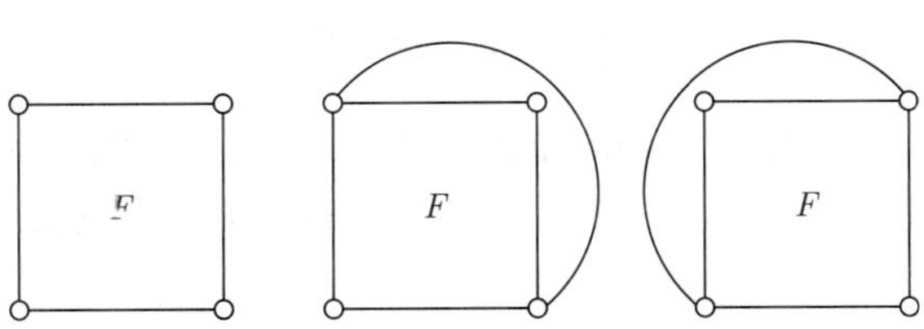

图 17

如果这组方程有一个非平凡的解, 那么它的行列式为 0. 但是它的行列式是

$$\lambda^3(\lambda-1)^3(\lambda-2)^2\begin{vmatrix}\lambda^2-3\lambda+3 & \lambda-2 & \lambda-2\\ (\lambda-2)^2 & \lambda-2 & \lambda-3\\ (\lambda-2)^2 & \lambda-3 & \lambda-2\end{vmatrix}=\lambda^3(\lambda-1)^3(\lambda-2)^2(\lambda^2-3\lambda+1).$$

因此, 如果 $\lambda\neq 0,\ 1,\ 2,\ \frac{3\pm\sqrt{5}}{2}$, 那么不存在线性关系 (特别地, 不存在任何 λ 都满足的线性关系). 对 $\lambda=0,\ 1,\ 2$, 存在平凡的关系, 如 $P_{G_1}(\lambda)=0$.

(c) 对 $|E(G)|$ 进行归纳. 如果 $V(G)=V(F)$, 那么只需验证图 17 所示的三个图 (因为重边可以忽略, 且如果 G 有自环, 那么两边都为 0). 幸运的是, 我们只需计算四个数, 即设 $\xi=\tau+1=\frac{3+\sqrt{5}}{2}$, 我们有

$$\xi(\xi-1)(\xi^2-3\xi+3)=(\xi^2-\xi)\cdot 2=4\xi-2.$$
$$\xi(\xi-1)(\xi-2)^2=(\xi^2-\xi)(\xi^2-4\xi+4)=(2\xi-1)(3-\xi)=\xi-1,$$
$$\xi(\xi-1)(\xi-2)(\xi-3)=\xi(\xi-3)\cdot(\xi-1)(\xi-2)=(\xi^2-3\xi)(\xi^2-3\xi+2)=-1$$

(我们利用了 $\xi^2=3\xi-1$ 这个事实). 由这些值以及上一题的解答中所确定的色多项式, 很容易验证上述关系是成立的.

现在假设 $V(G)\neq V(F)$. 如果 G 中的点, 除了 F 中的点外都是孤立点, 那么它们意味着已经被验证的方程将乘以 ξ 的幂. 所以假设存在一条边 e 至多有一个端点在 F 中. 设 $G'=G-e$, $G_1'=G'+e_1$, $G_2'=G'+e_2$, 类似地, $G''=G/e$, $G_1''=G''+e_1$, $G_2''=G''+e_2$. 那么由归纳假设可知,

$$P_{G'}(\xi)=\xi(P_{G_1'}(\xi)+P_{G_2'}(\xi)),$$
$$P_{G''}(\xi)=\xi(P_{G_1''}(\xi)+P_{G_2''}(\xi)),$$

由 9.38, 将上述两式作差即可得到我们想要的等式.

48. 设 $q(x)=x^2-3x+1$; $q(x)$ 的根为 $\xi=\frac{3+\sqrt{5}}{2}$ 和 $\xi'=\frac{3-\sqrt{5}}{2}$. 由 9.45, ξ' 不是任意色多项式的根, 所以 $q\nmid P_G$. 由于 q 在有理数域上是不可约的, 这就意味着它与 P_G 没有公共根, 即 $P_G(\xi)\neq 0$.

49. (a) 使用题 9.47 中所用的记号. 由 9.38 和 9.47(c) 可知,

$$\begin{aligned}&P_{G_1}(\tau+1)+P_{G_2}(\tau+1)+P_{G_1/e_1}(\tau+1)+P_{G_2/e_2}(\tau+1)\\ &=2(\tau+1)(P_{G_1}(\tau+1)+P_{G_2}(\tau+1)),\end{aligned}$$

因此,

$$\begin{aligned}(1)\qquad P_{G_1/e_1}(\tau+1)+P_{G_2/e_2}(\tau+1)&=(2\tau+1)(P_{G_1}(\tau+1)+P_{G_2}(\tau+1))\\ &=\tau^3(P_{G_1}(\tau+1)+P_{G_2}(\tau+1)).\end{aligned}$$

又由 9.47(a), 可得

(2) $$P_{G_1/e_1}(\tau+1)-P_{G_2/e_2}(\tau+1)=P_{G_1}(\tau+1)-P_{G_2}(\tau+1).$$

将 (1) 和 (2) 相乘, 我们得到

(3) $$P^2_{G_1/e_1}(\tau-1)-P^2_{G_2/e_2}(\tau+1)=\tau^3(P^2_{G_1}(\tau+1)-P^2_{G_2}(\tau+1)).$$

现在假设映射 G_2, G_1/e_1, G_2/e_2 满足问题中给出的等式, 那么 (3) 式乘 $(\tau+2)\tau^{3n-13}$ 可得,

$$P_{G_1/e_1}(\tau+2)-P_{G_2/e_2}(\tau+2)=(\tau+2)\tau^{3n-10}P^2_{G_1}(\tau+1)-P_{G_2}(\tau+2).$$

由 9.47(a), 这意味着 G_1 也满足这个等式.

现在令 G_1 是不满足等式的一个极小三角剖分, 且假设 G_1 中有一个点 x 的度数尽可能大. 令 (x,y,z) 是与 x 相邻的任意三角形, 且 (x',y,z) 是有 (y,z) 边的第二个三角形, 那么 $x'=x$. 事实上, 如果 $x'\neq x$, 那么令 $G=G_1-(y,z)$, $G_2=G+(x,x')$. 由 G_1 极小性和 $d_{G_1}(x)$ 的极大性可知, $G_1/(y,z)$, $G_2/(x,x')$ 和 G_2 满足等式. 因此, 由上述可知 G_1 也满足等式, 矛盾.

上面的论述显示: 如果一个面与 x 相邻, 那么它所有的邻面也与 x 相邻. 因此所有的面都与 x 相邻, 这就表明 x 与其他所有的点都相邻, 且 $G-x$ 中没有圈. 因为三角剖分总是 2-连通的 (如果 x 是一个割点, 那么考虑一个与 $G-x$ 的两个连通分支相交的面; 这个面是三角形的事实意味着存在一条连接 $G-x$ 的两个连通分支的边, 矛盾), 所以 $G-x$ 是一棵树.

现在如果我们想要 λ-染色 G, 可从 λ 种颜色中任取一种染 x, 用 $(\lambda-1)$ 种颜色去染余下的点. 因此

$$P_G(\lambda)=\lambda P_{G-x}(\lambda-1)=\lambda(\lambda-1)(\lambda-2)^{n-2}$$

且因为 $\tau+1=\tau^2$, 有

$$P_G(\tau+2)=(\tau+2)(\tau+1)\tau^{n-2}=(\tau+2)\tau^n.$$

另外, 因为 $\tau-1=\tau^{-1}$, 所以

$$\begin{aligned}(\tau+2)\tau^{3n-10}P^2_G(\tau+1)&=(\tau+2)\tau^{3n-10}(\tau+1)^2\tau^2(\tau-1)^{2(n-2)}\\&=(\tau+2)\tau^{3n-10}\tau^4\tau^2\tau^{-2(n-2)}=(\tau+2)\tau^n.\end{aligned}$$

因此 G 满足等式, 矛盾.

(b) 对顶点数使用归纳法, 且对边数使用“向后”归纳法; 我们假设不存在 2 边形的面. 如果存在一个三角剖分, 那么 (a) 意味着结论成立. 否则, 存在一个点数大于 3 的面, 在这个面上添加一条对角线 e. 那么由归纳假设, 我们可知

$$P_{(G+e)/e}(\tau+2)>0,$$

$$P_{G+e}(\tau+2) > 0.$$

现在由 9.38, 可得

$$P_G(\tau+2) = P_{(G+e)/e}(\tau+2) + P_{G+e}(\tau+2) > 0.$$

50. 我们对 $V(G)$ 用归纳法. 可以假设 G 是简单的. 由 5.25(a), G 的边数至多为 $3|V(G)|-6$, 因此 G 有一个度至多为 5 的顶点 x. 如果 x 的度至多为 4, 那么我们可以除去它, 然后把剩下的图用 5 种颜色染色, 之后再将这个染色扩展到 x 上. 因此假设 $d(x)=5$, 那么 x 有两个不相邻的邻点, 因为否则我们可以在这个图上得到一个 K_6. 设 y, z 是 x 的这样两个邻点, 收缩边 (x,y) 和 (x,z), 考虑得到的图 G. G 中没有自环, 因此由归纳假设可知它是 5-可染的. 考虑 G 的对应的 5-染色. 因为 x, y 和 z 具有相同的颜色, 所以它是不合理的; 但是只有边 (x,y) 和 (x,z) 是单色的. 现在注意到, x 仅有 3 个其他的邻点, 因此我们可以找到一种不同于 x 的所有邻点的颜色来重新染 x.

51. 首先假设面是 4-可染的; 那么容易验证提示中定义的边的 3-染色是一个好的染色.

其次考虑边上的一个 3-染色. 令 G_1 是由红边和蓝边形成的面, 且 G_2 是由红边和绿边形成的面. 显然 G_1 和 G_2 是由不交的圈所组成, 因此, G_1 的面可用红色和蓝色进行 2-染色, 同时 G_2 的面可以通过 “浅色” 与 “深色” 进行 2-染色. 现在用 “浅红色” “浅绿色” “深红色” 和 “深绿色” 去染 G 的面; G 的每个面 F 都包含在 G_1 的面 F_1 和 G_2 的面 F_2 中. 如果 F_1 是红色的, 且 F_2 是浅色的, 那么用 “浅红色” 去染 F, 等等. 这就定义了 G 的一个好的面染色.

注记: 可以用 5.4 去证明问题的下半部分 [P. G. Tait; 参见 S, OF, Wi].

52. 由 9.51 知, 若 G 的面是 4-可染的, 则 G 的边是 3-可染的; 令 1, 2, 3 为它们的颜色. 考虑提示中给出的染色, 逆时针沿着面 F 的边界走一圈, 并考虑图 18 所示的 “钟”. 无论何时走过一个值为 $+1$ 的顶点, 下一条边的颜色将是图中顺时针中的下一个记号; 如果我们走过一个值为 -1 的顶点, 下一条边的颜色将是图中逆时针中的下一个记号. 因为环绕这个圈一周后我们将回到我们开始的颜色, 所以所有 $+1$ 与 -1 的和可以被 3 整除.

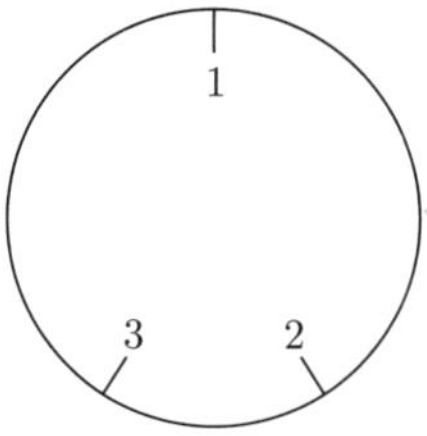

图 18

相反地, 假定我们得到了一个所要求的 $+1$ 和 -1 的分配. 考虑 $L(G)$, 它也是平面的且有两类面: 对每个 $x \in V(G)$, 存在一个包围 x 的三角形面 F_x; 且对 G 的每个面

F, 存在一个位于 F 内且与 F 有相同边数的面 F' (图 19).

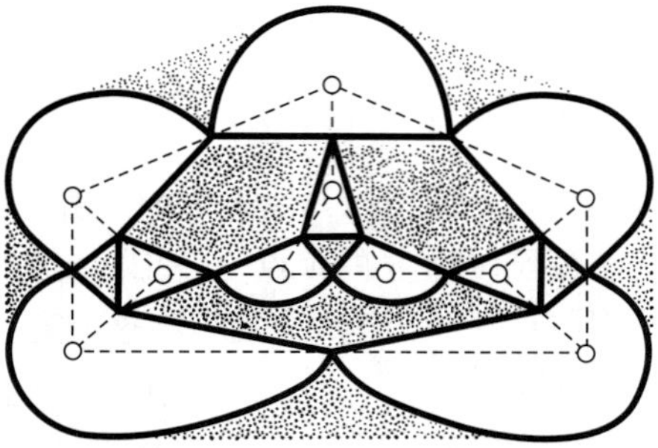

图 19

通过以顺时针方向给三角面 F_x 定向, 我们得到 $L(G)$ 的一个定向. 对每条边 $e \in E(L(G))$, 定义它的工作 $v(e)$ 为 G 中对应点的值.

于是 $L(G)$ 中的一个三角形面的三条边对应于 G 中具有相同工作的点. 因此, 环绕任意面的边的工作的和 $\equiv 0 \pmod 3$. 但是这对任何圈 C 都成立, 这是因为顺时针沿着圈内的每个面走一圈, 记下所需工作的和, 总和也是 0. 另外, 这个和值恰是绕 C (顺时针) 走一周所需要的工作, 这是因为 C 内的边被计数了两次并且方向相反. 所以环绕圈 C 所需要的工作为 0. 由 5.4, 我们可找到 $V(L(G))$ 上的一个位势 $p(x)$ 使得对每条边 (x, y), $v(x, y) \equiv p(y) - p(x) \pmod 3$. 显然, 我们可以假设 p 只有 0, 1, 2 三个值, 那么 $p(x)$ 是 $L(G)$ 的一个好的 3-染色. [P. J. Heawood, 参见 S, OF.]

53. Hamilton 圈 C 内的面是可以被 2-染色的, 为了证明这个结论, 注意到对偶图 G^* 相应的片段不含圈, 这是因为若存在这样的圈, 那么它将隔离 G 的一个顶点和 C, 这显然是不可能的. 因此, C 的 G^* 的片段是一个森林, 因此是 2-可染的.

类似地, 两种其他颜色足以染 C 外的面.

54. (a) 对 $|V(G)|$ 用归纳法. 如果这个数至多为 4, 那么结论显然成立.

令 $d_G(x) \le 4$. 由归纳假设, $G - x$ 有一个 4-染色 α. 如果 $d_G(x) \le 3$, 那么明显地, 这个 4-染色可扩展到 x 上. 所以假设 $d_G(x) = 4$, 令 y, z, u, v 为 x 的邻点. 我们将 G 看作是嵌入到平面上, 且假设边 (x, y), (x, z), (x, u), (x, v) 以这个顺序离开 x.

若 $\alpha(y)$, $\alpha(z)$, $\alpha(u)$, $\alpha(v)$ 中有一种颜色出现, 那么我们用这个颜色去染 x. 因此假设 $\alpha(y) = 1$, $\alpha(z) = 2$, $\alpha(u) = 3$, $\alpha(v) = 4$.

考虑由颜色 1 和 3 张成的子图和其中包含 y 的连通分支 G_1. 如果 $u \notin V(G_1)$, 我们可交换 G_1 中点的颜色, 来得到 $G - x$ 的一个 4-染色, 其中 1 不出现在 y, z, u, v 的颜色中. 那么如上, x 可以染 1 色. 因此我们可以假设 $u \in V(G_1)$, 即存在一条 (y, u)-路 P_1, 它的点只有颜色 1 和 3.

类似地, 我们可以假设存在一条 (z, v)-路 P_2, 它只含有颜色 2 和 4. 但是因为 G 是平面的, 所以 P_1 和 P_2 相交, 且它们的公共点不能是 1, 2, 3, 4 色中的颜色, 矛盾 (图

20) [G. Dirac; 参见 S, OF. 这种方法被称为 Kempe 链法].

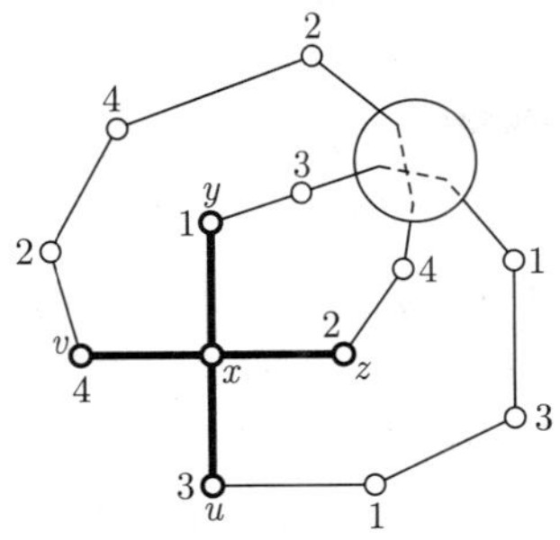

图 20

(b) 首先假设所有的面都是三角形. 那么容易看出, 我们得到二十面体, 它实际上存在一个 4-染色 (图 21).

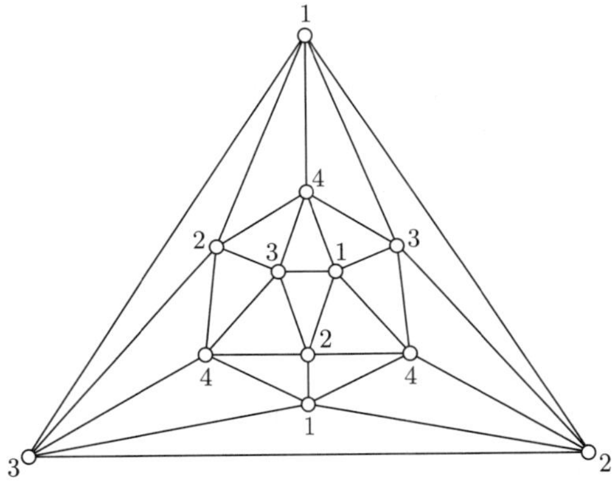

图 21

我们可以假设图是 3-连通的, 这可由类似 9.13(b) 解答中的分析得到.† 如果 F 是非三角形面, 那么 F 中存在两个点 x 和 y, 它们在 F 的边界 C 上的距离为 2; 但是 x 和 y 在 G 中是不相邻的, 否则它们将分离 C 中连接它们的两条弧.

等同 x 和 y, 且删除由此产生的重边, 得到的图 G' 至少含有一个度不超过 4 的顶点; 这是 x 和 y 的公共邻点. 除了 x (和 y) 的像 x' 具有较高的度外, 这个公共邻点的度至多为 5.

如果 G' 是 4-可染的, 那么显然, G 也是 4-可染的. 所以假设 G' 不是 4-可染的且考虑它的一个临界 5-色子图 G''. (a) 中的论述证明 G'' 不存在度至多为 4 的点. 因此 G'' 是 G' 的一个真子图, 且更进一步, G' 中与 G'' 相关联的所有边必与 x 相关联; 否则, 它们在 G'' 中的端点的度将至多为 4. 但是, x' 是一个割点是不可能的, 因为 G 是

†注意 9.13(a), (b) 和本题之间的相似之处.

3-连通的, G' 是 2-连通的 [J. M. Aarts and J. de Groot; 参见 S].

55. 显然地, 我们可以假设 G 是 2-连通的; 否则, 可在 G 的两个块中增加一条与原来的边不平行的边.

考虑 G 的一个非三角形面 F, 且设 $C = (x_1, \cdots, x_k)$ 为它的边界圈. 那么 (x_1, x_3) 或 (x_2, x_4) 不是 G 的一条边, 否则它们在 C 外彼此相交. 不妨设 $(x_1, x_3) \notin E(G)$, 那么在 G 中增加边 (x_1, x_3); 这样我们将 F 分为更小的面. 继续进行下去, 我们可将 G 扩展为一个简单三角剖分. 如果这个三角剖分可以按所要求的方式被染色, 即这个三角剖分中不存在单色的面, 那么 G 中也不存在单色的面.

因此, 我们可以假设 G 是一个三角剖分, 那么 G^* 是 3-正则的, 又因为 G 是简单的, 所以 G^* 是 2-边-连通的.

由 Petersen 定理 (7.29), G^* 有一个 1-因子 F. 令 Φ 为 G 中对应边的集合, 那么 Φ 中恰好含有 G 中每个面的一条边. 因此, $G - \Phi$ 的面都是四边形, 即由 5.26 的对偶可知, $G - \Phi$ 是二部的. 考虑 $G - \Phi$ 的一个 2-染色; 这个 2-染色满足对 G 的要求. [M. Schäuble, *Beiträge zur Graphentheorie,* Teubner, Leipzig (1968) 137–142.]

56. 假设每个点的度都为偶数. 我们用红和蓝两种颜色对面 (5.26) 进行染色, 并对边定向使得它们的右边是红色. 令 C 是任一圈, 用两种不同的方式计数 C 上以及内部的边的数目. 令 C 中 α 条边从内部与红色的面相关联, 且 β 条边从外部与红色的面相关联. 另外, 设 k 个红面和 l 个蓝面位于 C 内. 那么 C 上以及内部的边的数目分别是

$$3k + \beta$$

以及

$$3l + \alpha.$$

因此, 逆时针走遍 C 所需的工作是

$$\alpha - \beta = 3k - 3l \equiv 0 \pmod 3.$$

由 5.4, 这表明存在一个定义在 $V(G)$ 上的位势 $p(x)$ 使得如果 $(x, y) \in E(G)$, 那么 $p(y) - p(x) \equiv 1 \pmod 3$, 这个 $p(x)$ 产生 G 的一个 3-染色 [H. Whitney; OF, Wi].

反之简单: 假设图有红、蓝、绿 3-染色, 考虑任意点 v (如染红色), v 的邻点必须在蓝、绿之间选择, 所以它们的数目是偶数.

57. 设 $(x_1, y_1), \cdots, (x_n, y_n)$ 为交点, 那么我们可以假定坐标轴方向的选取使得 $x_1, \cdots, x_n$ 是不同的, 不妨设 $x_1 < x_2 < \cdots < x_n$. 现在按照上述顺序对顶点进行 3-染色, 当我们染到 (x_i, y_i) 时, 它至多有两个邻点已经被染色, 所以我们可以找到一种颜色来染它. 因此我们可以对这个图进行 3-染色 [H. Sachs].

§10. 图的极值问题

1. 我们可以假设 G 是 2-连通的, 因为如果 $G = G_1 \cup G_2$ 且 $|V(G_1) \cap V(G_2)| \leq 1$, $|V(G_i)| \geq 2$, 那么 G_1, G_2 中有一个满足

$$|E(G_i)| > \frac{3}{2}(|V(G_i)| - 1),$$

且我们可对 n 用归纳法.

所以假设 G 是 2-连通的. 显然, 它不是一个单独的圈, 所以根据 6.33(b), 它有一个耳分解 $G = P_0 \cup P_1 \cup \cdots \cup P_k$ $(k \geq 1)$, 其中 P_0 是一个圈且 P_{i+1} 是一个 $(P_0 \cup \cdots \cup P_i,\ P_0 \cup \cdots \cup P_i)$- 路, $i = 0, \cdots, k-1$, 那么 $P_0 \cup P_1$ 是一个 Θ-图.

所有块均为三角形的任意图可说明结果的紧性.

2. (a) 设 $P = (x_0, x_1, \cdots, x_p)$ 为 G 的一条最长路, x_0 与异于 x_1 的两点相连, 这是因为 P 是极大的, 这两点一定在 P 上; 不妨设 x_0 与 x_i 和 x_j 相邻, $2 \leq i < j \leq p$, 那么 $(x_0, \cdots, x_j)$ 为 G 的含有弦 (x_0, x_i) 的一个圈 [J. Czipszer].

(b) 我们对 n 用归纳法. 当 $n = 4$ 时, 结论显然成立. 若 G 中点的度至少为 3, 由 (a) 可知它包含一个有弦的圈.

因此我们可以假设 G 有一个度至多为 2 的顶点, 那么 $G - x$ 包含至少 $2n-3-2 = 2(n-1)-3$ 条边, 由归纳假设, $G - x$ 包含一个有弦的圈, 于是 G 也如此.

$K_{2,n-2}$ 说明 (b) 的结果是紧的 [L. Pósa].

3. (a) 我们对 $|V(G)|$ 用归纳法来证明提示中的论断.

I. 首先假设 G 有一个度至多为 2 的点 x. 如果 x 的度为 1, 那么 $G-x$ 至多有一个点度至多为 2, 那么由归纳我们完成了证明. 如果 x 的度为 2, 即设它与点 y, z 相关联且 $(y,z) \notin E(G)$, 那么将 x 去掉, 把 y 和 z 相连. 得到的图所有顶点的度至少为 3, 从而它包含了一个 K_4 的剖分. 如果用 x 去剖分 (y,z), 我们就能重新得到 G; 因此 G 也包含了一个 K_4 的剖分. 如果 y 和 z 相邻, 那么我们可以假设 $d_G(y) = d_G(z) = 3$ (否则, $G-x$ 就满足假设). 如果 y 和 z 的第三个邻点是同一个点 w, 那么 $G-x-y-z-w$ 满足假设; 如果 y 和 u 相邻, z 和 v 相邻 (x, y, z, u, v 是不同的), 那么将 x, y, z 收缩至一点 x', 我们得到图 G', 它只有 x' 的度至多为 2. 因此 G' 包含 K_4 的一个剖分. 由于剖分 G 的边 (x', u), 我们得到 G 的一个子图, 因此 G 也包含一个 K_4 的剖分 (见图 22).

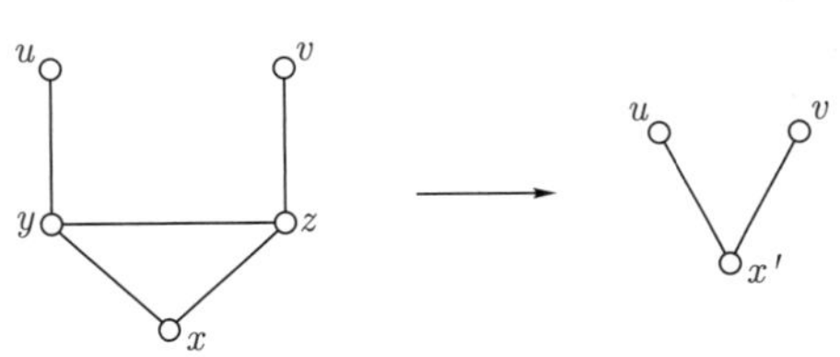

图 22

II. 现在假设 G 的每个点度至少为 3. 我们可以假设 G 有一个度为 3 的点 x, 否则我们可以删掉一些边, 只要保证 G 中除一个点外的其他点度都至少为 3. 设 u,v,w 是与 x 相邻的点. 如果 u,v,w 是相互关联的, 那么 x,u,v,w 就生成了一个 K_4. 因此, 我们可以假设 $(u,v)\notin E(G)$. 去掉 x 并连接 u 和 v. 得到的图 G' 中除了点 w 的度可能为 2 外, 其余点的度都至少为 3. 因此由归纳假设, G' 包含了 K_4 的一个剖分. 由于用 x 去剖分边 (u,v), 我们可以得到 G 的一个子图, 因此 G 也包含了一个 K_4 的剖分.

(b) 如果图 G 的每个顶点的度至少为 3, 那么由 (a) 我们完成了证明. 如果存在有一个 2 度点, 那么我们可以去掉这个点再用归纳法来证明.

图 23 中的图恰有两个 2 度点和 $2n-3$ 条边, 但不包含 K_4 的剖分 (证明!). 因此 (a) 和 (b) 是紧的. [G. Dirac, *Math. Nachr.* **22** (1960) 61–85.]

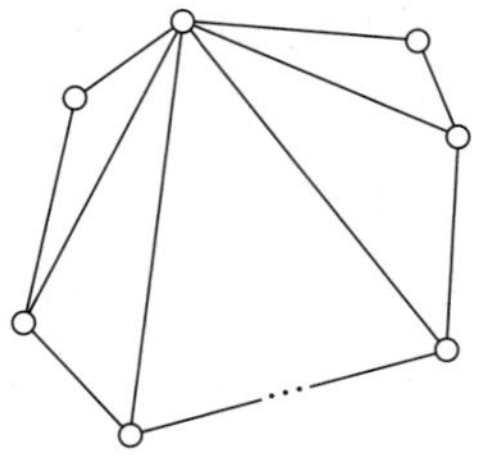

图 23

4. 首先我们按提示中的建议证明, G 不包含 K_4 的一个剖分和一条 H 以及一条与之不相交的边 (u,v). 假设它包含, 考虑 $G-V(H)$ 的包含 (u,v) 的连通分支 G_1. 平凡地, G_1 是一棵树. 令 x,y 为 G_1 的两个端点, 那么 x (对应地, y) 在 H 中一定有两个邻点 p_1,p_2 (对应地, q_1,q_2). p_1,p_2,q_1,q_2 中不能有两个同时作为中心点或 "射线" 的内点, 包含在 H 的一个主点的 "剖分星图" 中, 因为这样的一个位置能给出两个不相交的圈 (图 24(a)). 但是那样的话, 很容易验证, p_1,p_2,q_1,q_2 必定是 H 的主点, 并且我们再次得到了如图 24(b) 所示的两个不相交的圈.

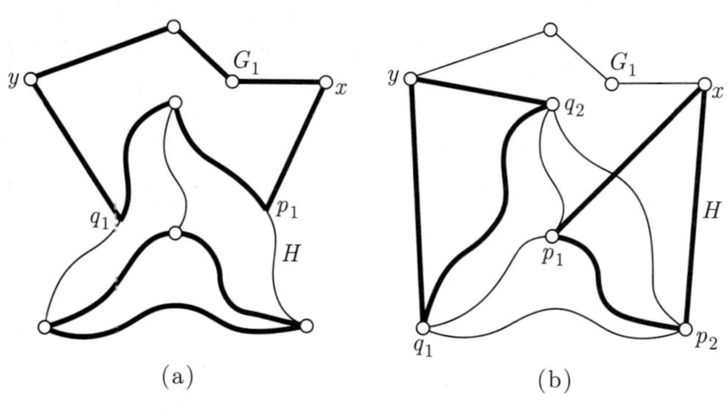

图 24

现在我们分 5 种情况来讨论.

情形 1. 假设图 G 中有一个 K_4 的剖分 H 和一个度至少为 4 但不在 H 中的点 v.

与上面类似的论断可以说明 v 的度恰为 4 且与 H 的 4 个主点 x_1, x_2, x_3, x_4 相邻. 交换 x_i 和 v 的角色, 我们可以用提示中的论断得出 x_i 一定与 x_j $(j \neq i)$ 和 v 相邻, 且不与其他点相邻. 因此 $G = K_5$.

情形 2. 假设图 G 中有一个 K_4 的剖分 H 和一个度为 3 不在 H 中但与 H 的 3 个主点 x_1, x_2, x_3 相邻的一个点 v. 互换 v 和第四个主点 x_4 的角色, 我们可以得到 $\Gamma(x_4) = \{x_1, x_2, x_3\}$. 我们证明 G 的每条边 (r, s) 包含 x_1, x_2, x_3 中的一个. 假设不然, 则 $r, s \neq x_1, x_2, x_3, x_4, v$. 但 x_1, x_2, x_3, x_4 和 v, 连同边 $(x_1, x_2), (x_2, x_3), (x_1, x_3)$ 的剖分中的任一条一起形成了一个 K_4 的剖分. 因此 (r, s) 必定与这些剖分边中的每条都相交在内点, 但这是不可能的. 因此 x_1, x_2, x_3 事实上覆盖了所有的边, 但这显然意味着我们有图 (iii).

情形 3. 存在一个 K_4 的剖分 H 和一个度为 3 且不在 H 中而又与 H 中至多两个主点相邻的点. 由提示的论断, v 的邻点一定在 H 中且容易看出其中至少有两个邻点一定是主点, 不妨设为 x_1 和 x_2. 第三个点, 不是主点, 但一定是剖分 (x_3, x_4)-边的一个内点 p. 互换 x_3 和 v 的角色, 我们得到 $\Gamma(x_3) = \{x_1, x_2, p\}$, 且类似地, $\Gamma(x_4) = \{x_1, x_2, p\}$. 我们断言 x_1, x_2, p 覆盖了所有边; 那么我们可以像之前一样下结论. 因为 x_1, x_2, x_3, x_4, p, v 包含一个 K_4 的剖分, 每条边必定与这些点中的一个相交. 但那些与 x_3, x_4 或 v 相交的边也一定与 x_1, x_2 或 p 相交. 这就解决了这种情形.

情形 4. 所以我们可以假设每一个 K_4 的剖分都是一个生成子图. 由 10.3(a), G 包含一个 K_4 的剖分 H. 令 x_1, x_2, x_3, x_4 表示它的主点. 假设剖分了的 K_4 可以被选择使得 x_1 度数至少为 4. 设 (x_1, u) 是不在 H 中但与 x_1 相邻接的边. 因为 H 是一个生成子图, u 是 H 中的一个点; 平凡地, u 一定在 $H - x_1$ 的圈 C 上. 用 (x_1, u) 取代剖分的边 (x_1, x_i) $(i = 2, 3, 4)$, 我们一定会得到生成剖分的 K_4. 因此 x_1 与 x_2, x_3, x_4 相关联. C 中的任意点, 平凡地, 只与 x_1 相邻接 (除了它在 C 上的邻点). 因此 G 是一个轮图.

情形 5. 只剩下一种情形, 即当 G 中的每一个 K_4 的剖分是一个生成子图且它的主点在 G 中度数为 3. 如果 $G = K_4$, 那么它是一个轮图. 所以假设 H 有一条弦 e, 那么这条弦一定连接 H 中两条剖分的边的内点. 显然这些剖分的边一定是不交的, 例如 (x_1, x_2) 和 (x_3, x_4). 现在 G 不包含更多的点, 因为去掉这样的一个点, $H + e$ 剩下的部分仍然包含一个 K_4 的剖分, 与假设矛盾. 因此 G 有 6 个点, 一种平凡的情形.

注记: 通过类似的论证我们可以确定所有不包含两个不交的圈的图 (不必要是简单的). 给定任意一个这样的图, 我们可以去掉 1 度点并消除 2 度点, 所以我们只需描述那些点度数至少为 3 的图. 结果如下: 问题中三种类型的图通过轮图的轮辐和 $K_{3,n-3}$ 的 3-元素类的边的修正后可能是多重的; 并且有一个新的类: 取一个森林 F, 一个点 x 和在 x 点的一些可能的自环, 并且任意地连接 x 到 F. [G. A. Dirac, *Canad. Math. Bull.* **8** (1965) 459–463; L. Lovász, *Mat. Lapok* **16** (1965) 289–299.]

5. (a) 由 10.3(b) 可知, G 包含一个 K_4 的剖分. 如果这个剖分是正常的, 即至少有一条剖分边有一个内点, 我们很容易找到一个 $K_{2,3}$ 的剖分. 所以我们可以假设 G 包含 4

个两两相邻的点 x, y, z, u. 因为 $n \geq 5$, 所以至少还有一个点 v. 因为 G 是 2-连通的, 所以存在两条独立的路连接 v 到 x, y, z, u 中两个不同的点. 现在 x, y, z, u, v 就是 $K_{2,3}$ 的一个剖分的主点 (图 25).

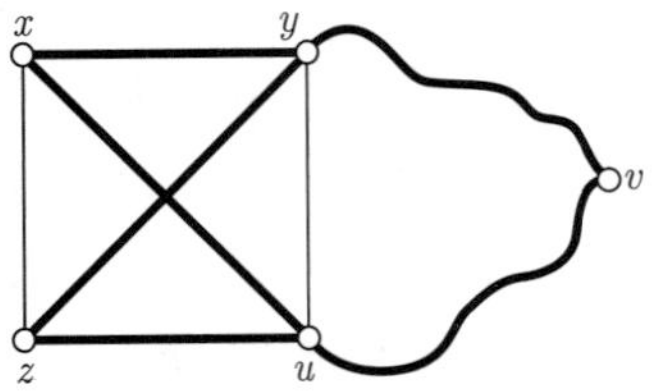

图 25

(b) 因为 $|E(G)| \geq 3n-5$, 5.25(a) 表明 G 是非平面的, 从而由 5.39(d) 的 Kuratowski 定理, G 包含一个 $K_{3,3}$ 或者 K_5 的剖分. 在第一种情形中, 我们就证完了; 现在假设 G 包含一个 K_5 的剖分, 其主点为 $x_1, \cdots, x_5$. 像 (a) 部分中那样, 我们区分这个剖分是不是正常的.

1° 假设边 (x_1, x_2) 的剖分 (设为) Q 包含内点. $G - \{x_1, x_2\}$ 是连通的, 我们有一条路 P 连接 Q 的一个内点 y 到 Q 外的一个点 z. z 可能有三种本质上不同的位置但是不管在哪一种情形下, 我们都能很容易地找到一个 $K_{3,3}$ 的剖分 (见图 26).

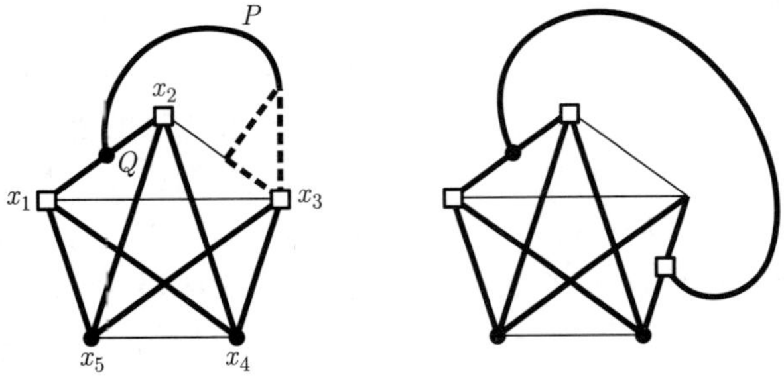

图 26

2° 假设 $x_1, \cdots, x_5$ 是两两相邻的. 因为 $n \geq 6$, 我们一定还有一个点 v. 因为 G 是 3-连通的, 故存在三条独立的路连接 v 和 x_1, x_2, x_3. 那么平凡地, 再次得到一个 $K_{3,3}$ 的剖分 (图 27).

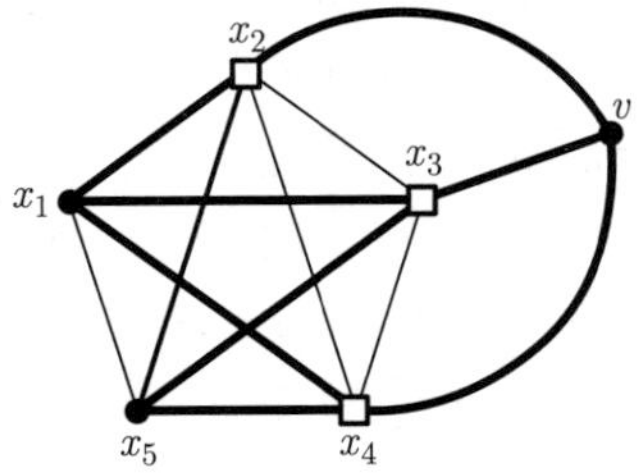

图 27

(c) 我们断言如果一个图至少有 $2n-2$ 条边且不包含 $K_{3,2}$ 的剖分, 那么它是连通的且它的块都是 K_4. 我们对 n 用归纳法.

首先假设一个有 $2n-2$ 条边的图 G 是不连通的, 即 $G=G_1\cup G_2$, $G_1\cap G_2=\emptyset$. 令 $|V(G_i)|=n_i>0$ $(i=1,2)$, 那么

$$|E(G_1)|+|E(G_2)|\geq 2n-2=(2n_1-2)+(2n_2-2)+2,$$

由此,

$$|E(G_1)|\geq 2n_1-1.$$

因此, 由归纳, G_1 是连通的且它的所有块都是 K_4. 但是, 这样就有 $|E(G_1)|=2n_1-2$, 矛盾. 所以 G 是连通的.

如果 G 是 2-连通的, 由 (a) 知结论成立. 故假设它有一个割点 x, 设 $G=G_1\cup G_2$. $V(G_1\cap G_2)=\{x\}$, $|V(G_i)|=n_i<n$. 那么

$$|E(G_1)|+|E(G_2)|\geq 2n-2=(2n_1-1)+(2n_2-1).$$

和上面一样, 如果对每个 i 有

$$|E(G_i)|>2n_i-2,$$

我们得到一个矛盾. 因此我们有

$$|E(G_1)|=2n_1-2,\quad |E(G_2)|=2n_2-2,$$

从而由归纳假设, G_1, G_2 是其所有块均为 K_4 的连通图, G 也是一样.

类似的论证显示, 如果 G 有 n 个顶点, $3n-5$ 条边且不包含 $K_{3,3}$ 的剖分, 那么 G 是 2-连通的并由 K_5 按如下方式组成: 取一个图 G (已经构造出来的) 和一个完全图 K_5, 再等同 G 的一条边和 K_5 的一条边 (见图 28(a)).

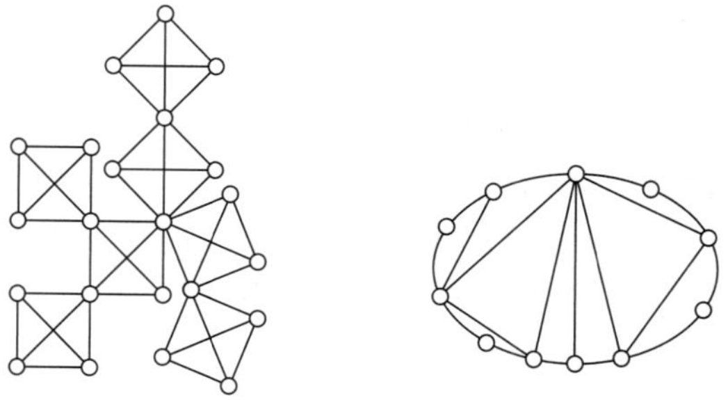

(a)　　(b) 回路的任意三角剖分

图 28

因此 (c) 的答案是: 一个具有 n 个顶点和

$2n-1$ 条边, 如果 $n\equiv 1 \pmod 3$,

$2n-2$ 条边, 如果 $n\equiv 0,2 \pmod 3$

的图包含一个 $K_{2,3}$ 的剖分; 一个具有 n 个顶点和

$$3n-4 \text{ 条边}, \quad \text{如果 } n \equiv 2 \pmod 3,$$
$$3n-5 \text{ 条边}, \quad \text{如果 } n \equiv 0,1 \pmod 3$$

的图包含一个 $K_{3,3}$ 的剖分, 图 28 和图 29 显示这些界是最优的 [L. Pósa].

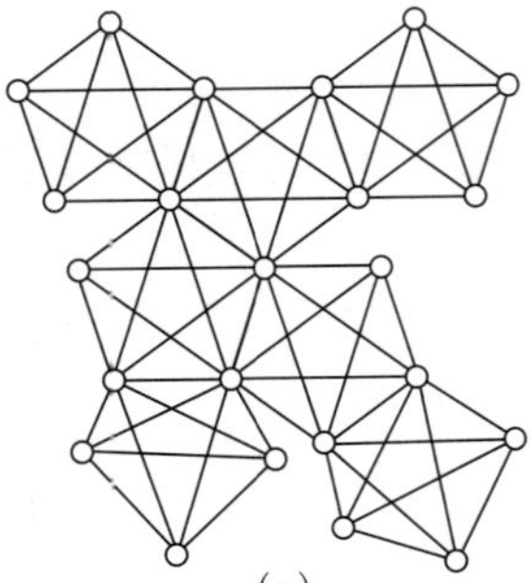

(a)

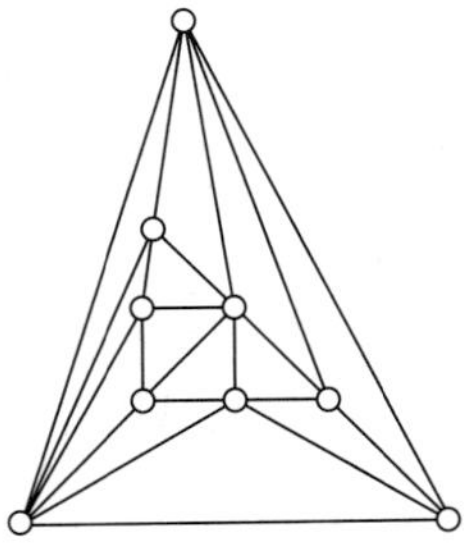

(b) 任意平面三角剖分

图 29

6. 我们证明: (a') 若 G_0 的度至多为 3, 则任意可以收缩到 G_0 的图包含一个 G_0 的剖分; (b') 若 G_0 有一个度至少为 4 的点, 则不再成立.

(a') 只需证明一个方面, 若 G/e ($e=(u,v)\in E(G)$) 包含 G_0 的一个剖分 H, 则 G 也包含. 若 G/e 的点 x 是 e 的像, 但不是 H 的主点, 则结论显然成立; 假设它是一个主点. 由假设, 至多存在三条 G 的剖分边从点 x 出发. 若我们再次把 u 和 v 分开, 它们中的一些边将会从 u 出发, 而有些边仍会从 v 出发. 我们不妨假设至多有一条边从 v 出发; 那么添加 e 到这条剖分边, 然后考虑 u 作为一个主点, 我们可以在 G 中找到 G_0 的一个剖分.

(b') 我们证明存在一个可以收缩到 G_0 的图 G_1, 它的度至多为 3. 令 x 是 G_0 的度至少为 4 的一个点, 我们将 x 分裂为 d 个 1 度点 $x_1,\cdots,x_d$, 并用一个圈连接这些点. 对度至少为 4 的每个点 x 都做这样的操作, 并用 G_1 表示得到的图. 则 G_1 的度至多为 3 且可收缩到 G_0, 若 G_0 有一个度至少为 4 的点, 则显然地, G_1 不包含 G_0 的剖分.

就 K_5 来说, 一个 4-连通的反例是 $K_{4,4}$.

7. 设 $a\in V(G)$, 重复地收缩边并删去产生的重边使得

($*$) 收缩的边与 a 的像相邻接,

($**$) 对得到的图, $\frac{|E(G')|}{|V(G')|}\geq\frac{m}{n}$ 成立.

假设得到图 G_0 时, 我们停止了. 设 a_0 是点 a 在 G_0 中的像, 由上述的 ($*$) 可知, G 的映射到 a_0 的子图 G_1 是连通的, 且 $G-V(G_1)=G_0-a_0$.

设 x 是 G_0 中与 a_0 相邻的任一点 (即在 G 中与 $V(G_1)$ 相邻). 用 ϑ 表示 G_0 中与 a_0 和 x 都相邻的点的数目 (这是 x 在 G 的由 G_1 的邻点导出的子图中的度). 收缩

(a_0, x), 并从每个产生的 ϑ 个重对中去掉一条边. 那么, 对所得的图 G_0', (**) 一定不成立. 因为

$$|V(G_0')| = |V(G_0)| - 1,$$
$$|E(G_0')| = |E(G_0)| - 1 - \vartheta,$$

所以我们有

$$\frac{|E(G_0)| - \vartheta - 1}{|V(G_0)| - 1} < \frac{m}{n}$$

或者, 等价地

$$\vartheta > |E(G_0)| - 1 - \frac{m}{n}(|V(G_0)| - 1).$$

因为

$$\frac{|E(G_0)|}{|V(G_0)|} \geq \frac{m}{n},$$

所以我们有

$$\vartheta > \frac{m}{n}|V(G_0)| - 1 - \frac{m}{n}(|V(G_0)| - 1) = \frac{m}{n} - 1,$$

这就证明了论断 [W. Mader; 参见 W].

8. 我们对 m 用归纳. 对 $m = 3$ 断言是显然的. 令 $m \geq 4$, 我们可以假设 G 是连通的.

由上一个问题, G 包含一个连通子图 G_1 满足 G_1 的邻点导出的子图 G_2 的度 $> \frac{|E(G)|}{n} - 1 \geq 2^{m-3} - 1$, 所以 $\geq 2^{m-3}$. 因此

$$|E(G_2)| \geq 2^{m-4}V(G_2),$$

从而根据归纳假设, G_2 可以收缩到 K_{m-1}. 在图 G 上进行同样的收缩并收缩 G_1, 我们得到一个包含 K_m 的图 [参见文献同上].

9. 对 k 用归纳法: $k = 1$ 的情形结论是平凡的.

再次假设 G_1 是如 10.7 中那样的一个连通子图, 即由 G_1 的邻点导出的子图 G_2 的度 $\geq 2^k$. 那么

$$|E(G_2)| \geq 2^{k-1}|V(G_2)|,$$

从而, 对任意 $e \in E(F)$, G_2 包含 $F - e$ 的一个剖分 H. 令 x_1, x_2 为与 e 的端点对应的 H 的主点. 因为 $x_i \in V(G_2)$, 所以它和某个点 $y_i \in V(G_1)$ $(i = 1, 2)$ 相邻. 由于 G_1 是连通的, 所以它包含一条 (y_1, y_2)-路 P. 于是

$$H' = H + (x_1, y_1) + (x_2, y_2) + P$$

是包含在 G 中的 F 的一个剖分 [参见文献同上].

10. I. 设 x_1 是围长为 4 的 3-正则图 G 的一个点, 且设 x_2, x_3, x_4 是它的邻点, 那么 x_2, x_3, x_4 必须是独立的, 因为 G 不含有三角形. 令 x_5, x_6 是 x_2 的另外两个邻点. 因此, $|V(G)| \geq 6$; 仅当 x_3, x_4 也和 x_5, x_6 相邻时等号成立, 即 $G = K_{3,3}$.

II. 设 $(x_1, \cdots, x_p)$ 为 G 中的最小的圈, $p \geq 5$. 设 y_i 是 x_i 的第三个邻点. 考虑圈的最小性, 则 y_i 不在圈上且当 $i \neq j$ 时 $y_i \neq y_j$. 因此, $|V(G)| \geq 2p \geq 10$. 如果等式成立, 那么 $p = 5$. 到 y_1 距离至少为 4 的点只有 y_3 和 y_4, 所以这些一定是 y_1 的除了 x_1 以外的另两个邻点. 类似地, y_2 与 y_4, y_5 相邻, y_3 和 y_5 相邻, 即我们得到一个 Petersen 图 (图 30).

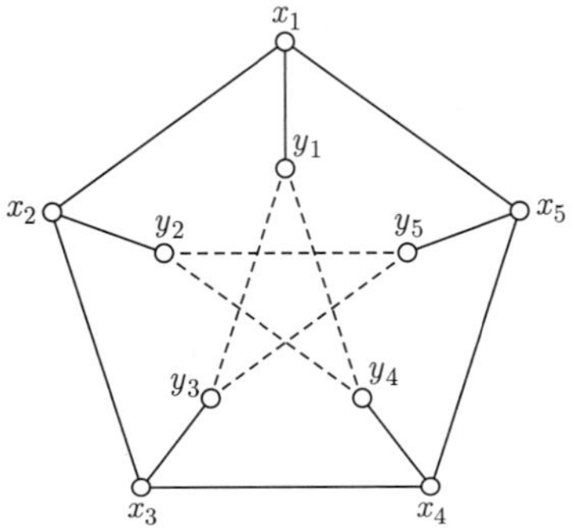

图 30

11. I. 首先假设 g 是奇数. 设 $x_0 \in V(G)$, 并用 S_i 表示到 x_0 距离为 i $(i = 0, \cdots, \frac{g-1}{2})$ 的点集. 从 S_i 的每个点 x 恰好有一条边到 S_{i-1}, 这是因为两条这样的边会给出两条从 x 到 x_0 的 i 长的路, 这会形成一个长度小于 g 的圈. 因此 $|S_{i+1}| = (r-1) \cdot |S_i|$ $(i = 1, \cdots, \frac{g-3}{2})$, 从而

$$\begin{aligned}|V(G)| &\geq |S_0| + |S_1| + \cdots + |S_{\frac{g-1}{2}}| \\ &= 1 + r + r(r-1) + \cdots + r(r-1)^{\frac{g-3}{2}}.\end{aligned}$$

II. 设 g 是偶数且考虑两个相邻点 x, y. 用 S_i 表示到集合 $\{x, y\}$ $(i = 1, \cdots, \frac{g}{2} - 1)$ 的距离为 i 的点集. 通过与上面同样的计算即可得到结果. [W. T. Tutte; P. Erdős-H. Sachs; 参见 S.]

12. 假设我们已经构造出 $G(r, g)$ 和 $G(r', g-1)$, 其中 $r' = |V(G(r, g))|$. 将 $G(r', g-1)$ 的每个点分裂成 r' 个度为 1 的点, 并将这 r' 个点等同于 $G(r, g)$ 的一个复制的点. 显然, 所得的图 G' 是 $(r+1)$-正则的. 我们断言它的围长为 g. 如果我们考虑 $G(r, g)$ 的一个复制中的最小圈, 那么它的长为 g; 因此, G' 的围长至多为 g. $G(r, g)$ 的复制中的任意其他圈长度至少为 g. 设 C 是一个不在 $G(r, g)$ 的复制中且长为 s 的圈, 收缩 $G(r, g)$ 的每个复制, 那么 G' 被映射到 $G(r', g-1)$. C 被映射到一个具有偶度的非空子图, 因

此, C 的像包含一个圈 C'. 现在 C 至少包含 $G(r,g)$ 的一个复制的一条边†, 于是, C' 有少于 s 条边, 因此, $s-1 \geq g-1$, $s \geq g$. 从而 $G' = G(r+1,g)$.

现在, 因为 $G(r,2)$ 和 $G(2,g)$ 都是平凡地存在的 (分别是 r 条平行边和 g-角形), 所以我们得到 $G(3,3), G(4,3), \cdots, G(3,4); G(4,4), \cdots; \cdots,; G(3,g), G(4,g), \cdots$ 也存在. [P. Erdős-H. Sachs; 参见 S, WV.]

13. (a) 间接假设 $a, b \in V(G)$ 且距离 $> g$. 去掉点 a 和 b, 然后添加 r 条新边, 将 a 的 r 个邻点和 b 的 r 个邻点进行匹配. 这样得到的图 G' 显然是 r-正则的.

我们证明 G' 的围长至少为 g. 设 C 是 G' 的一个圈, 若 C 不包含 r 条新边中的任何一条, 则它也是 G 的一个圈, 从而 C 的长度至少是 g. 所以我们假设 C 包含一些新的边.

现在考虑 $G - \{a, b\}$ 中连接新边的两个端点的一条路 P. 若 P 连接 a 的一个邻点和 b 的一个邻点, 那么由于 a, b 的距离至少是 $g+1$, 因此 P 的长度至少是 $g-1$. 若 P 连接了 a (或 b) 的两个邻点, 则它和另两条边一起形成了经过 a (或 b) 的 G 的一个圈, 它的长度至少是 $g-2$.

现在如果 G 只包含一条新边, 那么它包含连接这条边的两个端点的一条路. 通过上面的论证, 这条路至少有 $g-1$ 条边, 所以 C 至少有 g 条边.

另外, 如果 C 至少包含两条新边, 那么它也包含至少两条连接这些边的端点的路. 因此它的长度至少是

$$2 + 2(g-1) \geq g.$$

所以, G' 是 r-正则的且围长至少是 g. 又由于 $|V(G')| < |V(G)|$, 这是一个矛盾.

(b) I. 假设 $r = 2l$, 令 $x \in V(G)$. 去掉 x 并用独立边连接它的 $2l$ 个邻点, 得到的图 G' 显然是 r-正则的. 因为 $|V(G')| < |V(G)|$, 所以 G' 的围长小于 g, 即它一定包含一个长小于 g 的圈 C. 显然地, C 包含一些 (至少一条) 新边; 设 $e_1, \cdots, e_s$ 是这些边并用它们将 C 分割成弧 $P_1, \cdots, P_s$. 我们观察到, 当我们添加两条新边把 P_i 的端点与 x 相连时, P_i 将形成 G 的一个圈, 因此 $|E(P_i)| \geq g-2$. 所以

$$g > |E(C)| \geq s(g-2) + s = s(g-1).$$

从而 $s = 1$, 即 C 由一条新边 e_1 和一条连接它的两个端点的路 P_1 组成, 由此 $P_1 \subseteq G - \{x\}$. 同时也可得到 P_1 有 $g-2$ 条边, 即将它的端点与点 x 连接我们得到 G 的一个长度为 g 的圈.

II. 假设 $r = 2l+1$. 若 $f = 2$ 或 3, 则 G 包含 r 条平行边且 $G = K_{r+1}$. 这样我们不妨假定 $g \geq 4$.

设 $(x, y) \in E(G)$. 将 x 和 y 从 G 中去掉并将剩下的 x 的 $2l$ 个邻点和 y 的 $2l$ 个邻点进行两两配对, 得到的图 G' 也是 r-正则的. 由于 $|V(G')| < |V(G)|$, G' 包含一个长小于 g 的圈. 再次, 令 $e_1, \cdots, e_s$ 是 C 中的新边且它们将 C 分割成弧 $P_1, \cdots, P_s$.

† 事实上, 至少 $s/2$ 条边, 但是我们没有用到这个观察.

注意到

$$|E(P_i)| \geq \begin{cases} g-2, & \text{若 } P_i \text{ 连接 } x \text{ 的两个邻点或 } y \text{ 的两个邻点}, \\ g-3, & \text{若 } P_i \text{ 将 } x \text{ 的一个邻点与 } y \text{ 的一个邻点连接}. \end{cases}$$

因此

$$g > |E(C)| \geq s(g-3) + s = s(g-2),$$

由此当 $g \geq 4$ 时 $s = 1$. 现在我们像之前那样得出结论: P_1 包含于 G 的一个长为 g 且经过点 x 或点 y 的圈中.

(c) 设 $x \in V(G)$. 由 (a), G 中的任一点都可以从 x 出发通过一条长至多为 g 的路到达. 但是存在

$$\leq r(r-1)^{j-1}$$

条从 x 出发的长为 j 的路 (其中一些可能终止于同一个点; 一些可能又回到 x), 因此

$$\begin{aligned}|V(G)| &\leq 1 + r + r(r-1) + \cdots + r(r-1)^{g-1} \\ &= 1 + \frac{r}{r-2}((r-1)^g - 1) < \frac{r}{r-2}(r-1)^g.\end{aligned}$$

[参见文献同上.]

14. 我们取一个极大图 G', 它是通过在 G 中添加一些独立边形成的, 且围长至少为 g. 间接假设 G' 有一个度为 r 的点 u, 那么由奇偶性, 它还有另外一个这样的点 v.

设 S 表示 G' 中满足到 $\{u, v\}$ 距离至多为 $g-1$ 的点集. G' 中每个 S 之外的点 w 的度必为 $r+1$, 否则边 (u, w) 将增加到 G' 中. 因为通过类似于 10.11 解答中的计算, 我们有

$$|S| \leq 2(1 + r + \cdots + r^{g-1}) < 2r^g \leq \frac{1}{2}|V(G)|,$$

所以可以得到: 存在 S 外的两点 x 和 y, 它们由 $E(G') - E(G)$ 中的一条边连接. 现在 $G' - (x, y) + (x, u) + (x, v)$ 是一个围长至少为 g 的图, 它由 G 通过添加一些独立边得到, 而且比 G' 要大, 矛盾.

15. (a) 设 U 是一个点集, W 是在 $GF(p)$ 上的射影平面的线的集合, 连接 $u \in U$ 到 $w \in W$ 当且仅当 $u \in w$, 得到的二部图显然是 $(p+1)$-正则的且有 $2(p^2+p+1)$ 个点. 为了证明它的围长是 6, 注意到它不包含四边形; 事实上, 如果 (u_1, w_1, u_2, w_2) 是一个圈, 那么线 w_1, w_2 就会有两个公共点 u_1, u_2. 它不包含长为 3 或 5 的圈, 因为它是二部的. 平面中的任意三角形都会给出图中的一个六边形.

(b) 考虑 $GF(p)$ 上的 4-维射影空间中的超曲面 $\mathcal{F} = \{x : x^T x = 0\}$. 首先证明 $\mathcal{F}$ 的一些几何性质.

(i) $\mathcal{F}$ 不含平面. 假设 π 是包含在 $\mathcal{F}$ 中的一个平面且令 $u, v \in \pi$, 那么 $u^T u = 0, v^T v = 0$ 且 $(u+v)^T(u+v) = 0$ (因为 u, v 和 $u+v$ 是代表了 π 中点的向量), 从而可

以得到 $u^Tv=0$. 因此如果 V 表示由 π 的 5 个齐次坐标系的点构成的 5-维向量空间的线性子空间, 我们有 $V\subseteq V^{\perp}$, 但这就意味着 $\dim V^{\perp}\geq\dim V=3$, 与 5.31 矛盾.

(ii) $\mathcal{F}$ 中恰好有 $p+1$ 条线经过 $\mathcal{F}$ 中的每个点 b. 令 $\Sigma=\{x:b^Tx=0\}$ 是 b 点的"切超平面". 经过 b 点的每条线都包含在 Σ 中; 这是因为如果 v 是这样的一条线上的点, 那么正如 (i) 我们可以得到 $b^Tv=0$. 反之, 如果 $v\in\mathcal{F}\cap\Sigma$, 那么由 b 和 v 张成的线性空间的所有点都属于 $\mathcal{F}\cap\Sigma$.

设 π 是 Σ 中避开 b 的任一平面, 那么 $\pi\cap\mathcal{F}$ 是一条圆锥曲线, 它是非退化的, 这是因为如果它包含一条线, 那么这条线和 b 一起将给出一个包含在 $\mathcal{F}$ 中的一个平面, 与 (i) 矛盾. 所以众所周知, $\pi\cap\mathcal{F}$ 有 $p+1$ 个点. 现在 $\mathcal{F}$ 中经过 b 的线恰好是那些连接 b 到 $\pi\cap\mathcal{F}$ 中点的线, 所以它们的数目是 $p+1$.

注意到这些考虑连同 (i) 一起又意味着 $\mathcal{F}$ 中没有三条线形成一个三角形.

(iii) $|\mathcal{F}|=p^3+p^2+p+1$. 观察到给定 $\mathcal{F}-\Lambda$ 上的任意线 Λ 和点 b, 存在 $\mathcal{F}$ 上的唯一一条线包含 b 且与 Λ 相交. 事实上, b 点的切超平面 Σ 不包含 Λ, 所以 Σ 与 Λ 相交于一个单独点 a, 且线 ab 就是这条唯一的线. 因此, 如果我们考虑任意线 Λ, $\mathcal{F}$ 的任意点恰好与这些线中的一条相关联, 所以 $|\mathcal{F}-\Lambda|=p^2(p+1)$, 这就证明了论断.

因为每条线包含 $p+1$ 个点且每个点, 且与 $\mathcal{F}$ 中的 $p+1$ 条线关联, 所以 $\mathcal{F}$ 中线的数目是相同的. 令 $\mathcal{L}$ 表示 $\mathcal{F}$ 的线集.

现在当且仅当 $b\in\Lambda$ 时, 通过连接 $b\in\mathcal{F}$ 到 $\Lambda\in\mathcal{L}$ 形成 $\mathcal{F}\cup\mathcal{L}$ 上的一个二部图. 由 (ii) 知, 得到的二部图是 $(p+1)$-正则的且由 (iii) 知, 它有 $2(p^3+p^2+p+1)$ 个点. 它不包含 4-圈或 6-圈, 这是因为一个 4-圈对应于 $\mathcal{F}$ 中交于两个点的两条线, 而一个 6-圈对应于 $\mathcal{F}$ 中形成三角形的三条线, 但这都是不可能的.

16. (a) 如果 Z 覆盖所有的圈, 那么 $V(G)-Z$ 张成一个森林, 从而它张成至多 $n-|Z|-1$ 条边. 由于每个顶点度至少为 3, 那么有 $3(n-|Z|)$ 条边离开 $V(G)-Z$ 的顶点. 由这个集合张成的边在这里被计数两次, 但我们仍然至少有

$$3(n-|Z|)-2(n-|Z|-1)=n-|Z|+2$$

条连接 $V(G)-Z$ 到 Z 的边. 另外, Z 的一个点至多关联 d 条边, 因此 $(V(G)-Z,Z)$-边的数目至多是 $d\cdot|Z|$, 所以

$$d\cdot|Z|\geq n-Z+2$$

或者, 等价地,

$$|Z|\geq\frac{n+2}{d+1}.$$

(b) 我们假设 $g\geq 3$, 因为 $g=1,2$ 的情形是平凡的.

令 d 为 G 中的最大度. 那么如 10.11 中同样的计数可以得到

$$n\geq 1+d+2d+\cdots+2^{\lfloor\frac{g-3}{2}\rfloor}\cdot d=1+d\left(2^{\lfloor\frac{g-1}{2}\rfloor}-1\right).$$

现在由 (a) 知, 覆盖所有圈的任意集合 Z 满足

$$|Z| \geq \frac{n+2}{d+1} \geq \frac{3+d\left(2^{\lfloor \frac{g-1}{2} \rfloor}-1\right)}{d+1} \geq \frac{3+3\left(2^{\lfloor \frac{g-1}{2} \rfloor}-1\right)}{3+1} \geq \frac{3}{8} \cdot 2^{\frac{g}{2}}$$

[H. -J. Voß, M. Simonovits; 参见 WV].

17. 设 $G_1, G_2, \cdots, G_\nu$ 如提示中那样定义; $G_{\nu+1} \neq \emptyset$. 我们可以假设每个 G_i 的围长至多为 g, 否则可以考虑 G_i 代替 G. 因此 $|V(C_1) \cup \cdots \cup V(C_\nu)| \leq \nu g$.

另外, 很容易验证 $V(C_1) \cup \cdots \cup V(C_\nu)$ 覆盖 G 中所有的圈. 因此由上题 (b) 可得:

$$|V(C_1) \cup \cdots \cup V(C_\nu)| \geq \frac{3}{8} 2^{g/2}.$$

因此

$$\nu \geq \frac{3}{8g} 2^{g/2},$$

即证 [参见文献同上].

18. (a) $\nu = 1$ 意味着 G 的任意两个圈有一个公共点. 如果 G 不是简单的, 即它包含一个自环或者两条平行边, 那么所有的圈都被 1 个或 2 个点所覆盖, 所以我们假设 G 是简单的, 那么由 10.4, G 是图 3 中的一个图. K_5 的圈被它的任意 3 个点所覆盖; 轮图的圈被中心点和任一边缘点所覆盖; 而第三个例子中 (添加一些边到 $K_{3,n-3}$ 的 3-元素部分中) 的圈则被 3-元素部分的任意两点所覆盖 [B. Bollobás, L. Pósa].

(b) 我们对 $V(G)$ 用归纳法. 我们假设 G 没有 1 度或 2 度的点, 这是因为这些点会分别被去掉和消掉. 去掉一个最短圈的点, 由 10.16(b), 这个圈的长度满足

$$g \leq 4 \log_2 \tau.$$

令 τ' 表示覆盖剩下图中所有圈的顶点的最小数目. 显然

$$\tau \leq \tau' + g.$$

所以由归纳假设,

$$\nu \geq \frac{\tau'}{4 \log \tau'} + 1 \geq \frac{\tau'}{4 \log \tau} + 1 \geq \frac{\tau - g}{4 \log \tau} + 1 \geq \frac{\tau}{4 \log \tau}.$$

(c) 令 G 是围长为 g 且具有最小数目 n 个顶点的 3-正则图. 由 10.13(c) 有

$$n \leq 3 \cdot 2^g \quad \text{或者} \quad g \geq \log_2 \frac{n}{3}.$$

由 10.16(a), 我们需要最少 $n/4$ 个点来覆盖所有的圈, 即 $n \leq 4\tau$. 进一步

$$\nu \leq \frac{n}{g} \leq \frac{n}{\log_2(n/3)} \leq \frac{4\tau}{\log_2 \tau}.$$

[P. Erdős-L. Pósa; 这个证明源于 H-J. Voß, 在 *Theory of Graphs* (Akadémiai Kiadó, Budapest 1968) 和 M. Simonovits, *Acta Math. Acad. Sci. Hung.* **18** (1967) 191–206; 也可参见 WV.]

19. 考虑 $G_1 = G - x$, 由于 G 是 2-连通的, 所以 G_1 是连通的.

1° 如果 G_1 是 2-连通的, 那么设 x_1 是与 x 相邻的任意顶点. 由于对每个 $z \neq x_1, y$ (事实上是对每个 $z \neq y$) 有 $d_{G_1} \geq k-1$, 则在 G_1 中存在一条长至少为 $k-1$ 的 (x_1, y)-路. 添加 (x, x_1), 我们得到一条长至少为 k 的 (x, y)-路.

2° 假设 G_1 不是 2-连通的且设 $G_1 = A \cup B$, $|V(A) \cap V(B)| = 1$. 选定记号使得 $y \in V(A)$ 且假定 B 是极小的, 那么很显然 B 是 2-连通的. 设 $\{y_1\} = V(B) \cap V(A)$. 由于 G 是 2-连通的, 所以 x 一定与某个点 $x_1 \in V(B) - \{y_1\}$ 相邻.

现在 B 的每个点 $z \neq y_1$ 的度都至少为 $k-1$, 因此 B 包含一条长至少为 $k-1$ 的 (x_1, y_1)-路 P. 另外, 设 P_2 是 A 中的一条 (y_1, y)-路; 那么

$$P = P_1 + P_2 + (x, x_1)$$

就是 G 中的一条长至少为 k 的 (x, y)-路.

20. 设 X 如提示中定义的那样. 显然地, 所有通过路 P 反复变形而得到的路有相同的端点, 那么 $X \subseteq V(P)$. 设 $X = \{x_0, x_{i_1}, \cdots, x_{i_t}, x_m\}$ $(0 < i_1 < \cdots < i_t < m)$. 我们断言

$$\Gamma(X) \subseteq \{x_1, x_{m-1}, x_{i_\nu \pm 1} :\ \nu = 1, \cdots, t\} \cup X$$

(由于 $|\Gamma(X) - X| \leq 2t + 2 = 2|X| - 2$).

设 $u \in \Gamma(X)$, $u \notin X$, 那么 u 相邻于一个点 $x \in X$. 因为, 由定义, v 是一条最长路的端点, 其中这条最长路的点都是 P 的点, 所以 u 一定属于 P. 设 $u = x_i$.

由 v 的定义, 存在路 $P_0 = P, P_1, \cdots, P_s$ 满足 P_{j+1} 由 P_j $(j = 0, \cdots, s-1)$ 变形得到且 v 是 P_s 的一个端点. 如果 (x_i, x_{i-1}) 和 (x_i, x_{i+1}) 都属于 P_s, 那么设 (x_i, x_{i+1}) 是 P_s 的 (U, v)-弧上的第一条边. 从而 x_i 是一条由 P_s 经过变形得到的路的一个端点, 即 $x_{i+1} \in X$, 我们完成了证明.

所以不妨假设 $(x_{i+1}, x_i) \notin E(P_s)$, 那么存在一个 j, $(0 \leq j \leq s-1)$ 满足 $(x_{i+1}, x_i) \in E(P_j)$ 但 $(x_{i+1}, x_i) \notin E(P_{j+1})$. 因为 P_{j+1} 是由 P_j 经过变形得到的, 这只有当 x_{i+1}, x_i 中之一是 P_{j+1} 的端点时才能够发生. 又因为 $x_i \notin X$, 所以我们一定有 $x_{i+1} \in X$ 且我们也完成了证明.

因此我们知道

$$|\Gamma(X) - X| \leq 2|X| - 2,$$

因为根据假设, $|X| \geq k+1$. 设 $X_1 \subset X$, $|X_1| = k$, 那么由假设

$$|\Gamma(X_1) - X_1| \geq 2|X_1| - 1 = 2k - 1,$$

且又因为

$$X_1 \cup \Gamma(X_1) \subseteq V(P),$$

所以我们有

$$|V(P)| \geq |X_1| + |\Gamma(X_1) - X_1| \geq k + 2k - 1 = 3k - 1.$$

这个论断对任意的 k 都是紧的, 任意由不交的 $(3k-1)$-完全图组成的图都可以说明这一点 [L. Pósa, *Discrete Math.* **14** (1976) 359–364].

21. (a) 假设 G 没有 Hamilton 圈. 我们往 G 中添加边只要不形成一个 Hamilton 圈. 因为条件 (a) 仍然是有效的 (另外, (b), (c), (d) 也是), 所以我们不妨假设 G 是饱和的, 即再添加任意的边到其中, 就形成一个含有 Hamilton 圈的图. 设 $(x,y)\notin E(G)$, 且设 H 是 $G+(x,y)$ 的一个 Hamilton 圈, 那么 G 就包含一条连接 x 到 y 的 Hamilton 路 $P=(z_1=x,z_2,\cdots,z_n=y)$.

设 $z_{i_1},\cdots,z_{i_k}$ 是 x 在 P 上的邻点, $2=i_1<i_2<\cdots<i_k\le n$, 那么 y 不能和 $z_{i_\nu-1}$ $(1\le\nu\le k)$ 相邻; 否则, $(z_1,\cdots,z_{i_\nu-1},z_n,z_{n-1},\cdots,z_{i_\nu})$ 将是一个 Hamilton 圈. 因此

$$d_G(y)\le n-1-k=n-1-d_G(x)\le n-1-\frac{n}{2}<\frac{n}{2},$$

矛盾.

接下来我们假设 (d) 成立. 我们再次假设 G 不包含 Hamilton 圈但再用一条边连接 G 中任意两个不相邻的点都将会出现一个 Hamilton 圈. 设 x_k,x_l 是满足 $k+l$ 极大的一对不相邻的点 $(k<l)$.

那么 x_k 与 $x_{l+1},\cdots,x_n$ 相邻, 因此

(1)
$$d_k\ge n-l;$$

同时, x_l 与 $x_{k+1},\cdots,x_{l-1},x_{l+1},\cdots,x_n$ 相邻, 即

(2)
$$d_l\ge n-k-l.$$

运用和 (a) 中类似的讨论可以得到

(3)
$$d_k+d_l\le n-1.$$

现在由 (2) 和 (3) 可得

(4)
$$d_k\le n-1-d_l\le(n-1)-(n-k-1)=k.$$

设 $m=d_k$, 那么由 (4) 有 $m\le k$, 从而 $d_m\le d_k=m$. 另外, (3) 蕴含着

$$m=d_k<\frac{n}{2}.$$

所以由假设,

$$d_{n-m}\ge n-m=n-d_k\ge d_l+1.$$

从而可以得到

$$n-d_k=n-m>l,$$

或者, 等价地,

$$d_k < n - l,$$

与 (1) 式矛盾.

如果 (b) 成立, 那么显然 (d) 成立. 假设 (c) 成立, 并设 $d_k \le k < \frac{n}{2}$, $l = n - k$. 那么根据 (c), 要么有 $d_l \ge l$, 要么有 $d_l + d_k \ge l + k = n$, 因为 $d_l > l$. 所以 (d) 成立并且也就得到了一个 Hamilton 圈的存在性 [参见 B].

22. 设 G 是一个简单图, 且不包含经过 F 中边的一个 Hamilton 圈. 我们可以假设, 任意添加边到 G 中, 直到我们得到一个这样 Hamilton 圈 (因为 $V(G)$ 上的完全图中有一个 Hamilton 圈 F, 这是因为 F 是由不交路构成的). 设 $(x, y) \notin E(G)$, 则 $G + (x, y)$ 中有一个 Hamilton 圈经过 F, 也就是说, G 中有一条 Hamilton 路 P 经过 F 并且连接 x 到 y. 设 $P = (x = z_1, z_2, \cdots, z_n = y)$, 再设 x 与 $z_{i_1}, \cdots, z_{i_k}$ $(2 = i_1 < \cdots < i_k < n)$ 相邻. 如之前一样可以得到 $z_{i_\nu - 1}$ $(1 \le \nu \le k)$ 与 y 相邻仅当 $(z_{i_\nu - 1}, z_{i_\nu}) \in F$. 因此, 至多有 $n - 1 - k + q$ 个点与 y 相邻. 所以

$$d_G(y) + d_G(x) \le n + q - 1. \tag{1}$$

这显然是不可能的.

注记: 正如之前的问题中那样给出类似的一般化推广 [参见 B].

23. 添加顶点 y 并将其与所有点相连, 得到的图有 $2n + 2$ 个顶点且度至少为 $n + 1$, 由 Dirac 定理 10.21(a) 知它有一个 Hamilton 圈. 去掉 y 我们仍有一条 Hamilton 路 $(x_0, \cdots, x_{2n})$ 在 G 中. 假设 G 没有 Hamilton 圈, 那么我们有如下规则: 如果 x_0 与 x_i 相邻, 那么 x_{2n} 就与 x_{i-1} 相邻. 由于 x_0 和 x_{2n} 的度均为 n, 所以如果 x_0 不与 x_i 相邻, 那么 x_{2n} 就必与 x_{i-1} 相邻.

首先假设 x_0 与 $x_1, \cdots, x_n$ 相邻且 x_{2n} 与 $x_n, \cdots, x_{2n-1}$ 相邻, 则存在一个 i, $1 \le i \le n$ 满足 x_i 不与 x_n 相邻; 那么 x_i 与某个 x_j, $n < j \le 2n - 1$ 相邻, 这是因为 $d_G(x_i) = n$. 从而圈 $(x_i, x_{i-1}, \cdots, x_0, x_{i+1}, \cdots, x_{j-1}, x_{2n}, \cdots, x_j)$ 是一个 Hamilton 圈 (图 31).

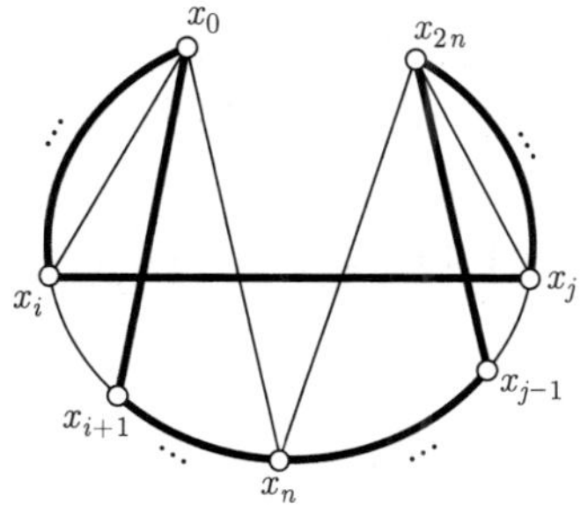

图 31

现在设 $1 \le i \le 2n-1$ 满足 x_{i+1} 与 x_0 相邻但 x_i 不与 x_0 相邻. 根据上面的讨论, x_{i-1} 与 x_{2n} 相邻. 因此 G 包含一个 $2n$-圈 $(x_{i-1},\cdots,x_0,x_{i+1},\cdots,x_{2n})$.

设 $C=(y_1,\cdots,y_{2n})$ 是 G 中的一个 $2n$-圈, 设 y_0 是最后一个顶点. 因为 C 是 G 中的最大圈, 所以 y_0 不能与 C 上的两个互为邻居的点相邻; 所以它一定与 C 上的每两个点相邻, 不妨设为 $y_1,y_3,\cdots,y_{2n-1}$. 用 y_0 替代 y_{2i}, 我们得到另一个最大圈, 从而 y_{2i} 一定也与 $y_1,y_3,\cdots,y_{2n-1}$ 相邻. 现在我们观察到 y_1 与 $y_0,y_2,\cdots,y_{2n}$ 相邻, 即

$$d_G(y_1) \ge n+1,$$

矛盾. [C. St. J. A. Nash-Williams, *Proc. Amer. Math. Soc.* **17** (1966) 466–467.]

24. 设 $x,y\in V(G)$, 我们证明它们可以由一条 Hamilton 路连接. 不妨设 $(x,y)\in E(G)$, 因为用一条新边连接 x,y 既不影响假设也不影响结论.

用一个新点 z 剖分边 (x,y), 容易看出得到的图 G' 有 Hamilton 圈当且仅当 G 有一条连接 x,y 的 Hamilton 路.

现在 G' 的顶点度为

$$2 \le d_2 \le \cdots \le d_{n+1},$$

其中 $d_2\le\cdots\le d_{n+1}$ 是 G 中顶点的度; 所以由假设, $d_2\ge \frac{n+1}{2}$. 因为 $|V(G')|=n+1$, 所以 10.21 中的 Pósa 条件 (b) 满足, 从而得到 G' 有一个 Hamilton 圈, 所以 G 有一条连接 x 和 y 的 Hamilton 路 [参见 B].

25. 设 $C=(x_1,\cdots,x_m)$ 是 G 中一条最长圈, 则 $|V(G)|>\frac{n}{2}$. 事实上, 设 $Q=(z_0,\cdots,z_p)$ 是一条最长的 (有向) 路且 $z_{i_1},\cdots,z_{i_k}$ $(i_1<\cdots<i_k)$ 是 G 的满足 $(z_{i_\nu},z_0)\in E(G)$ 的那些点 (它们显然在 Q 上). 那么 $i_k\ge k\ge n/2$ 且有圈 $(z_0,\cdots,z_{i_k})$ 的长度 $>n/2$.

假设 C 不是 Hamilton 的且设 $P=(y_0,\cdots,y_l)$ 是 $G-V(C)$ 中的一条最长路, 对不在 P 上的至少 $\frac{n}{2}-l$ 个点 u, 我们有 $(u,y_0)\in E(G)$, 所有这些点都属于 C; 我们用 $x_{i_1},\cdots,x_{i_t}$, $t\ge(n/2)-l$ 来记这些点. 类似地, 存在点 $x_{j_1},\cdots,x_{j_s}$, $s\ge(n/2)-l$ 满足 $(y_l,x_{j_\nu})\in E(G)$, $1\le\nu\le s$.

现在观察到如果 $x_{i_\nu}\ne x_{i_\mu}$, 那么 C 的 $(x_{i_\nu}x_{i_\mu})$-弧至少有 $l+2$ 长; 否则的话, C 的这条弧将被 $(x_{i_\nu},y_0)+P+(y_l,x_{j_\mu})$ 所取代. 所以如果我们考虑 C 的弧 A_ν, 从 $x_{i_\nu+1}$ $(x_{m+1}=x_1)$ 出发且长为 l $(1\le\nu\le t)$, 那么

$$x_{j_\mu}\notin\bigcup_{\nu=1}^{t}V(A_\nu)\qquad(1\le\mu\le s).$$

但是容易看出 $\left|\bigcup_{\nu=1}^{t}V(A_\nu)\right|\ge t+l$, 从而

$$s\le m-(t+l)$$

或者, 等价地,

$$m \geq s+t+l \geq \left(\frac{n}{2}-l\right)+\left(\frac{n}{2}-l\right)+l = n-l.$$

但是除去这 $n-m$ 个点, P 还有 $l+1$ 的点, 所以

$$l+1 \leq n-m, \quad m \leq n-l-1,$$

矛盾 [C. St. J. A. Nash-Williams; 参见 B].

26. 设 C 是 G 中的一个最小圈. 假设 C 不是 Hamilton 圈, 那么有 $G-V(C)$ 是非空的; 设 G_1 是它的一个连通分支. 设 $x_1,\cdots,x_s$ 是 C 中与 G_1 相邻的那些点. 观察到由 C 的最大性可知没有两个 x_i 在 C 中是邻点. 这意味着 $\{x_1,\cdots,x_s\}$ 分离 G, 从而有 $s \geq k$. 按照指定的方向绕 C 走, 设 $y_1,\cdots,y_s$ 是在 $x_1,\cdots,x_s$ 后面的顶点.

现在我们断言 $y_1,\cdots,y_s$ 是独立的. 间接假设 y_i,y_j 是相邻的, 那么在 C 中去掉 (x_i,y_i) 和 (x_j,y_j), 然后加上 (y_i,y_j) 和经过 G_1 的一条 (x_i,x_j)-路; 则这样得到的圈比 C 要长, 矛盾.

同时, 没有 y_i 与 G_1 相邻, 因此, 选取 $y_0 \in V(G_1)$, 集合 $S=\{y_0,y_1,\cdots,y_s\}$ 是独立的. 但

$$|S| = s+1 \geq k+1,$$

矛盾 [P. Erdős-V. Chvátal; 参见 B].

27. (a) 设 $P=(x_0,x_1,\cdots,x_m)$ 是一条最长路, 那么 x_0 的所有邻点都在 P 上; 因为 $d_G(x_0) \geq k$, 所以其中一个邻点是 x_i 且 $k \leq i \leq m$. 那么 $C=(x_0,\cdots,x_i)$ 是一个长为 $i+1 \geq k+1$ 的圈.

(b) 设 P 是一条如上的最长路. 首先假设存在点 x_i,x_j 满足 $i<j$, x_i 与 x_m 相邻且 x_j 与 x_0 相邻. 我们可以假设 $j-i$ 是这样的指标对中极小的, 令 $C=(c_0,\cdots,x_i,x_m,x_{m-1},\cdots,x_j)$. 如果 $j=i+1$, 那么 C 的长度为 $m+1$ 且一定是 Hamilton 圈; 因为否则的话, 在 C 之外将有一个点与 C 相连, 这将会得到一条比 P 更长的路. 所以我们不妨假设 $j \geq i+2$, 那么 $x_{i+1},\cdots,x_{j-1}$ 都不与 x_0 或 x_m 相邻, 因此 C 包含 x_m, x_m 的所有邻点, 以及除 x_{j-1} 外所有满足 $x_{\nu+1}$ 与 x_0 相邻接的点 x_ν. 这些点都是不同的, 因此 C 至少有 $2k$ 个点.

所以假设最后一个与 x_0 相邻的 x_i 出现在第一个与 x_m 相邻的点 x_j 之前 (有可能 $x_i=x_j$). 因为 G 是 2-连通的, 所以存在两条不交的路 P_1,P_2 连接圈 $C_1=(x_0,\cdots,x_i)$ 和 $C_2=(x_j,\cdots,x_m)$. 我们假设其中一条从 x_i 出发; 因为否则的话, 我们可以沿着路 $(x_i,\cdots,x_j)$ 走直至遇到 C_2 或 P_ν, 并用这段路替换对应的 P_ν 的那段路. 类似地, 我们可以假设 P_1,P_2 中的一条终止于 x_j; P_v 在或不在 x_i 终止是相似的; 但是这两种情形, 我们都可以得到包含 x_0,x_m 及它们所有邻点的一个圈, 正如图 32 所示. 这个圈比 $2k$ 长. [G. A. Dirac, *Proc. London Math. Soc.* **2** (1952) 69–81.]

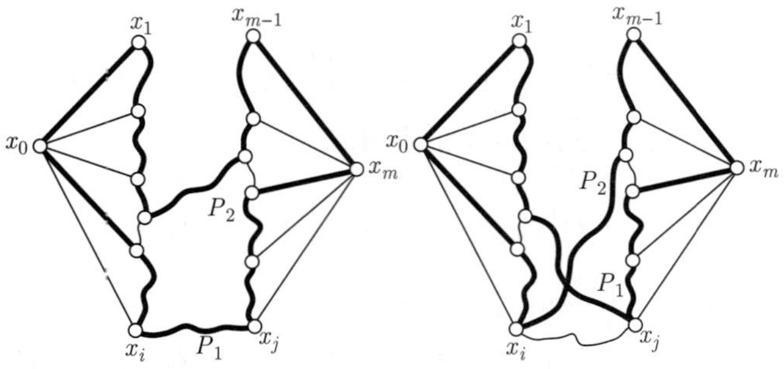

图 32

28. 对 $n \le k$ 的情形, 结论没有意义, 所以假设 $n > k$. 如果 G 中有一个度至多为 $k/2$ 的点 x, 那么 $G - x$ 有多于 $\frac{(n-2)k}{2}$ 条边, 且由归纳假设, $G - x$ 包含一个长度大于 k 的圈. 所以我们可以假设 G 中每个点的度至少为 $\frac{k+1}{2}$.

另外, 如果 G 不是 2-连通的, 那么不妨设 $G = G_1 \cup G_2$ 满足 $|V(G_1) \cap V(G_2)| \le 1$. 从而有

$$|E(G_1)| + |E(G_2)| > \frac{k(n-1)}{2} = \frac{k}{2}(|V(G_1)| + |V(G_2)| - 2),$$

那么再次运用归纳法, 可以得到对 $i = 1$ 或 2 有

$$|E(G_i)| > \frac{k}{2}(|V(G_i)| - 1).$$

因此我们可以假设 G 是 2-连通的, 那么 10.27 就蕴含了 G 中包含一个长至少为 $k+1$ 的圈.

结果对块均为 K_k 的图是紧的. [P. Erdős-T. Gallai, *Acta Math. Acad. Sci. Hung.* **10** (1952) 337–356.]

29. 设 $P = (0, 1, \cdots, N)$ 是 G 的任一条路, 再设 R_1 是一条端点分别为 $i_1 = 0$ 和 j_1 的 (P, P)-路, 使得 j_1 最大. 假设 (P, P)-路 $R_1, \cdots, R_k$ 已经被选定, 其中 R_ν 的端点 $i_\nu < j_\nu$ 且 $j_k < N$. 令 R_{k+1} 是一条连接 $\{0, \cdots, j_k - 1\}$ 和 $\{j_k + 1, \cdots, N\}$ 的 (P, P)-路 (这样的一条路是存在的, 因为 G 是 2-连通的), 且让 j_{k+1} 尽可能大. 如果 $j_k = N$, 我们就停止; 令 s 是 k 的这个值.

由定义知

$$0 < j_1 < j_2 < \cdots < j_s = N.$$

且有

$$i_{k+1} \ge j_{k-1},$$

这是因为否则的话, R_{k+1} 就已经被选作 R_k 了. 所以我们有

$$0 = i_1 < i_2 < j_1 \le i_3 < j_2 \le \cdots \le i_s < j_{s-1} < j_2.$$

类似的原因可证 $R_1, \cdots, R_s$ 是独立的路. 因此 $P \cup R_1 \cup \cdots \cup R_s$ 具有提示中所描述的结构.

假设 $s = 2p+1$ 是奇数 (偶数的情形可被类似地对待, 留给读者), 那么 i_{p+1} 和 j_{p+1} 之间的弧不会长于 $l-1$, 这是由于它跟 R_{p+1} 形成了一个圈. 类似地, P 中的 (i_p, i_{p+1})-弧, (j_{p+1}, j_{p+2})-弧和 (j_p, j_{p+2})-弧与 R_p, R_{p+1}, R_{p+2} 一起形成一个圈 (这个在后面可能会退化, 见图 33), 因此它们的总长至多为 $l-3$. 类似地, 我们得到 (j_{2p+1-q}, j_{2p+2-q})-弧和 (i_q, i_{q+1})-弧的长度之和至多为 $l-(p+1-q)$. 因此

$$|E(P)| \le (l-1) + (l-3) + \cdots = \frac{l^2}{4},$$

这就证明了论断 [H. -J. Voß, G. Dirac, 参见 WV].

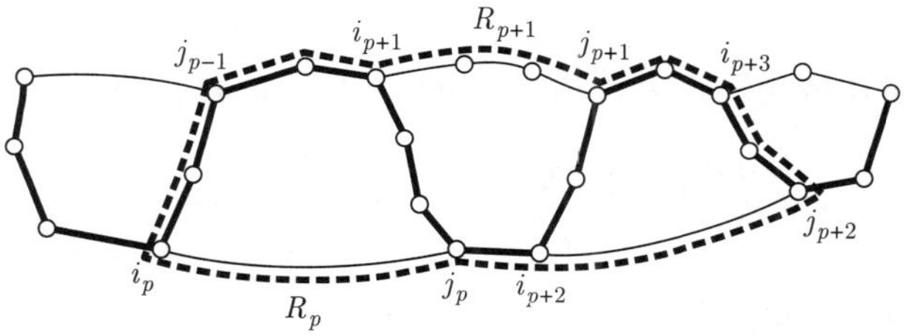

图 33

30. 设 $x, y \in V(G)$, $(x,y) \in E(G)$, 任意 $z \in V(G) - \{x,y\}$ 至多与 x, y 中的一个相邻. 因此

$$(d(x)-1) + (d(y)-1) \le n-2, \quad d(x) + d(y) \le n.$$

对所有的边 (x,y) 的上式求和, 那么我们在左边得到恰好 $d(x)$ 次 $d(x)$, 也就是说,

$$\sum_x d^2(x) \le n \cdot |E(G)|.$$

这里

$$\sum_x d^2(x) \ge \frac{1}{n}\left(\sum_x d(x)\right)^2 = \frac{4}{n}|E(G)|^2,$$

因此

$$\frac{4}{n}|E(G)|^2 \le n|E(G)|, \quad |E(G)| \le \frac{n^2}{4}.$$

[W. Mantel, *Wiskundige Opgaven* **10** (1906) 60–61. 其他简单的证明可以通过对 Turán 定理 10.34 和 10.35 的专门解答得到.]

31. 设 x 是 G 中任意点, 那么 x 没有两个邻点是相邻的, 所以

$$d(x) \le \alpha(G).$$

现在设 S 是 G 的一个最小顶点覆盖, 那么 G 的每条边都能被 S 中的某个点所覆盖, 从而

$$|E(G)| \le \sum_{x \in S} d(x) \le \alpha(G) \cdot |S| = \alpha(G) \cdot \tau(G).$$

因为

$$\alpha(G) \cdot \tau(G) \le \left(\frac{\alpha(G)+\tau(G)}{2}\right)^2 = \left(\frac{n}{2}\right)^2 = \frac{n^2}{4},$$

所以上题的结论可由此得到.

32. 我们称一个三元组 $\{x, y, z\}$ 是坏的如果它不能张成 G 或者 $\overline{G}$ 中的三角形, 那么由它们张成的图中恰有一条边包含点 x 的坏三元组的数目是 $d(x)(n-1-d(x))$, 所以

$$\sum_x d(x)(n-1-d(x))$$

计数了这些坏三元组两次. 因而, G 和 $\overline{G}$ 中的三角形的总数目是

$$\binom{n}{3} - \frac{1}{2} \sum_{x \in V(G)} d(x)(n-1-d(x)).$$

(a) 若 G 是 k-正则的, 则这个公式可以写为

$$\binom{n}{3} - \frac{1}{2} nk(n-1-k),$$

如题目中所述.

(b) 我们有

$$d(x)(n-1-d(x)) \le \left(\frac{n-1}{2}\right)^2,$$

从而, G 和 $\overline{G}$ 中的三角形的总数目至少是

$$\binom{n}{3} - \frac{n}{2}\left(\frac{n-1}{2}\right)^2 = \frac{n(n-1)(n-5)}{24}.$$

注记: 对 $n > 5$, 上面的式子是正的, 这是 Ramsey 定理 (§14) 的一个特例. [A. W. Goodman, *Amer. math. Monthly* **66** (1959) 778–783.]

33. 设 $(x, y) \in E(G)$, 那么至少有 $d(x) + d(y) - n$ 个点同时与 x 和 y 相邻, 即至少有这么多个三角形包含 (x, y). 所以由如下知

$$\frac{1}{3} \sum_{(x,y) \in E(G)} (d(x) + d(y) - n)$$

估计了三角形的总数目. 因为 $d(x)$ 在和式中恰好出现了 $d(x)$ 次, 所以 G 中三角形的总数目至少是

$$\frac{1}{3}\left(\sum_{x \in V(G)} d(x)^2 - nm\right).$$

由 Cauchy-Schwartz 不等式可知, 上式

$$\geq \frac{1}{3}\left(\frac{(\sum_x d(x))^2}{n} - nm\right) = \frac{4m}{3n}\left(m - \frac{n^2}{4}\right).$$

[参见文献同上.]

34. 我们对 m 用归纳法, $m=1$ 时论断显然成立.

设 H 是 G 中的一个 k-完全图 (通过对 m, k 用归纳法知这样的一个子图是存在的, 或者我们往 G 中添加边来 "饱和" 图 G 只要 k-完全图不出现, 然后考虑这个饱和的图而非 G). 如果 G 不包含 $(k+1)$-完全图, 那么每个 $x \in V(G) - V(H)$ 与 H 中的不超过 $k-1$ 个点相邻, 因此图 $G_1 = G - V(H)$ 的边数多于

$$\binom{k}{2}m^2 - (k-1)(m-k) - \binom{k}{2} = \binom{k}{2}(m-1)^2.$$

根据归纳假设, 这意味着 G_1 包含一个 $(k+1)$-完全图, 因此 G 也包含.

当 $V(G) = V_1 \cup \cdots \cup V_k$, $|V_i| = m$, 且两个点邻接当且仅当它们属于不同的集合 V_j 时等式成立.

如果 $n = mk + r$, 那我们断言当 $G = H_{n,k}$, $V(H_{n,k}) = V_1 \cup \cdots \cup V_k$, $|V_1| = \cdots = |V_r| = m+1$, $|V_{r+1}| = \cdots = |V_k| = m$, 且两个点邻接当且仅当它们属于不同的类时, 不含三角形的简单图达到最大边数. 这个边数为

$$\binom{r}{2}(m+1)^2 + r(k-r)m(m+1) + \binom{k-r}{2}m^2.$$

对 $m=0$ 这个论断是平凡的, 并可用和上面相同的方法对 m 归纳证得 [P. Turán; 参见 B, S].

35. 设 x 是一个最大度点并用 G_0 表示由 x 的邻点导出的子图, 那么存在 $V(G_0)$ 上的子图 H_0, 它是 $(k-1)$-可染的且满足

$$d_{H_0}(z) \geq d_{G_0}(z) \quad (z \in V(G_0));$$

这可由对 k 的归纳得到, 因为 G_0 不包含 k-完全图. 在 $V(G)$ 上如下定义 H: 连接 $V(G) - V(G_0)$ 的所有点到 $V(G_0)$ 的所有点, 并连接 H_0 中所有相邻的点对.

显然, H 是 k-可染的. 同时

$$d_H(y) = |V(G_0)| = d_G(x) \geq d_G(y) \qquad (y \notin V(G_0)),$$

$$\begin{aligned} d_H(y) &= |V(G)| - |V(G_0)| + d_{H_0}(y) \\ &\geq |V(G)| - |V(G_0)| + d_{G_0}(y) \geq d_G(y) \quad (y \in V(G_0)). \end{aligned}$$

注意到 Turán 定理是一个直接的结论. 令 $A_1, \cdots, A_k$ 是 H 的颜色类, $A_i = a_i$, 那么 $a_1 + \cdots + a_k = n$ 且

$$|E(G)| = \frac{1}{2}\sum_{x\in V(G)} d(x) \leq \frac{1}{2}\sum_{x\in V(H)} d_H(x) = |E(H)| \leq \sum_{1\leq i<j\leq k} a_i a_j.$$

如果 a_i 尽可能相等, 即 $a_1 = \cdots = a_r = m+1$, $a_{r+1} = \cdots = a_k = m$, 那么右边是极大的. 这给出了 Turán 界. [P. Erdős, *Mat. Lapok* **21** (1970) 249–251.]

36. (a) 假设 G 是具有 n 个点且不包含 4-圈的简单图, 我们计数都与第三点 z 相邻的点对 $\{x, y\}$.

对一个固定的 z, 我们计数 $\binom{d(z)}{2}$ 这么多对. 另外, 每个对 $\{x, y\}$ 至多被计数一次, 这是因为如果它与 z_1 和 z_2 都被计数, 那么 (x, z_1, y, z_2) 将形成一个四边形. 因此

$$\sum_{z\in V(G)} \binom{d(z)}{2} \leq \binom{n}{2}.$$

这里由 Jensen 不等式可得,

$$\sum_{z\in V(G)} \binom{d(z)}{2} \geq n\binom{\frac{2|E(G)|}{n}}{2} = |E(G)|\frac{2|E(G)| - n}{n},$$

并且因此

$$|E(G)|^2 - \frac{n}{2}|E(G)| \leq \frac{n^3 - n^2}{4},$$

由此

$$|E(G)| \leq \sqrt{\frac{n^3}{4} - \frac{3n^2}{16}} + \frac{n}{4} = \frac{n}{4}(1 + \sqrt{4n-3}) \sim \frac{1}{2}n^{3/2}.$$

(b) 设 $V(G)$ 的点为 $GF(p)$ 上射影空间的点, 连接点 $[x, y, z]$ 和 $[u, v, w]$ 当且仅当 $xu + yv + zw = 0$ (这也就是说, 如果它们基于圆锥曲线 $x^2 + y^2 + z^2 = 0$ 是共轭的; 我们使用齐次坐标).

与任何给定的点 u 相邻的点形成几何图形的一条线 (u 的极线), 它通过 u 当且仅当 u 在圆锥曲线 $x^2 + y^2 + z^2 = 0$ 上. 因此, G 有 $p+1$ 个度为 p 的点且余下的 p^2 个点度为 $p+1$. 所以

$$E(G) = \frac{1}{2}(p(p+1) + (p+1)p^2) = \frac{1}{2}p(p+1)^2 = \frac{n-1}{4}(\sqrt{4n-3} - 1).$$

另外, G 不含有 4-圈. 实际上, 如果 u, v 是两个点, 那么它们的极线相交于一个单点 (这是因为平凡地, 它们是不同的线), 所以任何两点至多有一个公共邻点. [I. Reiman, *Acta Math. Acad. Sci. Hung.* **9** (1959) 269–279.]

37. 令 $m = |E(G)|$, $V(G) = \{x_1, \cdots, x_n\}$, $d_G(x_i) = d_i$. 由于 G 不包含 $K_{r,r}$, 所以 $V(G)$ 中任意给定的 r-元组至多包含在 $r-1$ 个点的邻域中. x_i 的邻域包含 $\binom{d_i}{r}$ 个

r-元组. 因此

$$\sum_{i=1}^{n}\binom{d_i}{r} \le (r-1)\binom{n}{r}.$$

下面我们将用 Jensen 不等式来估计左边的式子. 遗憾的是, $\binom{x}{r}$ 仅在 $x \ge r-1$ 时是凸的. 但是, 令

$$f(x) = \begin{cases} \dbinom{x}{r}, & \text{如果 } x \ge r-1, \\ 0, & \text{如果 } x \le r-1, \end{cases}$$

那么 $f(x)$ 是凸的, 且由于 d_i 是整数, 我们有,

$$\sum_{i=1}^{n}\binom{d_i}{r} = \sum_{i=1}^{n} f(d_i) \ge n\cdot f\left(\frac{d_1+\cdots+d_n}{2}\right) = nf\left(\frac{2m}{n}\right).$$

现在如果 $\frac{2m}{n} < r-1$, 那么就无须再证明什么了. 假设 $\frac{2m}{n} \ge r-1$, 那么我们有

$$(r-1)\binom{n}{r} \ge \sum_{i=1}^{n}\binom{d_i}{r} \ge nf(\frac{2m}{n}) = n\binom{2m/n}{r}.$$

这里,

$$(r-1)\binom{n}{r} < (r-1)\frac{n^r}{r!}, \quad \binom{2m/n}{r} > \frac{(\frac{2m}{n}-r+1)^r}{r!}$$

$$((2m/n)-r+1)^r < (r-1)n^{r-1},$$

$$2m < \sqrt[r]{r-1}\cdot n^{2-\frac{1}{r}} + (r-1)n < C\cdot n^{2-\frac{1}{r}}.$$

[K. Zarankiewicz's problem; T. Kővári—V. T. Sós—P. Turán, *Colloqu. Math.* **3** (1954) 50—57.]

38. (a) 我们对 k 用归纳法. 当 $k=1$ 时, 论断成立. 令 $k \ge 2$, $s = \lceil \frac{1}{\varepsilon}t \rceil$. 如果 n 足够大, 那么由归纳假设, 我们可以找到 k 个不相交的 s-集 $A_1, \cdots, A_k$ 满足在不同集合 A_i 中的任意两点都是相邻的.

现用 W 表示 $U = V(G) - A_1 - \cdots - A_k$ 中的那些与每个 A_i 中至少 t 个点相邻的点组成的集合, 那么至少存在

$$(|U|-|W|)(s-t) \ge (|U|-|W|)(1-\varepsilon)s = (n-ks-|W|)(1-\varepsilon)s$$

条边在 U 与 $A_1 \cup \cdots \cup A_k$ 之间丢失. 另一方面, 从一个给定点至多有 $(\frac{1}{k}-\varepsilon)$ 条边丢失, 于是至多有

$$ks\left(\frac{1}{k}-\varepsilon\right)n = (1-k\varepsilon)sn$$

条边在 U 与 $A_1 \cup \cdots \cup A_k$ 之间丢失. 因此,

$$(n - ks - |W|)(1-\varepsilon)s \le (1-k\varepsilon)sn,$$

从而

$$|W| \ge \frac{k}{1-\varepsilon}n - ks.$$

因此, 当 n 很大时, $|W|$ 也变得很大.

对所有 $w \in W$, 从每个 A_i 中选取与 w 相邻的 t 个点. 如果

$$|W| > \binom{s}{t}^k (t-1),$$

那么我们需要对 t 个不同的点在 W 中选择相同的 t-元组. 但是这 t 个点以及 k 个属于它们的 t-元组一起就形成了一个期望的子图.

(b) 去掉一个度小于 $\left(1-\frac{1}{k}+\frac{\varepsilon}{2}\right)\cdot|V(G)|$ 的点 (如果有的话); 对所得的图也做相同的操作, 并继续下去. 假设我们停止了, 也就是说我们得到一个所有点度都至少为 $(1-\frac{1}{k}+\frac{\varepsilon}{2})\cdot|V(H)|$ 的图 H. 那么, 如果 $N=|V(H)|$ 足够大, 则前面的问题就暗示了论断. 因此, 只需证明 N 不能太小 (我们就彻底地停止了, 即 $N \ne 0$). 在 H 的构造中, 我们总共去掉了至多

$$\begin{aligned}\sum_{j=N+1}^{n} j\left(1-\frac{1}{k}+\frac{\varepsilon}{2}\right) &= \left(\binom{n+1}{2}-\binom{N+1}{2}\right)\left(1-\frac{1}{k}+\frac{\varepsilon}{2}\right)\\ &\le \left(\binom{n}{2}-\binom{N}{2}\right)\left(1-\frac{1}{k}+\frac{\varepsilon}{2}\right)+(n-N)\end{aligned}$$

条边. 而余项至多有 $\binom{N}{2}$ 条边, 因此

$$|E(G)| = \left(1-\frac{1}{k}+\varepsilon\right)\binom{n}{2} \le \left(1-\frac{1}{k}+\frac{\varepsilon}{2}\right)\left(\binom{n}{2}-\binom{N}{2}\right)+(n-N)+\binom{N}{2}$$

或者, 等价地,

$$\frac{\varepsilon}{2}\binom{n}{2} \le (\frac{1}{k}-\frac{\varepsilon}{2})\binom{N}{2} = (n-N).$$

因此, 当 n 很大时, N 也变得很大, 从而论断成立.

(c) 令 $\chi(G_0)=k+1$. 考虑 10.34 的解答中的 Turán 图 $H_{n,k}$, 它是 k-可染的, 于是它不包含一个 G_0. 因此

$$M(n,G_0) \ge |E(H_{n,k})| \sim \frac{n^2}{2}\left(1-\frac{1}{k}\right),$$

也就是说,

$$\liminf \frac{M(n,G_0)}{n^2} \ge \frac{1}{2}\left(1-\frac{1}{k}\right).$$

现在间接地假设存在任意大的不包含 G_0 的拷贝的图 G 满足

$$\frac{|E(G)|}{n^2} > \frac{1}{2}\Big(1-\frac{1}{k}\Big)+\varepsilon.$$

那么由 (b) 可知, 有一个适当大的图会包含 $k+1$ 个不相交的基数为 $|V(G_0)|$ 的集合, 其中不在同一个集合里的任意两个点都是相邻的. 但是这样的话, G_0 就是这个子图的一个子图, 矛盾. [P. Erdős—A. H. Stone, *Bull. Amer. Math. Soc.* **52** (1946) 1089—1091. 这个证明是 P. Erdős—M. Simonovits, *Studia Sci. Math. Hung.* **1** (1966) 51—57 的一个特例.]

39. 令 $n_0=|V(G_0)|$. 首先我们证明提示中表述的论断, 更确切地说:

(∗) 若 $G\neq H_{n,k}$ 是具有 $n\geq N(k,n_0)$ 个点和 $|E(H_{n,k})|$ 条边的简单图, 且 G 不包含 G_0, 则它包含一个具有 $n_1=n-2kn_0$ 个点的导出子图 G_1 满足

$$|E(G_1)|-|E(H_{n,k})|>|E(G)|-|E(H_{n,k})|.$$

事实上, 选定 $N=N(k,n_0)$ 满足: 一个具有 $n\geq N$ 个点和 $|E(H_n,k)|$ 条边的图包含 k 个不交的类 $A_1,\cdots,A_k$, $|A_i|=2n_0$, 使得在不同集合 A_i 中的任意两点都是相邻的. 由 10.38(b) 知, 这样的 N 是存在的, 这是因为

$$|E(H_n,k)|\sim\binom{k}{2}\left(\frac{n}{k}\right)^2>\left(1-\frac{1}{k-1}+\frac{1}{k^2}\right)\frac{n^2}{2}.$$

现在对每个 $x\notin A_1\cup\cdots\cup A_k$, 则一定至少存在 $A_1\cup\cdots\cup A_k$ 中的 $2n_0$ 个点不与 x 相邻. 否则, x 将与每个类中的至少一个点相邻, 且除了一个类之外, 总共至少与 n_0 个点邻接. 因此我们可以选择集合 $B_i\subseteq A_i$, $|B_i|=n_0$ 使得 x 与其中的所有点相邻, 不妨记作 $B_1\cup\cdots\cup B_{k-1}$, 且 x 至少与 B_k 中的一个点相连. 由于 G_0-e 是 k-可染的, 所以由 $B_1\cup\cdots\cup B_k\cup\{x\}$ 导出的子图包含 G_0, 矛盾.

另外通过观察得到, 等式成立当且仅当 x 与除了一个集合 A_i 外的所有集合中的所有点相邻, 但与这个 A_i 中的所有点都不相邻. 假设等式对每个点 x 都成立, 则这些 x 可以被划分成 k 个类 $C_1,\cdots,C_k$, $x\in C_i$ 与 A_i $(j\neq i)$ 的所有点相邻但与不与 Z_i 中任意点相邻. 同一个 C_i 中的两个点不相邻, 因为那样的话, 我们可以如上在 G 中找到一个 G_0. 因此, G 是 k-可染的. 在 k-可染的图中, 显然地, $H_{n,k}$ 具有最多的边数, 这与 $G\neq H_{n,k}$ 且 $|E(G)|\geq|E(H_{n,k})|$ 矛盾.

因此某个点 x 与 $A_1\cup\cdots\cup A_k$ 中的少于 $(2k-2)n_0$ 个点邻接. 因此去掉 $A_1\cup\cdots\cup A_k$ 破坏的边数少于 $M=4\binom{k}{2}{n_0}^2+(n-2kn_0)(2k-2)n_0$. 在 $H_{n,k}$ 的每个类中去掉 $2n_0$ 个点恰好破坏了 M 条边且最后得到 $H_{n_1,k}$. 于是

$$|E(G-A_1-\cdots-A_k)|-|E(H_{n_1,k})|>|E(G)|-|E(H_{n,k})|.$$

就证明了 (∗).

现在假设存在一个具有 $n \le 2kn_0\binom{N}{2} + N$ 个点, 至少 $|E(H_{n,k})|$ 条边且不包含 G_0 的简单图 $G \ne H_{n,k}$. 令 $n_i = n - 2kin_0$, 选取导出子图 $G \supseteq G_1 \supseteq G_2 \cdots$ 满足 $|V(G_i)| = n_i$ 且 $|E(G)| - |E(H_{n,k})| < |E(G_1)| - |E(H_{n_1,k})| < \cdots$, 那么

$$(1) \qquad |E(G_i)| \ge |E(H_{n_i,k})| + i.$$

下面我们来看序列 $G_1, G_2, \cdots$ 什么时候停止. 假设在第 t 步时停止, 由 $(*)$ 我们可以找到一个 G_{t+1}, 除非 $G_t \cong H_{n_t,k}$ 或 $|E(G_t)| < |E(H_{n_t}, k)|$ 或 $|V(G_t)| < N$. (1) 式直接排除了前面两种可能. 但是同时, 若

$$|V(G_t)| = n_t = n - 2ktn_0 < N$$

则

$$t > \frac{n-N}{2kn_0} \ge \binom{N}{2}$$

且有

$$|E(G_t)| \ge t > \binom{N}{2} > \binom{n_t}{2},$$

矛盾. [M. Simonovits, in: *Theory of Graphs* (P. Erdős—G. Katona, ed.) Akadémiai Kiadó, Budapest, 1968, 270—319.]

40. (a) 设 $A_1, \cdots, A_{N_k}$ 是 G 中的 k-完全图, $B_1, \cdots, B_{N_{k-1}}$ 是 G 中的 $(k-1)$-完全图. 设 A_i 包含在 a_i 个 $(k+1)$-完全图中; 同样地, 设 B_i 包含在 b_i 个 k-完全图中.

设 x 不是 A_i 中的点, 且与 A_i 一起不构成一个 $(k+1)$-完全图, 那么 x 不与某个点 $y \in A_i$ 相邻. 令 $U_1, \cdots, U_{k-1}$ 表示 $A_i \cup \{x\}$ 中包含 $\{x, y\}$ 的那些 k-子集, 那么任意对 (A_i, U_j) 都由一个 k-完全图和一个 k-非完全图组成, 并且有 $|A_i \cap U_j| = k-1$. 所以

$$\sum_{i=1}^{N_k}(k-1)(n-k-a_i)$$

是对 (A, U) 的数目的一个下界, 其中 A 是一个 k-完全图, U 是一个 k-非完全图, 且 $|A \cap U| = k-1$.

另一方面, 这种对 (A, U) 的数目显然等于

$$\sum_{i=1}^{N_{k-1}} b_i(n-k+1-b_i).$$

因此我们有

$$(1) \qquad \sum_{i=1}^{N_k}(k-1)(n-k-a_i) \le \sum_{i=1}^{N_{k-1}} b_i(n-k+1-b_i).$$

我们知道

$$(2)\qquad \sum_{i=1}^{N_k} a_i = (k+1)N_{k+1}, \qquad \sum_{i=1}^{N_{k-1}} b_i = kN_k.$$

(1) 式的左端等于

$$(k-1)(n-k)N_k - (k^2-1)N_{k+1},$$

而 (1) 式的右端可以由 Jensen 不等式来估计

$$\sum_{i=1}^{N_{k-1}} b_i(n-k+1-b_i) \le N_{k-1}\frac{\sum\limits_{i=1}^{N_{k-1}} b_i}{N_{k-1}}\left(n-k+1-\frac{\sum\limits_{i=1}^{N_{k-1}} b_i}{N_{k-1}}\right)$$
$$= k(n-k+1)N_k - \frac{k^2N_k^2}{N_{k-1}},$$

由此得到 (a). [J. W. Moon—L. Moser, *Mat. Kut. Int. Közl.* **7** (1962) 283–286.]

(b) 从 (a) 由直接的归纳法我们可以得到提示中对 $(*)$ 的估计, 现在由 $(*)$ 可得,

$$N_k \ge \prod_{i=1}^{k}\frac{\vartheta-i+1}{\vartheta}\frac{n}{i} = \binom{\vartheta}{k}\left(\frac{n}{\vartheta}\right)^k.$$

41. (a) T_n 的任意三个点都可以生成一个 3-圈或者一个传递三角形. 如果两条边有一个公共的尾, 那么它们的顶点构成了一个传递三角形且每个传递三角形都包含这样的一对边. 因此传递三角形的数目是

$$\sum_{i=1}^{n}\binom{d_i}{2} \ge n\cdot\binom{\frac{n-1}{2}}{2} = \frac{n(n-1)(n-3)}{8}$$

(由 Jensen 不等式, 因为 $\sum d_i = \binom{n}{2}$). 因此 3-圈的数目

$$\le \binom{n}{3} - \frac{n(n-1)(n-3)}{8} = \frac{(n+1)n(n-1)}{24} = \frac{1}{4}\binom{n+1}{3}.$$

(b) 令 $x \in V(T)$, 且用 X 和 Y 对应地表示满足 $(y,x) \in E(G)$ 和 $(x,y) \in E(G)$ 的点 y 的集合. 那么必有一条边连接 Y 到 X, 否则 T 将是强连通的, 这条边和 x 一起构成了一个 3-圈.

我们对 n 用归纳法来证明 3-圈的数目至少为 $n-2$. 对 $n=3$ 的情况, 结论是显然的.

由 6.13 我们可以找到一个点 x 使得 $T-x$ 是强连通的; 因此, 由归纳假设, $T-x$ 至少包含 $n-3$ 个 3-圈. 正如上面观察到的, 至少存在一个 3-圈与 x 相关联; 所以 T 至少包含 $n-2$ 个 3-圈.

注记: 两个论断本质上都是紧的: 如果 n 是奇数, 那么由 5.13 知 K_n 有一个定向使得每个点出度为 $\frac{n-1}{2}$, 且这个竞赛图恰好有 $\frac{1}{4}\binom{n+1}{3}$ 个 3-圈. 另一方面, 考虑一个传递竞赛图并反转连接第一个和最后一个点的边 e, 那么我们得到一个强连通竞赛图, 且它的每个 3-圈都包含 e, 因此它们的数量是 $n-2$ [参见 S, M].

42. 首先, 我们对 n 用归纳法来证明: 对每个 $3 \le k \le n$, 存在一个 k-圈经过每个点 x. 当 $n = k$ 时是正确的, 这是因为由 6.11 知, T 包含一个 Hamilton 圈. 下面假设 $k < n$.

由 6.13 知, 存在一个点 $y \ne x$ 使得 $T - y$ 是强连通的, 所以 $T - y$ 就包含一个经过 x 的 k-圈, 因此 T 也是.

现在, 正如前一问题 (b) 部分解答中那样, 一个简单的归纳可得, 对 $3 \le k \le n$, T 至少包含 $n-k+1$ 个 k-圈. 因此圈的总数目

$$\ge \sum_{k=3}^{n}(n-k+1) = \sum_{\nu=1}^{n-2}\nu = \binom{n-1}{2}.$$

该论断对于由传递图通过反转它的 Hamilton 路的边而得到的竞赛图是紧的 [参见 M].

43. 我们已经知道存在一条 Hamilton 路 (参见 5.20). 设 $e_1, \cdots, e_{\lfloor n/2 \rfloor}$ 是独立边, 其第 $(2i-1)$ 条边是 e_i $(i = 1, \cdots, \lfloor n/2 \rfloor)$ 的 Hamilton 路是唯一确定的. 因此, Hamilton 路的数目不大于选取 $\lfloor n/2 \rfloor$ 条独立边 (给它们排序) 的方法数.

对 e_1, 我们有 $\binom{n}{2}$ 种取法; 对 e_2, 有 $\binom{n-1}{2}$ 种取法, 依次往下. 因此选择 $e_1, \cdots, e_{\lfloor n/2 \rfloor}$ 的方法数为

$$\binom{n}{2}\binom{n-1}{2}\cdots\binom{n-2\lfloor n/2 \rfloor+2}{2} = \frac{n!}{2^{\lfloor n/2 \rfloor}}. \qquad \text{[参见 M.]}$$

44. (a) 我们可以假设 $n = 2^{k-1}$, 希望对 k 用归纳法来证明: T 包含一个有 k 个点的传递子竞赛图. 对 $k = 1$ 的情形, 论断是平凡的.

假设 $k > 1$ 并选取点 $x \in V(T)$. 令 X 和 Y 对应地表示满足 $(z, x) \in E(T)$ 和 $(x, z) \in E(T)$ 的点 z 的集合. 因为 $|X| + |Y| = 2^{k-1} - 1$, 我们不妨假设 $|X| \ge 2^{k-2}$, 那么由归纳假设, X 生成一个有 $k-1$ 个点的传递子竞赛图 T_1. T_1 和 x 一起给出一个 k 个点的传递子竞赛图.

(b) 我们对 k 用归纳法来证明论断. $k = 1$ 时结论也是显然的. 假设 $k > 1$. 定义

$$f(x) = \begin{cases} \prod_{j=0}^{k-2}\left(\frac{x+1}{2^j} = 1\right) & \text{如果 } x \ge 2^{k-2}-1, \\ 0 & \text{如果 } x \le 2^{k-2}-1. \end{cases}$$

那么 $f(x)$ 是一个凸函数.

设 $V(T) = \{x_1, \cdots, x_n\}$ 且 x_i 的出度为 d_i. 由归纳假设, 至少有 $f(d_i)$ 个传递 $(k-1)$-竞赛图由与 x_i 相邻的 d_i 个点张成; 这给出了 $f(d_i)$ 个源自 x_i 的传递 k-竞赛

图. 因此传递 k-竞赛图的数目

$$\geq \sum_{i=1}^{n} f(d_i) \geq n \cdot f\left(\frac{n-1}{2}\right)$$

(且由于 $\frac{n-1}{2} \geq 2^{k-1}-1$)

$$\geq n \prod_{j=0}^{k-2}\left(\frac{\frac{n-1}{2}+1}{2^j}-1\right) \geq n \prod_{j=1}^{k-1}\left(\frac{n+1}{2^j}-1\right),$$

这就证明了论断.

(c) 这次我们对 n 用归纳法来证明提示中的论断. 对 $n \leq k$ 的情形, 论断是成立的. 设 $n > k$, 由 6.13 可得, 存在点 x 满足 $T-x$ 是强连通的. 因此, 在 $T-x$ 中至少存在 $\binom{n-3}{k-2}$ 个 k-元组包含 3-圈. 另外, 由 10.40 的解答可知, 存在一个经过 x 的 3-圈, 且存在 $\binom{n-3}{k-3}$ 个额外的 k-元组包含这个三角形. 这给出了

$$\binom{n-3}{k-3}+\binom{n-3}{k-2}=\binom{n-2}{k-2}$$

个 k-元组包含 3-圈, 就如题目中所述.

因为一个传递 k-竞赛图不包含 3-圈, 所以它们的数目

$$\leq \binom{n}{k}-\binom{n-2}{k-2}.$$

注意到当图是 10.41 解答中的图时等式成立 [参见 M].

§11. 图谱与随机游走

1. A_G 的特征向量将数字 $x_1, \cdots, x_n$ 分派给点 $1, \cdots, n$, 使得分派给 i 的邻点的数字之和为 λx_i. 现在考虑的这些图有一些简单的结构, 使得容易猜测出这样的分配.

对完全图, 我们有 $(1, \cdots, 1)$, 得到特征值 $n-1$; 我们也有形如 $(1, 0, \cdots, 0, -1, 0, \cdots, 0)$ 的特征向量, 它们是线性无关的, 于是得到特征值 -1 的重数为 $n-1$. 由于共有 n 个特征值, 所以上述特征值就是全部的特征值.

对星图, 我们寻找将数字 1 与中心点关联的特征向量. 如果 λ 是对应的特征值, 我们有 $1/\lambda$ 与每一个非中心点相关联. 因此

$$(n-1)\frac{1}{\lambda}=\lambda, \quad \lambda= \pm \sqrt{n-1}.$$

这就给出了两个特征向量和两个特征值. 为了得到其他的, 我们考虑将 0 与中心点相关联的那些特征向量, 那么属于它们的特征值必为 0. 因此可知特征向量在其他点处可以填任意数字, 唯一的限制是分量之和必须是 0 [因为必须有 0×(中心点的数字)]. 共有 $n-2$ 个线性无关的这样的向量, 所以我们也得到了所有的特征值.

更一般地, 如果 $G = K_{n,m}$, 那么我们将 $\sqrt{m}$ 放在含 n 个点的部分处, 将 $\pm\sqrt{n}$ 放在含有 m 个点的部分处, 就可得到两个特征向量. 这就给出了特征值 $\pm\sqrt{mn}$, 剩下的特征值都是 0, 这是因为邻接矩阵只有两个不同的行.

最后, 如果 $G = C_n$ 是顶点按自然顺序编号的 n 个点的圈, 那么设

$$x_\mu = \varepsilon^\mu, \quad \mathbf{x} = \begin{pmatrix} x_1 \\ \vdots \\ x_n \end{pmatrix},$$

其中, ε 是任意 n 次单位根, 那么我们有

$$A\mathbf{x} = (x'_\nu)_{\nu=1}^n,$$

其中,

$$x'_\nu = x_{\nu-1} + x_{\nu+1} = \varepsilon^{\nu-1} + \varepsilon^{\nu+1} = \left(\varepsilon + \frac{1}{\varepsilon}\right)\varepsilon^\nu = (\varepsilon + \overline{\varepsilon})x_\nu.$$

因此, $\varepsilon + \overline{\varepsilon}$ 是一个特征值. 考虑 n 个单位根, 我们就得到了所有的特征值. 所以 C_n 的特征值是

$$2, 2\cos\frac{2\pi}{n}, 2\cos\frac{4\pi}{n}, \cdots, 2\cos\frac{2(n-1)\pi}{n}.$$

2. (a) $\mathbf{j} = (1, \cdots, 1)$ 是 G 的属于特征值 d 的特征向量, d 是 G 的度. 结果显然成立, 这是因为 G 是正则的. 类似地, $\mathbf{j}$ 是 $\overline{G}$ 的属于特征值 $n-1-d$ 的特征向量.

现在令 $\mathbf{v}_1 = \mathbf{j}$, $\mathbf{v}_2, \cdots, \mathbf{v}_n$ 是 G 的正交特征向量组成的 n 维空间的一组基. 我们断言 $\mathbf{v}_1, \cdots, \mathbf{v}_n$ 是 $\overline{G}$ 的特征向量. 对 $\mathbf{v}_1 = \mathbf{j}$, 有

$$A_{\overline{G}}\mathbf{j} = (n-1-d)\mathbf{j},$$

这意味着 $\overline{G}$ 是 $(n-d-1)$-正则的. 对其他的特征向量, 我们有

$$A_{\overline{G}}\mathbf{v}_i = (J - I - A_G)\mathbf{v}_i = J\mathbf{v}_i - \mathbf{v}_i - A_G\mathbf{v}_i = -\mathbf{v}_i - A_G\mathbf{v}_i = (-1-\lambda_i)\mathbf{v}_i,$$

这是因为 $\mathbf{j}\mathbf{v}_i = 0$, $J\mathbf{v}_i = 0$. 因此, $\mathbf{v}_i$ 的确是特征向量, 从而如果 $\lambda_1 \geq \cdots \geq \lambda_n$ 是 G 的特征值, 那么 $n-1-\lambda_1, -1-\lambda_2, \cdots, -1-\lambda_n$ 是 $\overline{G}$ 的特征值.

(b) 提示中的两个等式很容易验证, 利用一个众所周知的事实: 如果 C 是 $m \times n$ 的矩阵, D 是 $n \times m$ 的矩阵, 那么

$$\det(xI - CD) = x^{m-n}\det(xI - DC).$$

设 G 有 m 条边和 n 个点, 那么

$$\det(xI - A_{L(G)}) = \det((x+2)I - B_G^T B_G)$$

$$= (x+2)^{m-n}\det((x+2)I - B_G B_G^T) = (x+2)^{m-n}\det((x+2-d)I - A_G).$$

因此如果 $m \geq n$, 那么 $L(G)$ 的特征值是

$$d-2+\lambda \quad \text{对 } G \text{ 的每个特征值 } \lambda, \text{ 且有相同的重数,}$$
$$-2 \quad \text{重数为 } m-n.$$

(如果 $-d$ 是 G 的特征值, 那么要在第一种类型的特征值中增加一些 -2.) 如果 $m < n$, 那么我们必须从之前所列的数字中去掉 $n-m$ 个 -2, 才能得到 $L(G)$ 的谱 [H.Sachs; 参见 Biggs].

(c) 图 34 表明如何将完全 5-图的边分派给 Petersen 图的顶点, 使得相邻的边对应于不相邻的点, 不相邻的边对应于相邻的点. 因此, Petersen 图是 $\overline{L(K_5)}$, 由 11.1 的 (a) 和 (b) 可知它的特征值是 $-2,-2,-2,-2,1,1,1,1,1,3$.

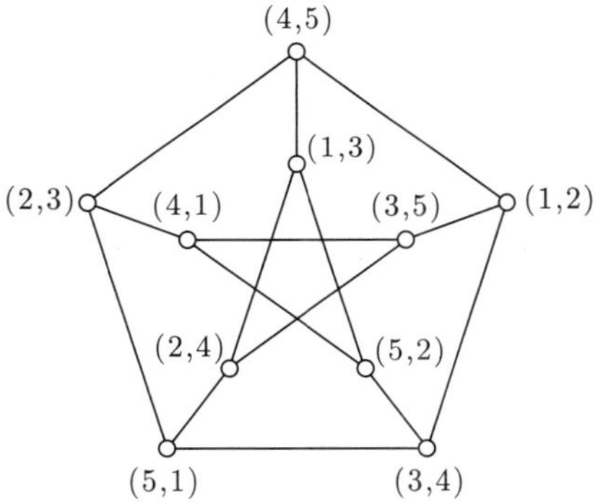

图 34

3. $\det(\lambda I - A_T)$ 的关于前 k 行的展开式中仅包含两个非零项: 一个对应于第 $1,2,\cdots,k$ 列和前 k 行; 另一个对应于第 $1,\cdots,k-1,k+1$ 列和前 k 行 (任何其他的组合会在两个子行列式的某个中产生全为 0 的列). 现在第一项给出 $p_{T_1}(\lambda)p_{T_2}(\lambda) = p_{T-e}(\lambda)$; 第二项是两个行列式 p_1, p_2 的乘积, 这不直接对应于特征多项式. 但如果我们用最后一列展开 D_1 (由第 $1,2,\cdots,k$ 行和第 $1,\cdots,k-1,k+1$ 列组成的子行列式), 我们得到 $p_{T_1-x_k}(\lambda)$; 类似地, $D_2 = p_{T_2-x_{k+1}}(\lambda)$, 从而, 将符号考虑在内, 第二项是

$$-p_{T_1-x_k}(\lambda)p_{T_2-x_{k_1}}(\lambda) = p_{T-x_k-x_{k+1}}(\lambda).$$

[A. Mowshowitz, *J. Comb. Th.* B **12** (1972) 177—193; L. Lovász—J. Pelikán, *Periodica Math. Hung.* **3** (1973) 175–182.]

4. 我们对 $|E(T)|$ 进行归纳.

这一陈述对没有边的森林是成立的. 设 $e=(x,y)\in E(T)$, 由前面的习题知

$$p_T(\lambda) = p_{T-e}(\lambda) - p_{T-x-y}(\lambda)$$

且由归纳假设知

$$p_{T-e}(\lambda)=\lambda^n-a_1'\lambda^{n-2}+a_2'\lambda^{n-4}-\cdots,$$

$$p_{T-x-y}(\lambda)=\lambda^{n-2}-a_1''\lambda^{n-4}+a_2''\lambda^{n-6}-\cdots,$$

其中, a_k' (对应地, a_k'') 是 $T-e$ (对应地, $T-x-y$) 中 k-匹配的数目. 因此

$$p_T(\lambda)=\lambda^n-(a_1'+1)\lambda^{n-2}+(a_2'+a_1'')\lambda^{n-4}-(a_3'+a_2'')\lambda^{n-6}+\cdots.$$

要证明这个公式, 只需证明 $a_k'+a_{k-1}''=a_k$ (且 $a_1'+1=a_1$). 因为 a_1 是 T 的边数, 所以显然地, a_1' 是 $T-e$ 的边数且 $a_1'+1=a_1$. 进一步, a_k' 是 $T-e$ 中 k-匹配的数目, 即 T 中不包含 e 的那些 k-匹配的数目. 另一方面, $T-x-y$ 中 $(k-1)$-匹配与 T 中包含 e 的 k-匹配是一个显然的一一对应. 因此, $a_k'+a_{k-1}''$ 是 T 中 k-匹配的数目, 如题目中所述 [参考文献如上].

5. (a) 由 11.4,

$$p_{P_n}(\lambda)=\lambda^n-a_1\lambda^{n-2}+a_2\lambda^{n-4}-\cdots,$$

其中, a_k 是 P_n 中 k-匹配的数目, 也就是从 $n-1$ 条边中选出 k 条非相邻边的方式数, 由 1.31 知为 $\binom{n-k}{k}$.

(b) 在 1.29 中, 已经推导出递推关系

$$p_{P_n}(\lambda)=\lambda\cdot p_{P_{n-1}}(\lambda)-p_{P_{n-2}}(\lambda),$$

由它可以证明公式 (b)(注意到这个递推关系也是 11.3 的推论). 这也产生了 (a) 的一种简单的归纳证明, 细节留给读者. 在 1.29 中已经得到路的特征值

$$2\cos\frac{k\pi}{n+1},\quad k=1,\cdots,n.$$

[参考文献同上.]

对于 (d), 提示中给出的递推关系表明 $\mathbf{y}$ 是一个特征向量; 如果我们令 $y_{-1}=y_{t+1}=0$, 那么它对 $0\le k\le t$ 成立. 因此, 如 1.29 中那样, 我们可以将 y_k 表示为 $\alpha x_1^k+\beta x_2^k$ 的形式, 其中 $x_1,x_2=(\lambda\pm\sqrt{\lambda^2-4D})/(2D)$ 是方程

$$Dx^2-\lambda x+1=0$$

的根. 由 $y_{-1}=0$, 我们得到 $\beta=-(x_2/x_1)\alpha$, 从而我们可假设 $y_k=x_1^{k+1}-x_2^{k+1}$. 所以 $y_{t+1}=0$ 蕴含着 $x_1=\varepsilon x_2$, 其中 ε 是一个 $t+2$ 次单位根; $\mathbf{y}\neq 0$ 意味着 $\varepsilon\neq 1$. 从这个等式中解出 λ, 我们得到 $\lambda=(\delta+1/\delta)\sqrt{D}$, 其中 $\delta=\varepsilon^{1/2}$ 是一个 $2(t+2)$ 次单位根. 这给出了

$$\lambda=2\sqrt{D}\cos\left(\frac{jn}{t+2}\right)\quad(j=1,\cdots,2t+4).$$

6. 没有三条独立边的树必为图 35 中的一种. 设 T_1 是第一类的树, T_2 是第二类的树, 设 a_k, a'_k 分别表示 T_1, T_2 中 k-匹配的数目, 那么

$$a_1 = a + b + 1, \quad a'_1 = c + d + 2,$$
$$a_2 = ab, \quad a'_2 = cd + c + d.$$

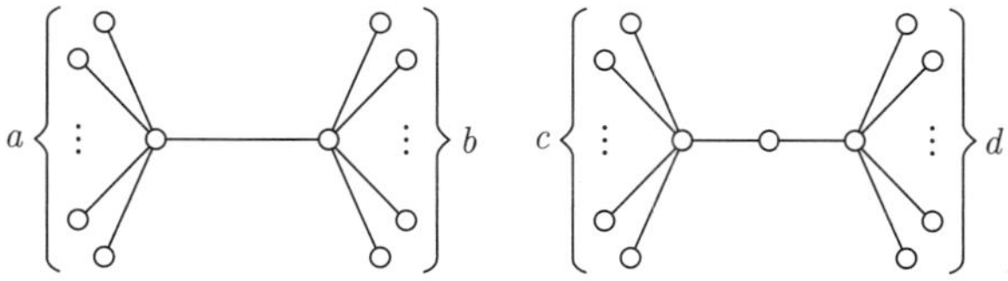

图 35

如果我们找到 a, $b > 0$, c, $d > 0$ 使得 $a_1 = a'_1$, $a_2 = a'_2$, 那么我们就完成了, 因为显然这也意味着 T_1, T_2 有相同的点数 $(a_1 + 1 = a'_1 + 1)$. 这样的取值不难找到, 如 $a = b = u^2 + u + 1$, $c = u^2$, $d = (u+1)^2$. (事实上, 几乎每棵树都有一个同谱的"配对", 参见 A. Schwenk, in *New Directions in Theory of Graphs*, Acad. Press, 1973, 275–307.)

7. (a) G 的邻接矩阵可由将 G_1 的邻接矩阵中的 1 替换成 I ($|V(G_2)|$ 维单位矩阵), 再将 A_{G_2} 放在对角线上得到. 因此 $\lambda I - A_G$ 可由将 $\lambda I - A_{G_1}$ 中的 -1 替换成 $-I$, λ 替换成 $\lambda I - A_{G_2}$ 得到.

$$\underbrace{\begin{pmatrix} \lambda & 0 & -1 & -1 \\ 0 & \lambda & 0 & 0 \\ -1 & 0 & \lambda & -1 \\ -1 & 0 & -1 & \lambda \end{pmatrix}}_{\lambda I - A_{G_1}} \underbrace{\begin{pmatrix} \lambda I - A_{G_2} & 0 & -I & -I \\ 0 & \lambda I - A_{G_2} & 0 & 0 \\ -I & 0 & \lambda I - A_{G_2} & -I \\ -I & 0 & -I & \lambda I - A_{G_2} \end{pmatrix}}_{\lambda I - A_G}.$$

由于 $\lambda I - A_{G_2}$ 与 I 可交换, 这就给出

$$p_G(\lambda) = \det(\lambda I - A_G) = \det p_{G_1}(\lambda I - A_{G_2}).$$

设 $\lambda_1, \cdots, \lambda_n$ 是 G_1 的特征值, $\mu_1, \cdots, \mu_m$ 是 G_2 的特征值, 那么

$$p_G(\lambda) = \det \prod_{i=1}^{n} (\lambda I - A_{G_2} - \lambda_i I) = \prod_{i=1}^{n} \det((\lambda - \lambda_i)I - A_{G_2})$$
$$= \prod_{i=1}^{n} p_{G_2}(\lambda - \lambda_i) = \prod_{i=1}^{n} \prod_{j=1}^{m} (\lambda - \lambda_i - \mu_j).$$

因此 G 的特征值是 $\lambda_i + \mu_j$ $(1 \le i \le n,\ 1 \le j \le m)$.

(b) 设 $A'_G = A_G + I$. 如果 x_i, $y_i \in V(G_i)$, 那么

$$\{((x_1, x_2), (y_1, y_2)) \in E(G_1 \cdot G_2) \text{ 或 } (x_1, x_2) = (y_1, y_2) \Leftrightarrow$$

$$((x_1,y_1)\in E(G_1) \text{ 或 } x_1=y_1) \text{ 且 } ((x_2,y_2)\in E(G_2) \text{ 或 } x_2=y_2)\},$$

这意味着 $A'_{G_1\cdot G_2}$ 是 A'_{G_1} 和 A'_{G_2} 的 Kronecker 积.

A'_{G_1} 和 A'_{G_2} 的特征值是 $\lambda_1+1,\cdots,\lambda_{n_1}+1,\cdots,\mu_1+1,\cdots,\mu_{n_2}+1$, 其中 $\lambda_1,\cdots,\lambda_{n_1}$; $\mu_1,\cdots,\mu_{n_2}$ 分别是 G_1 和 G_2 的特征值. 因此 $A'_{G_1\cdot G_2}$ 的特征值是

$$(\lambda_i+1)(\mu_j+1) \quad (1\le i\le n_1,\ 1\le j\le n_2)$$

且 $G_1\cdot G_2$ 的特征值是

$$\lambda_i\mu_j+\lambda_i+\mu_j \quad (1\le i\le n_1,\ 1\le j\le n_2).$$

类似的讨论可以得到弱直积的特征值是 $\lambda_i\mu_j$. [D. Cvetković, *Univ. Beograd, Publ. Elektrotehn. Fak.* Ser. Mat. Fiz. **354—356** (1971) 1–50.]

8. $A\mathbf{v}$ 的第 i 个坐标是

$$\sum_{j=1}^{n} a_{ij}v_j=\sum_{(i,j)\in E(G)}\chi(\gamma_{1,j})=\sum_{(i,j)\in E(G)}\chi(\gamma_{i,j})\chi(\gamma_{1,i}).$$

令 $\gamma_{i,j}(1)=k$ (即 $\gamma_{i,j}=\gamma_{1,k}$). 我们断言 $(i,j)\in E(G)$ 当且仅当 $(1,k)\in E(G)$. 考虑 $\gamma_{1,i}$, 由定义知 $\gamma_{1,i}(1)=i$. 另一方面,

$$\gamma_{1,i}(k)=\gamma_{1,i}(\gamma_{i,j}(1))=\gamma_{i,j}(\gamma_{1,j}(1))=j$$

(由 Γ 的可交换性), 从而 $\gamma_{i,j}$ 将 $(1,k)$ 映射到 (i,j). 因此, 它们同时是边或同时不是边.

因此, 如果 j 取遍 i 的所有邻点, 点 $k=\gamma_{i,j}(1)$ 就取遍了 1 的所有邻点 (对不同的点 j 是不同的, 因为 Γ 是正则的), 所以 $A\mathbf{v}$ 的第 i 个坐标的公式可以重写为

$$\left\{\sum_{(1,k)\in E(G)}\chi(\gamma_{1,k})\right\}\chi(\gamma_{1,i}),$$

这表明 $\mathbf{v}$ 是特征值 $\sum\limits_{(1,k)\in E(G)}\chi(\gamma_{1,k})$ 的特征向量.

注意到, 由于一个交换群 Γ 恰有 $|\Gamma|$ 个不同的特征 (且它们都有 $\chi(1)=1$, 所以它们不会给出平行的向量), 上述找到的特征值都是 G 的特征值. (非交换群的情形参见 Lovász, *Periodica Math. Hung.* **6** (1975) 191—195.)

9. 解法一: 我们将 Q_n 的顶点表示为 n 长的 01-向量, 两个点相邻当且仅当它们对应的两个向量恰有一个位置不同. 对每个 01-向量 $(a_1,\cdots,a_n)$, 映射

$$\alpha_{a_1,\cdots,a_n}:(x_1,\cdots,x_n)\mapsto(x_1+a_1,\cdots,x_n+a_n)$$
$$((x_1,\cdots,x_n)\in V(Q_n);\text{addition mod }2)$$

是 Q_n 的一个自同构. 从几何上来看, 存在 Q_n 的保持边方向的自同构; 它们是特定仿射子空间的反射, 且构成了一个与 $(Z_2)^n$ 同构的交换正规群 Γ.

现在特征可按如下方式得到: 设 $1 \leq i_1 < i_2 < \cdots < i_k \leq n$, 且

$$\chi_{i_1,\cdots,i_k}(\alpha_{a_1,\cdots,a_n}) = (-1)^{a_{i_1}+\cdots+a_{i_k}}.$$

容易证明它们是特征, 由于它们的数目是 $2^n = |\Gamma|$, 所以它们是所有的特征. 因此, 我们得到了如下的特征值:

$$\begin{aligned}\lambda_{i_1,\cdots,i_k} &= \sum_{((a_1,\cdots,a_n),(0,\cdots,0))\in E(Q_n)} \chi_{i_1,\cdots,i_k}(\alpha_{a_1,\cdots,a_n}) \\ &= \sum_{((a_1,\cdots,a_n),(0,\cdots,0))\in E(Q_n)} (-1)^{a_{i_1}+\cdots+a_{i_k}}.\end{aligned}$$

由 Q_n 的定义知, 这里考虑的序列 $(a_1,\cdots,a_n)$ 是那些恰有一个非零值的序列. 因此

$$\lambda_{i_1,\cdots,i_k} = n - 2k,$$

所以 Q_n 的特征值是

$$n,\ n-2,\ \cdots,-n;$$

其中 $n-2k$ 的重数是 $\binom{n}{k}$.

解法二: Q_n 是 n 个 K_2 拷贝的 Descartes 积, 因此由 11.7(a), 它的特征值是 $\lambda_1 + \cdots + \lambda_n$, 其中 $\lambda_i = \pm 1$ 是 K_2 的特征值. 我们得到了与解法一一致的结果.

10. 映射

$$\varphi_\nu : \varepsilon^k \to \varepsilon^{k+\nu}$$

是 G 的自同构, 这些自同构形成了一个 $V(G)$ 上传递的 p 阶循环群 Γ. Γ 的特征由

$$\chi_t(\varphi_\nu) = \varepsilon^{t\nu} \quad (t = 0,\cdots,p-1;\ \nu = 0,\cdots,p-1)$$

给出, 这里 $\varepsilon = e^{\frac{2\pi i}{p}}$. 因此由 11.8, G 的特征值由

$$\lambda_t = \sum_{j=1}^{k} \varepsilon^{ta_j} \quad (t = 0,\cdots,p-1)$$

给出, 其中 1 与 $\varepsilon^{a_1},\cdots,\varepsilon^{a_k}$ 相邻. 类似地, H 的特征值由

$$\mu_t = \sum_{j=1}^{k} \varepsilon^{tb_j} \quad (t = 0,\cdots,p-1)$$

给出, 其中 $\varepsilon^{b_1},\cdots,\varepsilon^{b_k}$ 是 1 的邻点. 由于 G 与 H 同谱, 我们得到

$$\lambda_1 = \mu_t \quad (0 \leq t \leq p-1)$$

或者等价地,

$$\sum_{j=1}^{k} (\varepsilon^{a_j} - \varepsilon^{tb_j}) = 0.$$

令 $\overline{a}$ 代表 a 模 p 的余数, $0 \le \overline{a} \le p-1$, 那么 ε 是多项式

$$f(x) = \sum_{j=1}^{k} (x^{\overline{a}_j} - x^{\overline{tb}_j})$$

的根. 由于 ε 的极小多项式是 $1 + x + \cdots + x^{p-1}$, 可知

$$1 + x + \cdots + x^{p-1} | f(x).$$

由 $\deg f \le p-1$, 我们有

$$f(x) = c(1 + x + \cdots + x^{p-1}).$$

由 $f(0) = 0$, 我们推出 $c = 0$, 即 $f(x) = 0$. 但这意味着在 $f(x)$ 中所有的项都消掉了, 即

$$\{\overline{a}_j : 1 \le j \le k\} = \{\overline{tb}_j : 1 \le j \le k\},$$

故本题得证. [D. Z. Djoković, *Acta Math. Acad. Sci. Hung.* **21** (1970) 267–277; B. Elspas—J. Turner, *J. Comb. Th.* **9** (1970) 297–307.]

11. 如果 $\det A \ne 0$, 那么 $\det A$ 中有一个非零的展开项, 不妨设 $a_{1,i_1}, \cdots, a_{n,i_n} \ne 0$, 其中 $(i_1, \cdots, i_n)$ 是 $(1, \cdots, n)$ 的一个置换. 因此 $(\nu, i_\nu) \in E(G)$ $(\nu = 1, \cdots, n)$. 如果假设 $1, \cdots, k$ $(k \ge n/2)$ 形成 G 的两个色类之一, 那么边

$$(1, i_1), \cdots, (k, i_k)$$

是独立的且它们的数目 $k \ge n/2$, 因此它们构成了 G 的一个 1-因子.

12. 设 $G_1, \cdots, G_m$ 是如图 5 所示的点不交子图, 且覆盖了所有的点 (所以 $m = n/6$). 设 S 是 $G_1 \cup \cdots \cup G_m$ 的端点集合且 $T = V(G) - S$, 那么每个点与 S 中的两个点相邻, 与 T 中的一个点相邻. 因此我们令

$$x_i = \begin{cases} 2 & \text{如果 } i \in T \\ -1 & \text{如果 } i \in S \end{cases}, \quad \mathbf{x} = \begin{pmatrix} x_1 \\ \vdots \\ x_n \end{pmatrix},$$

我们有 $A\mathbf{x} = 0$, 这表明 $\lambda = 0$ 是一个特征值. [H. Sachs. *Wiss. Z. Tech. Hochschule Ilmenau*, **19** (1973) 83–99.]

13. 我们可以假设 G' 是 G 的生成子图; 否则我们可以将 G 中剩余的点当做孤立点加入 G' 中, 这一操作只会在 G' 的谱中增加一些 0, 因此这不会改变它的最大特征值.

设 $\mathbf{v}$ 是 $A_{G'}$ 的属于特征值 λ_1' 的非负特征向量. 不妨假设 $|\mathbf{v}| = 1$, 那么

$$\lambda_1' = \mathbf{v}^T A_{G'} \mathbf{v} \le \mathbf{v}^T A_G \mathbf{v},$$

这是因为 $\mathbf{v}$ 有非负分量且 $A_G \ge A_{G'}$. 另一方面,

$$\lambda_1 = \max_{|\mathbf{x}|=1} \mathbf{x}^T A_G \mathbf{x} \ge \mathbf{v}^T A_G \mathbf{v} \ge \lambda_1'.$$

14. (a) I. 设 $\mathbf{j}$ 是全部分量均为 1 的 n 长向量, 那么 $A_G\mathbf{j}$ 是分量为点度的向量, 从而

$$A_G\mathbf{j} \geq d\mathbf{j},\ \mathbf{j}^T A_G\mathbf{j} \geq d\mathbf{j}^T\mathbf{j} = dn,$$

进而

$$\lambda_1 = \max_{\mathbf{x}\neq 0} \frac{\mathbf{x}^T A_G \mathbf{x}}{\mathbf{x}^T\mathbf{x}} \geq \frac{\mathbf{j}^T A_G\mathbf{j}}{\mathbf{j}^T\mathbf{j}} \geq d.$$

II. 设 G' 表示最大度点的星图, 那么, 由 11.1 可知 G' 的最大特征值是 $\sqrt{D}$. 由 11.13 知

$$\lambda_1 \geq \sqrt{D}.$$

III. 由 D 的定义, 我们有 $A_G\mathbf{j} \leq D\mathbf{j}$.

设 $\mathbf{v}$ 是属于 λ_1 的一个特征向量; 不妨假设它的最大坐标就是第一个坐标, 且大小为 1, 那么

$$\lambda_1\mathbf{v} = A_G\mathbf{v} \leq A_G\mathbf{j} \leq D\mathbf{j},$$

所以考虑第一个坐标有

$$\lambda_1 \leq D.$$

IV. 假设我们有等式, 那么 $A_G\mathbf{v}$ 和 $A_G\mathbf{j}$ 有相同的第一个坐标 D, 即

$$\sum_{(1,i)\in E(G)} v_i = D.$$

由于 $v_i = 1$, 这种情况发生只有一种可能, 即每个与 1 相邻的点 i 有相同的值 $v_i = 1$. 那么将上述讨论运用到这些点, 可知它们的邻点 j 也有 $v_j = 1$, 以此类推. 由于 G 是连通的, 我们得到: 每个点都有 $v_i = 1$. 因此 $\mathbf{v} = \mathbf{j}$, 从而

$$A_G\mathbf{j} = \lambda_1\mathbf{j} = D\mathbf{j},$$

这意味着 G 是 D-正则的.

(b) 提示中的两个恒等式容易得到: 如果 $\lambda_1 \geq \cdots \geq \lambda_n$ 是 G 的特征值, 那么 $\sum\limits_{i=1}^{n} \lambda_i = \mathrm{Tr}A_G = 0,\ \sum\limits_{i=1}^{n} \lambda_i^2 = \mathrm{Tr}A_G^2 = 2m$. 因此

$$\lambda_1^2 = (\lambda_2 + \cdots + \lambda_n)^2 \leq (n-1)(\lambda_2^2 + \cdots + \lambda_n^2) = (n-1)(2m - \lambda_1^2),$$

由此可得上界, 下界可由 I 的讨论推出.

(c) G 是有根完全 $(D-1)$-叉树 T 的子图, 由 11.5(d) 知 T 的最大特征值是 $2\sqrt{D-1}\cos(n/(t+2)) < 2\sqrt{D-1}$, 因此 $\lambda_1 < 2\sqrt{D-1}$.

15. 容易得到公式

$$A_{L(G)} = B^T B - 2I.$$

由于 B^TB 是半正定的, 它的所有特征值都是非负的. 因此, $A_{L(G)}$ 的特征值都不小于 -2. 此外, 如果 $|V(G)| < |E(G)|$, 那么

$$r(B^TB) = r(B) \leq |V(G)| < |E(G)|$$

($r(X)$ 是矩阵 X 的秩). 所以, B^TB 至少有一个 0 特征值, 即 $A_{L(G)}$ 至少有一个特征值为 -2. [A. J. Hoffman, in *Beiträge zur Graphentheorie*, Teubner (1968) 75–80.]

16. 设 α 是 G 的自同构; 定义矩阵 $P = (p_{ij})$ 为

$$p_{ij} = \begin{cases} 1 & \text{如果 } \alpha(i) = j, \\ 0 & \text{其他.} \end{cases}$$

那么 P 是一个置换矩阵, 即它的每一行每一列都恰有一个 1, 因此 $P^{-1} = P^T$.

α 是 G 的自同构等价于关系

$$P^{-1}A_GP = A_G.$$

这是因为如果 $A_G = (a_{ij})$, 那么 $P^{-1}A_GP$ 的第 (i,j) 个分量是

$$\sum_\nu \sum_\mu p_{\nu i}a_{\nu\mu}p_{\mu j} = a_{i'j'},$$

其中 i', j' 分别是由 $\alpha(i') = i, \alpha(j') = j$ 确定的. 因此, α 将 (i', j') 映射到 (i,j), 且 α 是自同构当且仅当

$$a_{i'j'} = a_{ij} \quad (i, j = 1, \cdots, n).$$

A_G 是对称的, 所以 $A_G = T^{-1}LT$, 其中

$$L = \begin{pmatrix} \lambda_1 & & & 0 \\ & \lambda_2 & & \\ & & \ddots & \\ 0 & & & \lambda_n \end{pmatrix}$$

且 T 是一个正交矩阵. 因此

$$P^{-1}T^{-1}LTP = T^{-1}LT$$

或

$$L(TPT^{-1}) = (TPT^{-1})L.$$

左乘 (右乘) 一个矩阵 L 意味着: 对每个 $1 \leq i \leq n$, 在第 i 行 (第 i 列) 乘上 λ_i. 因为由假设当 $i \neq j$ 时, 有 $\lambda_i \neq \lambda_j$, 所以矩阵 TPT^{-1} 是一个对角矩阵, 设为

$$TPT^{-1} = \begin{pmatrix} t_1 & & \mathbf{0} \\ & \ddots & \\ \mathbf{0} & & t_n \end{pmatrix}.$$

这里 P 和 T 都是正交矩阵, 从而 TPT^{-1} 也是正交的, 故 $t_i=\pm 1$. 但此时

$$TP^2T^{-1}=(TPT^{-1})^2=I, \quad P^2=I.$$

现在很容易看出 P^2 是与 α^2 相关联的置换矩阵, 进而 $\alpha^2=1$. [A. Mowshowitz, in *Proof Techn. in Graph Th.* Academic Press, 1969, 109–110; M. Petersdorf—H. Sachs, in *Combin. Th. Appl.* Coll. Math. Soc. J. Bolyai **4**, Bolyai—North-Holland, (1970) 891–907. 对于有向图参见 C. Y. Chao, *J. Comb. Th.* **3** (1971) 301–302.]

17. 由 11.16, Γ 的所有元素都是 2 阶的, Φ 是可交换的 ($(xy)^2=1=(x^2y^2)$, 从而 $xy=yx$). 假设 Γ 是点传递的, 那么它是正则的*. 于是应用 11.8, 我们得到 G 的每个特征值都形如

$$\lambda=\sum_{(1,i)\in E(G)}\chi(\gamma_{1,i}),$$

其中 χ 是 Γ 的特征. 更进一步, 由于对每个 γ 有 $\chi(\gamma)^2=\chi(\gamma^2)=\chi(1)=1$, 所以这里的和是 ± 1, 因而

$$-d\le\lambda\le d, \quad \lambda\equiv d \pmod 2.$$

这使得 λ 的取值恰好有 $d+1$ 个. 由于存在 $|V(G)|$ 个不同的特征值, 我们得到 $|V(G)|\le d+1$. 由于 G 是简单的, 它一定是完全图, 但除了 $G\cong K_2$ 外是不可能的, 这是因为 K_n 有 $n-1$ 个相同的特征值 (参见 11.1) [参见文献同上].

18. 设 G_1,G_2 分别是由最大团和最大独立集导出的子图, 那么 A_{G_1},A_{G_2} 是 A_G 的对称子矩阵. 因为 G_1 的特征值为

$$\omega(G)-1,\underbrace{-1,\cdots,-1}_{\omega(G)-1},$$

所以由提示中提到的定理, 我们有

$$\lambda_{w(G)}\ge -1, \qquad \lambda_{n-w(G)+2}\le -1.$$

类似地, G_2 的特征值为 $0,\cdots,0$, 从而

$$\lambda_{\tau(G)+1}\le 0, \qquad \lambda_{\alpha(G)}\ge 0.$$

19. (a) 首先假设 $-\lambda_1$ 是特征值.

设 $\mathbf{w}=(w_1,\cdots,w_n)^T$ 是属于 $-\lambda_1$ 的特征向量且设 $\mathbf{w}'=(|w_1|,\cdots,|w_n|)^T$, $A_G=(a_{ij})$. 那么

$$|\mathbf{w}^TA_G\mathbf{w}|=|-\lambda_1\mathbf{w}^T\mathbf{w}|=\lambda_1\mathbf{w}^T\mathbf{w}; \tag{1}$$

*假设 $\varphi\in\Gamma$ 固定了点 x, 那么由 $\varphi(\alpha(x))=\alpha(\varphi(x))=\alpha(x)$, 可知它固定了每个点 $\alpha(x)$, $\alpha\in\Gamma$. 由于 Γ 是传递的, 故 $\varphi=1$.

另一方面,

$$|\mathbf{w}^T A_G \mathbf{w}| = |\sum_i \sum_j a_{ij} w_i w_j| \le \sum_i \sum_j a_{ij} |w_i||w_j|$$

$$= \mathbf{w}'^T A_G \mathbf{w}' \le \lambda_1 \mathbf{w}'^T \mathbf{w}' = \lambda_1 \mathbf{w}^T \mathbf{w} \tag{2}$$

(由于 λ_1 是 $\mathbf{u}^T A_G \mathbf{u}/\mathbf{u}^T \mathbf{u}$ 的最大值).

对比 (1) 与 (2), 我们发现 (2) 中的每个等号都要成立. 因此, $\mathbf{w}'$ 是属于 λ_1 的特征向量, 由于 G 是连通的, $\mathbf{w}'$ 中没有分量为 0. 更进一步,

$$\sum_i \sum_j a_{ij} w_i w_j = -\lambda_1 \mathbf{w}^T \mathbf{w}$$

中的所有非零项都必须有相同的符号, 由于和是负的, 所有的被加数都是负数. 因此, 如果 $a_{ij} \ne 0$, 那么 w_i 和 w_j 有不同的符号. 所以, 如果

$$S_1 = \{i : w_i > 0\}, \quad S_2 = \{i : w_i < 0\},$$

那么 $\{S_1, S_2\}$ 是 G 的一个 2-染色.

相反地, 设 G 是二部的且 $\mathbf{w} = (w_1, \cdots, w_n)^T$ 是属于特征值 λ_1 的特征向量. 设 $\{S_1, S_2\}$ 是 G 的一个 2-染色, 令

$$w_i' = \begin{cases} w_i & \text{如果 } i \in S_1, \\ -w_i & \text{如果 } i \in S_2, \end{cases} \qquad \mathbf{w}' = (w_1', \cdots, w_n')^T.$$

那么, $A_G \mathbf{w}'$ 的第 i 个坐标是: 如果 $i \in S_1$ (此时所有满足 $a_{ij} \ne 0$ 的 j 都有 $j \in S_2$),

$$\sum_j a_{ij} w_j' = -\sum_i a_{ij} w_j = -\lambda_1 w_i = -\lambda_1 w_i',$$

类似地, 如果 $i \in S_2$, 那么

$$\sum_j a_{ij} w_j' = \sum_j a_{ij} w_j = \lambda_1 w_i = -\lambda_1 w_i'.$$

因此, $\mathbf{w}'$ 是特征向量, 且对应的特征值是 $-\lambda_1$. 同样的思想也可证明 (b) 中 "必要" 的部分.

(b) 假设谱是关于原点对称的. 如果 G 是连通的, 那么 (a) 就证明了定理. 接下来, 我们将对连通分支的数目进行归纳, 从而将一般情形归纳到连通情形.

注意到, G 的谱是它分支谱的并 (也就是说, 如果 λ 在各个连通分支的谱中的重数分别为 $m_1, \cdots, m_r$, 那么它在 G 的谱中的重数为 $m_1 + \cdots + m_r$). 设 λ_1 是最大特征值, G_1 是以 $-\lambda_1$ 为特征值的连通分支, 那么 G_1 的最大特征值至少是 $|-\lambda_1| = \lambda_1$, 又由于它不可能比这个大, 所以 G_1 的最大特征值就是 λ_1. 因此, 对 G_1 应用 (a), 我们得到 G_1 是二部的. 因此 G_1 的谱关于原点对称. 把 G_1 的谱从 G 的谱中删去就得到了 $G - G_1$ 的谱. 由于 G, G_1 的谱都关于原点对称, 所以 $G - G_1$ 的谱也关于原点对称. 由归纳可知, $G - G_1$ 是二部的. 由于 G_1 已证明是二部图, 所以 G 也是二部的.

20. 我们对点数进行归纳.

令 $k=\lfloor\lambda_1\rfloor+1$, 设 x 是度为最小度 d 的点. 由 11.14, $d\le\lambda_1$, 所以 $d\le k-1$. 设 λ_1' 是 $G-x$ 的最大特征值, 由 11.13, $\lambda_1'\le\lambda_1$, 所以由归纳假设

$$\chi(G-x)\le\lambda_1'+1\le\lambda_1+1,$$

所以 $\chi(G-x)\le k$. 我们对 $G-x$ 进行 k 染色. 由于 $d=k-1$, 这个染色可扩展到 x, 从而 $\chi(G)\le k\le\lambda_1+1$ [H. S. Wilf; 参见 Biggs].

21. (a) 由 $k=\chi(G)$ 可知, 合适地选择标号, A_G 可以写成以下形式

$$\begin{pmatrix} 0 & A_{12} & \cdots & A_{1k} \\ A_{21} & 0 & \cdots & A_{2k} \\ \vdots & \vdots & \ddots & \vdots \\ A_{k1} & A_{k2} & \cdots & 0 \end{pmatrix},$$

其中 A_{ij} 是 $m_i\times m_j$ 的矩阵, 当然 $A_{ji}=A_{ij}^T$, 其中 m_i 是色为 i 的点数.

设 $\mathbf{v}$ 是属于 λ_1 的特征向量. 我们将 $\mathbf{v}$ 分成长度分别为 $m_1,\cdots,m_k$ 的片段 $\mathbf{v}_1,\cdots,\mathbf{v}_k$. 令

$$\mathbf{w}_i=\left.\begin{pmatrix} |\mathbf{v}_i| \\ 0 \\ \vdots \\ 0 \end{pmatrix}\right\} m_i \text{ 个分量}, \qquad \mathbf{w}=\begin{pmatrix} \mathbf{w}_1 \\ \vdots \\ \mathbf{w}_k \end{pmatrix}.$$

设 B_i 是正交矩阵, 满足

$$\mathbf{w}_iB_i=\mathbf{v}_i \qquad (i=1,\cdots,k),$$

$$B=\begin{pmatrix} B_1 & & & \mathbf{0} \\ & B_2 & & \\ & & \ddots & \\ \mathbf{0} & & & B_k \end{pmatrix}.$$

那么, $B\mathbf{w}=\mathbf{v}$ 且

$$B^{-1}AB\mathbf{w}=B^{-1}A\mathbf{v}=\lambda_1B^{-1}\mathbf{v}=\lambda_1\mathbf{w},$$

所以 $\mathbf{w}$ 是 $B^{-1}AB$ 的特征向量.

更进一步, $B^{-1}AB$ 具有形式

$$\begin{pmatrix} 0 & B_1^{-1}A_{12}B_2 & \cdots & B_1^{-1}A_{1k}B_k \\ B_2^{-1}A_{21}B_1 & 0 & \cdots & B_2^{-1}A_{2k}B_k \\ \vdots & \vdots & \ddots & \vdots \\ B_k^{-1}A_{k1}B_1 & B_k^{-1}A_{k2}B_2 & \cdots & 0 \end{pmatrix}.$$

从 k^2 个子矩阵 $B_i^{-1}A_{ij}B_j$ $(A_{ii}=0)$ 中的每个中挑出左上角的元素, 这些元素构成了一个 $k\times k$ 的子矩阵 D. 现在观察到

$$\mathbf{u}=\begin{pmatrix}|\mathbf{v}_1|\\ \vdots\\ |\mathbf{v}_k|\end{pmatrix}$$

是 D 的一个特征向量; 这是因为 $\mathbf{w}$ 是 $B^{-1}AB$ 的特征向量, 且在与 $B^{-1}AB$ 中那些删掉之后得到 D 的行和列相对应的位置上都是 0. 此外, 与 $\mathbf{u}$ 对应的特征值是 λ_1.

现在假设 $\mu_1\geq\cdots\geq\mu_k$ 是 D 的特征值, 由于 D 在主对角线上都是 0, 所以

$$\mu_1+\cdots+\mu_k=0.$$

另一方面, λ_1 是 D 的特征值, 从而

$$\lambda_1\leq\mu_1,$$

由特征值的交错定理 (在 11.18 的证明中引用过) 有

$$\lambda_n\leq\mu_k,\cdots,\lambda_{n-k+2}\leq\mu_2.$$

因此,

$$\lambda_n+\cdots+\lambda_{n-k+2}\leq\mu_k+\cdots+\mu_2=-\mu_1\leq-\lambda_1.$$

[A. J. Hoffman, in: *Graph Th. Appl.* Academic Press (1970) 79–91.]

(b) 设 G 的 k-染色中, 有 a_i 个点染第 i 色 $(i=1,\cdots,k)$, 那么矩阵 A_G 中对应于第 i 种颜色的 a_i 行是相等的, 因此 A_G 的秩至多是 k 且有 $n-k$ 个特征值为 0; 更进一步地, 如果我们用 $\mathbf{w}_i$ 表示以下向量:

$$\mathbf{w}_i=(w_{ij})$$

$$w_{ij}=\begin{cases}1 & \text{如果第 } j \text{ 个点着 } i \text{ 色},\\ 0 & \text{其他},\end{cases}$$

那么属于 $n-k$ 个 0 的特征向量与每个 $\mathbf{w}_i$ 正交. 我们现在寻找形如

$$\mathbf{w}=\sum_{i=1}^{k}x_i\mathbf{w}_i \tag{1}$$

的特征向量; 这些特征向量与上面提到的那些是不同的, 并且如果找到 k 个这种形式的特征向量 (即 k 个属于它们的特征值), 那么我们就找到了所有的特征值. (1) 是属于特征值 λ 的特征向量当且仅当

$$\sum_{\nu\neq i}a_\nu x_\nu=\lambda x_i, \tag{2}$$

即如果 λ 是特征值且 $\begin{pmatrix} x_1 \\ \vdots \\ x_k \end{pmatrix}$ 是

$$A' = \begin{pmatrix} 0 & a_2 & a_3 & \cdots & a_k \\ a_1 & 0 & a_3 & \cdots & a_k \\ \vdots & & & & \\ a_1 & a_2 & a_3 & \cdots & 0 \end{pmatrix}$$

的一个对应于 λ 的特征向量. 我们断言 A' 的每个特征值除最大的那个外, 其他的都是非正的. 为了证明这个断言, 将 (2) 写成

$$\sum_{\nu=1}^{k} a_\nu x_\nu = (\lambda + a_i) x_i. \tag{3}$$

如果对某个 i, 有 $\lambda = -a_i$, 那么我们就无须证明了. 否则,

$$\sum_{\nu=1}^{k} a_\nu x_\nu \neq 0,$$

从而我们可以假设

$$\sum_{\nu=1}^{k} a_\nu x_\nu = 1. \tag{4}$$

那么 (3) 给出

$$x_i = \frac{1}{\lambda + a_i} \qquad (i = 1, \cdots, k),$$

再由 (4) 知

$$\sum_{\nu=1}^{k} \frac{a_\nu}{\lambda + a_\nu} = 1. \tag{5}$$

现在容易看出 (5) 恰有一个正根. 所以, A' 的所有特征值中除一个外全是非正的.

因此, 如果 $\lambda_1, \cdots, \lambda_{k-1}$ 是 A_G 的 $k-1$ 个最小的特征值, Λ 是最大的, 那么 $\lambda_1, \cdots, \lambda_{k-1}, \Lambda$ 恰好是 A' 的特征值. 由于 A' 的对角线上都是 0, 所以

$$\lambda_1 + \cdots + \lambda_{k-1} + \Lambda = 0,$$

这就证明了结论.

22. 提示中的恒等式通过比较两边的系数是容易验证的. 现在不等式由如下观察得到: $\sum_i x_i = 0$ 定义了与 A_G 的特征向量 $\mathbf{1}$ 正交的子空间 H, 从而在 A_G 下是不变的. 所以二次型 $\mathbf{x}^T(dI - A_G)\mathbf{x}$ 限制到这个子空间上的特征值是 $d - \lambda_n \geq \cdots \geq d - \lambda_2$.

23. 设 A 是向量的最大独立集, 定义向量 $\mathbf{y}$ 为

$$y_i = \begin{cases} n-\alpha & \text{如果 } i \in A, \\ -\alpha & \text{如果 } i \in V(G) \setminus A. \end{cases}$$

那么 $\sum_i y_i = 0$, $\sum_i y_i^2 = \alpha(n-\alpha)n$, 且

$$\sum_{(i,j)\in E} (y_i - y_j)^2 = \alpha d n^2,$$

这是因为 A 与 $V(G) \setminus A$ 之间的每条边都对和式贡献了 n^2, 而其他边贡献了 0. 因此由 11.22 得

$$\alpha(n-\alpha)n(d-\lambda_n) \geq \alpha d n^2,$$

从而证得结论. [参见 L. Lovász, *IEEE Trans. Inf. Theory* **25** (1979), 1–8.]

24. 设 $G = G_1 \cup \cdots \cup G_m$, 其中 G_i 是完全二部图. 我们将 $V(G) - V(G_i)$ 中的所有点作为孤立点加入 G_i, 那么

$$A_G = A_{G_1} + \cdots + A_{G_m}, \quad \mathbf{x}^T A_G \mathbf{x} = \sum_{i=1}^{m} \mathbf{x}^T A_{G_i} \mathbf{x}.$$

用 $\{A_i, B_i\}$ 表示 G_i 的一个 2-染色, 那么

$$\mathbf{x}^T A_{G_i} \mathbf{x} = \sum_{\nu\in A_i} \sum_{\mu\in B_i} x_\nu x_\mu = \frac{1}{4}\left[\left(\sum_{\nu\in A_i} x_\nu + \sum_{\mu\in B_i} x_\mu\right)^2 - \left(\sum_{\nu\in A_i} x_\nu - \sum_{\mu\in B_i} x_\mu\right)^2\right],$$

从而

$$\mathbf{x}^T A_G \mathbf{x} = \sum_{i=1}^{m} \frac{1}{4}\left(\sum_{\nu\in A_i} x_\nu + \sum_{\mu\in B_i} x_\mu\right)^2 - \sum_{i=1}^{m} \frac{1}{4}\left(\sum_{\nu\in A_i} x_\nu - \sum_{\mu\in B_i} x_\mu\right)^2.$$

因此, $\mathbf{x}^T A_G \mathbf{x}$ 是 m 个正的和 m 个负的平方数之和. 由此可以得到 $m \geq k$, $m \geq l$. 下面给出证明, 设 U 表示满足如下条件的向量 $\mathbf{x}$ 所构成的子空间:

$$\sum_{\nu\in A_i} x_\nu = \sum_{\mu\in B_i} x_\mu \qquad (i = 1, \cdots, m),$$

设 V 表示由负特征值对应的特征向量所张成的子空间, 那么显然有 $U \cap V = 0$, 从而

$$l = \dim V \leq n - \dim U \leq n - (n-m) = m.$$

[R. L. Graham—H. O. Pollak, in: *Graph Th. Appl.* (Lecture Notes in Math. 303, Springer 1972) 99–110.]

25. 令 k 是 G 的不同特征值的数目, 间接地假设 G 的直径至少是 k. 设 $f(x) = (x-\lambda_1)\cdots(x-\lambda_k) = x^n + a_{n-1}x^{n-1} + \cdots + a_0$, 其中 $\lambda_1, \cdots, \lambda_k$ 是 G 的所有不同特征值. 众所周知,

$$f(A_G) = A_G^k + a_{n-1}A_G^{k-1} + \cdots + a_0 I = 0. \tag{1}$$

现在设 i 和 j 是距离为 k 的两个点 (这是存在的, 因为 G 的直径至少是 k), 观察到 A_G^m 的第 (i,j) 个元素是长为 m 的 (i,j)-途径的数目; 因为它是

$$\sum_{i_1=1}^{n}\sum_{i_2=1}^{n}\cdots\sum_{i_{m-1}=1}^{n} a_{ii_1}a_{i_1i_2}\cdots a_{i_{m-1}j}$$

并且当 $(i, i_1, \cdots, i_{n-1}, j)$ 是途径时, 这个项为 1, 其他情形时为 0.

因此, A_G^k 的第 (i,j) 个元素是正的, 但 (1) 式中所有其他项都是 0, 矛盾 [参见 Biggs].

26. 我们考虑以下三个论述:

(i) G 是连通 d-正则图,

(ii) 存在一个多项式 f 使得 $f(A_G) = J$,

(iii) A_G 的每个特征向量都是 J 的特征向量, 即与 $\mathbf{j}$ 平行或正交.

(ii) $\Leftrightarrow$(iii). 设 $\mathbf{u}$ 是 A_G 的任意特征向量; 它是 A_G 的任何多项式的特征向量, 特别地, 它也是 J 的特征向量.

(iii) $\Leftrightarrow$(i). 因为 A_G 的特征向量张成了整个空间, 它们中的某个必为 $\mathbf{j}$. 设 d 表示属于 $\mathbf{j}$ 的特征值, 那么

$$A_G\mathbf{j} = d\mathbf{j}$$

恰好表明 G 是 d-正则的.

假设 G 不是连通的, 不妨设 $G = G_1 \cup G_2$, $G_1 \cap G_2 = \emptyset$. 由

$$u_i = \begin{cases} 1 & \text{如果 } i \in V(G_1), \\ 0 & \text{其他} \end{cases}$$

定义 $\mathbf{u} = (u_i)$, 那么 $\mathbf{u}$ 是 A_G 的一个特征向量, 但不是 J 的, 矛盾.

(i)$\Leftrightarrow$(ii). 因为 G 是 d-正则的, $\mathbf{j}$ 是特征值 d 对应的特征向量. 设 $\mathbf{u}_1 = \mathbf{j}, \mathbf{u}_2, \cdots, \mathbf{u}_n$ 是 A_G 的特征向量的一组基, 它们所对应的特征值是 $d = \lambda_1, \cdots, \lambda_n$. 众所周知, $\mathbf{j}^T\mathbf{u}_i = 0$ $(2 \le i \le n)$.

考虑满足

$$f(d) = n, f(\lambda_i) = 0 \quad (2 \le i \le n)$$

的多项式 $f(x)$. 由于 G 是连通的, 所以 d 是单特征值, 因此这个定义是有意义的, 那么

$$f(A_G)\mathbf{j} = n\mathbf{j}, f(A_G)\mathbf{u}_i = 0 \quad (2 \le i \le n).$$

因此, 在这组基上, $f(A_G)$ 的作用与 J 的作用相同, 所以, $f(A_G)=J$. [A. J. Hoffman, *Amer. Math. Monthly* **70** (1963) 30–36.]

27. 由射影平面的基本性质可知,

$$A_L^2=\begin{pmatrix} J+qI & 0 \\ 0 & J+qI \end{pmatrix},$$

其中 q 是平面的阶. 因此, A_L^2 的特征值是: $(q+1)^2$ (2 重) 和 q ($2(q^2+q)$ 重). 现在 L 的谱关于原点对称 (参见 11.19), 因此 L 的特征值为:

$$\begin{array}{ccc} q+1 & \text{重数为} & 1, \\ \sqrt{q} & \text{重数为} & q^2+q, \\ -\sqrt{q} & \text{重数为} & q^2+q, \\ -q-1 & \text{重数为} & 1. \end{array}$$

[A. J. Hoffman, *Proc. Amer. Math. Soc.* **16** (1965) 297–302.]

28. (a) (i) 表明 A_G^2 的每个对角元都是 d; (ii) 表明非对角线元素都是 b. 因此

$$A_G^2=bJ+(d-b)I.$$

因此 A_G^2 的特征值是 $nb+d-b,d-b,\cdots,d-b$. 注意到由 (ii) 知 G 是连通的但不是二部的, 这是因为再由 (ii) 它包含三角形. 因此 11.19 意味着 $-\sqrt{nb+d-b}$ 不是 G 的特征值, 所以 $\sqrt{nb+d-b},\pm\sqrt{d-b}$ 是 G 的不同特征值. 由 (i) 知, d 是 G 的最大特征值, 我们一定有

$$\sqrt{nb+d-b}=d, \quad n=\frac{d^2-d}{b}+1. \tag{1}$$

假设 G 有 k 个特征值等于 $\sqrt{d-b}$, 有 $n-1-k$ 个特征值等于 $-\sqrt{d-b}$. 由于 G 的特征值之和为 0, 我们有

$$-(n-1-2k)\sqrt{d-b}+d=0.$$

因此 $\sqrt{d-b}$ 是有理数, 进而为整数, 不妨设 $\sqrt{d-b}=r$. 那么

$$d=r^2+b \tag{2}$$

且

$$r(n-1-2k)=r^2+b.$$

故

$$r|b. \tag{3}$$

由 (1) 知:

$$b|d^2-d=r^4+2r^2b+b^2-r^2-b,$$

因此

$$b|r^2(r^2-1). \tag{4}$$

(b) 如果 $b=1$, (3) 暗示着 $r=1$, 因此由 (2) 知 $d=2$. 再由 (1) 得到 $n=3$, 即 $G=K_3$.

注意到 (3)、(2) 和 (1) 意味着 $n\le b^2(b+2)$, 从而对固定的 b, 存在有限个这样的图; (4) 表明在 (3) 中甚至无须考虑 b 的所有因子 [S. S. Shrikhande, 参见 Biggs].

(c) 设 G 中的点是 $GF(2^k)$ 上仿射平面中的非铅垂线, 我们连接两个点如果它们相交且交点在 2^{k-1} 条给定的铅垂线 $L_1,\cdots,L_{2^{k-1}}$ 之一上. 令 $L=L_1\cup\cdots\cup L_{2^{k-1}}$, 如果两条非铅垂线 E,F 在 L 中不交, 那么存在 $2^{k-1}(2^{k-1}-1)$ 条其他的非铅垂线与 E,F 都在 L 中相交. 如果 E,F 相交在点 $p\in L$ 处, 那么存在 2^k-2 条经过 p 点的其他非铅垂线和 $(2^{k-1}-1)(2^{k-1}-2)$ 条不经过 p 点的非铅垂线, 与 E,F 都在 L 中相交. 这给出

$$2^k-2+(2^{k-1}-1)(2^{k-1}-2)=2^{k-1}(2^{k-1}-1)$$

个 E,F 的公共邻点. 因此 G 具有满足要求的性质.

29. (a) 设 $\mathbf{x}$ 是 A 的属于特征值 λ_2 的特征向量, 且满足 $\sum_i x_i^2=1$. 因为 $\mathbf{1}$ 是属于 $\lambda_1\ne\lambda_2$ 的特征向量, 所以它与 $\mathbf{x}$ 正交, 即我们有 $\sum_i x_i=0$. 我们不妨假设 x_1 是 $\mathbf{x}$ 中最小的分量, x_k 是 $\mathbf{x}$ 中最大的分量, 且 $x_2,\cdots,x_{k-1}$ 对应于从 1 到 k $(k\le D+1)$ 的最短路上的点. 由 $\sum_i x_i=0$ 可知, $x_1<0$ 且 $x_k>0$. 由 $\sum_i x_i^2=1$ 可知, $\max\{|x_1|,|x_k|\}\ge 1/\sqrt{n}$. 我们可以选取 $\mathbf{x}$ 的符号使得 $x_k\ge 1/\sqrt{n}$, 那么 (利用 11.22 的结果)

$$\begin{aligned}d-\lambda_2&=\sum_{(i,j)\in E}(x_i-x_j)^2\ge\sum_{i=1}^{k-1}(x_{i+1}-x_i)^2\\&\ge\frac{1}{k-1}\left(\sum_{i=1}^{k-1}(x_{i+1}-x_i)\right)^2=\frac{1}{k-1}(x_k-x_1)^2>\frac{1}{Dn}.\end{aligned}$$

(b) 矩阵 A_G^2-dI 可以看作是一个 (d^2-d)-正则图 H 的邻接矩阵, 我们将证明 H 是连通的且直径至多是 D. 考虑两个点 x 和 y, 显然在 G 中存在一条连接它们的偶长的途径 $W=(x_0=x,x_1,\cdots,x_{2m}=y)$ (由于 G 是非二部的). 考虑这些途径中最短的那条, 只需证明 $m\le D$, 这是因为 $(x_0,x_2,\cdots,x_{2m})$ 是 H 中连接 x 和 y 的长至多为 D 的途径. 假设 (反证法) $m>D$. 设 P 是 G 中一条最短 (x,x_m)-路, Q 是 G 中一条最短 (x_m,y)-路, 且 p,q 分别是 P,Q 的长度. 如果 $p\equiv m \pmod q$, 那么将 W 的前半段替换成 P, 我们得到一条从 x 到 y 的更短的偶长途径, 所以必须有 $p\equiv m-1 \pmod 2$. 类似地, $q\equiv m-1 \pmod 2$. 但 $P\cup Q$ 是一条比 W 短的从 x 到 y 的偶长途径, 矛盾.

H 的最大特征值是 d^2-d, 且重数是 1, 这是因为 H 是连通的 (这也可由 11.19(a) 得到). H 的其他特征值是 λ_i^2-d $(i=1,\cdots,n)$, 从而第二大特征值是 λ_2^2-d 或 λ_n^2-d.

不论是哪种情形, (a) 都意味着

$$d^2 - \lambda_n^2 \geq \frac{1}{Dn},$$

这就蕴含着结果, 因为 $0 < d - \lambda_n \leq 2d$.

30. 我们不妨假设 $\overline{y} = 0$. 由提示, 我们有

$$\sum_{(i,j)\in E} |y_i - y_j| = \sum_{i=1}^{n-1} \delta_G(S_i)(y_{i+1} - y_i),$$

其中 $S_i = \{1, \cdots, i\}$. 根据 Φ 的定义, 这意味着

$$\sum_{(i,j)\in E} |y_i - y_j| \geq \Phi \sum_{i=1}^{n-1} \min\{i, n-i\}(y_{i+1} - y_i) = \Phi \left(\sum_{i>n/2} y_i - \sum_{i\leq n/2} y_i \right)$$
$$= \Phi \sum_i |y_i|.$$

31. (a) 设 $n = |V|$, $S \subseteq V$ 且 $0 < p = |S| \leq n/2$, $\Phi = \delta_G(S)/p$. 设 $\mathbf{x}$ 表示在 S 上为 $n - p$, 在 $V \setminus S$ 上为 $-p$ 的向量, 那么

$$\sum_i x_i = 0, \quad \sum_i x_i^2 = p(n-p)n,$$

从而由 11.22 知

$$d - \lambda_2 \leq \sum_{(i,j)\in E} (x_i - x_j)^2 \Big/ \sum_i x_i^2 = \delta_G(S) \frac{n}{p(n-p)} \leq \frac{2}{p} \delta_G(S) = 2\Phi.$$

(b) 设 $\mathbf{x}$ 是一个属于 λ_2 的单位特征向量, 满足 $x_1 \geq x_2 \geq \cdots \geq x_n$. 设 $\overline{x}$ 是 $\mathbf{x}$ 的中值, 令 $z_i = \max\{0, x_i - \overline{x}\}$, 合适地选取 $\mathbf{x}$ 的符号, 我们不妨假设

$$\sum_i z_i^2 \geq \frac{1}{2} \sum_i (x_i - \overline{x})^2 = \frac{1}{2} \sum_i x_i^2 - \overline{x} \sum_i x_i + \frac{n}{2} \overline{x}^2 = \frac{1}{2} + \frac{n}{2} \overline{x}^2 \geq \frac{1}{2}.$$

由 11.30 知,

$$\sum_{(i,j)\in E} |z_i^2 - z_j^2| \geq \Phi \sum_i z_i^2.$$

另一方面, 利用 Cauchy-Schwartz 不等式, 得:

$$\sum_{(i,j)\in E} |z_i^2 - z_j^2| \leq \left(\sum_{(i,j)\in E} (z_i - z_j)^2 \right)^{1/2} \left(\sum_{(i,j)\in E} (z_i + z_j)^2 \right)^{1/2}.$$

其中第二个因式可估计如下:

$$\sum_{(i,j)\in E} (z_i + z_j)^2 \leq 2 \sum_{(i,j)\in E} (z_i^2 + z_j^2) = 2d \sum_i z_i^2.$$

结合这些不等式, 我们得到

$$\sum_{(i,j)\in E}(z_i-z_j)^2 \ge \left(\sum_{(i,j)\in E}|z_i^2-z_j^2|\right)^2 \Big/ \sum_{(i,j)\in E}(z_i+z_j)^2$$
$$\ge \Phi^2\left(\sum_i z_i^2\right)^2 \Big/ 2d\sum_i z_i^2 = \frac{\Phi^2}{2d}\sum_i z_i^2 \ge \frac{\Phi^2}{4d}.$$

因为

$$\sum_{(i,j)\in E}(x_i-x_j)^2 \ge \sum_{(i,j)\in E}(z_i-z_j)^2,$$

再由等式 $d-\lambda_2=\sum\limits_{(i,j)\in E}(x_i-x_j)^2$, 便可证得. [A. Sinclair—M. Jerrum, *Proc. 20th ACM STOC* (1988), 235—244; 也可参见 N. Alon, *Combinatorica* **6** (1986) 83–96.]

32. (a) 由 11.8 知, G 的特征值是

$$\lambda_k=\sum_{j=1}^{d}\varepsilon^{a_jk},$$

其中 $\varepsilon=\exp(2\pi i/n)$, $a_1,\cdots,a_d$ 是顶点 0 的邻点, 且 $0\le k\le n-1$. 最大特征值是 $\lambda_0=d$, 我们将证明存在另一个与之接近的不同特征值. 由关于联立 Diophantus 逼近的 Dirichlet 定理可知, 存在整数 $1\le q<n$ 和整数 $p_1,\cdots,p_d$ 使得

$$|q\frac{a_i}{n}-p_i|\le n^{-1/d} \qquad (i=1,\cdots,d).$$

这意味着 ε^{a_iq} 的辐角介于 $-2\pi n^{1/d}$ 与 $2\pi n^{-1/d}$ 之间, 从而它的实部至少为 $\cos(2\pi n^{-1/d})$. 因此

$$\lambda_q>d\cos(2\pi n^{-1/d})>d(1-2\pi^2n^{-2/d}),$$

从而

$$d-\lambda_q\le 2\pi^2dn^{-2/d}.$$

再由 11.31(b), 这意味着 $\Phi(G)\le 2\sqrt{2}\pi dn^{-1/d}<10dn^{-1/d}$.

(b) 对每对点 i,j, 选取连接它们的最短路 P_{ij}. 设 $\mathcal{P}$ 表示这些路以及它们在 G 的自同构下的所有像所构成的族. $\mathcal{P}$ 中路的总数为 $\binom{n}{2}g$, 其中 g 是 G 的自同构的数目. 更进一步, $\mathcal{P}$ 恰好含有 g 条连接任一对给定顶点的路.

我们断言每条边至多出现在 $\mathcal{P}$ 中的 $Dg(n-1)$ 条路上. 实际上, 如果一条边 e 在 p 条路上出现, 那么 e 在自同构下的每个像也是如此, 且由点传递可知至少存在 $n/2$ 个不同的像. 这就给出了 $pn/2$ 条边, 但 $\mathcal{P}$ 中路的总边数至多为 $\binom{n}{2}Dg$, 这就证明了断言.

现在设 $S\subseteq V(G)$, $|S|=s\le|V(G)|/2$. $\mathcal{P}$ 中连接 S 到 $V(G)\setminus S$ 的路的数目恰为 $gs(n-s)$. 另一方面, 这个数字至多为 $\delta_G(S)\cdot Dg(n-1)$, 从而

$$\delta_G(S)\ge\frac{gs(n-s)}{Dg(n-1)}=\frac{s}{D}\cdot\frac{n-s}{n-1}\ge\frac{s}{2D}.$$

[参见 L. Babai, in: *Proc. 23. Ann. ACM Symp. on Theory of Computing*, 164–174.]

33. (a) 设 $E(G)=M_1\cup M_2\cup M_3$, 其中 M_1, M_2, M_3 是 $\{1,\cdots,2n\}$ 上的三个随机 1-因子. 设 $p(n)$ 是 G 为简单 3-正则图的概率, 即这些 1-因子是相互不交的概率. 我们利用筛法公式 (2.2(a)) 来表示 $p(n)$. 对每条边 e, 我们考虑 M_1, M_2, M_3 的三种坏选择: $e\in M_1\cap M_2$, $e\in M_2\cap M_3$ 和 $e\in M_1\cap M_3$. 对于 $X_1,X_2,X_3\subseteq E(K_{2n})$, 设 $p(X_1,X_2,X_3)$ 表示 $X_1\subseteq M_2\cap M_3$, $X_2\subseteq M_1\cap M_3$ 和 $X_3\subseteq M_1\cap M_2$ 的概率, 那么由筛法公式知:

$$p(n)=\sum_{X_1,X_2,X_3}(-1)^{|X_1|+|X_2|+|X_3|}p(X_1,X_2,X_3).$$

现在 $p(X_1,X_2,X_3)=0$ 除非 $X_1\cup X_2\cup X_3$ 是一个匹配, 在那种情况下

$$p(X_1,X_2,X_3)$$

$$=\frac{(2n-2|X_1\cup X_2|-1)!!(2n-2|X_2\cup X_3|-1)!!(2n-2|X_1\cup X_3|-1)!!}{(2n-1)!!^3}.$$

(我们用到了一个简单的事实: $2n$ 个点上 1-因子的数目是 $(2n-1)!!=(2n)!/2^n n!$.) 如果我们固定基数 $t_1=|X_1\setminus X_2\setminus X_3|$, $t_{12}=|(X_1\cap X_2)\setminus X_3|$, $t_{123}=|X_1\cap X_2\cap X_3|$, 类似可定义 t_2,t_3,t_{13} 和 t_{23}, 令 $t=t_1+\cdots+t_{123}=|X_1\cup X_2\cup X_3|$, 那么 X_1,X_2,X_3 的选取的数目是

$$\frac{\binom{2n}{2}\binom{2n-2}{2}\cdots\binom{2n-2t+2}{2}}{t_1!t_2!t_3!t_{12}!t_{13}!t_{23}!t_{123}!}=\frac{(2n)(2n-1)\cdots(2n-2t+1)}{2^t t_1!t_2!t_3!t_{12}!t_{13}!t_{23}!t_{123}!},$$

从而

$$p(n)=\sum_{t_1,\cdots,t_{123}\geq 0}(-1)^{t_1+t_2+t_3+t_{123}}\frac{(2n)(2n-1)\cdots(2n-2t+1)}{2^t t_1!t_2!t_3!t_{12}!t_{13}!t_{23}!t_{123}!}$$
$$\times\frac{(2n-2t+2t_1-1)!!(2n-2t+2t_2-1)!!(2n-2t+2t_3-1)!!}{(2n-1)!!^3}.$$

这个求和式关于 n 一致地被收敛级数

$$\sum_{t_1,\cdots,t_{123}\geq 0}\frac{1}{t_1!t_2!t_3!t_{12}!t_{13}!t_{23}!t_{123}!}=e^7$$

优化, 从而我们逐项地令 $n\to\infty$. 但

$$\lim_{n\to\infty}(2n)(2n-1)\cdots(2n-2t+1)$$
$$\cdot\frac{(2n-2t-2t_1-1)!!(2n-2t+2t_2-1)!!(2n-2t+2t_3-1)!!}{(2n-1)!!^3}$$

$$=\begin{cases}1 & \text{如果 } t_{12}=t_{23}=t_{13}=t_{123}=0,\\ 0 & \text{其他}.\end{cases}$$

因此

$$\lim_{n\to\infty} p(n) = \sum_{t_1,t_2,t_3\geq 0} (-1)^{t_1+t_2+t_3} \frac{1}{2^t t_1! t_2! t_3!} = e^{-3/2}.$$

这意味着, 当 n 充分大有 $0.1 < p(n) < 0.9$.

(b) 设 $(S, \overline{S})$ 是 $V(G)$ 的一个划分; 令 $k = |S|$, 假设 $k \leq n$. 为方便起见, 假设 k 是偶数. 设 $p < k/1000$, $p \equiv k \pmod 2$, M_1 含有 p 条连接 S 与 $\overline{S}$ 之间边的概率是

$$\binom{k}{p}\binom{2n-k}{p}\frac{p!(k-p-1)!!(2n-k-p-1)!!}{(2n-1)!!} = 2^p\binom{n}{p}\binom{n-p}{(k-p)/2}\bigg/\binom{2n}{k}.$$

利用 $\binom{n}{k/2} > \binom{n-p}{(k-p)/2}\binom{p}{p/2}$ (参见 1.42(c)), 这以

$$\frac{2^p\binom{n}{p}\binom{n}{k/2}}{\binom{2n}{k}\binom{p}{p/2}} < \frac{p\binom{n}{p}\binom{n}{k/2}}{\binom{2n}{k}}$$

为界. 因为右端在 $p < n/2$ 时关于 p 单调递增, M_1 至多含有 $q = k/1000$ 条这样的边的概率至多为

$$q^2\binom{n}{q}\binom{n}{k/2}\bigg/\binom{2n}{k}.$$

M_1, M_2, M_3 都不包含超过 q 条这样的边的概率是它的三次方, 所以, 存在一个划分 $(S, \overline{S})$, $|S| = k$ 且满足概率至多是

$$\alpha = \binom{2n}{k}\left[q^2\binom{n}{q}\binom{n}{k/2}\bigg/\binom{2n}{k}\right]^3.$$

利用 $\binom{2n}{k} \geq \binom{n}{k/2}^2$(参见 1.42(c)), 我们得到

$$\alpha \leq q^6\binom{n}{q}^3\bigg/\binom{n}{k/2} = q^2\binom{n}{q}^3\bigg/\binom{n}{500q}.$$

因此, 电导小于 1/1000 的概率的阶至多为

$$\gamma(n) = \sum_{k\leq n} k^6\binom{n}{\lfloor k/1000\rfloor}^3\bigg/\binom{n}{\lfloor k/2\rfloor}.$$

利用 Stirling 公式可以证明当 $n\to\infty$ 时, 它趋向 0. 一个计算量少些的论证如下: 每一项都是关于 n 单调递减的且当 $n\to\infty$ 时趋向 0. 因此, 和式被

$$\sum_{k\leq n} k^2\frac{\binom{k}{\lfloor k/1000\rfloor}^3}{\binom{k}{\lfloor k/2\rfloor}} < \sum_{k=1}^{\infty} k^2\frac{\binom{k}{\lfloor k/1000\rfloor}^3}{\binom{k}{\lfloor k/2\rfloor}},$$

所优化, 且右端是一个收敛级数. 因此, 我们可以逐项地取极限, 从而看出当 $n \to \infty$ 时, $\gamma(n) \to 0$.

所以, 如果 n 充分大, 那么 G 是 3-正则的且电导至少是 1/1000 的概率至少为 0.1. [M. Pinsker; 一个明确的构造由 G. A. Margulis 给出; 一个强大的构造参见 A. Lubotzky—R. Phillips—P. Sarnak, *Combinatorica* **8** (1988), 261—277.]

34. 提示中的等式是平凡的, 我们用 $\mathbf{p}^{(k)}$ 表示向量 $(p_i^{(k)})_{i=1}^n$, 用 M 来表示矩阵

$$(M)_{ij} = \begin{cases} 1/d(i) & \text{如果 } (i,j) \in E(G), \\ 0 & \text{其他}. \end{cases}$$

那么提示中的等式可以被写成 $\mathbf{p}^{(k+1)} = M^T\mathbf{p}^{(k)}$, 从而

$$\mathbf{p}^{(k)} = (M^T)^k\mathbf{p}^{(0)}.$$

用 D 表示 $(D)_{ii} = 1/d(i)$ 的对角矩阵, 那么 $M = DA_G$. 如果 G 是 d-正则的, 那么 $M = (1/d)A_G$.

35. (a) 因为

$$\sum_{i\in\Gamma(j)} \frac{1}{d(i)} \cdot \frac{d(i)}{2m} = \frac{d(j)}{2m},$$

我们看到分布 $p_i^{(0)} = d(i)/(2m)$ 是平稳的.

(b) 由 11.34 知, $V(G)$ 上的一个分布是平稳的当且仅当它是 M 的对应于特征值 1 的左特征向量. 由于 $(d(i)/(2m))$ 定义了 M 的一个正特征向量, 由 Frobenius-Perron 理论知 1 是 M 的最大特征值. 因为 M 是一个不可约矩阵, Frobenius-Perron 理论意味着属于最大特征值的特征向量在相差一个放缩比例的意义下是唯一的; 但由于我们考虑的是概率分布, 这个放缩比例也是唯一确定的.

(c) 由 Frobenius-Perron 理论, M 的每个特征值都在区间 $[-1,1]$ 中; 如果 G 是非二部的, 那么类似于 11.19 解答中的讨论可知, -1 不是特征值. 因此, (考虑, 例如 M 的 Jordan 标准型) 有 $(M^T)^k \to \mathbf{p}\mathbf{q}^T$ $(k \to \infty)$, 其中 $\mathbf{p}$ 和 $\mathbf{q}$ 分别是 M 的对应于特征值 1 的左和右特征向量, 正规化使得 $\mathbf{p}^T\mathbf{q} = 1$. 我们不妨假设 $\mathbf{q} = \mathbf{1}$, 那么 $\mathbf{p}$ 就是这个平稳分布. 因此对于任何起始分布 $\mathbf{p}^{(0)}$, 我们有

$$(M^T)^k\mathbf{p}^{(0)} \to \mathbf{p}\mathbf{1}^T\mathbf{p}^{(0)} = \mathbf{p}.$$

如果 G 是二部的, 且 v_0 是从某个颜色类中选取的, 那么当 k 是偶数时, v_k 总在这一颜色类中; 当 k 是奇数时, v_k 总在另一颜色类中. 所以 v_k 的分布不趋向于一个平稳分布.

36. 假设 $j > i$, 记

$$\mathsf{P}(v_i = x, v_j = y) = \mathsf{P}(v_i = x)\mathsf{P}(v_j = y | v_i = x).$$

随机游走在 v_i 之后的部分可以视作以 v_i 为起点的随机游走. 因此我们有

$$\mathsf{P}(v_j = y|v_i = x) = \mathsf{P}(v_{j-i} = y|v_0 = x) = p_{xy}^{(j-i)},$$

其中 $p_{xy}^{(j-i)}$ 是始于 x 的随机游走在 $j-i$ 步后到达点 y 的概率. 由 11.35(c) 知, $p_{xy}^{(t)} \to p_y$ $(t\to\infty)$, 其中 $\mathbf{p}$ 是平稳分布. 因此, 我们有一个 t_0 使得如果 $j-i>t_0$, 那么 $|p_{xy}^{(j-i)} - p_y| < \varepsilon/2$ (我们可以对所有的 x, y 选取有效的 t_0). 那么我们有, 对 $j \ge t_0$,

$$\begin{aligned}|\mathsf{P}(v_j = y) - p_y| &= |\sum_z [\mathsf{P}(v_j = y|v_0 = z) - p_y]\mathsf{P}(v_0 = z)| \\ &\le \sum_z |p_{zy}^j - p_y|\mathsf{P}(v_0 = z) \le \frac{\varepsilon}{2}\sum_z \mathsf{P}(v_0 = z) = \frac{\varepsilon}{2}.\end{aligned}$$

因此,

$$\begin{aligned}&|\mathsf{P}(v_i = x, v_j = y) - \mathsf{P}(v_i = x)\mathsf{P}(v_j = y)| \\ &= \mathsf{P}(v_i = x)|\mathsf{P}(v_j = y|v_i = x) - \mathsf{P}(v_j = y)| \\ &\le \mathsf{P}(v_i = x)\Big(|\mathsf{P}(v_j = y|v_i = x) - p_y| + |p_y - \mathsf{P}(v_j = y)|\Big) < \mathsf{P}(v_i = x)\varepsilon \le \varepsilon.\end{aligned}$$

37. (a) 为了证明提示中的等式, 设

$$\xi_i = \begin{cases} 1 & \text{如果 } v_i = x, \\ 0 & \text{其他}. \end{cases}$$

那么 $\nu_t(x) = \sum\limits_{i=0}^{t-1} \xi_i$, 所以

$$\mathsf{E}(\nu_t(x)) = \sum_{i=0}^{t-1} \mathsf{E}(\xi_i) = \sum_{i=0}^{t-1} \mathsf{P}\ (v_i = x).$$

因此, 由 11.35(c) 我们有

$$\mathsf{E}(\nu_t(x)/t) = \frac{1}{t}\sum_{i=0}^{t-1} \mathsf{P}(v_i = x) = \frac{1}{t}\sum_{i=0}^{t-1} p_x^i \to \frac{d(x)}{2m} \quad (t\to\infty).$$

(b) 提示中的等式可用类似于 (a) 中的方法来验证. 我们有

$$\begin{aligned}\mathsf{D}^2(\nu_t(x)) &= \sum_{i=0}^{t-1}\sum_{j=0}^{t-1} [\mathsf{P}(v_i = x, v_j = x) - \mathsf{P}(v_i = x)\mathsf{P}(v_j = x)] \\ &\le \sum_{i=0}^{t-1}\sum_{j=0}^{t-1} |\mathsf{P}(v_i = x, v_j = x) - \mathsf{P}(v_i = x)\mathsf{P}(v_j = x)| \\ &= \sum_{i,j:|i-j|<t_0} |\mathsf{P}(v_i = x, v_j = x) - \mathsf{P}(v_i = x)\mathsf{P}(v_j = x)| \\ &\quad + \sum_{i,j:|i-j|\ge t_0} |\mathsf{P}(v_i = x, v_j = x) - \mathsf{P}(v_i = x)\mathsf{P}(v_j = x)|.\end{aligned}$$

考虑任意 $\varepsilon > 0$, 如 11.36 中那样选取 t_0, 那么有

$$\mathsf{D}^2(\nu_t(x)) < 2t_0t + t^2\varepsilon,$$

从而, 只要 $t > 2t_0/\varepsilon$, 就有

$$\mathsf{D}^2(\nu_t(x)/t) \le \frac{2t_0}{t} + \varepsilon < 2\varepsilon.$$

38. (a) 设 f 表示返回 u 之前所走步数的期望值. 假设随机游走在 τ_k 步之后第 k 次返回 u, 那么, $\mathsf{E}(\tau_k - \tau_{k-1}) = f$, 从而 $\mathsf{E}(\tau_k) = kf$. 更进一步, 对任意整数 $t \ge 0$, $\tau_k \le t$ 当且仅当 $\nu_t = \nu_t(u) \ge k$, 于是对任何实数 $x > 0$,

$$\frac{\tau_k}{k} \le x \quad \text{当且仅当} \quad \nu_{\lfloor kx \rfloor}/kx \ge \frac{1}{x}.$$

由 11.37(a) 和 (b) 我们知道, 这个事件的概率趋向 0 如果 $x < 2m/d(u)$, 趋向 1 如果 $x > 2m/d(u)$(当 $k \to \infty$). 因此 $\mathsf{E}(\tau_k/k) \to 2m/d(u)$, 从而 $f = 2m/d(u)$.

(b) 一个 N 步的随机游走经过点 v 大约 $Nd(v)/(2m)$ 次, 并且每次它有 $1/d(v)$ 的机会移动到点 u, 所以它经过边 vu 的次数大约为 $N/(2m)$. 更确切地说, 设 ρ_t 表示随机游走在前 t 步通过边 vu 从 v 到 u 的次数, 设 $\nu_t = \nu_t(v)$ 且令 $d = d(v)$. 设

$$\xi_t = \begin{cases} 1 & \text{如果 } v_t = v, v_{t+1} = u, \\ 0 & \text{其他}, \end{cases}$$

且

$$\eta_t = \begin{cases} 1 & \text{如果 } v_t = v, \\ 0 & \text{其他}. \end{cases}$$

那么平凡地,

$$\mathsf{E}(\xi_t - \eta_t/d) = 0.$$

更进一步, 对任何游走 $u_0 = u, u_1, \cdots, u_t$, 我们有

$$\mathsf{E}(\xi_t - \eta_t/d | v_0 = u_0, \cdots, v_t = u_t) = 0$$

(也就是说, 序列 $\xi_t - \eta_t/d$ 是一个鞅). 因此,

$$\mathsf{E}(\rho_t) - \mathsf{E}(\nu_t/d) = \sum_{i=0}^{t-1} \mathsf{E}(\xi_i - \eta_i/d) = 0,$$

从而

$$\mathsf{E}(\rho_t/t) = \frac{1}{d}\mathsf{E}(\nu_t/t) \to \frac{1}{d}\frac{d}{2m} = \frac{1}{2m}.$$

更进一步, 我们有

$$(\rho_t - \mathsf{E}(\rho_t))^2 = ([\rho_t - \nu_t/d] + [\nu_t/d - \mathsf{E}(\nu_t/d)])^2 \le 2[\rho_t - \nu_t/d]^2 + 2[\nu_t/d - \mathsf{E}(\nu_t/d)]^2,$$

从而

$$\mathsf{D}^2(\rho_t) \le 2\mathsf{E}([\rho_t - \nu_t/d]^2) + 2\mathsf{E}([\nu_t/d - \mathsf{E}(\nu_t/d)]^2).$$

第二项恰好是 $\mathsf{D}^2(\nu_t/d)$, 由 11.37(b) 知, 当它被 t 整除时趋向于 0. 为了估计第一项, 记

$$\mathsf{E}([\rho_t - \nu_t/d]^2) = \mathsf{E}\left(\left[\sum_{i=0}^{t-1}(\xi_i - \eta_i/d)\right]^2\right)$$
$$= \sum_{i=1}^{t-1}\mathsf{E}((\xi_i - \eta_i/d)^2) + 2\sum_{0\le i<j\le t-1}\mathsf{E}((\xi_i - \eta_i/d)(\xi_j - \eta_j/d)).$$

根据鞅的性质知,

$$\mathsf{E}((\xi_i - \eta_i/d)(\xi_j - \eta_j/d)) = \sum_s \mathsf{E}((\xi_j - \eta_j/d)|\xi_i - \eta_i/d = s)\mathsf{P}(\xi_i - \eta_i/d = s) = 0,$$

从而,

$$\mathsf{E}([\rho_t - \nu_t/d]^2) = \sum_{i=1}^{t-1}\mathsf{E}((\xi_i - \eta_i/d)^2) = \mathsf{E}\left(\sum_{i=1}^{t-1}\xi_i^2 - \frac{2}{d}\sum_{i=1}^{t-1}\xi_i\eta_i + \frac{1}{d^2}\sum_{i=1}^{t-1}\eta_i^2\right).$$

由于 $\xi_i^2 = \xi_i\eta_i = \xi_i$ 且 $\eta_i^2 = \eta_i$, 这意味着

$$\mathsf{E}([\rho_t - \nu_t/d]^2) = \frac{d-2}{d}\mathsf{E}(\rho_t) - \frac{1}{d^2}\mathsf{E}(\nu_t) = \frac{d-1}{d^2}\mathsf{E}(\nu_t) \sim \frac{d-1}{d^2}\frac{dt}{2m} = \frac{(d-1)t}{2md}.$$

这意味着, 当 $t \to \infty$ 时, $\mathsf{D}^2(\rho_t/t) \to 0$. 从这里, 我们就可如 (a) 一样得出结论.

39. 设 a 表示在 K_n 中从点 1 到点 2 的平均访问时间. 从 1 出发, 以概率 $1/(n-1)$ 我们立即移动到 2; 以概率 $(n-2)/(n-1)$, 我们返回同样位置. 因此,

$$a = \frac{1}{n-1}\cdot 1 + \frac{n-2}{n-1}\cdot(1+a),$$

由此得到

$$a = n-1.$$

考虑路的情形, 观察到在一条 n 个点的路上从第 $n-1$ 个点移动到第 n 个点的平均访问时间比从最后一个点出发的随机游走的平均返回时间的期望值少 1. 由 11.37(a), 这个数字是 $2n-3$.

现在令 b_n 表示在一条 n 个点的路上从第 1 个点移动到最后一个点的平均访问时间. 如果我们从第一个点出发, 那么为了抵达第 n 个点, 我们必须抵达第 $n-1$ 个点; 平均而言这会花费 b_{n-1} 步. 从这里, 我们必须到达最后的点, 平均而言这会花费 $2n-3$ 步. 这就产生了递推关系式:

$$b_n = b_{n-1} + 2n - 3,$$

由此可知, $b_n = (n-1)^2$.

40. (a) 如果 u 是一条长为 2 的路的一个端点, 而 v 是这条路的中间点, 那么 $a(u,v)=1$ 而 $a(v,u)>1$, 这是因为以概率 1/2, 我们需要多走一步才能从 v 到 u.

考虑包含割点 u 的 d-正则图; 令 $G=G_1\cup G_2$, 其中 $V(G_1)\cap V(G_2)=\{u\}$, $|V(G_i)|>1$. 设 v 是 G_1 中不同于 u 的点, 那么从 v 到 u 的平均访问时间等于 G_1 中从 v 到 u 的平均访问时间, 且与 G_2 中的独立. 另一方面, 从 u 到 v, 我们可以以概率 $d_{G_2}(u)/d$ 移动到 G_2 中的一个点, 然后一直走直到返回 u; 由 11.34, 在此发生之前的时间的期望至少为 $2|E(G_2)|/d_{G_2}(u)$, 所以 $\alpha(u,v)>2|E(G_2)|/d$, 通过合适选择可以使它大于 $\alpha(v,u)$.

(b) 如果 $W=(v_0=u,v_1,\cdots,v_N=v)$ 是从 u 到 v 的游走, 那么 $W'=(v_N,\cdots,v_0)$ 是一条从 v 到 u 的游走. 更进一步, 从 u 出发的一条随机游走遍历 W 的概率是

$$\mathsf{P}(W)=\frac{1}{d(v_0)}\frac{1}{d(v_1)}\cdots\frac{1}{d(v_{N-1})},$$

这等于从 v 出发的随机游走经过 W' 的概率, 因为 $d(v_0)=d(v_N)$.

现在从 u 出发的随机游走没有返回 u 就到达 v 的概率是 $\sum_W \mathsf{P}(W)$, 这个求和遍历所有从 u 到 v 且没有经过 u 或 v 的游走. 由于 W 有这样的性质当且仅当 W' 有, 我们可证得题中结论.

同样的讨论表明: 一般情形下, 题中事件概率的比率是 $d(v)/d(u)$.

41. 设 τ 是一条从 u 出发的随机游走第一次返回 u 的时间; σ 是它在访问 v 之后第一次返回 u 的时间. 由 11.34, $\mathsf{E}(\tau)=2m/d(u)$; 由定义, $\mathsf{E}(\sigma)=\kappa(u,v)$. 显然, $\tau\le\sigma$, 且 $\tau=\sigma$ 的概率恰好是随机游走在返回 u 之前到达 v 的概率 q. 更进一步, 如果 $\tau<\sigma$, 那么在前 τ 步之后, 我们必须从 u 一直走直到抵达 v, 然后返回 u. 因此, $\mathsf{E}(\sigma-\tau)=(1-q)\kappa(u,v)$, 从而

$$\kappa(u,v)=\mathsf{E}(\sigma)=\mathsf{E}(\tau)+\mathsf{E}(\sigma-\tau)=\frac{2m}{d(u)}+(1-q)\kappa(u,v),$$

这意味着

$$q=\frac{2m}{d(u)\kappa(u,v)}.$$

42. (a) 以 u 为起点进行随机游走, 直到 v 被访问; 继续走直到 w 被访问; 继续走直到抵达 u, 称这样的随机序列为一个 *uvwu-环游*. 在一个 $uvwu$-环游中所走步数的期望是 $a(u,v)+a(v,w)+a(w,u)$. 另一方面, 我们也可按以下方式来表示这个数. 设 $W=(u_0,u_1,\cdots,u_N=u_0)$ 是闭途径, 我们按照这条路线游走的概率是

$$\mathsf{P}(W)=\prod_{i=0}^{N-1}\frac{1}{d(u_i)},$$

它与起始点无关, 且如果反序仍保持不变.

用 $a(W)$ 表示这个闭途径产生一个 $uvwu$-环游的方法数, 即 W 中可以以其作为起点沿着 W 行走得到一个 $uvwu$-环游的 u 的数目 (注意到用 v 或 w 来代替 u 进

行考虑也可得到相同的值). 我们将证明, 相反的闭途径 $W' = (u_N, u_{N-1}, \cdots, u_0 = u_N)$ 产生一个 $uvwu$-环游的方法数也是 $a(W)$. 由于一个 $uvwu$-环游长度的期望是 $\sum_W p(W)a(W)|W|$, 这就证明了问题中的等式 (也可由 $a(W)$ 是 1 或 2 来得到).

称在闭途径 W 中 u 的一个出现是 "向前好的", 如果从 u 出发沿着途径直到 v 出现, 再沿着途径直到 w 出现, 再沿着途径直到 u 出现, 我们经过整个途径恰好一次. 称作一个出现是 "向后好的", 如果上述论述在将 W 反向以及 v 和 w 的角色互换之后成立. 显然, $a(W)$ 是 u 的 "向前好的" 出现的次数, 所以只需证明对每个闭途径 W, u 的 "向前好的" 出现的次数等于 "向后好的" 出现的次数 (注意, 一个 "向前好的" 出现不一定是 "向后好的").

假设 W 产生至少一次 $uvwu$-环游, 不妨设 $u_0 = u, u_i = v, u_j = w$ $(0 < i < j < N)$, 其中 $W_1 = \{u_1, \cdots, u_{i-1}\}$ 不包含 v, $W_2 = \{u_{i+1}, \cdots, u_{j-1}\}$ 不包含 w, 且 $W_3 = \{u_{j+1}, \cdots, u_{N-1}\}$ 不包含 u. 首先假设 W_2 也不包含 u, 那么 u_0 是 u 唯一 "向前好的" 出现, W_1 中 u 的最后一次出现是唯一 "向后好的" 出现.

接下来, 假设 W_2 包含 u. 类似地, 我们可以假设 W_3 包含 v, 且 W_1 包含 w. 设 u_t 是 u 在 W_2 中最后的出现. 容易验证, u_t 是 "向后好的". 所以我们得到, 如果 W 产生一个 $uvwu$-环游, 那么它也产生一个 $uwvu$-环游.

现在假设 $a(W) > 1$, 那么肯定存在第二个 "向前好的" 元素, 容易验证, 它只能是 u 在 W_2 上的第一次出现 u_s; 同时得到, v 在 W_2 上的所有出现肯定都在 u_s 之前. 类似地, w 在 W_3 上的所有出现肯定都在 v 在 W_3 上的第一次出现之前, u 在 W_1 上的所有出现肯定都在 w 在 W_1 上的第一次出现之前. 但在这种情形下, 恰好存在 u 的两个 "向前好的" 和两个 "向后好的" 出现. 所以 $a(W) = a(W') = 2$.

(b) 假设在提示中提到的排序中, u 在 v 之前, 那么 $a(u,t) - a(t,u) \le a(v,t) - a(t,v)$, 因此 $a(u,t) + a(t,v) \le a(v,t) + a(t,u)$. 由 (a), 这等价于 $a(u,v) \le a(v,u)$. [Tetali and Winkler.]

43. 首先我们证明, 如果 $(u,v) \in E(G)$, 那么 u 和 v 之间的平均来回时间, 即一条从 u 出发的随机游走访问 v 再返回 u 所走步数的期望, 至多是 $2m$. 如果我们证明了从 v 到 u 在经过边 (u,v) 之前所走步数的期望是 $2m$, 那么我们就证得了之前的结论. 而它可由 11.38(b) 推出.

现在假设 $r > 1$. 令 $(u_0 = u, u_1, \cdots, u_r = v)$ 是 u 和 v 之间的最短路. 显然, u 和 v 之间的平均来回时间至多是

$$\begin{aligned}
&a(u_0,u_1) + a(u_1,u_2) + \cdots + a(u_{r-1},u_r) + a(u_r,u_{r-1}) + \cdots + a(u_1,u_0) \\
&= [a(u_0,u_1) + a(u_1,u_0)] + [a(u_1,u_2) + a(u_2,u_1)] + \cdots + [a(u_{r-1},u_r) + a(u_r,u_{r-1})].
\end{aligned}$$

这里 $a(u_i,u_{i+1}) + a(u_{i+1},u_i)$ 恰好是 u_i 和 u_{i+1} 之间的平均来回时间, 因此至多是 $2m$, 进而得到题中结论.

44. (a) 提示中的等式是显然的. 将它用矩阵符号表示出来, 我们得到 $F = J + MB - B$

是对角矩阵. 设 $\mathbf{p}$ 表示平稳分布, 那么

$$F^T\mathbf{p} = J\mathbf{p} + B^T(M-I)^T\mathbf{p} = J\mathbf{p} = \mathbf{1},$$

再由 11.35(a) 可知

$$(F)_{ii} = \frac{1}{p_i} = \frac{2m}{d(i)}.$$

因此, $F = 2mD$, 如论断所述.

(b) 显然, $F_{ii} = 1 + \frac{1}{d(i)}\sum_{k\in\Gamma(i)} a(k,j)$ 恰好是返回点 i 所需时间的期望.

(c) *解法一*: 提示中的等式是容易验证的, 可考虑随机游走访问 j 时的第一步. 因此, 我们得到, 对于生成函数 $f_{ij}(x) = \sum_{t=0}^{\infty} p_{ij}^{(t)} x^t$ 和 $g_{ij}(x) = \sum_{t=0}^{\infty} q_{ij}^{(t)} x^t$ 有

$$f_{ij}(x) = g_{ij}(x) f_{jj}(x).$$

现在这里

$$f_{ij}(x) = \sum_{t=0}^{\infty} \mathbf{e}_i^T\left(\frac{1}{d}A\right)^t \mathbf{e}_j x^t = \sum_{t=0}^{\infty}\sum_{k=1}^{n} w_{ki}w_{kj}\left(\frac{\lambda_k x}{d}\right)^t = \sum_{k=1}^{n}\frac{w_{ki}w_{kj}}{1-\lambda_k x/d},$$

从而

$$g_{ij}(x) = \sum_{k=1}^{n}\frac{w_{ki}w_{kj}}{d-\lambda_k x}\Bigg/\sum_{k=1}^{n}\frac{w_{kj}^2}{d-\lambda_k x} = \frac{1}{nd} + \sum_{k=2}^{n}\frac{w_{ki}w_{kj}}{d-\lambda_k x}\Bigg/\sum_{k=1}^{n}\frac{w_{kj}^2}{d-\lambda_k x}.$$

现在 $a(i,j) = g_{ij}'(1)$; 从它出发, 通过直接的计算就可得到问题中的公式了.

解法二: 设 $B' = -nd\sum\limits_{k=2}^{n}\frac{1}{d-\lambda_k}\mathbf{w}_k\mathbf{w}_k^T$, 那么

$$(I-M)B' = -nd\sum_{k=2}^{n}\frac{1}{d-\lambda_k}(I-M)\mathbf{w}_k\mathbf{w}_k^T = -n\sum_{k=2}^{n}\mathbf{w}_k\mathbf{w}_k^T.$$

由于 $\mathbf{w}_1,\cdots,\mathbf{w}_n$ 构成了一组正交基, 我们有 $\sum\limits_{k=1}^{n}\mathbf{w}_k\mathbf{w}_k^T = I$, 从而

$$(I-M)B' = -n(I-\mathbf{w}_1\mathbf{w}_1^T) = J - nI = (I-M)B.$$

因此 $(I-M)(B-B') = 0$, 所以 $B-B'$ 的每一列在 $M-I$ 的零空间中. 但这个零空间是由向量 $\mathbf{1}$ 张成的, 所以 $B-B'$ 在每一列中有相同的值. 由于 B 的对角线元素是 0, 我们知道 B 可由对 B' 每列的非对角线元素减去本列的对角线元素得到.

45. (a) 我们有

$$\begin{aligned} a(i,j)+a(j,l)+a(l,i) &= nd\sum_{k=2}^{n}\frac{w_{kj}^2 - w_{ki}w_{kj}}{d-\lambda_k} + \frac{w_{kl}^2 - w_{kj}w_{kl}}{d-\lambda_k} + \frac{w_{ki}^2 - w_{kl}w_{ki}}{d-\lambda_k} \\ &= nd\sum_{k=2}^{n}\frac{w_{kj}^2 + w_{kl}^2 + w_{ki}^2 - w_{ki}w_{kj} - w_{kj}w_{kl} - w_{kl}w_{ki}}{d-\lambda_k}, \end{aligned}$$

这个值显然独立于 i, j, l 的阶.

(b) 设 $\mathbf{0} = (0, \cdots, 0)$, $\mathbf{1} = (1, \cdots, 1)$ 代表 k 维立方体中的两个对径点. 由 11.9, 对每个 0—1 向量 $\mathbf{b} \in \{0,1\}^k$, 我们得到了一个特征向量 $\mathbf{w}_b$, 定义为 $\mathbf{w}_b(\mathbf{x}) = (-1)^{\mathbf{b}\cdot\mathbf{x}}$. 对应的特征值是 $k - 2\mathbf{b}\cdot\mathbf{1}$. 正规化 $\mathbf{w}_b$, 并在 11.44(c) 中替换, 我们得到

$$a(\mathbf{0}, \mathbf{1}) = k\sum_{j=1}^{k}\binom{k}{j}\frac{1}{2j}(1-(-1)^j).$$

为了找到这个表达式的渐近值, 我们替换 $\binom{k}{j} = \sum\limits_{p=0}^{k-1}\binom{p}{j-1}$, 得到

$$\begin{aligned}
a(\mathbf{0}, \mathbf{1}) &= k\sum_{j=1}^{k}\sum_{p=0}^{k-1}\frac{1}{2j}\binom{p}{j-1}(1-(-1)^j)\\
&= k\sum_{p=0}^{k-1}\frac{1}{2(p+1)}\sum_{j=1}^{n}\binom{p+1}{j}(1-(-1)^j)\\
&= k\sum_{p=0}^{k-1}\frac{2^p}{p+1} = 2^{k-1}\sum_{j=0}^{k-1}\frac{1}{2^j}\frac{k}{k-j} \sim 2^k.
\end{aligned}$$

(容易看出这个确切值总在 2^k 和 2^{k+1} 之间.)

46. (a) 由定义及 11.44(c) 知, 平均来回时间是

$$a(i,j) + a(j,i) = nd\sum_{k=2}^{n}\frac{(w_{ki} - w_{kj})^2}{d - \lambda_k}.$$

(b) 利用 (a) 的结果, 我们有

$$a(i,j) + a(j,i) \le \frac{nd}{d-\lambda_2}\sum_{k=2}^{n}(w_{ki} - w_{kj})^2 = \frac{nd}{d-\lambda_2}(\mathbf{w}_i - \mathbf{w}_j)^2 = \frac{2nd}{d-\lambda_2},$$

且类似地, 由于 $\lambda_n \ge -d$, 故

$$a(i,j) + a(j,i) \ge \frac{2nd}{d-\lambda_n} \ge n.$$

11.40 中的例子表明: d-正则图中两个点之间的平均访问时间对任意大的 n 仍是有界的.

47. (a) 设 τ_i 表示第一次有 i 个点被访问的时间, 所以 $\tau_1 = 0 < \tau_2 = 1 < \tau_3 < \cdots < \tau_n$. 现在 $\tau_{i+1} - \tau_i$ 是我们等待一个新点出现时所走的步数——这个事件的概率是 $(n-i)/(n-1)$, 且与前面的步相独立. 因此

$$\mathsf{E}(\tau_{i+1} - \tau_i) = \frac{n-1}{n-i},$$

从而平均覆盖时间为

$$\mathsf{E}(\tau_n)=\sum_{i=1}^{n-1}\mathsf{E}(\tau_{i+1}-\tau_i)=\sum_{i=1}^{n-1}\frac{n-1}{n-i}\approx n\log n.$$

(b) 设 $(u_0=u,u_1,\cdots,u_p)$ 是一个访问了 G 中所有点的途径; 显然我们有满足 $p\leq 2n-3$ 的这样的途径, 则平均覆盖时间至多是

$$a(u_0,u_1)+a(u_1,u_2)+\cdots+a(u_{p-1},u_p)\leq 2pm<4nm.$$

48. (a) 对两个点 $x\neq v$, 设 $A(x,v)$ 表示我们的随机游走在到达 v 之前先到达 x 的事件 (起始点 u 是固定的). 显然,

$$\mathsf{P}(A(x,v))+\mathsf{P}(A(v,x))=1.$$

对 $v\in V(G)\setminus\{u\}$, 我们有

$$\mu(u,v)=1+\sum_{x\in V\setminus\{u,v\}}\mathsf{P}(A(x,v)),$$

从而

$$\sum_{v\in V\setminus\{u\}}\mu(u,v)=(n-1)+\sum_{x,v\in V\setminus\{u\}}\mathsf{P}(A(x,v))=(n-1)+\binom{n-1}{2}=\binom{n}{2}.$$

这就证明了提示中的结论, 进而证明了问题中的结论.

(b) 为了方便起见, 假设 $n=2k+1$ 是奇数. 那么, 由提示知, 我们到达多于一半点的时间 β 是 α_v 的第 $(k+1)$ 大的值. 因此

$$\sum_v\alpha_v\geq(k+1)\beta,$$

从而

$$b=\mathsf{E}(\beta)\leq\frac{1}{k+1}\sum_v\mathsf{E}(\alpha_v)\leq\frac{n}{k+1}a<2a.$$

49. 设 β_1 是我们访问超过半数点之前所走的步数, 设 β_2 是之后我们访问剩余点中超过半数的点之前所走的步数, 以此类推. 由 11.48(b) 知, $\mathsf{E}(\beta_1)\leq 2a$; 用同样的讨论可以证明 $\mathsf{E}(\beta_i)\leq 2a$. 设 $p=\lfloor\log_2 n\rfloor$, 在 $\beta_1+\cdots+\beta_p$ 步之后, 没有点未被访问, 所以平均覆盖时间至多是

$$\mathsf{E}(\beta_1+\cdots+\beta_p)=\mathsf{E}(\beta_1)+\cdots+\mathsf{E}(\beta_p)\leq 2ap.$$

[P. Mathews, *tech. report TR 234, Dept. of Stat.*, Stanford, 1985.]

50. 正如 11.44(c) 中的解答, 我们有

$$p_{ij}^t = \sum_{k=1}^n w_{ki} w_{kj} \left(\frac{\lambda_k}{d}\right)^t.$$

这里对应于 $k = 1$ 的项是 $1/n$, 所以我们有

$$\left|p_{ij}^t - \frac{1}{n}\right| = \left|\sum_{k=2}^n w_{ki} w_{kj} \left(\frac{\lambda_k}{d}\right)^t\right| \le \left(\frac{\lambda}{d}\right)^t \sum_{k=2}^n |w_{ki} w_{kj}|.$$

这里的最后一个求和式小于 1, 这是因为向量 $(w_{ki})_{k=1}^n$ 和 $(w_{kj})_{k=1}^n$ 都是单位向量.

51. *解法一*: 由于 Q_k 是二部图, 我们考虑它的 "平方", 即以 $A_{Q_k}^2$ 为邻接矩阵的图 H. H 有两个同构的连通分支, 我们考虑包含点 v_0 的分支 H'. 序列 $v_0, v_2, v_4, \cdots$ 是 H' 上的一个随机游走, H' 的特征值是 $k^2, (k-2)^2, \cdots$ (所有都是非负的), 从而由 11.44(a), 我们有

$$|\mathsf{P}(v_t = u) - 2^{1-k}| < \left(\frac{(k-2)^2}{k^2}\right)^{t/2} < e^{-2t/k} < \frac{1}{100} 2^{1-k}.$$

(更精确的计算可以证明 $t = o(k \log k)$ 步就足够了; 参见 P. Diaconis and D.Strook, *The Annals of Appl. Prob.* **1** (1991), 36–61.)

解法二: 考虑 Q_k 上的另一随机游走 $(w_0, w_1, \cdots, w_t)$, 其中 w_0 在 v_0 所在的颜色类上是均匀分布的. 我们可以按照以下方式对这些随机游走进行 "配对". 与之前一样, 我们将 Q_k 上的点看作长度为 k 的 0—1 向量; 那么随机游走中的一步由翻转随机选取的坐标组成. 在给定的步 i, 令 $1 \le j_1 < \cdots < j_s \le k$ 是那些使得 v_i 与 w_i 不同的坐标. 由于 v_i 和 w_i 在同一颜色类中, 所以 s 是偶数. 如果 v_{i+1} 是由翻转满足 v_i 和 w_i 相同的坐标产生, 那么我们也翻转 w_i 中这一相同的坐标. 如果 v_{i+1} 是由翻转 v_i 中的坐标 j_r 产生的, 那么我们翻转 w_i 中的坐标 j_{r+1} (下标模 s).

重要的事实是 w_i 本身是一个合法的随机游走. 由于它从正则图上的均匀分布出发, 所以每一个 w_i, 特别是 w_t, 是均匀分布的.

另一方面, 以上的 "配对" 原则意味着一旦 $(v_0, v_1, \cdots)$ 中的一个坐标被翻转了, 它就等于 w_i 中对应的坐标, 并且之后一直保持. 特别地, 如果 $(v_0, v_1, \cdots, v_t)$ 中所有的坐标都被翻转了至少一次, 那么 $v_t = w_t$. 不是所有坐标都被翻转了这一事件 A 的概率至多是 $(k-1)^t/k^{t-1} < ke^{-t/k}$. 因此, 对于合适颜色类中的任何点 u,

$$\begin{aligned}|\mathsf{P}(v_t = u) - 2^{1-k}| &= |\mathsf{P}(v_t = u) - \mathsf{P}(w_t = u)| \\ &\le \mathsf{P}(w_t \ne v_t) \le \mathsf{P}(A) \le ke^{-t/k} < \frac{1}{100} 2^{1-k}.\end{aligned}$$

52. (a) 设 $v \ne s, t$, 考虑一个从 v 出发的随机游走, 设 B 表示在到达 t 之前到达 s 这一事件. 对每个 $u \in \Gamma(v)$, 设 A_u 表示随机游走的第一步是前往 u 这一事件, 那么

$$\phi(v) = \mathsf{P}(B) = \sum_{u \in \Gamma(v)} \mathsf{P}(B|A_u)\mathsf{P}(A_u) = \sum_{u \in \Gamma(v)} \phi(u) \frac{1}{d_G(v)}.$$

(b) 对每条边 $(u,v)\in E(G)$, 由 Ohm 定律知, 从 u 到 v 的电流是 $\phi(v)-\phi(u)$. 根据 Kirchhoff 定律, 进入 $v\neq s,t$ 的总电流是 0, 即

$$\sum_{u\in\Gamma(v)}(\phi(v)-\phi(u))=0.$$

重新排列, 再除以 $d_G(v)$, 我们可以得到调和函数定义中的等式.

(c) 设 $\phi(u)$ 表示平衡状态下点 u 的位置, 然后任何一条边 (u,v) 用 $|\phi(v)-\phi(u)|$ 的力来拉它的端点 u. 这个力指向正方向当且仅当 $\phi(v)>\phi(u)$, 所以我们可以将它记成带符号数 $\phi(v)-\phi(u)$. 因此, u 处在平衡状态下对应于方程

$$\sum_{u\in\Gamma(v)}(\phi(v)-\phi(u))=0,$$

这就证明了题中结论.

(d) 假设 ϕ 和 ψ 是以 s,t 为极的调和函数, 且使得 $\phi(s)=\psi(s)=1$, $\phi(t)=\psi(t)=0$, 那么 $\eta=\phi-\psi$ 是一个以 s 和 t 为极的调和函数使得 $\eta(s)=\eta(t)=0$. 假设 $\eta\neq 0$, 设 v 是使得 $a=|\eta(v)|$ 达到最大的点, 我们可以假设 $\eta(v)>0$. 由于 $\eta(v)$ 是数字 $\eta(u)$ $(u\in\Gamma(v))$ 的平均值, 所以对所有的 $u\in\Gamma(v)$, 有 $\eta(u)=a$. 由于 G 是连通的, 相同的讨论得到 $\eta(s)=a$, 矛盾.

53. (a) 由 11.52(b), 如果我们在 G 中从 s 到 t 施加电流, $\phi_{st}(v)$ 是 v 点的电压, 其中 s 处的电压是 0, t 处的电压是 1. 通过整个网络的总电流是 $\sum_{u\in\Gamma(s)}\phi_{st}(u)$, 从而电阻是

$$R_{st}=\left(\sum_{u\in\Gamma(t)}\phi_{st}(u)\right)^{-1}.$$

另一方面, 11.52(a) 表明 $\phi_{st}(u)$ 是从 u 出发的一个随机游走在访问 t 之前访问 s 的概率, 因此 $\frac{1}{d(t)}\sum_{u\in\Gamma(t)}\phi_{st}(u)$ 是从 t 出发的一个随机游走在返回 t 之前到达 s 的概率. 由 11.40 知, 这个概率是 $2m/d(t)\kappa(s,t)$. 因此

$$\frac{1}{R_{st}}=\sum_{u\in\Gamma(t)}\phi_{st}(u)=\frac{2m}{\kappa(s,t)},$$

从而 $R_{st}=\kappa(s,t)/(2m)$. [A. K. Chandra—P. Raghavan—W. L. Ruzzo—R. Smolensky—P. Tiwari, *Proc. 21st ACM STOC* (1989), 574—586. 也可参见 C. St. J. A. Nash-Williams, Proc. *Cambridge Phil. Soc.* **55** (1959) 181—194.]

(b) 显然, 拉 0 和 1 处钉子的力是

$$\sum_{u\in\Gamma(t)}\phi_{st}(u)=\sum_{v\in\Gamma(s)}(1-\phi(v))=\frac{1}{R_{st}}.$$

弹簧被拉伸到长度 h 的能量是 $h^2/2$, 因此在平衡状态下的能量是

$$\begin{aligned}\sum_{(u,v)\in E(G)}\frac{1}{2}(\phi(u)-\phi(v))^2 &= \sum_u \frac{d(u)}{2}\phi(u)^2-\sum_{(u,v)\in E(G)}\phi(u)\phi(v)\\ &= \frac{1}{2}\sum_u \phi(u)\sum_{v\in\Gamma(u)}(\phi(u)-\phi(v))\\ &= \frac{1}{2}\sum_{v\in\Gamma(s)}(1-\phi(v))=\frac{1}{2R_{st}}.\end{aligned}$$

大家可能会注意到能量是关于位置的一个正定二次型, 所以存在唯一的最小化的位置, 它是平衡状态.

(c) 我们不妨假设 $V(G)=\{1,2,\cdots,n\}$, 其中 $s=1$ 且 $t=n$. 设 $L=(\ell_{ij})$ 表示如下定义的矩阵

$$\ell_{ij}=\begin{cases} d(i) & \text{如果 } i=j,\\ -1 & \text{如果 } (i,j)\in E(G),\\ 0 & \text{其他}.\end{cases}$$

由 11.52(a) 及 Ohm 定律知, 通过边 (i,j) 的电流是 $\phi_{1n}(j)-\phi_{1n}(i)$, 从而 Kirchhoff 定律可以被表达成

$$\sum_{i\in\Gamma(j)}(\phi_{1n}(j)-\phi_{1n}(i))=(L\phi_{1n})_j=0 \quad (j\neq 0,n).$$

此外, 通过网络的总电流是

$$\sum_{i\in\Gamma(1)}(\phi_{1n}(1)-\phi_{1n}(i))=(L\phi_{1n})_0,$$

所以 $R_{1n}=1/(L\phi_{1n})_n$. 让我们从 ϕ_{1n} 中除去最后一项 (它是 0), 也从 L 的每行和每列中除去最后一项, 从而得到一个向量 $\widehat{\phi}$ 和一个矩阵 $\widehat{L}$, 那么我们有

$$\widehat{L}\widehat{\phi}=\frac{1}{R_{1n}}e_1,$$

这里 $e_1=(1,0,\cdots,0)^T$. 利用 Cramer 法则求解这个方程组, 我们得到

$$\widehat{\phi}(1)=\frac{1}{R_{1n}}\frac{\det(\widetilde{L})}{\det(\widehat{L})},$$

其中 $\widetilde{L}$ 是由 $\widehat{L}$ 中删除第一行和第一列得到的. 由于知道 $\widehat{\phi}(1)=\phi_{1n}(1)=1$, 我们得到

$$R_{1n}=\frac{\det(\widetilde{L})}{\det(\widehat{L})}.$$

但由 4.9(a) 和 (b) 有 $\det(\widehat{L})=T(G)$ 且 $\det(\widetilde{L})=T(G')$. (容易将这个问题中的公式推广到边的电阻, 或等价地, Hooke 定律中的常数不全为 1 的情形.)

54. 只需证明, 从一个图中删边不会增加 11.53(b) 中平衡构形时的能量. 显然, 删边同时保持固定点的位置不会增加能量. 如果我们让新图达到平衡, 那么能量只能进一步减少.

55. (a) 仅仅是 11.54 的重述.

(b) 设 G 是一条具有 n 个点的路, 两个端点分别是 a 和 b. 设 $s=a$, 且 t 是 s 唯一的邻点, 那么从 s 到 t 的访问时间是 1. 另一方面, 如果我们添加边 (a,b), 那么以概率 1/2 我们必须花费多于一步, 所以从 s 到 t 的访问时间将比 1 大 (实际上是 $n-1$; 参见 11.56(a)).

(c) 考虑 G' 上从 s 出发的随机游走 W', 沿着它走直到抵达 t. 按照如下方式将其与 G 上的随机游走 W 相联系: 只要边 (a,b) 没有被 W' 用到, 我们就沿着 W' 走. W' 第一次用到边 (a,b) 时, 我们就 "解开" (uncouple) 随机游走, 让 W 跟随自己的独立于 W' 的随机选择. 我们也沿着 W 走直到它抵达 t.

那么在任何一种情形下, W 至少与 W' 一样长. 这是显然的, 如果在它们被 "解开" 之前已经到达 t. 如果不是这种情形, 那么 W' 到达 t 恰好是在它们被 "解开" 之后的那步 (由于 $a=t$), 而 W 必须至少走一步.

因此, W' 长度的期望不会比 W 长度的期望大.

56. (a) 是 11.38(a) 的重述.

(b) 由 11.44(c), 我们有

$$\sum_s a(t,s) = nd\sum_{k=2}^n\sum_s w_{ks}^2\frac{1}{d-\lambda_k} - nd\sum_{k=2}^n\sum_s w_{ks}\frac{w_{kt}}{d-\lambda_k}.$$

这里的第二项是 0, 这是因为特征向量 $\mathbf{w}_k$ 与特征向量 $\mathbf{1}$ 正交. 同时, 我们有 $\sum\limits_s w_{ks}^2=1$, 从而

$$\sum_s a(t,s) = nd\sum_{k=2}^n\frac{1}{d-\lambda_k}.$$

我们有 $d+\sum\limits_{k=2}^n\lambda_k = \mathrm{Tr}\,A_G = 0$, 于是

$$\sum_{k=2}^n(d-\lambda_k) = nd.$$

由算术平均数与调和平均数之间的不等式知:

$$\frac{1}{n-1}\sum_{k=2}^n\frac{1}{d-\lambda_k} \ge \frac{n-1}{\sum\limits_{k=2}^n(d-\lambda_k)} = \frac{n-1}{nd},$$

从而

$$\sum_s a(t,s) \ge (n-1)^2.$$

由于 $a(t,t)=0$, 这就证明了题中结论.

(c) 再次由 11.44(c), 我们有

$$\sum_s a(s,t)=n^2 d\sum_{k=2}^{n}\frac{1}{d-\lambda_k}w_{kt}^2.$$

由算术平均数与调和平均数之间的不等式 (将 w_{kt}^2 视作权重), 我们有

$$\frac{\sum_{k=2}^{n}\frac{1}{d-\lambda_k}w_{kt}^2}{\sum_{k=2}^{n}w_{kt}^2}\geq\frac{\sum_{k=2}^{n}w_{kt}^2}{\sum_{k=2}^{n}(d-\lambda_k)w_{kt}^2}.$$

现在这里

$$\sum_{k=2}^{n}w_{kt}^2=\sum_{k=1}^{n}w_{kt}^2-\frac{1}{n}=1-\frac{1}{n},$$

且

$$\sum_{k=2}^{n}(d-\lambda_k)w_{kt}^2=\sum_{k=1}^{n}(d-\lambda_k)w_{kt}^2=d-\sum_{k=1}^{n}\lambda_k w_{kt}^2=d-(A_G)_{t,t}=d.$$

因此

$$\sum_s a(s,t)=n^2 d\sum_{k=2}^{n}\frac{1}{d-\lambda_k}w_{kt}^2\geq n^2 d\left(\frac{n-1}{n}\right)^2\frac{1}{d}=(n-1)^2,$$

这就证明了题中结论.

57. (a) 设 $V(G)=\{1,\cdots,n\}$ 是圈上的标号方式. 令 p 代表从 1 出发, 我们在到达 2 之前到达 3 的概率 (注意到这等价于说我们从 1 出发, 在看到 2 之前看到每个点). 现在假设我们从 1 出发, 想找到在看到点 i 之前看到每个点的概率. 沿着这个游走直到遇到 i 的一个邻点, 不妨设为 $i-1$, 那么 i 是最后一个看到的点当且仅当在 i 之前我们看到了 $i+1$. 由对称性知, 这个事件的概率是 p.

所以每个不同于 1 的点以相同的机会 p 成为最后到达的点. 因此 $(n-1)p=1$, 这就证明了题中结论.

显然, 每个完全图也具有这样的性质.

(b) 对 u 的每个邻点 x, 设 L_x 表示在从 x 出发的一个随机游走中, 最后被访问的点是 v 这一事件. 更进一步, 设 L'_x 表示倒数第二个被访问的点是 v, 最后被访问的点是 u 这一事件. 如果我们从 u 出发进行随机游走, 且第一步是前往 x, 那么最后被访问的点是 v 当且仅当 L_x 或 L'_x 发生. 由于这些事件是不相交的, 这给出

$$\pi(u,v)=\frac{1}{d(u)}\sum_{x\in\Gamma(u)}(\mathsf{P}(L_x)+\mathsf{P}(L'_x))=\frac{1}{d(u)}\sum_{x\in\Gamma(u)}\pi(x,v)+\frac{1}{d(u)}\sum_{x\in\Gamma(u)}\mathsf{P}(L'_x).$$

根据 $\{u,v\}$ 不是割集的假设, 我们看出 L'_x 有正的概率: 有可能从 x 出发, 访问所有 $G\setminus\{u,v\}$ 中的点, 然后移动到 $G\setminus\{u\}$ 中的点 v, 再移动到 u. 因此 $\mathsf{P}(L'_x)>0$, 进而

$$\pi(u,v)>\frac{1}{d(u)}\sum_{x\in\Gamma(u)}\pi(x,v).$$

所以, 对至少一个点 $w\in\Gamma(v)$, 有 $\pi(u,v)>\pi(w,v)$.

(c) 假设 G 是一个不同于圈或完全图的连通图. 由 6.6(c) 知, 存在一对不相邻的点 $\{u,v\}$ 使得 $G\setminus\{u,v\}$ 是连通的. 因此 (b) 意味着 $\pi(x,y)$ 不可能对所有的 x,y 都相同. [L. Lovász and P. Winkler.]

58. 为了证明提示中的恒等式, 设 $T=T(w_0,w_1,\dots)$ 表示由随机游走 $(w_0=u,w_1,\cdots)$ 生成的树, 且 $T_1=T(w_1,w_2,\cdots)$. 固定任一棵生成树 S, 设 $u_1,\cdots,u_r$ 是 u 在 S 中的邻点. 设 B_i 代表 $S-u$ 中包含点 u_i 的连通分支.

我们断言: $T=S$ 当且仅当对某些 i 有 $w_1=u_i$, 且对某些满足 $v^S=u_i$ 的 v 有 $T_1=S-(u,u_i)\cup(u,v)$.

首先假设 $S=T$, 那么显然对某个 i 有 $w_1=u_i$. 此外, T_1 与 S 至少有 $(n-2)$ 条公共边: 唯一可能不是公共边的边是 (u,u_i), 且它被进入 u 时的第一条边 (v,u) 替换. 我们肯定有 $v^S=u_i$; 事实上, 考虑随机游走离开 B_i 的第一条边 (x,y) $(x\in B_i,y\notin B_i)$. 我们不能得到 $y\in B_j$ $(j\neq i)$, 因为根据 T 的定义, 这将意味着 $(x,y)\in T$. 所以, $y=u$, 这意味着 $x=v$ 且 $u_i=v^T$. 这就证明了我们断言中 "必要" 的部分. 另一方向可沿着同样的思路证明.

因此我们有

$$P(S,u)=\mathsf{P}(T=S)=\sum_{i=1}^{r}\mathsf{P}(w_1=u_i)\sum_{v:v^T=u_i}\mathsf{P}(T_1=S-(u,u_i)\cup(u,v)),$$

这就给出了提示中的恒等式.

现在选取 S 和 u 使得 $p=P(S,u)$ 达到最大, 那么由恒等式可以得到对于每个 $v\in\Gamma(u)$, $P(S-(u,v^S)\cup(u,v),v^S)=p$ 也是最大的. 只需证明这个操作可以将 (S,u) 转化为任何其他的一对 (S',u'), 其中 S' 是生成树且 u' 是点.

注意到, 如果 $(u,v)\in E(S)$, 那么 (S,u) 可被转化为 (S,v). 所以, 通过这样的变换能否得到 (S',u') 这个问题独立于 u'.

设 $\mathcal{H}$ 表示所有可由 S 通过转换得到的生成树 S' 的集合. 设 S_0 是任何一棵生成树, $S'\in\mathcal{H}$, F 是 S_0 和 S' 的一棵公共子树, 且假设选取 S' 和 F 使得 $|V(F)|$ 最大化. 如果 $F=S_0$, 那么我们就完成了证明, 所以假设 $F\neq S_0$, 那么存在一条边 $(x,y)\in E(S_0)$ 使得 $x\in V(F)$ 和 $y\notin V(F)$. 对 "根" y 应用变换, 我们看到 $S''=S'-(x',y)\cup(x,y)\in\mathcal{H}$, 其中 x' 是 S' 中 (x,y)-路上 x 之后的第一个点. 但 S'' 和 S_0 有公共子树 $F\cup(x,y)$, 与 F 的最大性矛盾. (参见 D. J. Aldous, *SIAM J. Disc. Math.* **3** (1990), 450—465.)

59. 令 $t=8d^2n^3\log n$, 设 $H=(h_1,\cdots,h_t)$ 是从 $\{1,\cdots,d\}^t$ 中随机选取的. 对固定的

图 G、起始点及标号, 由 H 定义的途径恰好是一个随机游走; 所以, H 不是一个遍历序列的概率 p 等于长度为 t 的随机游走没有访问所有点的概率.

由 11.47(b) 知, 访问所有点所需时间的期望至多是 $2dn^2$. 因此, 由 Markov 不等式知, 在 $4dn^2$ 步之后我们还没有看到所有点的概率小于 1/2. 由于可以将接下来的 $4dn^2$ 步视作另一个随机游走, 等等, 在 t 步之后我们还没有看到所有点的概率小于 $2^{-t/(4dn^2)} = n^{-2nd}$.

现在 n 个点上的边的端点带标号的 d-正则图 G 的总数小于 n^{dn} (每个点处少于 n^d 种选择), 因此对这些图中的某个图以及某个起始点, H 不是一个遍历序列的概率小于

$$nn^{nd}n^{-2nd} < 1.$$

所以, 至少有一个长为 t 的序列是全局遍历序列. [R. Aleliunas—R. M. Karp—R. J. Lipton—L. Lovász—C. W. Rackoff, in: *Proc. 20th Ann. Symp. on Foundations of Computer Science*, 218—223.]

§12. 图的自同构

1. 11.2 解答中图 34 说明了如何把 K_5 中的边与 Petersen 图 P 的顶点联系起来, 使得其中相邻的顶点对应的是不相邻的边, 因此 $P \cong \overline{L(K_5)}$ 且 P 的自同构群与 $L(K_5)$ 的自同构群相同. $L(K_5)$ 的自同构群同构于 K_5 的自同构群, 显然地, 这是因为 K_5 的每个自同构导出其线图的一个自同构. 反之, 设 α 是 $L(K_5)$ 的一个自同构, 观察到 $L(K_5)$ 的任意 4-元团都对应着 K_5 中的一个星, 反之亦然, 所以 $L(K_5)$ 恰好有 5 个 4-元团, 且 $L(K_5)$ 的每个顶点都是由其中某两个的交集来唯一确定的. 因此, α 导出了 $L(K_5)$ 中 5 个 4-元团的一个置换, 这也就导出了 K_5 的一个自同构.

因此, P 的自同构群同构于 K_5 的自同构群, 也就是 S_5. [R. Frucht, *Comment. Math. Helv.* **9** (1935–37) 217–223.]

2. (a) 这个图的每个自同构都是十二面体的一个同余, 这是因为如下的观察: 对将一个点的星图到其他任意点的星图的任一映射, 都存在一个唯一的自同构来扩展它; 同样地, 存在一个唯一的十二面体同余, 从而自同构一定与这个同余导出的自同构相同.

这个观察同样表明十二面体有 120 个同余.

考虑提示中图 9 展示的立方体, 观察到任意面的每条对角线都是唯一一个立方体的一条边, 并且每个立方体都恰好包含每个面的一条对角线. 因此, 这样的立方体数目恰好是 5, 设 $Q_1, \cdots, Q_5$ 是这些立方体. 十二面体的每个同余 α 导出了 $Q_1, \cdots, Q_5$ 的一个置换 $\overline{\alpha}$. 假设对某个 α, $\overline{\alpha} = 1$. 考虑十二面体的任一点 x, 它恰好包含在两个立方体 Q_i 和 Q_j 中. 这两个立方体只有一个其他公共点, 即为 x 的对径点 x'. 因此 $\alpha(x) = x$ 或者 x'. 更进一步, 对某个 x, 如果 $\alpha(x) = x$, 那么对 x 的每个邻点 y, $\alpha(y)$ 一定是 x 的一个邻点, 所以 $\alpha(y) = y$. 因此可以得到, α 要么是单位元, 要么是关于十

二面体中心的反射 ϱ.

十二面体的同余数目是 120. 由上面可知, $\alpha \to \overline{\alpha}$ 是同余群 Γ 到 S_5 上的一个同态, 并且这个像有 60 个元素. S_5 的 60-元子群只能是 A_5, 所以这是 Γ 的像. 上面的考虑也表明了这个映射是在直接 (保持定向) 同余的子群 Γ_0 上的单一同态, 所以这个子群 (恰好有指数 2) 同构于 A_5. 同样可以得到当 ϱ 与 Γ 中每个元素可交换时, $\{1, \varrho\}$ 是一个正规子群. 因此

$$\Gamma = \Gamma_0 \times \{1, \varrho\} \cong A_5 \times C_2.$$

(b) 对十二面体而言, 可以得到立方体的每个自同构, 实际上, 是由一个同余导出的, 并且整个群是 Z_2 和这个立方体的直接同余群的直积. 立方体的每个直接同余导出 4 个主对角线的一个置换. 也很容易得到, 如果一个直接同余将每个主对角线映射到它自身, 那么它是单位元. 因此, 立方体的直接同余群是 S_4 的一个子群. 直接的计数表明立方体有 24 个直接同余 (每条边恰好通过两个直接同余映射到其他边), 从而, 直接同余群是 S_4.

四面体显然有自同构群 S_4, 八面体是立方体的对偶; 因为它的自同构一定是由同余根据上面相同的方法导出的, 所以它的自同构群与立方体的相同, 即 $Z_2 \times S_4$. 类似地, 二十面体的自同构群同构于 $Z_2 \times A_5$.

3. 如图 36 中的图作为自同构有唯一的旋转. [R. Frucht, *Compositio Math.* **6** (1938) 239–250.]

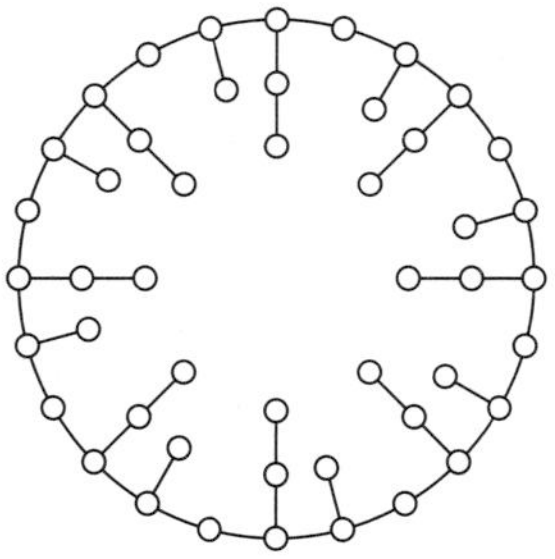

图 36

4. 右乘任一固定的群元素 g, 即映射 $g_i \mapsto g_i g$ 是一个自同构: 如果 g_i 通过一条 k 色的边连接到 g_j (即 $g_i g_j^{-1} = g_k$), 那么 $(g_i g)(g_j g)^{-1} = g_k$, 从而 $g_i g$ 通过一条 k 色的边连接到 $g_j g$.

反之, G 的自同构以这种方式产生. 这是因为, 设 α 是 G 的任一自同构且令 $g = \alpha(1)$, 我们断言 $g_i g = \alpha(g_i)$. 因为 $(g_i g)g^{-1} = g_i$, $g_i g$ 通过一条 i 色的边连接到 g 并且 g_i 是唯一的具有这种性质的顶点. 另一方面, 由定义知 g_i 通过一条 i 色的边连接到 1, 并且由于 α 是自同构, 这意味着 $\alpha(g_i)$ 通过一条 i 色的边连接到 $\alpha(1) = g$. 因此, $\alpha(g_i) = g_i g$.

因为容易得到, Γ 的元素的乘积与 G 中对应的自同构之间的乘积相同, 我们得到 G 的自同构群同构于 Γ [R. Frucht, 参考文献同上].

5. 我们可以假设 $|\Gamma| \geq 2$, 之前的问题给出一个自同构同构于 Γ 的染色有向图 $\overrightarrow{G_0}$.

如果 $g_i, g_j \in V(\overrightarrow{G_0}) = \Gamma$ 通过一条 k 色的边相连, 那么用一条长为 $k+2$ 的路连接它们, 且除了与 g_j 相邻的内部点我们粘贴一条长度为 2 的路之外, 这条路的每个内部点都粘贴一条长为 1 的路 (图 37). 对每对 g_i, g_j, 我们都做这个操作, 并且删除有向边. 我们用 G 表示得到的图.

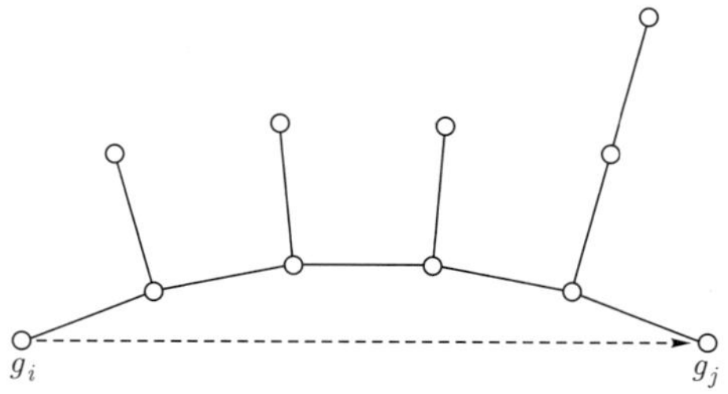

图 37

首先观察到 $\overrightarrow{G_0}$ 的每个自同构导出 G 的唯一一个自同构. 只需证明, 反过来, 如果 α 是 G 的自同构, 那么 α 可以由 $\overrightarrow{G_0}$ 的某个自同构导出. $V(\overrightarrow{G_0})$ 的点恰好是 G 那些既不是割点也不是端点的顶点. 因此 $V(\overrightarrow{G_0})$ 在 $A(G)$ 下保持不变.

粘贴短路的那些新路是 $G - V(\overrightarrow{G_0})$ 的连通分支, 因此 α 将它们互相映射. 一条长为 k 的路一定被映射到一条长为 k 的路, 且路中有更长粘贴路的端点一定映射到对应的端点. 因此, 如果 g_i 通过一条 k 色的路连接到 g_j, 那么同样有 $\alpha(g_i)$ 通过一条 k 色的路连接到 $\alpha(g_j)$. 因此, α 导出了 $V(\overrightarrow{G_0})$ 的一个自同构 [R. Frucht, 参考文献同上].

6. 设 $V_i = \{(\gamma, i) : \gamma \in \Gamma\}$ $(i = 1, 2)$. 根据

$$\delta(\gamma, i) = (\gamma\delta, i) \quad (\gamma, \delta \in \Gamma, i = 1, 2)$$

来考虑 Γ 在 $V_1 \cup V_2$ 上的作用. 设 $h_1, \cdots, h_m$ 是 Γ 的极小生成集. 首先假定 $m \geq 2$, 连接 $(1,1)$ 到 $(1,2), (h_1, 2), \cdots, (h_m, 2), (h_1, 1)$. 同样连接 $(h_1, 2)$ 到 $(h_2, 2), \cdots, (h_m, 2)$, 取这些边在 Γ 下的所有像, 得到的图记为 G.

显然 G 允许 Γ 的所有元素作为自同构. 让我们来看 G 是否还有其他自同构.

设 α 是 G 的自同构且首先假定它保持 V_1, V_2 不变, 通过乘以 Γ 的某个合适的元素, 我们可以得到 $\alpha(1,1) = (1,1)$. 点 $(1,1)$ 连接到 V_2 中的 $(1,2)$, $(h_2, 2), \cdots, (h_m, 2)$. α 一定保持这个集合不变.

我们断言这些顶点导出如下子图: $(1,2)$ 是孤立点, $(h_1, 2), \cdots, (h_m, 2)$ 形成一条路 P. 显然 P 的边在 G 中但我们需要证明这些点中没有其他的边. 更准确地, 我们要证明: 除非 $\{r, s\} = \{i, i+1\}$, Γ 不会将任一对 $((h_i, 2), (h_{i+1}, 2))$ 映射到 $((h_r, 2), (h_s, 2))$,

也不会将它映射成 $((1,2),(h_r,2))$. 因为若假设

$$\gamma((h_i,2),(h_{i+1},2)) = ((h_r,2),(h_s,2)),\ \gamma\in\Gamma.$$

那么 $\gamma = h_i^{-1}h_r = h_{i+1}^{-1}h_s$. 如果 r,s 中有一个与 h_i,h_{i+1} 都不同, 则根据这个关系可以得到将与生成集 $\{h_1,\cdots,h_m\}$ 的极小性矛盾, 所以 $\{r,s\}=\{i,i+1\}$, 上面其余的结论证明类似.

因此, 可以得到 α 一定保持 $(1,2)$ 不变, 且 α 作用在 $(h_1,2),\cdots,(h_m,2)$ 上只能有两种可能: 要么 α 在这个集合上是单位元, 要么 $\alpha(h_i,2)=(h_{m-i+1},2)$. 我们可以如下排除第二种可能性. $(h_1,2)$ 与 $(1,2)$ 的邻点 $(h_1,1)$ 相邻. 我们证明 $(h_m,2)$ 不与 V_1 中 $(1,1)$ 的任何邻点相邻. 事实上, $(1,1)$ 在 V_1 中有两个邻点 $(h_1,1)$ 和 $(h_1^{-1},1)$ (不一定不同). 如果 $(h_1^{\pm1},1)$ 与 $(h_m,2)$ 相邻, 那么对于某个 $\gamma\in\Gamma$ 和 $1\le r\le m$, 我们将有 $(h_1^{\pm1},1)=\gamma(1,1)$ 且 $(h_m,2)=\gamma(h_r,2)$ 或 $(h_m,1)=\gamma(1,2)$. 但是这将意味着 $\gamma=h_1^{\pm1}$ 并且要么 $\gamma=h_r^{-1}h_m$, 要么 $\gamma=h_m$, 都与生成集 $\{h_1,\cdots,h_m\}$ 的极小性矛盾.

所以我们已经证明了如果 α 固定了 $(1,1)$, 那么在 V_2 中一定固定了它的邻点. 我们现在证明 α 同样作用在 V_1 和 V_2 上, 即如果 $\alpha(g,1)=(g',1)$, 那么 $\alpha(g,2)=(g',2)$. 事实上, $g\alpha g'^{-1}$ 保持 $(1,1)$ 不变, 正如之前一样, 这意味着它也固定了 $(1,2)$. 但是, 这也意味着 $\alpha(g,2)=(g',2)$. 因此 α 固定了 $(h_1,1),\cdots,(h_m,1)$. 于是可以得到对每个 $i=1,\cdots,m$, 如果 α 固定了 $(g,1)$, 也同样固定了 $(gh_i,1)$. 因为 $\{h_1,\cdots,h_m\}$ 生成了 Γ, 这可以得到 α 固定了 V_1 的每个元素. 正如我们所看到的, 这意味着它也固定了 V_2 的每个元素, 即 $\alpha=1$. 这就证明了 G 中保持 V_1,V_2 中元素不变的自同构只能是 Γ 中的元素.

为了排除 G 的那些不保持 V_1,V_2 不变的自同构, 我们将调整这些集合的度从而使之不一样. 如果 G 本身符合这个条件我们就做完了. 否则, 考虑 V_1 的补集. 由于 V_1 在 G 中的导出子图的度至多为 2, 那么在补图中它们将至少为 $n-1-2\ge 2$. 因此它们的度增加了, 所以在取补图后它们的度将不会等于在 V_2 中的度. 由于在 V_1 的补集中将不影响保持 V_1 不变的自同构, 我们得到了所求的图.

$m=1$ 的情形, 即 Γ 是循环的, 取图 38 中的图考虑. 在边缘上的顶点的度为 5, 里面顶点的度为 3, 所以每个自同构将边缘回路映射到它自身, 内部点不能反射. [L.

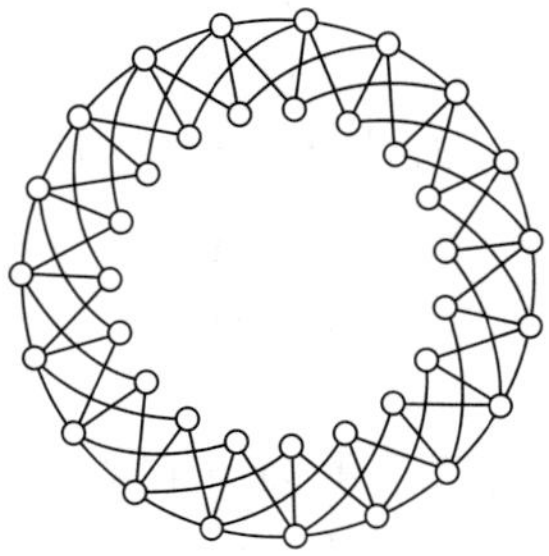

图 38

Babai, *Can. Math. Bull.* **17** (1974) 467–470.]

7. (a) 假设竞赛图 T 有偶数个自同构. 由 Cauchy 定理知, T 有一个阶为 2 的自同构 α. 设 (xy) 是 α 的一个 2-圈, 因为 γ 是竞赛图, 所以 (x,y) 或者 (y,x) 是 T 的一条边, 但不能同时是. 不妨设 $(x,y)\in E(T)$, 那么 α 将 (x,y) 映射到 $(y,x)\notin E(T)$, 矛盾.

(b) 首先我们注意到如下事实. 设 V 是一个集合, 满足奇数阶的群 Γ 在 V 上的作用是正则的. 让我们考虑 Γ 在集合 E 上的轨道, 集合 E 是有序对 (x,y), $x\neq y$, x, $y\in V$. Γ 中没有元素能将 (x,y) 映射成 (y,x); 这是因为这样的置换将包含一个偶圈, 从而它将是偶数阶的.

因此, Γ 在 E 上的轨道分解成对 $\{S,S'\}$ 满足 $S'=\{(x,y):(y,x)\in S\}$. 从每个这样的对 $\{S,S'\}$ 中选取一个轨道, 这些轨道的并形成了一个竞赛图 T, 其中 T 允许 Γ 中的所有元素作为它的自同构. 现在让我们取两个集合 $V_i=\{(\alpha,i):\alpha\in\Gamma\}$ $(i=1,2)$, 并定义 $\alpha\in\Gamma$ 在 $V_1\cup V_2$ 上的作用

$$\alpha(\gamma,i)=(\gamma\alpha,i)\quad(\gamma\in\Gamma,i=1,2).$$

设 $h_1,\cdots,h_m$ 是 Γ 的一个极小生成集.

如果 $\delta=\gamma$ 或 $\delta=\gamma\cdot h_i$ $(1\leq i\leq m)$, 我们就连接 $(\gamma,1)$ 到 $(\delta,2)$, 否则连接 $(\delta,2)$ 到 $(\gamma,1)$. 取 V_1 上任一在 Γ 作用下保持不变的竞赛图. 为了定义 V_2 上的竞赛图, 我们观察到没有对 $((h_i,2),(h_j,2))$ 或 $((h_i,2),(1,2))$ 或 $((1,2),(h_i,2))$ 通过任一元素 $\gamma\in\Gamma$ $(\gamma\neq 1)$ 被映射成这样的对; 这是因为, 例如,

$$\gamma((h_i,2),(h_j,2))=((h_\mu,2),(h_\nu,2))$$

将蕴含着

$$h_i=h_\mu h_\nu^{-1}h_j,$$

这意味着, 由 $\{h_1,\cdots,h_m\}$ 的极小性, 要么 $i=\nu$, $j=\mu$, 从而 $(h_ih_j)^2=1$ (这个排除了, 因为 Γ 是奇数阶的); 要么 $i=\mu$, $j=\nu$, 从而 $\gamma=1$. 所以我们可以取边 $((1,2),(h_i,2))$ $(i=1,\cdots,m)$ 和边 $((h_i,2),(h_j,2))$ $(1\leq i\leq j\leq m)$, 以及它们在 Γ 下的所有像, 正如开始时注意到的, 取 Γ 在 E 上轨道的每个剩余对中的一个, 且得到了 V_2 上的一个在 Γ 下保持不变的竞赛图. 因此我们定义了 $V_1\cup V_2$ 上在 Γ 下保持不变的竞赛图 T.

我们断言 $A(T)=\Gamma$. 设 $\alpha\in A(T)$, 我们想证明 $\alpha\in T$. 首先观察到 V_1 中的点的出度为

$$\frac{n-1}{2}+m+1,$$

且 V_2 中的点的出度为

$$\frac{n-1}{2}+n-m-1,$$

这是不同的, 因为 n 是奇数. 因此, α 一定保持 V_1 和 V_2 不变.

我们不妨假设 $\alpha(1,1)=(1,1)$, 那么 V_2 中可以从 $(1,1)$ 通过一条边到达的顶点集合同样在 α 下保持不变. 这个集合是 $(1,2),(h_1,2),\cdots,(h_m,2)$, 是一个传递竞赛图. 因此 α 一定固定了所有的顶点. 因此由之前的解答知, α 一定固定了每个顶点, 即 $\alpha=1$. [J. W. Moon, *Canad. J. Math.* **16** (1964) 485–489; 这个构造来源于 L. Babai.]

8. 用图 39 中的路替换图 37 中的路来连接 g_i 到 g_j, 如果它们被一条 k 色的有向边连接, 其中的 6-点构形被重复了 k 次. 以这种方式, 我们得到了自同构群为 Γ 的图 G_1 (这可以如之前一样得到). 然而, G_1 不是 3-正则的, 这是因为 $V(G_0)$ 中的点度为 $2|\Gamma|$.

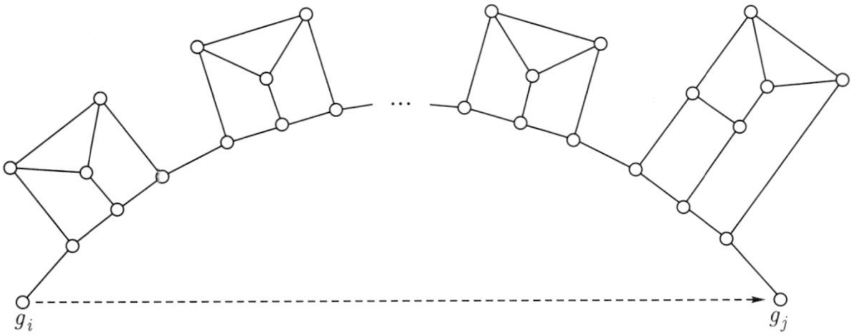

图 39

取任意的 $g_i\in V(G_0)$, 观察到在图 36 中恰好有两个长为 k 的串粘贴在它上面, 每个串都以它为端点 $(k=1,\cdots,|\Gamma|)$. 把 g_i 分裂成 $2|\Gamma|$ 个度为 1 的顶点; 将它们记为 $a_{1,6},\cdots,a_{|\Gamma,6|},a_{1,8},\cdots,a_{|\Gamma|,s}$, 其中 $a_{k,j}$ 表示图 36 中长为 k 的串的起始点, 并且挨着 $a_{k,j}$ 的是一个 j-点构形. 现在按照上述顺序用圈 C_i 把这些 $a_{k,j}$ 连到一起, 对每个 $i=1,\cdots,|\Gamma|$ 都做同样的操作. 显然地, G_1 的每个自同构导出了所得图 G 的一个自同构. 反之, 设 α 是 G 的一个自同构. G 中唯一的三角形就是图 36 中的串, 所以 α 把它们映到了彼此; 并且 6-点构形中的三角形比 8-点构形, 8-点构形映到 6-点构形, 8-点构形映到 8-点构形中的三角形具有不同的邻点. 因此 α 也把剩下的映到了彼此, 即将圈 C_i 上的点映到了彼此. 由于 C_i 都是由 $V(C_1)\cup\cdots\cup V(C_{|\Gamma|})$ 生成的子图的连通分支, α 将每个 C_i 映射到了某个 C_j. 因此, α 导出了通过收缩每个 C_i 后得到的图的一个 (唯一的) 自同构. 但是这个图是 G_1.

因此, G 的自同构与 G_1 的自同构一一对应, 这显然是一个同构. 因此 G 的自同构群同构于 Γ. 由于 G 是 3-正则的, 因此我们完成了证明. [R. Frucht, *Canad. J. Math.* **1** (1949) 365–378. 这个证明来源于 L. Babai. 对于任意度数的正则图参考 G. Sabidussi, *Canad. J. Math.* **9** (1957) 515–525.]

9. 令 $x_1,\cdots,x_n$ 如提示中所示, 用 Γ_i 表示固定 $x_1,\cdots,x_i$ 后的这些自同构的群, 那么 $\Gamma_1=A(G)$, 这是因为 x_1 是唯一的 2 度点, 从而每个自同构必须固定它; $\Gamma_n=\{1\}$. 我们证明指数 $|\Gamma_{i-1}:\Gamma_i|$ 为 1 或 2, 这将蕴含着结果.

考虑在 $\Gamma_{i-1}(i\geq 2)$ 下 x_i 的像. 设 $j<i$ 满足 x_j 与 x_i 相邻, 那么 x_j 在 $\{x_i,\cdots,x_n\}$ 中至多有一个其他邻点. 因为每个 $\gamma\in\Gamma_{i-1}$ 必将 x_i 映射到 x_j 的一个这样的邻点, 于是要么 x_i 被 Γ_{i-1} 的所有自同构固定, 要么它有一个其他的像. 指数 $|\Gamma_{i-1}:\Gamma_i|$ 相应地为 1 或 2.

注释: 阶为 2^k 的每个群都可以作为这样一个图的自同构群 [参见 L. Babai—L. Lovász, *Studia Sci. Math. Hung.* **8** (1973) 141–150].

10. 选取边 $e\in E(G)$ 并给它任意定向. 设 f 是 e 在 $A(G)$ 上的轨道内的任意其他元素, 且设 α 是将 e 映到 f 的唯一自同构. 现在按以下方式给 f 定向: 如果 $\alpha\in\Gamma$, α 将保持 e 的定向; 否则 α 不保持 e 的定向. G 剩余边的定向如下: 每个 $\gamma\in A(G)$ 保持它们的定向 (这由 $A(G)$ 在 $E(G)$ 上的作用是半正则的可得).

由构造知得到的有向图 $\overrightarrow{G}$ 允许 Γ 中的元素作为其自同构. 另一方面, 设 α 是 $\overrightarrow{G}$ 的任一自同构. 那么, 显然地, α 是 G 的一个自同构, 即 $\alpha\in A(G)$. 因为 $\alpha(e)$ 一定与 e 有相同定向, 因此 $\alpha\in\Gamma$. [参见 J. Nešetřil, *Monatsh. f. Math.* **76** (1972) 323–327.]

11. 容易验证, 题 12.5 中, 如果我们删除一条连接度为 1 和度为 2 的边 e, 我们将得到一个没有自同构的图. 取它的补图, 我们有一个连通图 G_2 和一条边 $e=(u,v)\in E(G_2)$ 满足 $A(G_2)=\{1\}$, $A(G_2-e)\cong\Gamma_2$. 题 12.5 中的构造也具有性质: 它的自同构群半正则作用在顶点上, 即, 不存在自同构 $\alpha\neq 1$ 固定任意点. 因此我们有图 G_1 满足 $A(G_1)\cong\Gamma_1$ 且只有单位元固定了给定点 $x\in V(G_1)$.

现在构造 G 如下. 它的顶点是序对 (x_1,x_2), $x_i\in V(G_i)$, 更进一步, 连接 (x_1,x_2) 到 (y_1,y_2), 如果 $(x_1,y_1)\in E(G_1)$, 或 $x_1=y_1$ 且 $(x_2,y_2)\in E(G_2)$. (G 被称作是 G_1 和 G_2 的字典积.) 同样将 G 中的边 $((x_1,x_2),(y_1,y_2))$ (如果 $x_1=y_1$) 染成红色, 其余的染成黑色. 现在 $A(G)\cong\Gamma_1$, 这是因为显然地, G_1 的每个自同构都导出 G 的一个自同构. 另一方面, 令 $\alpha\in A(G)$. 由于 G_2 是连通的, 红色的边使得 α 必须将每个类 $V_{x_1}=\{(x_1,x_2):x_2\in V(G_2)\}$ 映射到这样一个类 $V_{x_1'}$. 根据 G_2 除单位元外没有其他自同构的事实, 可以得到 $\alpha(x_1,x_2)=(x_1',x_2)$, 即 α 导出了 G_1 的一个自同构.

另一方面, 让我们删除边 $f=((x,u),(x,v))$, 那么, 对每个 $\gamma\in A(G_2-e)$, 如下定义的映射 γ

$$\overline{\gamma}(x_1,x_2)=\begin{cases}(x,\gamma(x_2)) & \text{如果 } x_1=x,\\ (x_1,x_2) & \text{如果 } x_1\neq x.\end{cases}$$

是 $G-f$ 的一个自同构. 反之, 如果 α 是 $G-f$ 的任一自同构, 那么如上可以得到 α 将 V_{x_1} 映射成 $V_{x_1'}$. 但是 α 一定将 V_x 映射到它自身 (因为 V_x 导出的边少于其他的 V_{x_1}). 因此, α 导出了 G_1 的一个自同构 $\widetilde{\alpha}$, 它固定了 x, 从而 $\widetilde{\alpha}=1$, 即对每个 $x_1\in G_1$ 有 $\alpha(V_{x_1})=V_{x_1}$. 因为对 $x_1\neq x$, V_{x_1} 导出了一个没有正常自同构的图, 我们得到对某个 $\gamma\in A(G_2-e)$ 有 $\alpha=\overline{\gamma}$. 因此 $A(G-f)\cong\Gamma_2$.

我们仍然要删除染颜色的边. 通过用一条长为 N 的路来替换每条黑边, N 无限大, 很容易就得到我们要的 [L. Babai].

12. (a) 我们首先注意到: 存在树 T 满足 Γ 的每个轨道恰好包含 T 的一个点. 这是因为选取一棵极大的树 T_0 使得每个轨道至多包含 T_0 中一个点. 如果 $V_0 = \bigcup_{\gamma\in\Gamma} \gamma(V(T_0)) = V(G)$, 我们已经证明完了. 现在假设 $V_0 \neq V(G)$, 那么, 由于 G 是连通的, 所以存在点 $x \notin V_0$ 与某个点 $y \in V_0$ 相关联. 令 $y \in \gamma(T_0)$, 那么 $\gamma(T_0) + (x, y)$ 是与每个轨道都相交于至多一点的更大的树.

所以令树 T 与每个轨道恰好相交于一个点. 让我们收缩掉每个 $\gamma(T)$, $\gamma \in \Gamma$. 得到的图 G' 显然是连通的, 且 Γ 在它上面的作用是正则的. [L. Babai, *Acta Math. Acad. Sci. Hung.* **24** (1973) 215–221; 参见 G. Sabidussi, *Proc. AMS* **9** (1958) 800–804.]

(b) 我们对 $|V(G)|$ 使用归纳法. 我们可以假设 $\Gamma \neq \{1\}$, 令 $e \in E(G)$ 使得 e 的两个端点不同时都是 Γ 的固定点.

设 G' 是由 G 中形如 $\gamma(e)$, $\gamma \in \Gamma$ 的那些边构成的子图, 那么 G' 是 G 的子图, 满足 Γ 在其上的作用是边传递的. 更进一步, Γ 中的不同元素对 $V(G')$ 有不同的影响; 因为那些满足条件 $\gamma|_{V(G')} = 1$ 的置换 $\gamma \in \Gamma$ 构成的集合 N 是 Γ 的一个正规子群. 由 Γ 的单性, $N = \Gamma$ 或者 $N = \{1\}$. 然而, $N = \Gamma$ 将意味着 $V(G')$ 的所有点, 特别是 e 的两个端点, 都是 Γ 的固定点, 矛盾. 因此如果 G' 是连通的, 那我们就证明完了.

假设 G' 是不连通的; 令 $G_1, \cdots, G_k$ 是它的连通分支, 那么

$$\{V(G_1), \cdots, V(G_k)\} \cup \{\{x\} : x \in V(G)\backslash V(G')\}$$

是 $V(G)$ 在 Γ 下保持不变的一个划分. 我们收缩每个 G_i 到一个点, 得到的图 G'' 显然是连通的. 每个自同构 $\gamma \in \Gamma$ 导出一个自同构 $\widetilde{\gamma} \in A(G'')$. 同上, Γ 的单性意味着, 要么对每个 $\gamma \in \Gamma$, 有 $\widetilde{\gamma} = 1$, 要么 $r \mapsto \widetilde{\gamma}$ 都是一一对应的. 但是因为某个 $\gamma \in \Gamma$ 把 G_1 映射到 G_2 且 $\widetilde{\gamma} \neq 1$, 所以前者不可能发生. 因此 $A(G'')$ 包含一个同构于 Γ 的子群. 我们通过归纳法完成了证明. [L. Babai, *Discrete Math.* **8** (1974) 13–20.]

13. (a) 如果一个置换群是可交换的并且是传递的, 那么它一定是正则的 (参见 11.17 的解答的脚注).

如果我们固定任意点 x_0, 那么由 $A(G)$ 的正则性, 每个 $x \in V(G)$ 可以被唯一地写作 $\alpha(x_0)$, $\alpha \in A(G)$. 因此满足 $\varphi(\alpha(x_0)) = \alpha^{-1}(x_0)$ 的映射 φ 是好的定义, 而且是 $V(G)$ 的一个置换. 更进一步, φ 是 G 的自同构, 这是因为如果 $(x, y) \in E(G)$, $x = \alpha(x_0)$, $y = \beta(x_0)$ $(\alpha, \beta \in A(G))$, 那么由于 α 是一个自同构, 所以 $(x_0, \alpha^{-1}(\beta(x_0))) = (x_0, \beta(\alpha^{-1}(x_0))) \in E(G)$, 因而 $(\beta^{-1}(x_0), \alpha^{-1}(x_0)) \in E(G)$. 由于 φ 保持 x_0 不动, 由 $A(G)$ 的正则性, 我们得到 $\varphi = 1$. 因此对每个 $\alpha \in A(G)$, 有 $\alpha^{-1} = \alpha$, 即 $A(G)$ 的每个元素的阶都为 2. 由群论的知识可知, 这意味着 $A(G)$ 是一些 2 阶循环群的直积. [C. Y. Chao, *Proc. AMS* **15** (1964) 291–292; G. Sabidussi, *Monatsh. f. Math.* **68** (1964) 426–438.]

(b) 令 Q_n 表示 n 阶立方体, 我们不妨假设 Q_n 的顶点是长度为 n 的 01-向量, 而且两个这样的向量相邻当且仅当它们只在一处不同. 用 e_I 表示 $I \subseteq \{1, \cdots, n\}$ 的特征

向量. 如果我们交换属于子集 $I \subseteq \{1, \cdots, n\}$ 的这些坐标, 我们就得到 Q_n 的一个自同构 α_I. 所有的自同构 α_I 组成的群 Γ_0 同构于 $\underbrace{Z_2 \times \cdots \times Z_2}_{n}$. 然而, Q_n 还有其他的自同构, 例如, 交换前两个坐标. 为了排除掉这些, 如果两个向量只在第 k 处不同, 那么我们用 k 条边连接这两个向量来修正 Q_n. 显然由如上定义可知 α_I 仍然是所得图 Q'_n 的自同构. 我们证明 Q'_n 没有其他的自同构. 如果它有, 我们假设有一个, 并且固定了 $(0, \cdots, 0)$. 然而, 如果 α 是一个固定了 $(0, \cdots, 0)$ 的自同构, 那么它也固定了顶点 $(1, 0, \cdots, 0)$, 因为这是唯一一个与 $(0, \cdots, 0)$ 只有一条边相连的点. 类似地, 它固定了顶点 $(0, \cdots, 0, 1, 0, \cdots, 0)$, 其中 1 可以处于任意位置. 因此如果 α 固定了某个点, 则它固定了这个点的所有邻点. 因为 Q'_n 是连通的, 所以 α 一定固定了每个点, 即 $\alpha = 1$, 矛盾.

(c) 我们希望通过在 Q_n 中添加一些新的边使得生成的简单图 G 仍然允许每个 α_I 都作为其自同构, 但是又没有其他的自同构. 设 H 是定义在向量集合 $\{\mathbf{e}_1, \cdots, \mathbf{e}_n\}$, $\mathbf{e}_i = (0, \cdots, 0, 1, 0, \cdots, 0)$ 上的图.

如果 $(\mathbf{e}_i, \mathbf{e}_j) \in E(H)$, 那么 $\alpha_I(\mathbf{e}_i) = (\mathbf{e}_{I \triangle \{i\}})$, $\alpha_I(\mathbf{e}_j) = \mathbf{e}_{I \triangle \{j\}}$. 因此如果我们将所有的边 $(\mathbf{e}_I, \mathbf{e}_J)$ 都增加到 Q_n 中使得 $I \triangle J = \{i, j\}$, $(\mathbf{e}_i, \mathbf{e}_j) \in E(H)$, 我们就得到了在 Γ_0 下保持不变的图 G.

下面我们来看 H 必须满足哪些性质才能保证 G 没有其他的自同构.

假设 $A(G) \neq \Gamma_0$. 因为 Γ_0 是传递的, 我们有一个 $\alpha \in A(G)$, $\alpha \neq 1$ 满足 $\alpha(0, \cdots, 0) = (0, \cdots, 0)$. 设 H_1 是由 $(0, \cdots, 0)$ 在 G 中的邻点导出的图 (这里 H_1 显然不是 H, 因为 $(0, \cdots, 0)$ 的邻点不包含 $\mathbf{e}_i$). H_1 中的点就是 $\mathbf{e}_1, \cdots, \mathbf{e}_n$ 以及满足 $(\mathbf{e}_i, \mathbf{e}_j) \in E(H)$ 的所有点 $\mathbf{e}_{\{i,j\}}$. 形如 $\mathbf{e}_i$ 的两个点是相邻的当且仅当它们在 H 中是相邻的. $\mathbf{e}_{\{i,j\}}$ 和 $\mathbf{e}_{\{\mu,\nu\}}$ 是相邻的当且仅当 $(\mathbf{e}_i, \mathbf{e}_j)$ 和 $(\mathbf{e}_\mu, \mathbf{e}_\nu)$ 是相邻的边, 例如, $j = \nu$ 且 $(\mathbf{e}_i, \mathbf{e}_\mu) \in E(G)$.

因此 H_1 就是通过对 H 做如下操作得到的: 对 H 中的每条边 $\mathbf{e}$ 取一个新点 p_e, 然后将它和 $\mathbf{e}$ 的端点相连, 连接 p_e 和 p'_e 当且仅当 $\mathbf{e}$, $\mathbf{e}'$ 是 H 中一个三角形的边.

注意到如果 H 不包含三角形, 那么 $V(H_1) - V(H)$ 的每个点的度都为 2. 如果 H 没有度为 1 的点, 那么这些点就是所有度为 2 的点. 因此, 如果 H 还是对称的, 那么 H_1 也是对称的.

如果上面的操作可以进行我们就完成了证明, 因为这意味着 α 固定了 $(0, \cdots, 0)$ 在 G 中的邻点, 并且 G 是连通的, 可以得到它固定了每一个点, 矛盾. 所以我们需要的就是一个非对称的、没有三角形且没有 1 度点的图.

对 $n \geq 8$, 图 40 显示了这样的一个图 H. [W. Imrich, *Monatsh. f. Math.* **73** (1969) 341–347. 对于没有交换正则自同构群的图参见 L. A. Nowitz-M. E. Watkins, *Canad. J. Math.* **24** (1972) 993–1018.]

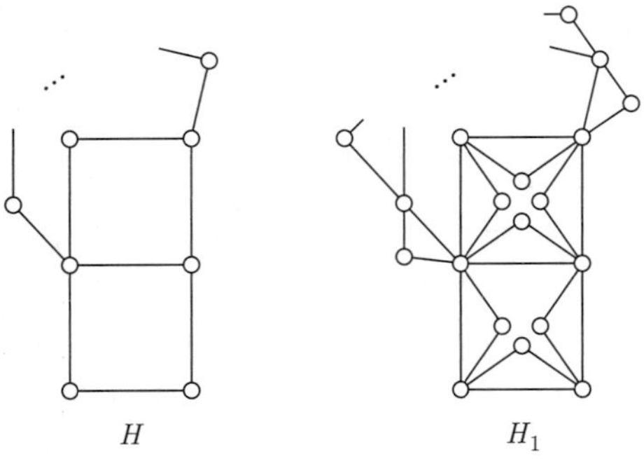

图 40

14. 令 k 是 G 的边连通度, 且 $X \subseteq G$ 是满足 $\delta_G(X) = k$ 的极小集合.

由 X 的极小性, $|X| \le |V(G)|/2$. 令 $x_1, x_2 \in X$ 且 $\alpha \in A(G)$ 满足 α 将 x_1 移动到了 x_2. 设 $\alpha(X) = X'$, 那么 $\delta_G(X') = k$ (因为 α 是一个自同构) 且 $X \cap X' \neq \emptyset$, $X \cup X' \neq V(G)$ (因为 $|X| = |X'| \le |V(G)|/2$). 因此由 6.48(a), $\delta_G(X \cap X') = k$. 由于 X 已经是极小的, 这种情况只能在当 $X \cap X' = X$, 即 $X = X'$ 时成立.

因此, 保持 X 不变的这些自同构在 X 上的作用是可传递的, 这意味着 X 中的每个点在 X 中具有相同的邻点个数 a. 显然地,

$$a \le |X| - 1,$$

由于 X 中的每个点与 X 外的 $r - a$ 个点相邻,

$$(r - a)|X| = k.$$

因此

$$k = (r - a)|X| \ge (r - a)(a + 1) \ge r.$$

由于显然 $r \ge k$, 如上所述我们有 $r = k$.

15. (a) 设 $T \subseteq V(G)$, $|T| = 3$, G_1 是 $G - T$ 的一个连通分支, $X = V(G_1)$ 并且假设选取 T, G_1 使得 $|X$ 是极小的.

考虑 X 在 G 的自同构下的所有像, 由于 $A(G)$ 的传递性, 它们覆盖了所有的点. 更进一步, 它们都是不相交的 (如果不同的话). 因为, 如果 $\alpha(X) \cup \beta(X) \neq \emptyset$, $\alpha(X) \neq \beta(X)$, 那么 $\alpha(T)$ 会与 $\beta(X)$ 相交, 但不包含它, 这与 6.60(a) 矛盾. 这也证明了 T 是 X 中特定像的并. 因为 $|T| = 3$, 所以只有 $|X| = 1$ (这种情况我们就证明完了) 或 $|X| = 3$ 时, 这才有可能.

为了排除后面的情况, 观察到 X 仅与 T 中有边相连. 所以如果对某个 α, $T = \alpha(X)$, 那么 T 仅与 $\alpha(T) = \alpha^2(X)$ 相连; 然而, 事实上, T 是与 X 以及其他某些点相连的 (构成一个割集).

用 4 来替换 3, 这个命题是不成立的, 如图 41 所示.

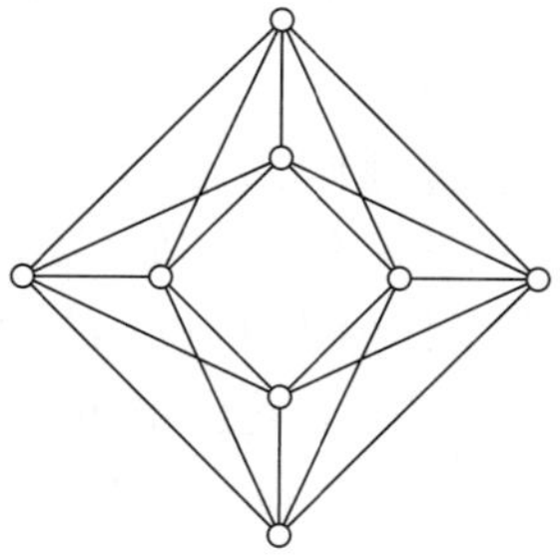

图 41

(b) 其次, 设 T 是 G 的最小割集且 G_1 是 $G-T$ 的一个连通分支, 选取它们使得 $|X|$ 极小, 其中 $X=V(G_1)$. 和之前一样有, T 是 X 中不相交的特定像的并, 而且 T 不能是 X (在 G 的自同构下) 的一个像. 因此,

$$|T|\geq 2|X|.$$

由于任意点 $x\in X$ 仅与 $T\cup(X-\{x\})$ 中的点相连, 我们有

$$r\leq |T|+|X|-1\leq |T|+\frac{1}{2}|T|-1=\frac{3}{2}|T|-1,$$

或者, 等价地

$$|T|\geq \frac{2}{3}(r+1).$$

当 $r+1$ 能被 3 整除时, 这个估计是紧的, 一个圈和一个完全 $(r+1)/3$-图的强直积可说明该结果 (图 41 是 $r=5$ 的情形). [M. E. Watkins, *J. Comb. Th.* **8** (1970) 223–226; W. Mader, *Arch. d. Math.* **21** (1970) 331–336.]

(c) 再次, 设 T 是 G 的最小割集且 G_1 是 $G-T$ 的连通分支. 假设选择 T, G_1 使得 $|V(G_1)|$ 极小. 我们想要证明 G_1 是由单个顶点组成的, 假设 G_1 有一条边 e. 设 f 是连接 G_1 与 T 的一条边, 并且 α 是将 f 映射到 e 的一个自同构, 那么 $\alpha(T)$ 与 G_1 相交, 而且不包含它, 与 6.60(a) 相矛盾.

16. 间接地假设 G 的边 $e=(x,y)$ 不出现在任何 1-因子中 (G 本身可能有、也可能没有 1-因子), 那么 $G-x-y$ 没有 1-因子, 从而由 Tutte 定理, 存在一个 $X_1\subseteq V(G)-\{x,y\}$ 满足 $G-x-y-X_1$ 有多于 $|X_1|$ 个奇分支. 考虑到奇偶性的原因, $G-x-y-X_1$ 的奇分支数目 $\geq |X_1|+2$ (因为 $|V(G)|$ 是偶的). 所以如果我们令 $X=X_1\cup\{x,y\}$, 那么 $G-X$ 有 $\geq |X|$ 个奇分支.

设 $T_1,\cdots,T_k$ 是 $G-X$ $(k\geq |X|)$ 的分支且设 G 是 r-正则的. 根据 12.14, G 是 r-边连通的, 从而至少存在 r 条边连接 T_i 与 X $(i=1,\cdots,k)$. 这意味着有至少 kr 条

边进入 X. 但是 X 仅有 $|X| \le k$ 个点来接收它们, 并且每个点至多接收 r 条边. 更进一步地, x 和 y 至多接收 $r-1$ 条边, 因为它们与 e 邻接. 因此, X 的点不能接收所有进入 X 的边, 矛盾.

17. Γ 是正则的 (参见 11.17 的解答的脚注). 令 $x \in V(G)$ 和 $\gamma \in \Gamma$ 使得 $(x, \gamma(x)) \in E(G)$, 那么 $(x, \gamma(x), \cdots, \gamma^{r-1}(x))$ 是 G 的一个圈 (其中 r 是 γ 的阶).

现在令 Γ_1 是 Γ 的一个极大子群使得 $\Gamma_1(x)$ 的元素形成一个圈 $(x, x_1, \cdots, x_m)$ $(|\Gamma_1| = m+1)$. 我们断言, $\Gamma_1(x) = V(G)$, 这就证明了结论. 假设 $\Gamma - \Gamma_1 \ne \emptyset$, 那么由于 G 是连通的, 存在边 (a, b) 满足 $a \in \Gamma_1(x)$, $b \notin \Gamma_1(x)$. 那么 $a = \gamma(x)$ $(\gamma \in \Gamma_1)$ 且 $(x, \gamma^{-1}(b))$ 也是一条边. 显然 $\gamma^{-1}(b) \notin \Gamma_1(x)$; 令 $\gamma^{-1}(b) = \delta(x)$, $\delta \in \Gamma - \Gamma_1$. 令 p 是满足 $\delta^p \in \Gamma_1$ 的最小整数.

由 Γ 的可交换性知, 对任意 $y \in V(G)$ 有 $(y, \delta(y)) \in E(G)$; 实际上, 对某个 $\gamma \in \Gamma$ 有 $y = \gamma(x)$, 那么 $(y, \delta(y)) = (\gamma(x),\ \delta(\gamma(x))) = (\gamma(x),\ \gamma(\delta(x))) = \gamma(x, \delta(x)) \in E(G)$. 同样, 可交换性蕴含着 $\Gamma_2 = \Gamma_1 \cup \Gamma_1\delta \cup \cdots \cup \Gamma_1\delta^{p-1}$ 是一个子群.

如果 p 是偶的, 那么

$$(x, x_1, \cdots, x_m, \delta(x_m), \cdots, \delta(x_1), \delta^2(x_1), \cdots, \delta^2(x_m), \cdots,$$

$$\delta^{p-1}(x_m), \cdots, \delta^{p-1}(x_1), \delta^{p-1}(x), \cdots, \delta(x))$$

是一条由 $\Gamma_2(x)$ 的点形成的圈, 矛盾 (图 42(a)). 如果 p 是奇的, 那么我们有圈

$$(x, x_1, \cdots, x_m, \delta(x_m), \cdots, \delta(x_1), \delta^2(x_1), \cdots, \delta^2(x_m), \cdots,$$

$$\delta^{p-1}(x_m), \cdots, \delta^{p-1}(x), \delta^{p-2}(x), \cdots, \delta(x)),$$

也矛盾 (图 42(b)).

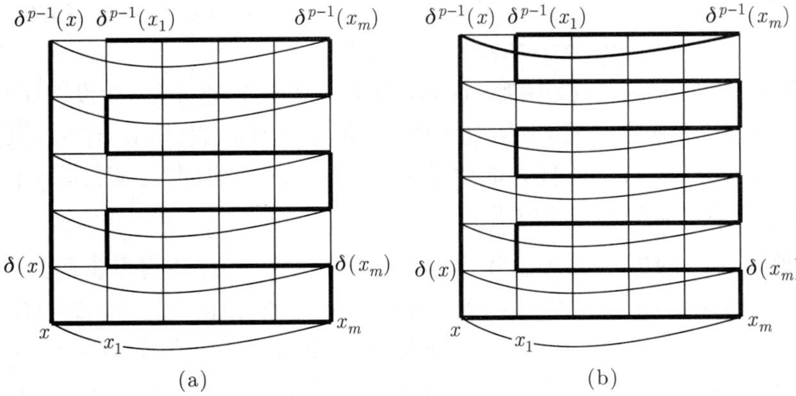

图 42

注释: Petersen 图显示, Γ 是可交换的条件不可去掉 [J. Pelikán].

18. 只需要描述满足所求性质的连通图, 不连通图是任意个连通例子的不交并.

我们分两种情形. 如果 $\Gamma = A(G)$ 的作用是点传递的, 那么由 12.15(b) 得, 除 $G = K_2$ 外, G 至少是 2-连通的. 更进一步, 如果 G 不是 3-连通的, 那么它是 2-正则的, 即一个单独的圈.

假设 G 是 r-正则的 $(r \geq 3)$ 且是 3-连通的. 由 6.69, G 有一个本质上唯一的球体嵌入, 并且每个自同构将面映射到面. 由边传递性, 要么所有的面有相同的大小, 要么只有两种面, 不妨设为 k 边形和 l 边形. 第一种情形, G 只能是 5 个柏拉图立体中的一个, 它的证明在许多几何书中都可以找到.

第二种情形, 边传递性表明每条边一定仅与一个 k 边形和一个 l 边形相邻. 因此每个点与某个 k 边形和某个 l 边形相邻. 显然 $a \geq 2$ 且由 5.26 得, $|E(G)| = a \cdot n \leq 3n - 6$, 因此 $a = 2$.

显然, k 边形的总数为 $\frac{2n}{k}$, l 边形的总数为 $\frac{2n}{l}$, 因此由 Euler 公式得

$$n + \frac{2n}{k} + \frac{2n}{l} = 2n + 2.$$

$$\frac{1}{k} + \frac{1}{l} = \frac{1}{2} + \frac{1}{n}.$$

我们可以假设 $3 \leq k < l$, 因而要么 $k = 3,\ l = 4,\ n = 12$, 要么 $k = 3,\ l = 5,\ n = 30$. 容易看出相对应的图分别是立方体和十二面体的线图.

现在假设 Γ 在这些点上不是传递的, 那么显然 $A(G)$ 在 $V(G)$ 上有两个传递类 U 和 W, 每条边连接不同类中的两个点.

如果 G 的最小度是 1, 那么它是一个星图. 如果 G 的最小度是 2, 那么它可通过剖分平面图 G_1 (没必要是简单的) 的每条边得到. 这个图 G_1 有一个点传递和边传递的自同构群. 因此, G_1 可由如上确定的一个图通过每条边添加相同的重数产生. 因此, G 是提示中所描述的图之一.

所以假设 G 的最小度至少是 3, 那么由 12.15(c) 得 G 是 3-连通的, 从而由 6.69 得它有一个本质上唯一的球体嵌入. 同样由边传递性可得, $A(G)$ 要么在面间可传递, 要么有两类面. 在第一种情形下, 考虑对偶图 G^*. 它有一个点传递和边传递的自同构群, 并且因此是上面确定的图之一.

所以, 我们不妨假设 $A(G)$ 不可在面间传递. 设每条边与一个 k 边形面和一个 l 边形面相邻. 设在 U 和 W 中的度分别为 a 和 b, 因为包含给定点的面是两个可传递类之一, 所以 a 和 b 是偶数且至少是 4. 类似地, $k, l \geq 4$. 但这样的话, 点数至多为 $|E(G)|/2$, 面数也至多为 $|E(G)|/2$, 与 Euler 定理矛盾. 所以, 最后一种情形不能出现. 因此, 在提示中给出的图都被验证了.

19. 设 Γ 是一个非循环单群且假设 $A(G) \cong \Gamma$, 其中 G 是可平面图. 我们证明这将意味着 $\Gamma \cong A_5$, 甚至是在给点染色时也是成立的. 设 G 是满足 $A(G) \cong \Gamma$ 的最小图, 那么 G 是连通的. 这是因为, 假设 G 有连通分支 $G_1, \cdots, G_k$, 那么 G 的每个自同构导出连通分支的一个置换. 能导出单位元的那些自同构形成了 $A(G)$ 的一个正规子群. 因为

$A(G)$ 是简单的, 要么没有自同构导出单位元, 要么所有自同构都导出单位元. 在第一种情形, G 的连通分支是对称的, 从而 $A(G)$ 是对称群 (交换同构的连通分支) 的直积, 这不可能是一个非循环单群. 所以每个自同构保持连通分支不变. 设 G_1 是一个连通分支, 但不是非对称的, 那么保持 G_1 的顶点不变的那些自同构形成了 $A(G)$ 的一个正规真子群. 因为 $A(G)$ 是简单的, 所以仅有单位元满足, 即 $A(G) \cong A(G_1)$, 与 G 的极小性矛盾.

进而 $A(G)$ 没有固定点, 这是因为移除一个固定点且给它的邻点染一个新颜色, 我们得到一个具有相同自同构群的更小的染色图.

现在如 12.12(b) 一样, 让我们收缩 G 的一个合适的连通子图为图 G_0 使得 $A(G_0)$ 包含一个子群 $\Gamma' \cong A(G)$, 其作用是边传递的. 观察到 12.12(b) 中的构造满足, 如果 $A(G)$ 没有固定点, 那么 Γ' 也没有. G_0 显然是可平面的, 从而它是前面提示中所描述的图之一. 星图已经被排除了, 因为 Γ' 是没有固定点的. 剩下的例子是 Plato 立体, 或一些很容易看到具有与 Plato 立体相同自同构的图. 运用 12.12 很容易得到如 Plato 立体一样的自同构群除 A_5 外, 没有其他非循环单子群.

注释: 图 43 给出了具有自同构群 A_5 的平面图. [L. Babai, in: *Infinite and Finite Sets,* Coll. Math. Soc. J. Bolyai **10** Bolyai-North-Holland (1975) 29–84.]

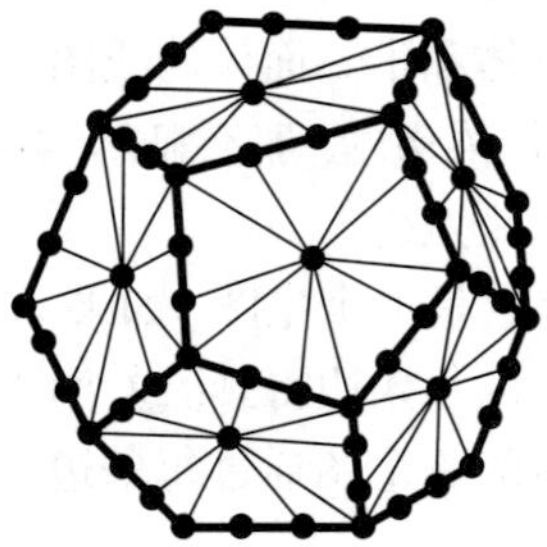

图 43

20. (a) 运用 12.12(a), 我们不妨假设 Γ 是正则作用的. 那么, 容易看到 G' 包含两条 $(p-1)$-路和一条边的 Descartes 积. (实际上, 它包含三个 p-圈的 Descartes 积.) 设 $G \supset P \oplus P' \oplus Q$, $P = (x_1, \cdots, x_p)$, $P' = (y_1, \cdots, y_p)$, $Q = (z_1, z_2)$. 只需要证明 $P \oplus P' \oplus Q$ 可以收缩到 K_p 即可. 为此, 收缩由 $P \oplus \{y_i\} \oplus \{z_1\}$ 和 $\{x_i\} \oplus P' \oplus \{z_2\}$ 生成的子图 (显然是连通的). 这产生了一个与 $K_{p,p}$ 同构的图, 相应地, 它可以平凡地收缩到 K_p (图 44).

(b) 由与之前问题的解答类似的原因, 我们不妨假设 Γ' 的作用是边传递的. 由 (a), 我们不妨假设 γ 的作用不是半正则的. 令 $\gamma_0 \in \Gamma$ 有固定点. 因为 G 是连通的, 所以它有两个邻点 x_0 和 y_0, 使得 $\gamma_0(x_0) = x_0$, 但 $\gamma_0(y_0) \neq y_0$. 那么 $y_0, \gamma_0(y_0), \cdots, \gamma^{p-1}(y_0)$ 都是 x_0 的不同邻点. 因此 $d_G(x_0) \geq p$.

如果 $A(G)$ 是点传递的, 那么每个点的度都至少为 p, 由 Mader 定理 10.8, 我们

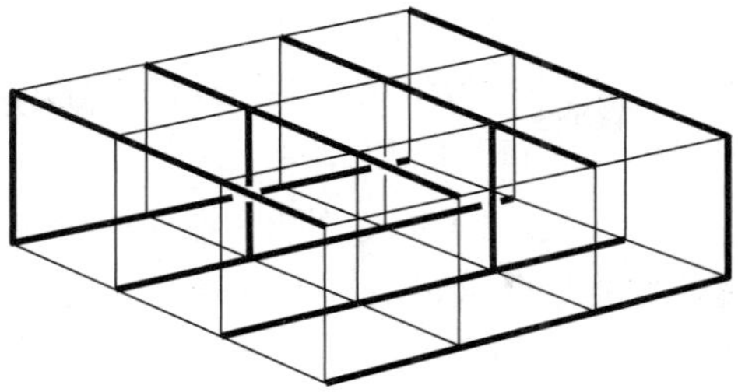

图 44

证明完毕. 因此, 假设 $A(G)$ 不是点传递的. 由边传递性可知, Γ' 有两个传递类, 即 $U=\Gamma'(x_0)$ 和 $W=\Gamma'(y_0)$. 每条边连接 U 与 W. 显然, U 中顶点的度都至少为 p, W 中顶点的度都至少为 2. 如果 W 的度都至少为 $\sqrt[3]{p}$, 那么由 10.8, 我们如之前一样得到结论. 因此, 假设 W 的度都小于 $\sqrt[3]{p}$.

连接 G 中距离为 2 的两个点形成 $V(G_1)=U$ 上的图 G_1. 每个 $\gamma\in\Gamma'$ 都导出一个 $\bar{\gamma}\in A(G_1)$. 显然, $\gamma\mapsto\bar{\gamma}$ 是一个同态, 因为 Γ' 是简单的, 所以它要么是一个单射, 要么映射到 1. 然而, 后一种情况是不可能的, 这是因为 Γ' 在 U 上的作用是传递的. 更进一步地, γ_0 有固定点, 但不是单位元, 因此与之前一样, 可以得到 G_1 的度都至少为 p.

对每条边 $e=(u,v)\in E(G_1)$, 用 $f(e)$ 表示 u,v 在 G 中的共同邻点. 显然地, $f(e)\in V$. 与 $f(e)$ $(e\in E(G_1))$ 一样, 点 $y\in V$ 至多可以出现

$$\binom{d_G(y)}{2}\le\binom{\sqrt[3]{p}}{2}<\frac{1}{2}p^{2/3}$$

次, 所以, 形如 $f(e)$ 的点数至少为

$$\frac{2|E(G)|}{p^{2/3}}\ge\frac{p\cdot|U|}{p^{2/3}}=|U|\sqrt[3]{p}.$$

对形如 $f(e)$ 的每个点 x, 选择一条边 $(u_x,v_x)=e_x\in E(G_1)$ 使得 $f(e_x)=x$, 且收缩 G 的边 (u_x,x).

将 W 中不具有 $f(e)$ 形式的那些点与它们的任一邻点等同, 通过这样的方式, 将 G 映射到 G_1 的一个子图 G', 它包含所有形如 e_x 的边 (可能更多). 于是,

$$|E(G')|\ge|U|\sqrt[3]{p}.$$

因此, 由 10.8 可知, G' 可收缩到 K_m.

(c) 设 N 是足够大的数; 我们证明交错群 A_N 不同构于 $\mathcal{K}$ 中任一图的自同构群, 甚至是考虑点的染色. 更确切地, 我们证明如果图 G (可能有已染色的点) 有自同构群 A_N, 那么它有一个合适的子图可收缩至 K_m, 只要 $N\ge 3p$, 其中 p 是大于 8^m 的素数. 因为对足够大的 m, $\mathcal{K}$ 当然不包含任一可收缩至 K_m 的图, 由此, 论断证毕.

由与 12.19 的解答中类似的原因, 我们不妨假设 G 是连通的且 $A(G)$ 没有固定点, 那么不考虑点的染色, 我们会得到一个图, 它满足 (b) 的条件. 这意味着 G 可以收缩到 K_m. [L. Babai, *Discrete Math.* **8** (1974) 13–20.]

21. 令 G 是满足 $A(G) \cong \Gamma$, $V(G) \cap \Omega = \emptyset$ 的图. 在 12.5 的构造基础上, 我们不妨假设 $A(G)$ 在 G 上的作用是半正则的, 即不存在元素 $\alpha \neq 1$ 具有固定点.

同样由 12.5 的构造, 我们可以假定 $|V(G)| \geq |\Gamma| \cdot |\Omega|$; 那么 $A(G)$ 在 $V(G)$ 上至少有 $|\Omega|$ 条轨道. 最后, 取 12.5 中构造的补图我们可以将 G 中的每个度变为大于 $|\Gamma|$. 令 $\gamma \to \overline{\gamma}$ 是 Γ 到 $A(G)$ 的一个同构. 现在令 $\Omega_1, \cdots, \Omega_k$ 是 Ω 上 Γ 的轨道且选取点 $y_i \in \Omega_i$ $(i = 1, \cdots, k)$. 令 $x_1, \cdots, x_k \in V(G)$ 是处于不同轨道的点. 对每个 $\gamma \in \Gamma$ 以及 $1 \leq i \leq k$, 连接 $\gamma(y_i)$ 到 $\overline{\gamma}(x_i)$. 得到的图 G' 允许所有的置换 γ' 作为其自同构, 其中

$$\gamma'(x) = \begin{cases} \gamma(x), & \text{如果 } x \in \Omega, \\ \overline{\gamma}(x), & \text{如果 } x \in V(G). \end{cases}$$

这是因为, 显然 γ' 保证了 $V(G)$ 中的邻接性, 且如果 $(\gamma_0(y_i), \overline{\gamma}(x_i))$ 是任意一条新边, 那么 $\gamma'(\gamma_0(y_i), \overline{\gamma}(x_i)) = ((\gamma_0\gamma)(y_i), (\overline{\gamma_0\gamma})(x_i))$ 也是一条新边.

另一方面, G' 没有其他的自同构. 因为令 $\alpha \in A(G')$, 那么 α 保持了 $V(G)$, 这是因为它是顶点度大于 $|\Gamma|$ 的点的集合. 因此对某个 $\gamma \in \Gamma$, 有 $\alpha|_{V(G)} = \overline{\gamma}|_{V(G)}$. 令 $y \in \Omega$, 那么对某个 $\delta \in \Gamma$ 以及 $1 \leq i \leq k$, 有 $y = \delta(y_i)$. 由于 α 是一个同构, 所以 $\alpha(y)$ 与 $\alpha(\overline{\delta}(x_i)) = (\overline{\delta\gamma})(x_i)$ 相邻. 但是 Ω 中与 $(\overline{\delta\gamma})(x_i)$ 相邻的唯一点是 $(\delta\gamma)(y_i)$. 所以 $\alpha(y) = (\delta\gamma)(y_i) = \gamma(y)$, 这样我们得到 $\alpha = \gamma'$.

这就证明了 G' 具有所需要的性质. [I. Z. Bouwer, *J. Comb. Th.* **6** (1969) 378–386; Z. Hedrlin-A. Pultr, *Illinois J. Math.* **10** (1966) 392–405.]

22. 提示中的论断容易通过如下两个观察得到:

(a) 如果 η 是 Petersen 图的任一自同态且 C 是其中的一个五边形, 那么 η 在 C 上是一一对应的. 这是因为 C 的像包含一个奇圈 (它不可能是 2-可染的, 因为这会导出 C 的一个 2-染色), 并且 Petersen 图中的最短的奇圈是五边形. 因此 $\eta(C)$ 包含一个五边形且 η 在 C 上是一一对应的.

(b) Petersen 图中的任意两点都包含在一个五边形中.

因此, 没有一个自同态可以等同两个不同的点. 因此, 由 12.1, 这个自同态半群 $\cong S_5$.

23. 考虑如图 45 所示的图, 这里 $s > a + b + c$ 是奇数. 图 G 有 3 个长度为 s 的圈和一个长度为 $3s - 2(a + b + c) > s$ 的圈. 因此, G 的任何自同态 η 在 s-圈上一定是一一对应的. 特别地, x 的三个邻点两两出现在长为 S 的回路中, 因此 $\eta(x)$ 一定有 3 个不同的邻点, 且它们也成对出现在这样的圈中. 因此 $\eta(x) = x$. 显然可知如果 a, b, c 是不相同的, 那么 η 一定保持这 3 个 "轮辐" 固定. 同时, 在 "边缘" 上长为 $s - a - c$ 的弧不能被映射到其他任何有相同端点的弧, 因为只有两条其他的路有相同的奇偶性, 也

就是长为 $c+b+(s-a-b)$ 和 $a+b+(s-b-c)$ 的路, 但这些更长. 因此 $\eta=1$. [Z. Hedrlin-A. Pultr, *Monatsh. f. Math.* **69** (1965) 318–322.]

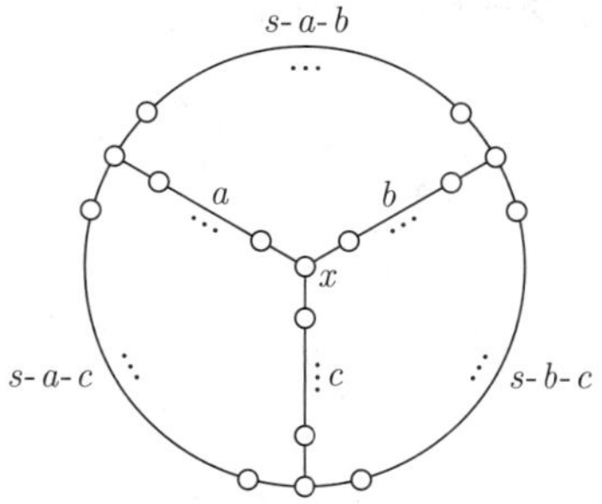

图 45

24. (a) 设 $\eta_1,\cdots,\eta_n$ 是 Σ 的元素, 选取这些作为一个染色有向图 G 的顶点. 如果 $\eta_i=\eta_k\eta_j$, 通过一条 k 色有向边连接 η_i 和 η_j. 因为我们仅有一个半群, 它可能会出现成对的点被几条不同颜色的边相连或者根本没有边相连.

对任意 η_m, 定义 $\overline{\eta}_m(\eta_j)=\eta_j\eta_m$, 我们得到 G 的一个自同态; 这是因为如果一条 k 色边连接 η_i 到 η_j, 即 $\eta_i=\eta_k\eta_j$, 那么 $\eta_i\eta_m=\eta_k\eta_j\eta_m$, 即一条 k 色边连接 $\overline{\eta}_m(\eta_i)$ 到 $\overline{\eta}_m(\eta_j)$. 更进一步, $\overline{\eta}_m$ 是 G 的不同的自同态; 这是因为, 如果对每个 i 有 $\overline{\eta}_m(\eta_i)=\overline{\eta}_l(\eta_i)$, 那么特别地, $\overline{\eta}_m(1)=\overline{\eta}_l(1)$, 即 $m=l$.

我们断言 G 没有其他自同态. 设 $\varepsilon\in\mathrm{End}(G)$ 且设 $\eta_m=\varepsilon(1)$. 我们断言 $\varepsilon=\overline{\eta}_m$. 设 $\eta_i\in V(G)$, 那么 η_i 通过一条 i 色的边连接到 1, 这是因为 $\eta_i=\eta_i\cdot 1$. 因此, $\varepsilon(\eta_i)$ 通过一条 i 色的边连接到 $\varepsilon(1)=\eta_m$, 这是因为 ε 是一个自同态. 因此

$$\varepsilon(\eta_i)=\eta_i\eta_m,\ \text{即}\ \varepsilon=\overline{\eta}_m.$$

(b) 首先我们观察到存在任意多的简单图, 都是刚性的且相互之间没有同态. 在 12.20 的解答构造中, 取一个足够大的 s 并不同选取 a,b,c 满足 $a+b+c=s-1$. 设 $G_1,\cdots,G_N$ 是这些刚性图, 其中 $N=2|\Sigma|$. 每个 G_i 的每个点都包含在一个长为 s 的奇圈中, 这是其中最短的.

现在用图 46 中所示的一条链来替换 G (如 (a) 部分中所构造的) 中的每条 k 色边 (x,y), 其中每种情况中, 与 G_i 相关联的两条边粘贴在相同的两个点上. 类似地替换自环, 除了 x 和 y 一致外.

得到的图 G' 显然有自同态 $\widetilde{\eta}_i$, 它们对应于 G 的每个自同态 $\overline{\eta}_i$. 我们断言它没有其他自同态. 因为 G' 没有其他 s-圈或者比 G_i 中更短的圈, 这样可以得到任意 $\varepsilon\in\mathrm{End}(G)$, 将 G_i 中的点映射到 G_i 中的点. 由于它们是刚性的且相互之间不能映射, 可以得到 ε 将每个 G_i 映射到相同图的其他拷贝 (或者相同). G 的点与不同的 G_i 中的点相连. 因此, $\varepsilon(V(G))\subseteq V(G)$. 可以很容易得到, 如果 x 和 y 在 G 中通过一

条 k 色边相连, 即它们在 G' 中通过 G_{2k-1} 和 G_{2k} 的链相连 (参见图 46), 那么 $\varepsilon(x)$ 和 $\varepsilon(y)$ 也是这样, 并且存在唯一方式将 (x,y)-链映射到 $(\varepsilon(x),\varepsilon(y))$-链. 因此, 对于某个 i, $\varepsilon=\widetilde{\eta}_i$. [Z. Hedrlin–A. Pultr, *Monatsh. f. Math.* **68** (1964) 213–217; 也参见 Z. Hedrlin–J. Lambek, *J. of Alg.* **11** (1969) 195–212.]

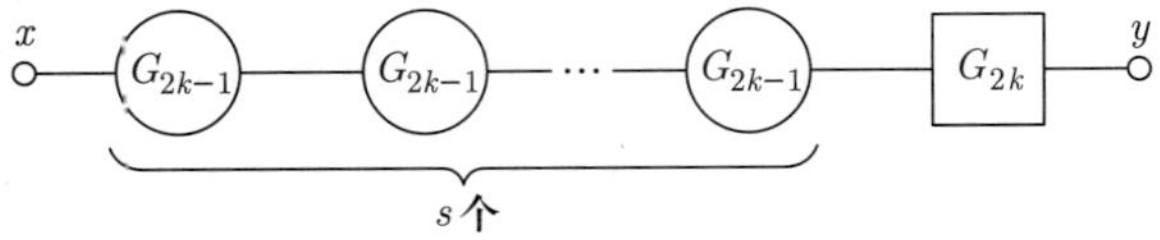

图 46

25. (a) 假设 $\mathrm{End}(G)=\{1,\alpha,\omega\}$, 其中 ω 是 0-元: $\alpha\omega=\omega\alpha=\omega$, 1 是单位元并且 $\alpha^2=1$. 移除任一边 $e=(x,y)$. 如果 ω 不是自同态, 那么存在边 $(x_1,y_1)\in E(G-e)$ 满足 $\omega(x_1)=x$, $\omega(y_1)=y$. 类似地, 如果 α 不是自同态, 那么存在边 $(x_2,y_2)\in E(G-e)$ 满足 $\alpha(x_2)=x$, $\alpha(y_2)=y$. 但是那么

$$x_2=\alpha(x)=\alpha(\omega(x_1))=\omega(x_1)=x,\quad y_2=y,$$

这就意味着 (x_2,y_2) 不是 $G-(x,y)$ 中的一条边, 矛盾.

(b) 考虑 12.24(b) 解答中的构造方法, 但是选取 s 满足: 我们有围长为 s 的刚性图 G_{N+1}, 它没有一个到 $G_1,\cdots,G_N$ 的自同态, 反之亦然. 如果添加 G_{N+1} 到 G' 作为一个新的连通分支, 得到的图 G'' 满足 $\mathrm{End}(G'')\cong\mathrm{End}(G')\cong\Sigma$. 然而, 如果我们用一条边将 $V(G)$ 的顶点 1 与 G_{N+1} 相连, 最后得到的图就是刚性的. [L. Babai–J. Nešetřil.]

§13. 超 图

1. 考虑如提示中所定义的图 G_H. 显然地, G_H 是连通的. 更进一步, 观察到 H 的一个圈对应于 G_H 的一个圈, 反之亦然. 所以 H 无圈当且仅当 G_H 是树, 即等价于

$$(**)\qquad |E(G_H)|=|V(G_H)|-1.$$

显然 $|E(G_H)|$ 是 W 中度之和, 即

$$|E(G_H)|=\sum_{E\in E(H)}|E|.$$

另一方面,

$$|V(G_H)|=|V(H)|+|E(H)|.$$

从而 $(**)$ 等价于

$$\sum_{E\in E(H)}|E|=|V(H)|+|E(H)|-1$$

[参见 B].

2. (a) 我们首先验证提示中的论断. 假设 $H' = (H - \{E\})\backslash E$ 是连通的, 令 F 是一条边满足 $|E \cap F|$ 是极大的. 我们断言 $E - F$ 的每个点在 H 中度为 1. 令 $x \in E \cap F$, $y \in E - F$ (如果不存在这样的 x 或 y, 我们就没有什么要证明的了), 间接地假设 $y \in E'$ 对某个 $E' \in E(H)$, $E' \neq E$. 由归纳假设, $F - E$ 和 $E' - E$ 非空, 所以由 H' 的连通性, 存在点序列 $a_0, \cdots, a_k \in V(H) - E$ 以及边序列 $E_0 = E'$, $E_1, \cdots, E_{k+1} = F$ 使得 $a_i \in E_i \cap E_{i+1}$ $(i = 0, \cdots, k)$. 如果 k 足够小, 我们显然有 $a_i \notin E_j$, 除非 $j = i$ 或 $i+1$, 那么圈 $(y, E_0, a_0, \cdots, E_k, a_k, E_{k+1}, x, E)$ 是非平衡的, 矛盾.

现在对 $|E(H)|$ 用归纳法. 我们可以假定 H 是连通的, 否则我们可以对它的一个连通分支应用归纳法.

设 $x \in V(H)$ 且假定 x 没有包含在任一条边里 (如果不存在这样的点, 那么论断平凡地成立). 选取 $E \in E(H)$ 使得 $x \notin E$ 且 $(H - \{E\})\backslash E$ 的连通分支 H_1 是包含 x 的极大连通分支. 如果 $(H - \{E\})\backslash E$ 是连通的, 我们已经知道论断是成立的; 所以假定存在 H 的边除 E 外, 不与 $V(H_1)$ 相交, 令 H_2 是由不与 $V(H_1)$ 相交的所有边 F 形成的超图. 显然 $E \in E(H_2)$ 且 $|E(H_2)| \geq 2$. 令 T 表示不在 H_2 中的边 E 中的那些点构成的集合. 我们断言每个 $F \in E(H_2)$ 包含 T. 假定存在 $F \in E(H_2)$ 且 $t \in T - F$, 那么考虑 $(H - \{F\})\backslash F$. 在这个超图中包含 x 的连通分支也包含 $V(H_1)$ 和 t, 矛盾.

所以 $\bigcap\limits_{F \in E(H_2)} F \supseteq T$. 显然 H_2 是完全平衡的 (完全平衡超图的每个部分超图是完全平衡的), 从而, $E_1, F_1 \in E(H_2)$ 满足 $E_1 - F_1$ 的所有点在 H_2 中度为 1. 因为, H_1 的边只与 T 相交, 这些点在 H 中的度为 1.

(b) 我们对 $|E(H)|$ 用归纳法. 令 E_0, F_0 是两条边使得 $E_0 - F_0$ 的每个点度为 1. 考虑由 H 去掉 E_0 以及 $E_0 - F_0$ 的点得到的超图 H'.

显然, 这是一个完全平衡超图且满足对任意 E_1, $E_2 \in E(H')$, $|E_1 \cap E_2| \leq p$. 从而由归纳法, 我们有

$$\sum_{E \in E(H')} (|E| - p) \leq |V(H')| - p.$$

现在由归纳假设观察到 $|E_0 \cap F_0| \leq p$, 所以 $|E_0 - F_0| \geq |E_0| - p$, 从而

$$\sum_{E \in E(H)} (|E| - p) = |V(H')| - p + |E_0| - p \leq |V(H')| - p + |E_0 - F_0| = |V(H)| - p.$$

3. 考虑 P 上点的一个线性排序. 令 $C = (x_1, P_1, \cdots, x_k, P_k)$ 是 H 的一个圈, $k \geq 3$. 我们可以假定 x_1 在 C 中既不是最小的也不是最大的点, 即, 存在 i, j 使得 $x_i < x_1$, $x_j > x_1$. 我们可以假定 $i < j$; 那么存在 $i \leq \mu < j$ 使得

$$x_\mu < x_1 < x_{\mu+1}.$$

现在 P_μ 包含 x_μ 和 $x_{\mu+1}$, 并且因为它是一条路, 所以它包含 x_1. 因此 C 是平衡的.

4. 如果 H 没有长至少为 3 的圈, 那么它是完全平衡的, 从而它满足 13.2(b) 中 $p = 2$

时的 (*) 式. 但 (*) 式可以化简为

$$|E(H)| \leq |V(H)| - 2,$$

矛盾. [L. Lovász, *Beiträge zur Graphentheorie*, Teubner (1968) 99–106.]

5. (a) 给定条件显然是必要的. 假设它是满足的, 我们证明 H 有一个具有不同代表元的系统.

在顶点集合 $V(H) \cup E(H)$ 上定义二部图 G, 连接 $v \in V(H)$ 到 $E \in E(H)$ 当且仅当 $v \in E$. 那么, 由假设, 对任意 $X \subseteq E(H)$,

$$|\Gamma(X)| = \left|\bigcup_{E \in X} E\right| \geq |X|,$$

所以由 7.4, G 有一个覆盖 $E(H)$ 中所有点的匹配. 这个匹配的边在 $V(H)$ 中的端点形成 H 的一个有不同代表元的系统 [P. Hall; 参见 B, Mi].

(b) 其次, 给定条件显然是必要的, 我们证明它是充分的. 构造如上所述的二部图 G, 那么已知条件意味着, 对每个 $\emptyset \neq X \subseteq E(H)$,

$$|\Gamma(X)| \geq |X| + 1 \tag{1}$$

都成立. 由 7.6, 存在 G 的顶点集合相同的子图 G' 使得 $E(H)$ 中每个点的度为 2 并且 G' 也满足 (1). 对每个 $E \in E(H)$, 令 $f(E)$ 是 $V(H)$ 中与 E 在 G' 中相邻的点集, 那么 $|f(E)| = 2$, 且 (1) 意味着, 对每个 $\emptyset \neq X \subseteq E(H)$,

$$\left|\bigcup_{E \in X} f(E)\right| \geq |X| + 1$$

都成立. 所以 $f(E)$ 对组成了 $V(H)$ 上的一个森林的边. [L. Lovász, *Acta Math. Acad. Sci. Hung.* **21** (1970) 443–446.]

6. 解法一. 假设存在一个函数 $f: E(H) \to V(H)$ 使得 $f(E) \in (E)$, f 是一对一的且 $f(e(H)) \supseteq T$, 那么 $h = f^{-1}|_T$, 我们观察到

(a) H 有一个不同代表元的系统.

(b) h 定义了超图 H_T^* 的一个不同代表元的系统, 超图 H_T^* 定义为 $V(H_T^*) = E(H)$, $E(H_T^*) = \{U_x : x \in t\}$, 其中 $U_x = \{E \in E(H) : x \in E\}$.

相反地, 假设 g 和 h 分别是 H 和 H_T^* 的不同代表元的系统. 我们断言 H 有一个包含 T 的不同代表元的系统.

对每个 $x \in T$, $x \notin R(g)$, 考虑序列 $x, h(x), g(h(x)), h(g(h(x))), \cdots$ 直到我们受阻; 当 $g(h \cdots g(h(x))) \in T$ 时这一定会发生. 令 H_1 是这些序列的边集. 定义

$$f(E) = \begin{cases} h^{-1}(E), & E \in H_1, \\ g(E), & E \in E(H) - H_1. \end{cases}$$

那么 f 定义了的一个不同代表元的系统. 显然, $f(E)\in E$. 如果 $f(E)=F(E')$, 那么一定有 $E\in H_1$, $E'\notin H_1$ (或相反地) 并且 $g(E')=h^{-1}(E)$; 但这意味着 $g(E')$ 和 E' 在链中是 E 前的元素, 即 $E'\in H_1$, 矛盾. 最后, 每个 $x\in T$ 属于 $R(f)$. 因为如果 x 属于其中的一个链, 那么 $x=f(h(x))$; 如果 x 不属于其中任何链, 那么 $x\in R(g)$ 且 $g^{-1}(x)\in H_1$, 所以 $x=f(g^{-1}(x))$.

因此, (a) 和 (b) 是存在包含 T 的一个不同代表元的系统的充要条件. 由之前的问题, 它们可以被重写为如下形式:

(a′) 对每个部分超图 H', $|V(H')|\geq|E(H')|$;

(b′) 每个 $T'\subseteq T$ 与至少 $|T'|$ 条边相交 [这是 Berstein 定理关于等势集合的一种形式, 参见 B, Mi].

解法二. 令 $F=V(H)-T$, 且将 F 作为一条新边在 H 添加 $|V(H)|-|E(H)|$ 次. 那么容易验证 H' 有一个不同代表元的系统当且仅当 H 有包含 T 的一个不同代表元的系统. 应用 Hall 条件 (之前的问题) 于 H', 我们得到一个与上面 (a′), (b′) 等价的条件, 细节留给读者.

7. 取两个新点 a,b. 在集合 $\{a\}\cup\{b\}\cup E(H_2)\cup E(H_1)\cup V(H_1)$ 上定义有向图 G: 连接 a 到 $E(H_1)$ 的所有元素; 连接每个 $E\in E(H_1)$ 到 $x\in E$; 连接每个 $x\in V(H_1)=V(H_2)$ 到包含 x 的所有 $F\in E(H_2)$; 最后, 连接 $E(H_2)$ 的每个元素到 b.

观察到 H_1 和 H_2 有一个共同的不同元代表系统当且仅当 G 有 m 条独立的 (a,b)-路. 由 Menger 定理, 这与如下性质等价: 分离 a 和 b 的 G 的每个点集至少有 m 个点.

现在令 $X\cup Y\cup Z$ 分离 a 和 b, $X\subseteq E(H_1)$, $Y\subseteq V(H_1)$, $Z\subseteq E(H_2)$. 令 H_1', H_2' 分别是由 $E(H_1)-X$ 和 $E(H_2)-Z$ 中的边构成的. 显然地, Y 一定包含 $V(H_1')\cap V(H_2')$ 但不必包含其他的点. 所以分离 a 和 b 的每个点集至少有 k 个点的事实等价于对 H_1, H_2 的任两个部分超图 H_1', H_2''

$$|E(H_1)-E(H_1')|+|E(H_2)-E(H_2')|+|V(H_1')\cap V(H_2')|\geq m.$$

成立. 这与问题中给出的公式相同 [R. Rado, B, Mi].

8. (a) 对固定的 $E_0\in E(H)$, 集合

$$E_0\triangle F(F\in E(H))$$

都不同, 这是因为 $E_0\triangle F_1=E_0\triangle F_2$ 意味着

$$F_1=(E_0\triangle F_1)\triangle E_0=(E_0\triangle F_2)\triangle E_0=F_2.$$

(b) 令 H_1 是由 $H\backslash x$ 去掉每个双边之一得到的超图. 显然, $H\backslash x$ 有 $|E(H')|$ 条双边, 其中 H' 是如提示中所定义的. 所以令

$$m_1=|E(H_1)|,\quad m_2=|E(H_2)|,$$

我们有

$$m_1 + m_2 = m.$$

对 $|V(H)|$ 用归纳法, 我们找到 m_1 对 $\tilde{E}_1, \tilde{F}_1; \cdots ; \tilde{E}_{m_1}, \tilde{F}_{m_1}$ 使得 $\tilde{E}_i, \tilde{F}_i \in H_1$ 且 $\tilde{E}_1 - \tilde{F}_1, \cdots, \tilde{E}_{m_1} - \tilde{F}_{m_1}$ 都不同. 类似地, 我们找到 m_2 对 $E_1^*, F_1^*; \cdots ; E_{m_2}^*, F_{m_2}^*$ 使得 $E_i^*, F_i^* \in H'$ 且 $E_1^* - F_1^*, \cdots, E_{m_2}^* - F_{m_2}^*$ 都不同.

存在集合 $E_i, F_i \in H$ $(1 \leq i \leq m_1)$ 使得 $\tilde{E}_i = E_i$ 或 $\tilde{E}_i = E_i - \{x\}$, $\tilde{F}_i = F_i$ 或 $\tilde{F}_i = F_i - \{x\}$. 那么, 显然地, $E_i - F_i$ $(i = 1, \cdots, m_1)$ 都是不同的.

对每个 E_j^* $(1 \leq j \leq m_2)$, 我们由下面的规则, 用 E_j' 表示 E_j^* 和 $E_j^* \cup \{x\}$ 中之一 (都是 H 中的边). 如果 $E_j^* - F_j^*$ 不出现在 $E_i - F_i$ $(i = 1, \cdots, m_1)$ 中, 那么令 $E_j' = E_j^*$. 如果 $E_j^* - F_j^* = E_{i_0} - F_{i_0}$, 那么令 $E_j' = E_j^* \cup \{x\}$. 那么 $E_j^* - F_j^*$ 与集合 $E_i - F_i$ 不同; 这是因为, 如果 $E_j' - F_j^* = E_i - F_i$, 那么 $E_i - F_i = E_{i_0} - F_{i_0}$, 这是不可能的. 所以, 如果我们考虑差值 $E_1 - F_1, \cdots, E_{m_1} - F_{m_1}, E_1' - F_1^*, \cdots, E_{m_2}' - F_{m_2}^*$, 它们都是不同的, 且数目为 $m_1 + m_2 = m$. [J. Marica–J. Schönheim, *Canad. Math. Bull.* **12** (1969) 635–637.]

(c) 如果 $m = 2$, 那么论断显然成立. 假设 $m \geq 3$ 并对 m 用归纳法.

令 $x \in V(H)$; 我们可以假定 x 属于 E_0 中至少一条边, 但不是全部. 首先, 假设 x 的度为 1, 那么, $H_1 = H - x$ 有 $m - 1$ 条边, 所以至少有 $m - 1$ 条边可以表示成如下形式: $E \cap F$, $E \cup F$ $(E, F \in E(H_1),\ E \neq F)$. 这些集合都不包含 x. 因此, 对任意 F, 集合 $E_0 \cup F$ 给出一个具有要求形式的第 m 个集合.

其次, 令 x 的度在 2 和 $m - 2$ 之间 (包含), 那么考虑

$$H_1 = H - x, \quad H_2 = H - E(H_1).$$

它们都至少有两条边, 所以, 由归纳假设, 有至少 $|E(H_i)|$ 个集合表示成如下形式: $E \cup F$ 或者 $E \cap F$, $E \neq F \in E(H_i)$ $(i = 1, 2)$. 更进一步地, 如果 $E, F \in E(H_1)$ 则 $x \notin E \cap F$, $x \notin E \cup F$; 但如果 $E, F \in E(H_2)$ 则 $x \in E \cap F$, $E \cup F$. 因此我们至少有 $|E(H_1)| + |E(H_2)| = m$ 个集合具有我们要求的性质.

最后, 如果 x 属于除 E_1 外的所有边, 那么令 $H_2 = H - \{E_1\}$. H_2 至少有两条边, 所以存在至少 $|E(H_2)| = m - 1$ 个形如 $E \cap F$ 或 $E \cup F$ 的集合, $E \neq F \in E(H_2)$. 这些集合都包含 x, 所以对任何 $F \in E(H_2)$, $E_1 \cap F$ 给出第 m 个. [D. E. Daykin–L. Lovász, *J. London Math. Soc.* **12** (1976) 225–230.]

9. 如果 H_1, H_2 是如提示中所定义的, 那么 (对 $|V(H)|$ 用归纳法) 我们可以假设存在 $E(H_i)$ 的置换 σ_i $(i = 1, 2)$ 使得对任意 $E \in E(H_i)$, $E \cap \sigma_i(E) = \emptyset$.

现在定义 σ 如下: 令 $E \in E(H)$. 如果 $x \notin E$, 那么令

$$\sigma(E) = \begin{cases} \sigma_1(E), & \text{如果 } \sigma_1(E) \cup \{x\} \notin E(H), \\ \sigma_1(E) \cup \{x\}, & \text{如果 } \sigma_1(E) \cup \{x\} \in E(H). \end{cases}$$

如果 $x \in E$, 那么令

$$\sigma(E) = \sigma_2(E - \{x\}).$$

容易验证, 对每个 E, $E \cap \sigma(E) = \emptyset$. 我们证明 σ 是一个置换. 令 $E \in H$. 如果 $x \in E$, 那么 $E = \sigma({\sigma_1}^{-1}(E - \{x\}))$. 如果 $x \notin E$ 但 $E \cup \{x\} \in E(H)$, 那么 $E = \sigma({\sigma_1}^{-1}(E))$. 如果 $E \cup \{x\} \notin E(H)$, 那么 $E = \sigma({\sigma_2}^{-1}(E))$. 所以 H 的每条边都是某条边在 σ 作用下的像, 即 σ 是一个置换. [P. Erdős–J. Herezog-J. Schönheim, *Israel J. Math.* **8** (1970), 408–412.]

10. (a) *解法一*. 我们可以假设 $n \geq 2$, 那么存在点 v 包含在某条边中但不是包含在全部边中. $X = \{v\}$ 在 $k = 1$ 时满足提示中论断要求的条件.

假设我们有集合 X' 使得 $|X'| = k - 1$ 且 $H_{X'}$ 有至少 k 条不同边. 如果 $H_{X'}$ 有多于 k 条不同边, 那么对任意 $y \in V(H') - X'$, $H_{X' \cup \{y\}}$ 也有多于 k 条不同边, 且我们可以令 $X = X' \cup \{y\}$. 所以我们可以假定 $H_{X'}$ 恰有 k 条不同的边. 因为 $k < n$, $H_{X'}$ 有两条不同边 E, F 满足 $E \cap X' = F \cap X'$. 令 $y \in E \triangle F$, $X = X' \cup \{y\}$. 显然, H_X 不同边的数目多于 $H_{X'}$, 这是因为 $E \cap X \neq F \cap X$. 因此, 我们有 (因为 $k = n - 1$) 集合 $X = V(H) - \{x\}$ 使得 $H_X = H \backslash x$ 有 n 条不同的边.

解法二. 令 x 是一个点. 如果 $H \backslash x$ 的不同边的数目比 H 少, 那么一定有一个 $E_x \in E(H)$ 使得 $x \in E_x$ 且 $F_x = E_x - \{x\} \in E(H)$. 让我们对每个点 x, 固定一个这样的边对 (E_x, F_x) (如果, 对某个 x, 这样的边对不存在, 我们就证完了.)

在集合 $V(G) = E(H)$ 上定义图 G, E 与 F 相连当且仅当对某个 x 有 $E = E_x$, $F = F_x$. 这个简单图 G 有 n 个点和 n 条边, 所以它有一个圈. 令 $(E_1, \cdots, E_k)$ 形成 G 的一个圈 ($E_i \in E(H)$, $k \geq 3$), 且令 $E_1 = E_x$, $E_k = F_x$. 那么 $x \in E_1$, $X \notin E_k$, 从而存在一个指标 j 使得 $x \in E_j$, $x \notin E_{j+1}$. 但是 E_j 和 E_{j+1} 相邻, 所以对某个 y, $\{E_j, E_{j+1}\} = \{E_y, F_y\}$. 因为 E_y 和 F_y 只在 y 点不同, 我们有 $y = x$ 且 $E_j = E_y - E_x$, $E_{j+1} = F_y = F_x$. 然而, 这与 $(E_j, E_{j+1}) \neq (E_1, E_k)$ 矛盾. [J. A. Bondy, *J. Comb. Theory* B **12** (1972) 201–202.]

(b) 假设 $H \backslash x$ 包含至多 $m - 2$ 条不同边. 构造 $E(H)$ 上的图 G 如下. 对每个 $x \in V(H)$, 选取两个边对 $E_x \supseteq F_x$, $E'_x \supseteq F'_x$ 使得 $E_x - F_x = E'_x - F'_x = \{x\}$, 这样的边对一定存在, 否则 $H \backslash x$ 至少有 $m - 1$ 条不同边. 现在在 G 中连接对 (E_x, F_x) 和 (E'_x, F'_x), 因此,

$$|V(G)| = m, \ |E(G)| = 2n.$$

1° G 是二部的. 事实上

$$V_1 = \{E \in E(H) : |E| \text{ 是奇数}\},$$

$$V_2 = \{E \in E(H) : |E| \text{ 是偶数}\}$$

定义了它的一个 2-染色.

2° G 中没有两个点被三条独立的路连接. 假设 E, E' 是 G 中的两个点且被三条独立的路 P_1, P_2, P_3 连接. 不妨令 $x \in E - E'$. 那么, 在每条路 P_i 上, 我们可以找到最后一个包含 x 的点 E_i. 所以如果 F_i 是路 P_i 上在点 E_i 之后的点, 那么 $x \in E_i - F_i$. 因为 E_i 与 F_i 相邻, 它们只有一个点不同, 即 $(E_i, F_i) = (E_x, F_x)$ 或 (E'_x, F'_x). 这不能对所有三个 i 都成立. 这证明了 2°.

现在我们估计 G 中的边数. 由 2°, G 中的每个块是一条边或一个圈. 令 G 有 c 个分支、a 个割边和 b 个其他块, b 个其他块的大小分别为 $k_1, \cdots, k_b$. 由 1°, $k_i \geq 4$. 同时

$$m = |V(G)| = c + a + \sum_{i=1}^{b}(k_i - 1), \quad 2n = |E(G)| = a + \sum_{i=1}^{b} k_i.$$

因此

$$m \geq 1 + a + \sum_{i=1}^{b}(k_i - 1) \geq 1 + \frac{3}{4}a + \sum_{i=1}^{b}\left(\frac{3}{4}k_i\right) = 1 + \frac{3}{4}(2n) = 1 + \frac{3}{2}n,$$

矛盾 [B. Bollobás].

(c) 我们对 n 用归纳法. 令 H_1, H_2 如提示中所给. 如果

$$|E(H_1)| > \sum_{i=0}^{k-1}\binom{n-1}{i},$$

那么由归纳假设, 它包含 n 个点的集合 X 满足 X 的每个子集可以写作 $X \cap E$, $E \in E(H_1)$. 那么, 显然地, 对 H 来说, 同一个 X 也是最好的. 因此我们可以假设

$$|E(H_1)| \leq \sum_{i=0}^{k-1}\binom{n-1}{i}.$$

那么

$$|E(H_2)| = |E(H) - E(H_1)| > \sum_{i=0}^{k-1}\binom{n}{i} - \sum_{i=0}^{k-1}\binom{n-1}{i} = \sum_{i=0}^{k-2}\binom{n-1}{i}.$$

从而由归纳假设, H_2 包含一个具有 $k-1$ 个元素的集合 X' 使得 X' 的每个子集可以写成 $X' \cap E$, $E \in E(H_2)$ 的形式. 现在令 $X = X' \cup \{x\}$. 如果 $Y \subseteq X'$, 那么对某个 $E \in E(H_2) \subseteq E(H)$ 有 $Y = X' \cap E = X \cap E$. 如果 $Y \subseteq X$, $x \in Y$, 那么我们知道对某个 $E \in E(H_2)$ 有 $Y - \{x\} = X' \cap E$. 现在由 H_2 的定义, 对某个 $F \in E(H)$, $x \in F$ 有 $E = F - \{x\}$. 那么 $X \cap F = Y$. 因此我们已经证明了 X 的每个子集 Y 可以表示成 $X \cap E$, $E \in E(H)$ 的形式. [N. Sauer, *J. Comb. Theory* **133** (1972) 145–147; 使得超图 H 包含子集 X 且 X 的每个子集都以 $X \cap A$, $A \in E(H)$ 的形式出现的最大的 k, 被称作超图的 *Vapnik–Cervonenkis* 维数, 它在统计学, 学习理论以及计算几何中都起着重要作用.]

11. 我们对 n 用归纳法. 令 $x \in V$ 且

$$\mathcal{A}' = \{A \in E(H) : x \in A\},\ \mathcal{A}'' = \{A \in E(H) : x \notin A\},$$

$$\mathcal{B}' = \{B \in E(K) : x \in B\},\ \mathcal{B}'' = \{B \in E(K) : x \notin B\}.$$

那么显然地,

$$E(H) = \mathcal{A}' \cup \mathcal{A}'',\ E(K) = \mathcal{B}' \cup \mathcal{B}'',\ E(H) \cap E(K) = (\mathcal{A}' \cap \mathcal{B}')\ \cup (\mathcal{A}'' \cap \mathcal{B}'').$$

由归纳假设,

$$|\mathcal{A}' \cap \mathcal{B}'| \le \frac{1}{2^{n-1}} |\mathcal{A}'| \cdot |\mathcal{B}'|;$$

从 $\mathcal{A}''$, $\mathcal{B}''$ 的所有成员中删去 x, 我们类似可得

$$|\mathcal{A}'' \cap \mathcal{B}''| \le \frac{1}{2^{n-1}} |\mathcal{A}''| \cdot |\mathcal{B}''|.$$

所以我们知道

$$|E(H) \cap E(K)| \le \frac{1}{2^{n-1}} (|\mathcal{A}'| \cdot |\mathcal{B}'| + |\mathcal{A}''| \cdot |\mathcal{B}''|),$$

于是只需要证明

$$|\mathcal{A}'| \cdot |\mathcal{B}'| + |\mathcal{A}''| \cdot |\mathcal{B}''| \le \frac{1}{2} (|\mathcal{A}'| + |\mathcal{A}''|)(|\mathcal{B}'| + |\mathcal{B}''|).$$

这可以被重写为

$$(*) \qquad (|\mathcal{A}'| - |\mathcal{A}''|)(|\mathcal{B}'| - |\mathcal{B}''|) \le 0.$$

观察到, 如果 $A \in \mathcal{A}''$, 那么 $A - \{x\} \in \mathcal{A}'$, 所以 $|\mathcal{A}'| \ge |\mathcal{A}''|$. 类似原因可得 $|\mathcal{B}'| \le |\mathcal{B}''|$. 这证明了 $(*)$. [D. Kleitman, *J. Comb. Theory* **1** (1966) 153–155.]

12. (a) 令 $f(X)$ 表示包含在 X 中或与 X 不交的边的数目, 其中 $X \subseteq V(H)$. 令 $|V(H)| = n$. 那么

$$\sum_{X \subseteq V(H)} f(X) = \frac{|E(H)|}{2^{r-1}},$$

这是因为每条给定的边 E 被计数 2^{n-r+1} 次 (有 2^{n-r} 个集合 X 与 E 不交, 有 2^{n-r} 个集合 X 包含 E). 因此,

$$\frac{1}{2^n} \sum_{X \subseteq V(H)} f(X) = |E(H)| 2^{n-r+1}.$$

左边是 $f(X)$ 的平均, 必定存在一个集合 X 在平均值之下, 即

$$f(X) \le \frac{|E(H)|}{2^{r-1}},$$

证毕.

(b) 令 $\varphi: V(H)\to\{1,\cdots,r\}$ 是 $V(H)$ 的一个 r-染色, 用 $||\varphi||$ 表示边 E 的数目, 其中这些边的端点在 φ 下颜色是不同的. 那么

$$\sum_{\varphi}||\varphi|| = r!r^{n-r}|E(H)|,$$

这是因为存在 $r!$ 种方式来染给定的边 E, 且有 r^{n-r} 种方式来染剩下的边 (n 依然是 $|V(H)|$). 因此 $||\varphi||$ 的平均值是

$$\frac{1}{r^n}\sum_{\varphi}||\varphi|| = \frac{r!}{R^r}|E(H)|.$$

因为存在一个 φ 使得 $||\varphi||$ 至少等于平均值, 这就证明了论断.

13. 令 $d(x)$ 表示 x 在 H 中的度. 那么, 对任意 $E\in E(H)$,

$$\sum_{x\in E}d(x) = \sum_{F\in E(H)}|E\cap F| = r + \sum_{F\in E(H)-\{E\}}|E\cap F| \le r+(m-1)k.$$

求和取遍所有边 E, 那么

$$\sum_{E\in E(H)}\sum_{x\in E}d(x) = \sum_{x\in V(H)}d(x)^2 = |V(H)|\frac{\sum\limits_{x\in V(H)}d(x)^2}{|V(H)|}$$

$$\ge |V(H)|\left(\frac{\sum\limits_{x\in V(H)}d(x)}{|V(H)|}\right)^2 = \frac{\left(\sum\limits_{E\in E(H)}|E|\right)^2}{|V(H)|} = \frac{m^2r^2}{|V(H)|}.$$

所以

$$\frac{m^2r^2}{|V(H)|} \le m(r+(m-1)k),$$

或等价地

$$|V(H)| \ge \frac{mr^2}{r+(m-1)k}.$$

[K. Corrádi, *Problem at the Schweitzer Competition, Mat. Lapok* **20** (1969) 159–162.]

14. 假设 $m>n$, 对满足 $x\notin E$ 的任一对 x, E, 我们有 $m-d(x)>n-d(x)\ge n-|E|$, 于是

$$\frac{d(x)}{m-d(x)} < \frac{|E|}{n-|E|}$$

(因为 $|E|\ne 0, n$). 对每对 $x\notin E$ 求和, 我们得到

$$\sum_{x}(m-d(x))\frac{d(x)}{m-d(x)} < \sum_{E}(n-|E|)\frac{|E|}{n-|E|},$$

或等价地

$$\sum_x d(x) < \sum_E |E|,$$

这是不可能的, 因为这里我们有等式. 这一矛盾证明了 $m \le n$ [参见 P. Crawley–R. P. Dilworth, *Algebraic Theory of Lattices*, Prentice-Hall, 1973, 14.2 的证明].

15. (a) 如果 $\emptyset \in E(H)$, 那么显然 $|E(H)| = 1$ 并且我们证明完了. 所以假设 $\emptyset \notin E(H)$. 显然 $V(H) \notin E(H)$. 令 $x \in V(H)$, $E \in E(H)$, $x \notin E$. 由归纳假设, 只需证明

$$d(x) \le |E|.$$

令 $E_1, \cdots, E_d$ 为包含 x 的那些边. 那么由归纳假设, $E_1, \cdots, E_d$ 与 E 相交且它们的交集与 E 是不交的, 这是因为它们没有除 x 外的公共元素. 所以 $|E| \ge d = d(x)$, 证毕.

(b) 令 $V(H) = \{x_1, \cdots, x_n\}$, $E(H) = \{E_1, \cdots, E_m\}$,

$$a_{i,j} = \begin{cases} 1, & \text{如果 } x_i \in E_j, \\ 0, & \text{其他}. \end{cases}$$

$$a_j = \begin{pmatrix} a_{1j} \\ a_{2j} \\ \vdots \\ a_{nj} \end{pmatrix}.$$

我们断言 $a_1, \cdots, a_m$ 是线性独立的, 这显然也就证明了 $m \le n$. 假设

$$\sum_{j=1}^{m} \eta_j \mathbf{a}_j = \mathbf{0}; \tag{1}$$

我们证明每个 η_j 都是 0, 对式子 (1) 乘以 $\mathbf{a}_k$, 我们得到

$$\sum_{j=1}^{m} \eta_j \mathbf{a}_j \mathbf{a}_k = 0.$$

因为由假设对 $i \ne k$ 有 $\mathbf{a}_i \mathbf{a}_k = \lambda$, 这给出

$$\lambda \sum_{j=1}^{m} \eta_j + \eta_k (\mathbf{a}_k^2 - \lambda) = 0.$$

如果 $\mathbf{a}_k^2 = |E_k| = \lambda$, 那么 E_k 包含在每条其他边中, 这是不可能的, 除非 $E_k = \emptyset$, 在这种情况下 $m = 1 \le n$. 所以我们假定对每个 k 有 $\mathbf{a}_k^2 > \lambda$. 那么

$$\eta_k = \frac{-\lambda}{\mathbf{a}_k^2 - \lambda} \sum_{j=1}^{m} \eta_j, \tag{2}$$

从而

$$\sum_{k=1}^{m}\eta_k=\left(\sum_{j=1}^{m}\eta_j\right)(-\lambda)\sum_{k=1}^{m}\frac{1}{\mathbf{a}_k^2-\lambda},$$

或等价地

$$\left(\sum_{j=1}^{m}\eta_j\right)\left(1+\lambda\sum_{k=1}^{m}\frac{1}{\mathbf{a}_k^2-\lambda}\right)=0.$$

因为第二个分式是严格正的, 我们得到

$$\sum_{j=1}^{m}\eta_j=0.$$

从而由 (2), $\eta_k=0$ [这是 Fisher 不等式的一个推广形式; 参见 Hall].

16. 令 $x\in T(H)$, 令 a 和 b 分别表示 x 在 H 和 K 中的度, 那么 x 在左边

$$a(m'-b)+b(m-a) \tag{1}$$

项中被计数, 在右边

$$a(m-a)+b(m'-b) \tag{2}$$

项中被计数. 它们的差是

$$\begin{aligned}&a(m'-b)+b(m-a)-a(m-a)-b(m'-b)\\=&(a-b)^2-(m'-m)(a-b)\geq 0,\end{aligned}$$

这是因为 $a-b$ 是一个整数且 $m'-m=0$ 或 1. [J. B. Kelly, *Combin. Structures and Appl.*, Proc. Calgary Conference, Gordon and Breach, 1970, 201–207.]

17. (a) 正如提示中, 假设 $x\in F_1,\cdots,F_d$, $x\notin F_{d+1},\cdots,F_m$. 在 $V=\bigcup_{i=1}^{m}F_i$ 上定义两个超图 H 和 K, 令 $E(H)$ 和 $E(K)$ 分别由 $m-d$ 个 $F_1-\{x\},\cdots,F_d-\{x\}$ 的拷贝和 d 个 $F_{d+1},\cdots,F_m$ 的拷贝组成. 那么 $|E(H)|=|E(K)|=d(m-d)$. 并且我们有

$$\sum_{A\in E(H)}\sum_{B\in E(K)}|A\triangle B|=(2k-1)\,d^2(m-d)^2,$$

$$\sum_{\{A,A'\}\subseteq E(H)}|A\triangle A'|=2k(m-d)^2\binom{d}{2},$$

$$\sum_{\{B,B'\}\subseteq E(K)}|B\triangle B'|=2kd^2\binom{m-d}{2}.$$

这样, 由 13.16 的不等式,

$$(2k-1)\,d^2(m-d)^2 \geq 2k\left[(m-d)^2\binom{d}{2}+d^2\binom{m-d}{2}\right],$$

从而问题中的不等式证明完成.

(b) 把 F_i 用 $F_i \triangle F_m$ 代替, 其他条件不变, 这样我们可以假设 $|F_1| = \cdots = |F_{m-1}| = 2k$, $F_m = \emptyset$. 那么, 如果 d 是任一个点的度, 则由 (a),

$$d(m-d) \leq km.$$

首先假设 $k+2 \leq d \leq m-k-2$. 那么

$$km \geq d(m-d) \geq (k+2)(m-k-2),$$

即

$$m \leq \left\lfloor \frac{(k+2)^2}{2} \right\rfloor \leq k^2+k+2,$$

且我们证明完了. 所以我们可以假设, 对每个度 d, $d \leq k+1$ 或 $d \geq m-k-1$ 都成立.

令 $x_1, \cdots, x_l$ 是度至少为 $m-k-1$ 的点. 首先假设 $l \geq k+1$. 显然, 至多存在一个 F_j 包含 $\{x_1, \cdots, x_{k+1}\}$ 的所有元素. 因此, $m-2$ 个 F_j 缺少 $\{x_1, \cdots, x_{k+1}\}$ 中至少一个点; 有一个 F_j 缺少其中的 $k+1$ 个 (空集 F_m), 并且有一个 F_j 可能包含它们中的全部. 因此, 在这些点与集合 F_j 之间存在至多 $k(m-2)+k+1$ 个关联. 另一方面, 这些关联的数目至少为 $(m-k-1)(k+1)$, 所以,

$$k(m-2)+k+1 \geq (m-k-1)(k+1).$$

当

$$m \leq k^2+k+2$$

时, 我们就证明完了. 所以我们可以假定存在 $l \leq k$ 个度至少为 $m-k-1$ 的点 $x_1, \cdots, x_l$. 由我们之前的假定, 剩下的点度至多为 $k+1$.

存在集合 F_j, $1 \leq j \leq m-1$, 使得 F_j 包含 $\{x_1, \cdots, x_l\}$ 中少于 k 个点. 否则, 我们有 $l = k$ 且 $x_1, \cdots, x_k$ 是 $F_1, \cdots, F_{m-1}$ 的公共元素. 但是, 这样的话, $F_1 - \{x_1, \cdots, x_k\}, \cdots, F_{m-1} - \{x_1, \cdots, x_k\}$ 是不交的 (由 $F_i \triangle F_j = 2k$), 从而我们排除了这一情形.

所以, 我们不妨假设 F_1 包含 $k+1$ (或更多) 个点, 它们的度至多为 $k+1$. 因此, F_1 中的点与 $F_1, F_2, \cdots, F_m$ 之间的关联数目至多为 $(k-1)(m-1)+(k+1)^2$. 另一方面, 这一数字恰为 $2k+(m-1)k$, 因为 $F_2, \cdots, F_{m-1}$ 中的每一个都与 F_1 相交恰好 k 个元素. 这样

$$2k+(m-2)k \leq (k-1)(m-1)+(k+1)^2, m \leq k^2+k+2$$

正如我们陈述的.

如果 k 满足存在一个阶为 k 的有限射影平面, 等式成立. 让我们添加 $k-1$ 个新点, 并令 $F_1, \cdots, F_{k^2+k+1}$ 为连同这 $k-1$ 个点一起构成的射影平面的线; 令 $F_{k^2+k+2}=\emptyset$. 那么这些集合符合我们的条件. [M. Deza, *J. Comb. Theory* **16** (1974) 166–167.]

18. (a) 把 $V(H)$ 的所有子集分成对 $(X, V(H)-X)$, 那么我们有 2^{n-1} 对, 并且 $E(H)$ 包含其中至多一个. 所以论断成立.

(b) *解法一*. 令 H' 是满足 $V(H')=V(H)$ 和 $E(H')=\{X: X\subseteq E\in E(H)\}$ 的超图. 考虑 H' 的边的置换 σ, 满足 $E\cap\sigma(E)=\emptyset$ $(E\in E(H'))$; 由 13.9, 这样的置换 σ 是存在的. 边 $\sigma(E)$, $E\in E(H)$, 不可能是 H 的边, 这是因为 $E\cap\sigma(E)=\emptyset$, 而 H 的任意两条边相交. 这样

$$|E(H')|\geq 2|E(H)|. \tag{1}$$

观察到没有两条 H' 的边覆盖 $V(H)$; 因为如果 $E, F\in E(H')$ 有 $E\cup F=V(H)$, 那么选择 $E_1, F_1\in E(H)$ 使得 $E\subseteq E_1$, $F\subseteq F_1$ 且 $E_1\cup F_1=V(H)$, 矛盾. 所以对任意 $X\subseteq V(H)$, $E(H')$ 包含 X 和 $V(H)-X$ 中至多一个, 从而

$$|E(H')|\leq 2^{n-1}. \tag{2}$$

(1) 和 (2) 证明了论断. [J. Schönheim, *Combinatorics*, London Math. Soc. Lecture Notes Series **13** (1974) 139–140.]

解法二. 考虑满足 $V(H_1)=V(H)$ 以及 $E(H_1)=\{X: X=E-F, E, F\in E(H)\}$ 的超图 H_1, 并令 $H_2=H\cup H_1$. H_1 的边都不是 H 的边, 这是因为 $E-F=E_0$ $(E, F, E_0\in E(H))$ 意味着 $F\cap E_0=\emptyset$, 这是不允许的. 更进一步, 由 13.8(b) 知, $|E(H_1)|\geq|E(H)|$. 所以

$$|E(H_2)|\geq 2|E(H)|. \tag{3}$$

现在没有两条 H_2 的边覆盖 $V(H)$, 这是因为 H_2 的每条边都包含在 H 的一条边中. 所以, 正如之前所述的,

$$|E(H_2)|\leq 2^{n-1}, \tag{4}$$

且 (3) 和 (4) 就证明了论断. [D. E. Daykin–L. Lovász, *J. London Math. Soc.* **12** (1976) 225–230.]

解法三. 令 $\mathcal{A}=\{X\subseteq V(H); X\subseteq E\in E(H)\}$, $\mathcal{B}=\{X\subseteq V(H); X\supseteq E\in E(H)\}$. 那么, 由 (a), $|\mathcal{A}|\leq 2^{n-1}$ 且 $|\mathcal{B}|\leq 2^{n-1}$. 由 13.11,

$$|E(H)|\leq|\mathcal{A}\cap\mathcal{B}|\leq\frac{1}{2^n}|\mathcal{A}||\mathcal{B}|\leq 2^{n-2}$$

[D. Kleitman].

19. 我们可以假设每个一元集都属于 $E(H)$, 包括 $\emptyset$ 和 $V(H)$. 如果 $E\ [\neq V(H),\emptyset]$ 是 H 的任一边, 那么存在真包含 E 的唯一极小边 E_1; 这是因为由假设, 如果 E_1 和 E_2 是两条这样的边, 那么我们将有 $E_1 \subset E_2$, $E_2 \subset E_1$ 或者 $E_1 \cap E_2 = \emptyset$; 然而, 其中任一个都不可能. 如果 $E = \emptyset$, 那么它包含在 H 的 n 个极小成员中; 没有成员包含 $E = V(H)$. 这样我们计数了 $m + n - 2$ 条边.

考虑任意 $E \in E(H)$, $|E| \geq 2$ 并考虑真包含在 E 中的极大边. 它们覆盖 E 且不相交, 所以它们的数目至少为 2. 因此 E 被计数了至少两次. 如果 $|E| = 1$, 那么 E 被计数了一次; $E = \emptyset$ 没有被计数. 所以

$$m + n - 2 \geq 2(m - n - 1) + n,$$

或等价地

$$m \leq 2n.$$

这个数字是可以达到的; 实际上, 如果 G 是树状的, 除 n 个点外其他点的出度为 2, 且对 G 的每个点 x, 我们考虑可以从 x 到达的点集 E_x, 那么由边 E_x 和空集组成的超图有 n 个点和 $2n$ 条边 (图 47).

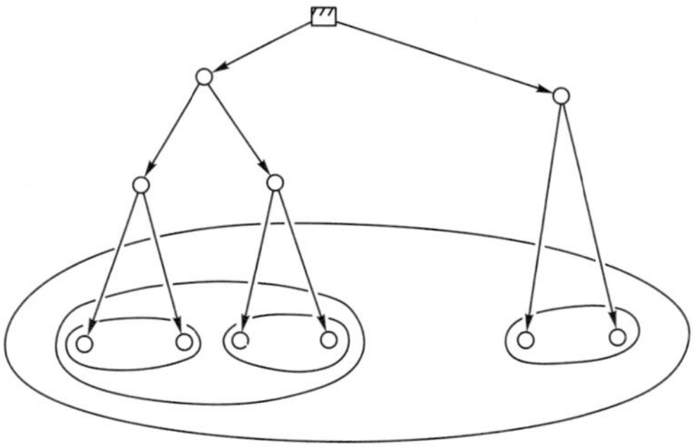

图 47

20. 对 $n = 1$, 问题是显然的. 我们对 n 作归纳. 假定我们有 2^S 的链 $K_1, \cdots, K_t$, 其中 $|S| = n$ 且加入第 $n + 1$ 个点 x. 对每条链 $K_i = \{E_r, \cdots, E_{n-r}\}$, 我们定义两条新链

$$K_i' = \{E_r, E_r \cup \{x\}, E_{r+1} \cup \{x\}, \cdots, E_{n-r} \cup \{x\}\}$$

以及

$$K_i'' = \{E_{r+1}, \cdots, E_{n-r}\} \quad (\text{假如 } |K_i| \geq 2).$$

显然, K_i' 和 K_i'' 都是 $S \cup \{x\}$ 的子集的对称链. 并且, $S \cup \{x\}$ 的任一子集 X 恰属于其中一个. 这是因为如果 $X \subseteq S \cup \{x\}$ 且 $x \in X$, 那么令 $X - \{x\} \in K_i$; 我们有 $X \in K_i'$. 如果 $X \subseteq S$, 那么令 $X \in K_i$; 如果 X 是 K_i 的第一个成员, 那么 $X \in K_i'$; 如果 X 是之后的一个成员, 那么 $X \in K_i''$. 类似地可以看到任一 X 都不属于超过一个 K_i' 或 K_i''.

因此, 链 K_i' 和 K_i'' 产生一个 $S\cup\{x\}$ 的所有子集的分解, 分解成对称链, 于是归纳就完成了. [N. G. de Bruijn–C. van E. Tengbergen–D. Kruijswijk, *Nieuw Arch. Wiskunde* **23** (1949–51) 191–193.]

21. (a) *解法一*. 令 $K_1,\cdots,K_t$ 是 13.20 中定义的 $V(H)$ 中的子集上的链. 因为每个满足 $|X|=\lfloor\frac{n}{2}\rfloor$ 的 X 恰属于一个 K_i, 反过来, 我们有 $t=\binom{n}{\lfloor\frac{n}{2}\rfloor}$. 任一 K_i 至多包含 H 的一条边, 这是因为 K_i 的任意两条边都是可比较的 (一个包含另一个). 所以 $|E(H)|\le t$. [E. Sperner, *Math. Z.* **27** (1928) 544–548. 这一证明由 de Brujin, C. A. van E. Tengbergen 和 D. Kruijswijk 给出, 参考文献同上.]

解法二. 让我们考虑 $V(H)$ 上的置换 $(x_1,\cdots,x_n)$, 其中对某个 k, $\{x_1,\cdots,x_k\}\in E(H)$. 对 $|E|=k$ 的每条边 E, 将 E 中元素放在置换的前 k 个位置, 其他元素放在后 $n-k$ 个位置, 我们得到 $k!(n-k)!$ 个这样的置换. 没有置换被计数了多于一次; 这是因为如果 $(x_1,\cdots,x_n)$ 是一个置换, 那么下面不能发生: $E_1=(x_1,\cdots,x_{k_1})$, $E_2=(x_1,\cdots,x_{k_2})$ 都是边, 这是因为 E_1 和 E_2 之一会包含另一个.

因此, 对任意边 E $(k=|E|)$, 我们计数了 $k!(n-k)!$ 个这样的置换, 这样, 总共我们计数了至多 $n!$ 个置换. 因为

$$k!(n-k)!=\frac{n!}{\dbinom{n}{k}}\ge\frac{n!}{\dbinom{n}{\lfloor\frac{n}{2}\rfloor}}=\left\lfloor\frac{n}{2}\right\rfloor!\left\lfloor\frac{n+1}{2}\right\rfloor!,$$

这表明

$$|E(H)|\cdot\left\lfloor\frac{n}{2}\right\rfloor!\left\lfloor\frac{n+1}{2}\right\rfloor!\le n!,$$

$$|E(H)|\le\frac{n!}{\lfloor\frac{n}{2}\rfloor!\lfloor\frac{n+1}{2}\rfloor!}=\binom{n}{\lfloor\frac{n}{2}\rfloor}.$$

[D. Lubbell, *J. Comb. Th.* **11** (1966) 299.]

(b) 令 H 是一个混乱系统, 有 n 个点且恰好 $\binom{n}{\lfloor\frac{n}{2}\rfloor}$ 条边. 那么我们一定有 (a) 的解法二中用过的所有估计. 特别地, 如果 $E\in E(H)$, $|E|=k$, 那么

$$k!(n-k)!=\left\lfloor\frac{n}{2}\right\rfloor!\left\lfloor\frac{n+1}{2}\right\rfloor!,\quad 即\ \frac{n}{\dbinom{n}{k}}=\frac{n!}{\dbinom{n}{\lfloor\frac{n}{2}\rfloor}},$$

其中 $k=\lfloor\frac{n}{2}\rfloor$ 或 $\lfloor\frac{n+1}{2}\rfloor$.

现在有两种情形: 1° $n=2p$. 那么对任意 $E\in E(H)$ 有 $|E|=p$ 成立, 从而 $E(H)$ 包含 $V(H)$ 中所有的 p-元组.

2° $n=2p+1$. 那么对任意 $E\in E(H)$ 有 $|E|=p$ 或 $p+1$ 成立. 我们断言每条边有同样多的点, 即, $E(H)$ 包含 $V(H)$ 中所有的 p-元组或所有的 $(p+1)$-元组.

如果 $(x_1, \cdots, x_n)$ 是这些点上的任意置换, 那么这个置换一定在解法二中被计数; 即, $\{x_1, \cdots, x_p\}$ 或 $\{x_1, \cdots, x_{p+1}\}$ 是一条边. 所以, 如果 $X \subset Y \subset V(H)$, $|X| = p$, $|Y| = p + 1$, 那么 X 和 Y 之一是一条边.

现在假设存在一条边 $E \in E(H)$ 满足 $|E| = p + 1$ 且集合 $X \subset V(H)$, $|X| = p + 1$ 不是一条边 (如果所有的 $(p + 1)$-元组都是边, 那么显然地, 没有 p-元组是边, 这样我们就没什么需要证明的了). 我们可以找到这样的对 E, X 满足 $|E \cap X| = p$; 令 $E = \{x_1, \cdots, x_{p+1}\}$, $E \cap X = \{x_i, \cdots, x_{p+1}\}$, $X = \{x_i, \cdots, x_{i+p}\}$, 那么考虑集合 $\{x_v, \cdots, x_{v+p}\}$ $(v = 1, \cdots, i)$. 存在这些集合中的最后一个, 是一条边, 不妨设为 $\{x_v, \cdots, x_{v+p}\}$. 那么我们可以考虑 $\{x_v, \cdots, x_{v+p}\}$ 代替 E, $\{x_{v+1}, \cdots, x_{v+1+p}\}$ 代替 X.

现在因为 $E \cap X \subset E$, $E \cap X \notin E(H)$; 另一方面, $E \cap X \subset X$, $|E \cap X| = p$, $|X| = p + 1$, 所以由我们之前的说明, $E \cap X \in E(H)$, 矛盾.

因此, $E(H)$ 包含 $V(H)$ 的所有 p-元组或所有 $(p + 1)$-元组.

22. 假设 A, B 是有 m 个元素的最大反链, 定义

$$A \vee B = \{x \in A \cup B : x \not< y, \text{对每个 } y \in A \cup B\},$$

$$A \wedge B = \{x \in A \cup B : x \not> y, \text{对每个 } y \in A \cup B\}.$$

那么由定义, $A \vee B$ 和 $A \wedge B$ 都是反链, 并且

$$(A \vee B) \cap (A \wedge B) \supseteq A \cap B. \tag{1}$$

实际上, 如果 $x \in A \cap B$, 那么不存在 $y \in A \cup B$ 使得 $x < y$, 这是因为如果 $y \in A$, 那么 $x \in A$ 且 A 是一条反链. 所以, $x \in A \vee B$. 类似地, 有 $x \in A \wedge B$.

$$(A \vee B) \cup (A \wedge B) = A \cup B. \tag{2}$$

包含关系 $\subset$ 是显然的. 令 $x \in A \cup B$, 不妨设 $x \in A$. 如果 $x \notin A \vee B$, 那么存在 $y_1 \in A \cup B$ 使得 $x < y_1$. 显然地, $y_1 \notin A$, 所以 $y_1 \in B$. 类似地, 如果 $x \notin A \wedge B$, 那么存在 $y_2 \in B$ 使得 $y_2 < x$. 现在, $y_2 < y_1$, 矛盾, 故 $x \in (A \vee B) \cup (A \wedge B)$.

由 (1) 和 (2) 我们得到

$$\begin{aligned} |(A \vee B)| + |(A \wedge B)| &= |(A \vee B) \cup (A \wedge B)| + |(A \vee B) \cap (A \wedge B)| \\ &\geq |A \cup B| + |A \cap B| = |A| + |B| = 2m. \end{aligned} \tag{3}$$

因为 A, B 都是最大反链, 我们有

$$|(A \vee B)| \leq m, |(A \wedge B)| \leq m. \tag{4}$$

现在由 (3) 和 (4) 我们看到等式必须始终成立, 特别在 (4) 式中. 这证明了 $A \vee B$ 和 $A \wedge B$ 都是最大反链.

容易验证由最大反链的集合 $\mathcal{L}$ 以及运算 $\wedge$ 和 $\vee$ 形成一个格. 令 E 是 $\mathcal{L}$ 的单位元, 那么 E 是最大反链, 显然地, 在 $(S,\leq)$ 的自同构下保持不变.

现在考虑 $S=2^{V(H)}$ 以及偏序集 $(S,\subseteq)$. $E(H)$ 是 $(S,\subseteq)$ 的反链, 所以我们希望确定一个最大反链. 由上面的讨论, 存在一个最大反链 $\mathcal{E}$, 它在 $(S,\subseteq)$ 的自同构作用下不变. 令 $E\in\mathcal{E}$, $|E|=k$, $V(H)$ 的每个置换都导出一个自同构 S, 并且这些置换将 E 映射到所有 k-元子集上. 因此, 所有的 k-元子集属于 $\mathcal{E}$. 显然, $\mathcal{E}$ 不包含其他元素, 所以,

$$|\mathcal{E}|=\binom{n}{k}\leq\binom{n}{\lfloor\frac{n}{2}\rfloor}.$$

[R. P. Dilworth, *Combin. Analysis*, Proc. Symp. Appl. Math. AMS (1960) 85.]

23. (a) 超图 H 满足 $V(H)=\{1,2,3,4\}$, $E(H)=\{\{1,2,3\},\{3,4\},\{1,4\},\{2\}\}$ 是交叉割但是不包含其他交叉割超图, 特别地, 没有叉割混乱集族 (图 48).

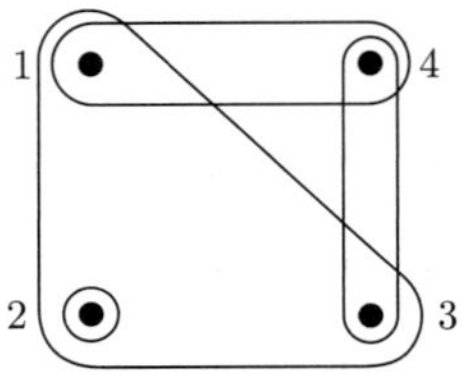

图 48

(b) 令 H 是一个极小交叉割超图, 那么对任意 $E\in E(H)$, 存在一个集合 $S_E\subset V(H)$, 与 $H-\{E\}$ 中任何边不可比. 显然, $E\subseteq S_E$ 或 $S_E\subseteq E$. 用 E^* 表示 E 和 S_E 中的较大者, 令

$$V(H^*)=V(H),\quad E(H^*)=\{E^*:E\in E(H)\}.$$

我们断言 H^* 是混乱的. 间接地假设 $E^*\subseteq F^*$. 如果 $E^*=S_E$, $F^*=F$, 那么 $S_E\subseteq F$, 矛盾, 这是因为由定义 S_E 是仅与 E 可比的. 我们可以得到类似的矛盾, 如果 $E^*=E$, 那么 $F^*=S_F$. 如果 $E^*=E$, $F^*=F$, 那么 $S_E\subseteq E$ 且 $E\subseteq F$, 所以 $S_E\subseteq F$. 如果 $E^*=S_E$, $F^*=S_F$, 那么 $E\subseteq S_E\subseteq S_F$. 在两种情况下, 我们都到了矛盾.

因此, H^* 是混乱的, 从而由 Sperner 定理,

$$|E(H)|=|E(H^*)|=\binom{n}{\lfloor n/2\rfloor}$$

[P. Erdős].

24. 根据提示, 令

$$p=\left\lfloor\frac{n-k+1}{2}\right\rfloor.$$

那么

$$p+k-1=\left\lfloor\frac{n+k-1}{2}\right\rfloor.$$

从而, $p+(p+k-1)=n$ 或 $n-1$. 所以 $\binom{n}{p},\cdots,\binom{n}{p+k-1}$ 是前 k 大的二项系数 (如果 $n-k$ 是偶数, 那么还有另一个集合: 我们可以用 $\binom{n}{p-k+2}$ 代替 $\binom{n}{p}$, 但这不重要). 如提示中那样, 构造 $V(H)$ 上的超图 M 包含所有的 $p,\cdots,(p+k-1)$-元组. 令 $K_1,\cdots,K_t$ 是将 $2^{V(H)}$ 分解成 13.20 中那样的不交对称链的分解. 显然地,

$$|E(M)\cap K_i|=\min(k,|K_i|);$$

另一方面, $E(H)$ 不含长为 k 的链, 其中

$$|E(H)\cap K_i|\le\min(k,|K_i|).$$

因为这对任意 $i=1,\cdots,t$ 都成立, 我们得到

$$|E(H)|\le|E(M)|=\binom{n}{p}+\cdots+\binom{n}{p+k-1}.$$

[P. Erdős, *Bull. Amer. Math. Soc.* **51** (1945) 898–902.]

25. (a) 反证法, 假设 H 中的边不能被一个点所覆盖. 令 $E=\{x_1,\cdots,x_r\}\in E(H)$, 那么 x_i 没有覆盖所有边, 所以我们可以找到一条边 F_i 使得 $x\notin F_i$ $(i=1,\cdots,r)$. 现在 $E,F_1,\cdots,F_r$ 没有公共点; 因为这样的点一定在 E 中, 但是 x_i 不覆盖 F_i.

(b) 我们构造 j 条边 $E_1,\cdots,E_j$ 使得对 $j=1,\cdots,k$ 有

$$|E_1\cap\cdots\cap E_j|\le r-(j-1)(\tau(H)-1).$$

对 $j=1$, E_1 可以任意选取. 假定 $E_1,\cdots,E_j$ 都选好了 $(j\le k-1)$. 因为其他边都与 $E_1\cap\cdots\cap E_j$ 相交, 这一集合的大小至少为 $\tau(H)$. 令 $X\subseteq E_1\cap\cdots\cap E_j$, $|X|=\tau(H)-1$. 因为 X 不能覆盖所有边, 一定存在边 E_{j+1} 使得 $E_{j+1}\cap X=\emptyset$. 所以

$$\begin{aligned}|E_1\cap\cdots\cap E_{j+1}|&\le|(E_1\cap\cdots\cap E_j)-X|\\&=|E_1\cap\cdots\cap E_j|-(\tau(H)-1)\le r-j(\tau(H)-1).\end{aligned}$$

即, E_{j+1} 有我们想要的性质.

现在 $E_1\cap\cdots\cap E_k\ne\emptyset$, 即,

$$1\le|E_1\cap\cdots\cap E_k|\le r-(k-1)(\tau(H)-1),$$

这样问题中的不等式就成立了.

26. 取一条边 F. 如果对每条边 E, 有 $|E\cap F|\ge 2$, 那么我们取 $S=F$. 假设对某个 F' 有 $|F'\cap F|=1$, 不妨设 $F'\cap F=\{x\}$. 令 F'' 是 $H-x$ 的一条边 (这样的边存在, 因为 $\tau(H)\ge 2$), 并令 $S=F\cup F'\cup F''$. 显然

$$|S|\le 3r-3.$$

另一方面, 令 $E \in E(G)$. 如果 $x \notin E$, 那么 E 一定与 F 和 F' 相交在不同的点, 所以 $|E \cap S| \geq 2$. 如果 $x \in E$, 那么 E 一定与 F'' 相交在不同于 x 的一个点, 所以依然有 $|E \cap S| \geq 2$.

27. 令 $(x_1, \cdots, x_p)$ 是 W 的一个排序, 其中 W 是满足 H_W 中任意两条边都相交 ($|W| = p$) 的极小集, 那么至少存在一个点 x_i 满足 $\{x_1, \cdots, x_i\}$ 和 $\{x_i, \cdots, x_p\}$ 都包含 H_W 的边 E, E' (显然 $E \cap E' = \{x_i\}$). 如果 $j \neq i$ 且 $\{x_1, \cdots, x_j\}$ 包含 F, $\{x_j, \cdots, x_p\}$ 包含 F' (F, $F' \in E(H_W)$), 那么不妨假设 $i < j$, 我们有 $E \cap F' = \emptyset$, 矛盾. 所以如果我们对 W 的每个排序执行计数, 那么我们计数了至多 $p!$ 个点.

现在 W 的每个元素都被计数了很多次. 实际上, 如果 $x \in W$, 那么由 W 的极小性, 存在边 $E, F \in E(H_W)$ 使得 $E \cap F = \{x\}$. 令 $|E| = s$, $|F| = t$. 对 E 的点重新排序, 然后放入 x, 然后放入 F 中的点; 最后随意放入剩下的点. 这有

$$(t-1)!(s-1)!\binom{p}{s+t-1}(p-s-t+1)! = p!\frac{(s-1)!(t-1)!}{(s+t-1)!}$$

种方式来完成. 现在 $s, t \leq r$, 所以

$$\frac{(s+t-1)!}{(s-1)!(t-1)!} = s\binom{s+t-1}{t-1} \leq r\binom{2r-1}{r-1}.$$

我们可以交换 E 和 F 的地位. 这样 W 中每个点至少被计数 $\frac{2p!}{r\binom{2r-1}{r-1}}$ 次. 所以 W 中点的数目至多为

$$p!/\frac{2p!}{r\binom{2r-1}{r-1}} = \frac{r}{2}\binom{2r-1}{r-1} = (2r-1)\binom{2r-3}{r-1}.$$

考虑如下的超图, 第二个论断即可成立. 令 $|U| = 2r-2$. 对 U 的满足 $|X| = |Y| = r-1$ 的每个划分 $\{X, Y\}$, 我们关联一个新点 v_{XY}; 令 V 是这些 v_{XY} 构成的集合, $V(H) = U \cup V$. 更进一步, 令 $E(H)$ 是由 U 的所有 r-元组以及所有集合 $X \cup \{v_{XY}\}$, $Y \cup \{v_{XY}\}$ 构成. 容易验证 H 的任两条边相交, 但是其子图没有这样的性质, 所以极小的 W 是 $V(H)$, 并且

$$|V(H)| > |V| = \frac{1}{2}\binom{2r-2}{r-1} = \binom{2r-3}{r-1}.$$

[M. Calczynska–Karlowicz, *Bull. Acad. Polon. Sci.*, Ser. Math. Astr. Phys. **12** (1964) 87–89 中一个定理的紧的形式.]

28. (a) 令 x 是 C 的任一点. 那么 x 是至多一个 A_i 的端点; 因为如果有 A_i, A_j 有一个公共点, 那么由于它们是不同的, 它们必须开始于不同的方向, 因为 $|V(C)| \leq 2k$, 所以它们将是边不交的.

现在观察到, 因为每个 A_j ($j = 2, \cdots, t$) 与 A_1 有一条公共边, A_j 的某个端点是 A_1 的内部点, 所以至多有 $k-1$ 条弧 A_j ($2 \leq j \leq t$), 这意味着 $t \leq k$.

(b) 令 $\pi = (x_1, \cdots, x_n)$ 是 $V(H)$ 的一个循环置换. 我们考虑一个长为 n 的圈 C 并用 $x_1, \cdots, x_n$ 关联 C 的边 (用同样的圈顺序). 那么如果 $E \in E(H)$ 由 π 中的连续点构成, 则它对应 C 中长为 r 的一条弧 A. 任意两条这样的弧有一条公共边. 这样, 由之前的 "引理", 存在至多 r 条这样的弧, 即, 对任一循环置换 π, 存在至多 r 条边由连续点构成. 因为共有 $(n-1)!$ 个循环置换, 有不超过

$$r(n-1)!$$

条边被计数. 让我们看看这里的一条给定边 E 被计数多少次. 对某个特定的循环置换, 其满足 E 由连续点构成, 我们对 E 和 $V(H) - E$ 排序. 这样 E 被数了 $r!(n-r)!$ 次, 所以边数至多是

$$m \le \frac{r(n-1)!}{r!(n-r)!} = \binom{n-1}{r-1}.$$

[P. Erdős-Chao Ko-R. Rado, *Quart. J. of Math.* Oxford, II. **12** (1961) 313–320. 证明源自 G. O. H. Katona, *J. Comb. Theory* **13** (1972) 183–184.]

29. (a) 令 $F_1, \cdots, F_t$ 是 H 的 ν 条不交边的并集. H 是 ν-临界的事实意味着

$$F_1 \cap \cdots \cap F_t = \emptyset.$$

由 13.25(a), 我们在 $F_1, \cdots, F_t$ 中找到了 $r\nu + 1$ 个集合, 称为 $F_1, \cdots, F_{r\nu+1}$, 它们的交是空集. 我们断言对 H 的每条边 E, $|S \cap E| \ge 2$. 实际上, $S \cap E$ 与 $F_1, \cdots, F_{r\nu+1}$ 中每个都相交 (否则 E 与 F_i 不交则成为第 $\nu + 1$ 个). 因为由 $F_1, \cdots, F_{r\nu+1}$ 的构造方式, 它们不能被一个点覆盖, 这样 $|S \cap E| \ge 2$. 现在 $|S| \le (r\nu + 1)r\nu$. 所以边 E 的数目至多为

$$\binom{|S|}{2}\binom{n}{r-2} \le \binom{(r\nu+1)r\nu}{2}\binom{n}{r-2} = O(n^{r-2}).$$

(b) 对 ν 做归纳. 如果 H 是 ν-临界的, (a) 已经解决了问题. 如果 H 不是 ν-临界的, 令 $x \in V(H)$ 满足 $\nu(H - x) < \nu(H)$. 那么由归纳假设,

$$|E(H-x)| \le \binom{n-2}{r-1} + \cdots + \binom{n-\nu}{r-1},$$

并且, 因为 x 不能被包含在多于 $\binom{n-1}{r-1}$ 条边中, 问题得证.

对如下超图等号成立: n 个点, 由与一个给定的 ν-元集相交的所有 r-元组构成. [A. Hajnal–B. Rothschild, *J. Comb. Theory* **15** (1973) 359–362.]

30. 令 $\{t_x\}$ $(x \in V(H))$ 是 H 的一个最优分数覆盖, 那么

$$\sum_{x \in E} t_x \ge 1$$

对每个 E 都成立. 将上面的不等式对 $H_i = H - x_1 - \cdots - x_i$ 中的所有边求和, 我们得到

$$\sum_{E \in E(H_i)} \sum_{x \in E} t_x \ge |E(H_i)|.$$

左端可以写成

$$\sum_x t_x \sum_{\substack{E\ni x\\ E\in E(H_i)}} 1 \le (\sum_x t_x) d_{i+1} = \tau^* d_{i+1}.$$

所以

$$|E(H_i)| \le \tau^* d_{i+1}. \tag{1}$$

现在假设这一程序在 t 步后停止, 即, $x_1, \cdots, x_t$ 覆盖所有边, $E(H_t)=\emptyset$. 那么显然地

$$\tau(H) \le t.$$

我们知道

$$|E(H_i)| - |E(H_{i+1})| = d_{i+1},$$

所以

$$t = \sum_{i=0}^{t-1} \frac{|E(H_i)| - |E(H_{i+1})|}{d_{i+1}} = \sum_{i=1}^{t-1} |E(H_i)| \left(\frac{1}{d_{i+1}} - \frac{1}{d_i}\right) + \frac{|E(H)|}{d}.$$

因为 $d_i \ge d_{i+1}$, 我们可以用 (1) 估计 $|E(H_i)|$ 并得到

$$\begin{aligned} t &\le \tau^* \left\{\sum_{i=1}^{t-1} d_{i+1}\left(\frac{1}{d_{i+1}} - \frac{1}{d_i}\right) + 1\right\} = \tau^* \left\{\sum_{i=1}^{t-1} \frac{d_i - d_{i+1}}{d_i + 1}\right\} \\ &\le \tau^* \sum_{k=1}^{d} \frac{1}{k} < \tau^* (1 + \log d). \end{aligned}$$

[L. Lovász, *Discrete Math.* **13** (1975) 383–390.]

31. (a) 只需证明 $k=r-1$ 的情形. 更进一步, 我们不考虑平凡情况, 假定 $u>v$ 且 $w>r-2$. 由 1.42(i), 我们可以写作

$$\binom{u}{r} = \binom{w+1}{r} + \binom{w}{r-1}\binom{u-w}{1} + \binom{w-1}{r-2}\binom{u-w+1}{2} + \cdots,$$

且类似地,

$$\binom{v}{r} = \binom{w+1}{r} + \binom{w}{r-1}\binom{v-w}{1} + \binom{w-1}{r-2}\binom{v-w+1}{2} + \cdots.$$

所以

$$\begin{aligned} 0 &= \binom{u}{r} - \binom{v}{r} - \binom{w}{r-1} \\ &= \binom{w}{r-1}(u-v-1) + \binom{w-1}{r-2}\left\{\binom{u-w+1}{2} - \binom{v-w+1}{2}\right\} \qquad (1) \\ &\quad + \binom{w-2}{r-3}\left\{\binom{u-w+2}{3} - \binom{v-w+2}{3}\right\} + \cdots. \end{aligned}$$

对 $x > i-1$ 二项式系数 $\binom{x}{i}$ 是正的且是单调增的. 所以右端除第一项外的所有项都是正的, 故第一项一定是负的, 即, $u < v+1$. 类似地,

$$\begin{aligned}&\binom{u}{r-1}-\binom{v}{r-1}-\binom{w}{r-2}\\ =&\binom{w}{r-2}(u-v-1)+\binom{w-1}{r-3}\left\{\binom{u-w+1}{2}-\binom{v-w+1}{2}\right\}\\ &+\binom{w-2}{r-4}\left\{\binom{u-w+2}{3}-\binom{v-w+2}{3}\right\}+\cdots.\end{aligned}$$

为了得到 (1) 右端的和式, 我们要把第一项 (负的) 乘以 $(r-1)/(w-r+2)$, 其他项乘以 $(r-2)/(w-r+2)$, $(r-3)/(w-r+2),\cdots$, 因为负的项在乘积后比正的项大, 这个和减少.

(b) 我们对 $|E(H)|$ 作归纳, 只需证明 $k=r-1$ 的情形. 令 x 是最小度 d 的点. 我们可以假定没有孤立点, 即 $d \geq 1$; 同样我们可以假定至少有两条边, 所以 $d < \binom{u}{r}$.

令 $H_1 = H - x$, 那么 $|E(H_1)| = \binom{u}{r} - d$. 让我们将这个数写作 $\binom{v}{r}$ $(v \geq r)$; 那么, 由归纳假设, 存在至少 $\binom{v}{r-1}$ 个 $(r-1)$-元组被 H_1 的边所覆盖. 注意到它们都不包含 x. 定义 H_2 如下: $V(H_2) = V(H) - \{x\}$, $E(H_2) = \{E - \{x\} : x \in E \in E(H)\}$. 那么 $|E(H_2)| = d$, H_2 是 $(r-1)$-一致超图. 我们将 d 写作 $\binom{w}{r-1}$, $w \geq r-1$, 那么由归纳假设, 存在至少 $\binom{w}{r-2}$ 个 $(r-2)$-元组被 H_2 的边覆盖. 将 x 加入到这些 $(r-2)$-元组中, 我们得到至少 $\binom{w}{r-2}$ 个 $(r-1)$-元组被包含在 H 的边中. 因为这些 $(r-1)$-元组都包含 x, 所以它们与之前找到的边都不同.

因此包含在 H 的边中的 $(r-1)$-元组的数目至少是

$$\binom{v}{r-1}+\binom{w}{r-2}.$$

利用 (a), 只要我们证明 $v \geq w$ 就完成了. 为此, 观察到平均度是

$$r\frac{|E(H)|}{|V(H)|}=r\frac{\binom{u}{r}}{|V(H)|},$$

显然地, $|V(H)| \geq u$. 所以

$$\binom{w}{r-1}=d\leq r\frac{\binom{u}{r}}{u}=\binom{u-1}{r-1},$$

其中

$$w \leq u-1.$$

所以

$$\binom{v}{r}=\binom{u}{r}-\binom{w}{r-1}\geq\binom{u}{r}-\binom{u-1}{r-1}=\binom{u-1}{r},\ v\geq u-1\geq w,$$

正如我们想要的. [J. B. Kruskal, in: *Math. Opt. Techniques*, Univ. of Calf. Press 1963, 251–278; G. Katona, in: *Theory of Graphs*. Akadémiai Kiadó 1966, 187–207. 当 U 不是整数时, 精确最优值参见这些参考文献.]

(c) 令 H 有 m 条不同边, 这些边都是 r-元组且两两相交. 定义 H' 如下:

$$V(H') = V(H),$$

$$E(H') = \{V(H) - E : E \in E(H)\}.$$

由假定, H 中没有边是 H' 的边的子集. 我们写为

$$m = \binom{u}{n-r} \quad (u \geq n-r, \text{实的}),$$

那么由 (b), H' 的边子集中 r-元组的数目至少为 $\binom{u}{r}$. 所以

$$\binom{u}{n-r} + \binom{u}{r} \leq \binom{n}{r}.$$

因为

$$\binom{n-1}{n-r} + \binom{n-1}{r} = \binom{n}{r},$$

故有 $u \leq n-1$, 从而

$$m = \binom{u}{n-r} \leq \binom{n-1}{n-r} = \binom{n-1}{r-1}.$$

[D. E. Daykin, *J. Comb. Th.* A **17** (1974) 254–255.]

32. (a) 观察到如果 $(x_1, \cdots, x_n)$ 是 $V(H)$ 的一个置换, 那么存在至多一个指标 i 使得 A_i 的每个成员的指标比 B_i 的每个成员的指标小. 所以我们至多计数了 $n!$ 对 (A_i, B_i).

更进一步, 如果 i 是任意给定的指标, 那么 $V(H)$ 中将 A_i 的每个成员映射到 B_i 的每个成员的置换数目是

$$\binom{n}{p+q} p!q!(n-p-q)! = \frac{n!}{\binom{p+q}{p}}.$$

因此, 一个给定对 (A_i, B_i) 被计数了这么多次. 于是,

$$m \leq n! \Big/ \frac{n!}{\binom{p+q}{p}} = \binom{p+q}{p}.$$

(b) 令 $E_1, \cdots, E_m$ 是 H 的边. 因为 H 是 τ-临界的, $H - \{E_i\}$ 有 $\tau(H)-1$ 个元素点覆盖 T_i. 那么显然地, 如果 $i \neq j$, $E_i \cap T_i = \emptyset$, 而 $E_j \cap T_i \neq \emptyset$. 所以 (a) 意味着

$$m \leq \binom{r + (\tau(H) - 1)}{r}$$

[B. Bollobás; 参见 B].

33. 令 $V(H) = \{v_1, \cdots, v_n\}$, 我们用红色和蓝色这两种颜色中的一种来逐个染 $v_1, \cdots, v_n$, 使得任一条边的所有顶点都不能染同一种颜色. 假设 $v_1, \cdots, v_i$ $(1 < i < n)$ 都染好了. 如果我们不能给 v_{i+1} 染红色, 那么存在边 $E \subset \{v_1, \cdots, v_{i+1}\}$, $v_{i+1} \in E$, 满足 E 的所有其他点都染红色. 类似地, 如果我们不能给 v_{i+1} 染蓝色, 那么存在边 $F \subset \{v_1, \cdots, v_{i+1}\}$, $v_{i+1} \in F$, 满足 F 的所有其他点都染蓝色. 现在 $E \cap F = \{v_{i+1}\}$, 矛盾. 因此我们可以给 v_{i+1} 染红色或蓝色.

34. 假设 H 中 x_1 点的度为 1, 其他点的度为 2. 令 x_2 是 x_1 的邻点, x_3 是 x_2 或 x_1 的邻点, 一般地, 令 x_{i+1} 是不同于 $x_1, \cdots, x_i$ 的点且与其中之一相邻. 这样的 x_{i+1} 存在, 因为 H 是连通的. 现在我们可以用之前求解中的同样方法用红蓝两种颜色倒着对 $x_n, x_{n-1}, \cdots, x_1$ 进行染色.

现在假定 H 中每个点的度为 2. 我们可以假定 H 不是一个 2-图, 那么它包含一条边 E, $|E| \geq 3$. 令 $x \in E$, $E' = E - \{x\}$, 且 $H' = H - \{E\} + \{E'\}$. 现在如果 H' 是连通的, 那么, 由于 x 在 H' 中的度为 1, 由第一部分的求解, H' 是 1-可染的. H' 的一个 2-染色也是 H 的 2-染色. 如果 H' 是不连通的, 那么 $H = H_1 \cup H_2$, $V(H_1) \cap V(H_2) = \{x\}$. 对 H_1 和 H_2 (它们都有 1 度点) 进行 2-染色, 我们可以通过交换 H_1 中的颜色将这些 2-染色放在一起, 如果需要的话.

35. 假设没有 1-边 (这是平凡的情况), 也删掉孤立点. 我们验证提示中的论断.

(a) 令 $x \in V(H)$, $E \in E(H)$ 满足 $x \in E$. 将 $E - \{x\}$ 染成红色, $V(H) - E \cup \{x\}$ 蓝色. 显然不存在红色的单色边. 因为 H 不是 2-可染的, 一定存在一条蓝色的单色边 F. F 与 E 相交于一个孤立点, 且这个点是蓝的; 所以 $x \in F$, 于是 x 的度至少是 2.

(b) 令 $x \in E_1, \cdots, E_d \in E(H)$, $d \geq 4$, 并假设 $|E_d| \geq 3$. 令 $y_i \in E_i - \{x\}$ $(i = 2, \cdots, d-1)$. 因为 $d \geq 4$, 所以至多一条边包含 $y_2, \cdots, y_{d-1}$. 所以我们可以选取点 $y_d \in E_d - \{x\}$ 使得没有边包含 $y_2, \cdots, y_d$. 现在我们将 $E_1 - \{x\}, y_2, \cdots, y_d$ 染成红色, 其他点染成蓝色. 容易验证没有出现单色边.

这解决了点 x 的度至少为 4 的情形; 更一般地, 如果存在点 x 只与 2-边关联, 那么考虑一条不包含 x 的边 E (这样的边显然存在). 对每条边 $F \ni x$, E 一定包含 $F - \{x\}$ 的点 (孤立点). 这表明 E 是唯一的, 从而 $V(H) = E \cup \{x\}$, $E(H) = \{E\} \cup \{\{x, y\} : y \in E\}$.

因此假设每个点至少属于一条至少 3 个点的边, 那么不存在 2-边. 令 $\{x, y\} \in E(H)$ 且 E, F 分别是包含 x 和 y 的至少 3 个点的边. 令 u 是 E 和 F 的 (唯一) 公共点, 且令 $v \in E - \{v, x\}$, $w \in F - \{u, y\}$. 由 (a), 存在包含 v 和 w 的其他边 A, B. 因为 A, B 一定与 $\{x, y\}$ 相交, 我们有 $y \in A$, $x \in B$.

现在将 $E \cup F - \{u\} - \{y\}$ 中的每个点染成红色, 剩下的染成蓝色, 那么没有单色的红边出现, 因为这样的一条边 X 一定与 $\{x, y\}$ 相交于一个红点, 即 x; 它一定与 A 相交于一个红点, 即 v; 但这样的话 $X = E$, 不是单色的. 同样也没有单色的蓝边产生; 因为这样一条边 X 一定与 $\{x, y\}$ 相交于一个蓝点, 即 y; 它一定与 E 相交于一个蓝点,

即 u; 但这样的话 $X = F$, 不是单色的. 这样 H 是 2-可染的, 矛盾.

现在我们来证明 (c). 令 $x, y \in V(H)$, 选取边 E, F 使得 $x \in E$, $y \in F$. 我们可以假设 $x \notin F$ 且 $y \notin E$, 否则我们证明完了. 将 $E \cup F - \{x, y\}$ 染成红色, 剩下的染成蓝色, 那么没有单色的红边出现, 因为这样的边仅包含 $E - \{x\}$ 中的一个点和 $F - \{y\}$ 中的一个点, 这样就产生了 2-边. 但这样的话一条单色的蓝边 A 就产生了, 它一定交 E 于 x, 交 F 于 y, 这样就证明了 (c).

因此每条边都是 3-元组. 因为如果 $E \in E(H)$, $|E| \geq 4$, 那么令 $x \in V(H) - E$. 对 E 中的每个点 y, 都存在一条包含 x, y 的边, 并且这些边显然是不同的. 但 x 的度至少为 4, 矛盾.

现在令 E, F, G 是满足 $E \cap F \not\subset G$ 的三条边. 令 $E \cap F = \{x\}$, $F \cap G = \{y\}$, $E \cap G = \{z\}$, 那么存在 E, F, G 的唯一的其他点 u, v, w. 存在一条包含 x 和 w 的唯一边 $\{x, w, t\}$, 存在一条包含 y 和 u 的唯一边, 它一定也包含 t, 因为这是唯一可以与 $\{x, w, t\}$ 相交的点. 类似地, $\{z, v, t\}$ 和 $\{u, w, v\}$ 都是边, 且没有其他边. 这个超图 (通常称为 *Fano* 构型或 7 点平面) 是 3-可染的. 所以我们找到了图 49 的超图, 它是唯一的可能超图.

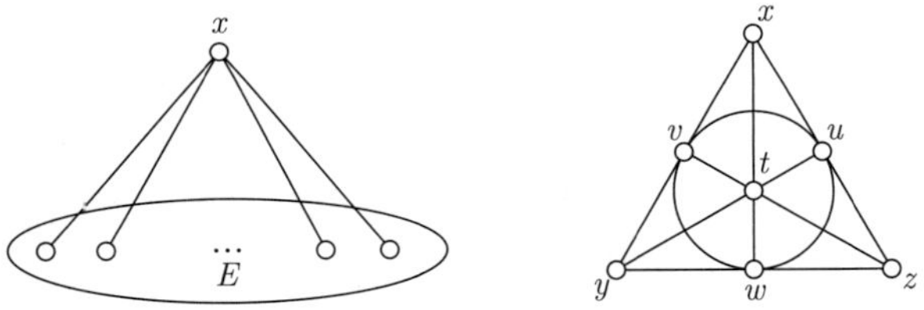

图 49

36. 假设 H 有一个红蓝 2-染色. 令 n_1 和 n_2 分别表示红色点和蓝色点的数目, 那么红–红–蓝边的数目是

$$a\binom{n_1}{2},$$

其中 a 是包含给定点对的边的数目. 类似地, 存在

$$a\binom{n_2}{2}$$

条蓝–蓝–红边. 因此

$$|E(H)| = a\left[\binom{n_1}{2} + \binom{n_2}{2}\right]. \tag{1}$$

另一方面, 每条边恰包含两个对 (x, y), 其中 x 是蓝的, y 是红的. 于是

$$2|E(H)| = an_1n_2. \tag{2}$$

由 (1) 和 (2) 我们得到

$$n_1n_2 = n_1^2 + n_2^2 - n_1 - n_2 = n^2 - n - 2n_1n_2,$$

或等价地

$$(3) \qquad 3n_1n_2 = n^2 - n.$$

但我们有

$$n_1n_2 \le \left(\frac{n_1+n_2}{2}\right)^2 = \frac{n^2}{4},$$

所以 (3) 意味着

$$\frac{n^2}{4} \ge n^2 - n \quad \text{或者} \quad n \le 4,$$

矛盾. [L. Lovász, *Proc. 4th SE Conf. on Comb. Graph Theory and Computing*, Utilitas Math. 1973, 1–12.]

37. 考虑如下定义的 n 维空间的多面体 P:

$$\left\lfloor \frac{|E_j|}{2} \right\rfloor \le \sum_{i=1}^{n} a_{ij}x_i \le \left\lceil \frac{|E_j|}{2} \right\rceil (j = 1, \cdots, m),$$

$$0 \le x_i \le 1 \, (i = 1, \cdots, m).$$

P 是非空的, 因为向量 $(\frac{1}{2}, \cdots, \frac{1}{2})^T$ 属于它. 同样矩阵 $\binom{A^T}{I}$ 是完全幺模的且常数都是整数, 所以由 Hoffman–Kruskal 定理, P 包含一个格点. 令 $(\xi_1, \cdots, \xi_n)^T$ 是这个格点. 如果 $\xi_i = 0$, 将 v_i 染成红色, 否则染成蓝色. 这样的染色是合理的, 如果 H 不包含 1-边. 更精确地说, 存在至少 $\left\lfloor \frac{|E_j|}{2} \right\rfloor$ 个至多 $\left\lceil \frac{|E_j|}{2} \right\rceil$ 个蓝点在每条边 E_j 中. 这就证明了论断中的 "仅当" 部分.

现在假设每个子超图有一个如上所示的 2-染色, 那么我们证明了关联矩阵 A 的每个子行列式是 0 或 ± 1. 因为 A 的每个子方阵都是某个子超图的关联矩阵, 显然满足同样的性质, 这样只需证明如果 $n = m$, 那么 $\det A = 0$ 或 ± 1.

我们断言存在一个 $W \subseteq V(H)$, $W \ne \emptyset$ 使得 $|W \cap E_1|, \cdots, |W \cap E_{n-1}|$ 都是偶的; 实际上, 考虑在 $GF(2)$ 上的向量

$$\mathbf{a}_j = \begin{pmatrix} a_{1j} \\ \vdots \\ a_{nj} \end{pmatrix},$$

其中

$$a_{ij} = \begin{cases} 1, & \text{如果 } v_i \in E_j, \\ 0, & \text{其他} \end{cases}$$

$(i=1,\cdots,n-1)$. 它们不生成整个空间, 所以由 5.32(f), 存在一个 01-向量

$$\mathbf{b}=\begin{pmatrix} b_1 \\ \vdots \\ b_n \end{pmatrix} \neq 0$$

与它们都正交. 现在令

$$W=\{v_i : b_i=1\}.$$

那么 $|W\cap E_j|\equiv \mathbf{b}\cdot\mathbf{a}_j\equiv 0 \pmod 2$ $(j=1,\cdots,n-1)$. $|W\cap E_n|$ 可以是奇的或偶的.

我们可以假定 $W=\{v_1,\cdots,v_i\}$. 由假设 $W=A_0\cup A_1$, $A_1\cap A_0=\emptyset$ 使得

$$\left\lfloor \frac{|E_j\cap W|}{2} \right\rfloor \le |E_j\cap A_0| \le \left\lceil \frac{|E_j\cap W|}{2} \right\rceil \quad (j=1,\cdots,n).$$

注意到, 由 W 的选择, 对 $j=1,\cdots,n-1$,

$$|E_j\cap A_0|=\frac{|E_j\cap W|}{2}.$$

不妨令 $A_0=\{v_1,\cdots,v_s\}$. 那么将第 2, ⋯⋯, 第 s 列加到第 1 列, 从第 $s+1$, ⋯⋯, 第 t 列中减掉它. 这样我们使第 1 列除了最后一个元素外都是 0, 最后一个元素是 0 或 ±1. 如果最后一个元素是 0, 那么 $\det A_1=0$. 否则, 我们可以按第一行展开再利用归纳法 [A. Ghouila–Houri; 参见 B].

38. (a) 首先我们证明提示中的论断. 只需考虑情形 $k=2$. 令 $E\in E(H)$, $E_1,E_2\subset E$, $E_1\cap E_2=\emptyset$. 考虑

$$H'=H-\{E\}+\{E_1,E_2\}.$$

我们断言 H' 没有奇圈. 令 C 是 H' 的一个圈, 如果 C 不包含 E_1,E_2, 那它以一种自然的方式对应于 H 的一个圈, 所以它是偶的. 假设它同时包含 E_1,E_2, 那么它的形式为

$$(E_1,x_1,F_1,\cdots,x_k,E_2,y_1,G_1,\cdots,y_l),$$

其中 $k\ge 2$, $l\ge 2$, 因为 $E_1\cap E_2=\emptyset$. 现在

$$(E_1,x_1,F_1,\cdots,x_k) \quad \text{和} \quad (E_2,y_1,G_1,\cdots,y_l)$$

都是 H 的圈, 所以 k,l 都是偶的. 于是 $k+l$ 是偶的, 即 C 是偶长的.

现在将 E 的每条边替换成 $\left\lfloor\frac{|E|}{2}\right\rfloor$ 个不交对. 由如上的结果产生的图是二部的, 从而有一个红蓝 2-染色. 现在每条边 E 包含至少 $\left\lfloor\frac{|E|}{2}\right\rfloor$ 个红点和至少 $\left\lfloor\frac{|E|}{2}\right\rfloor$ 个蓝点, 这就证明了论断.

(b) 由 (a) 和 13.37 易证 [C. Berge; 参见 B].

39. 假设 H 不是平衡的, 那么它包含一个非平衡的奇圈 $(x_1, E_1, \cdots, x_{2k+1}, \cdots, E_{k+1})$. 这意味着没有除圈以外的其他关联关系介于 $x_1, \cdots, x_{2k+1}$ 与 $E_1, \cdots, E_{2k+1}$ 之间. 所以 A 包含一个 $(2k+1) \times (2k+1)$ 的子矩阵

$$\begin{pmatrix} 1 & 1 & & & & \\ & 1 & & & & 0 \\ & & \ddots & & & \\ & & & \ddots & & \\ & 0 & & & 1 & 1 \\ 1 & & & & & 1 \end{pmatrix},$$

其行列式是 2, 矛盾 [参见 B].

40. 假设存在平衡超图不是 2-可染的, 并考虑一个最小反例 H. 定义图 G: $V(G) = V(H)$, $E(G) = \{E \in E(H) : |E| = 2\}$.

我们断言 G 是连通图. 间接地假设 $V(G) = V_1 \cup V_2$, $V_1 \cap V_2 = \emptyset$, $V_1, V_2 \neq \emptyset$, 使得每个 $E \in E(H)$ 包含在 V_1 或 V_2 中. 考虑 H_{V_1} 和 H_{V_2} 并从中去掉 1-边. 这样我们得到两个平衡超图 H_1 和 H_2.

由 H 的极小性, H_1 和 H_2 是 2-可染的. 让我们对它们用红蓝两种颜色染色, 我们断言这是 H 的一个好的 2-染色. 令 $E \in E(H)$. 如果 $|E| = 2$, 那么 E 可以由 V_1 或 V_2 生成, 所以它有两种颜色. 如果 $|E| \geq 3$, 那么对 $i = 1, 2$ 其中之一 $|E \cap V_i| \geq 2$, 因此 $E \cap V_i$ 在 H_i 中有两种颜色. 所以我们得到 H 的 2-染色, 矛盾.

现在因为 H 是平衡的, 所以 G 没有奇圈, 因为它是连通的, 所以它有一个 (唯一确定的) 红蓝 2-染色. 我们断言它是 H 的一个合法 2-染色. 假设存在一条单色边 E, $|E| > 1$. 因为 G 是连通的, 所以它包含一条路 $P = (x_0, F_1, x_1, \cdots, F_k, x_k)$ 满足 $x_0 \in E$, $x_k \in E$. 我们可以假定对 $i = 1, \cdots, k-1$, 有 $x_i \notin E$. 点 $x_0, \cdots, x_k$ 是红色和蓝色交替的, 所以 k 是偶的. 因此,

$$(x_0, F_1, x_1, \cdots, x_k, E)$$

是非平衡的奇圈, 矛盾. 于是, 我们考虑的 2-染色是 H 的一个好的 2-染色, 再次矛盾 [C. Berge; 参见 B, LP].

41. 令 $E(H) = \{E_1, \cdots, E_m\}$ $(m \leq 2^{r-1})$, 并随机地、独立地对 H 的顶点染红色和蓝色, 概率是 1/2. 令 A_i 表示事件 E_i 是单色的, 那么

$$P(A_i) = \frac{1}{2^{r-1}},$$

因为有 2^r 种方式选择 E_i, 其中有 2 个在我们的考虑范围中. 所以这样的随机染色包含一条单色边的概率是

$$P(A_1 + \cdots + A_m) < \sum_{i=1}^{m} P(A_i) = \frac{m}{2^{r-1}} \leq 1$$

(第一个不等式成立因为 $A_1, \cdots, A_m$ 不是两两互斥的: 当所有点都是红色时, 它们都发生) [P. Erdős; 参见 ES].

42. 令 H 如提示中那样定义, 那么, 对任一边 E_P $(P = \{X, Y\})$

$$|E_P| = \binom{|X|}{r} + \binom{|Y|}{r} \geq 2\binom{r^2}{r}.$$

因此,

$$t_x = \frac{1}{2\binom{r^2}{r}}$$

定义了一个分数覆盖. 所以

$$\tau^*(H) \leq \frac{\binom{2r^2}{r}}{2\binom{r^2}{r}}.$$

(不难证明这里能取到等号.)

现在令 T 是覆盖每条边 E_P 的 H 的任一点集合, 那么 T 是 r-元组的一个集合, 所以 $V(H_0) = S$, $E(H_0) = T$, 定义了一个 r-一致超图. T 覆盖 E_P 的事实意味着 P 没有给出 H_0 的一个合法 2-染色; 所以 H_0 不是 2-可染的. 因此如果 T 是一个由 13.30 得到的最小覆盖, 那么

$$|E(H_0)| = \tau(h) \leq (1 + \log d(H))\tau^*(H).$$

这里, 然而

$$\tau^*(H) = \frac{\binom{2r^2}{r}}{2\binom{r^2}{r}},$$

$$d(H) = 2^{r^2-r},$$

从而

$$\begin{aligned}|E(H_0)| &\leq (1 + (r^2 - r)\log 2)\frac{\binom{2r^2}{r}}{2\binom{r^2}{r}} < r^2\frac{\binom{2r^2}{r}}{\binom{r^2}{r}} \\ &= r^2 \cdot \frac{2r^2}{r^2} \cdot \frac{2r^2-1}{r^2-1} \cdots \frac{2r^2-r+1}{r^2-r+1} < c \cdot r^2 \cdot 2^r\end{aligned}$$

[P. Erdős; 参见 ES].

43. 如 13.41 的求解中那样, 再次随机地对 H 中的点进行染色, 观察到如果 $E_1, \cdots, E_p$ 与 E_q 不相交, 那么 $A_1, \cdots, A_p$ 和它们的任意多项式都与 A_q 是独立的. 所以如果我们构造 $L(H)$ 并将事件 A_j 与 E_i 相关联, 那么这个图和其关联的事件满足 2.18 的第一个条件. 进一步, 由假设, $L(H)$ 每个点的度至多为 2^{r-3}, 所以第二个条件也满足. 因此

$$P(\overline{A}_1 \cdots \overline{A}_m) > 0,$$

即, 存在一个染色使得每条边都不是单色的. [P. Erdős–L. Lovász, in: *Infinite and Finite Sets*, Coll. Math. Soc. J. Bolyai **10**, Bolyai-North-Holland (1974) 609–627.]

44. (a) 假设 H 不是 2-可染的, 那么由 13.43, 存在一条边 E 与多于 2^{r-3} 条其他边相交. 这样 E 中的一个点属于多于 $2^{r-3}/r$ 条边, 因此 H 的最大度 d 至少为 $2^{r-3}/r$.

现在令 x 是一个最大度为 d 的点, 那么由假设包含 x 的边没有其他公共点, 从而它们覆盖至少

$$1+\frac{(r-1)2^{r-3}}{r}>2^{r-4}$$

个点, 矛盾.

(b) 对 $E\in E(H)$, 令 $\varphi(E)$ 表示 E 的在 H 中有最大度的点 (或其中之一), 并令 $E'=E-\{\varphi(E)\}$,

$$H'=(V(H);\{E':E\in E(H)\}).$$

那么 H' 一定至少是 3-可染的, 因为 H' 的任何 2-染色将给出 H 的一个 2-染色. 因此由 (a) 的求解, 存在点 x, 它在 H' 中的度 $t>\frac{2^{r-4}}{r-1}$. 令 $E_1',\cdots,E_t'$ 是 H' 中包含 x 的边. 那么, 由定义, $\varphi(E_i)$ 在 H 中的度至少是 x 在 H 中的度, 即至少是 x 在 H' 中的度, 等于 t. 进一步, 点 $\varphi(E_1),\cdots,\varphi(E_t)$ 都是不同的, 因为 $E_1,\cdots,E_t$ 除 x 外没有任何公共点. 所以我们有 t 个点, 它们的度至少为 t, 证毕.

(c) 假设 H 的色数至少是 3, 那么, 由前面的问题, 存在 $\frac{2^{r-4}}{r}$ 个点, 它们的度至少是 $\frac{2^{r-4}}{r}$. 如果我们计数与这些点关联的那些边, 我们有 $\frac{4^{r-4}}{r^2}$ 条, 每条边被计数了不超过 r 次. 因此

$$|E(H)|>\frac{4^{r-4}}{r^3}.$$

[参考文献同上.]

45. (a) 由 13.5(b), 我们可以从 H 的每条边 E 中选择一个对 $f(E)$ 使得超图 (实际上是图) $G=(V(H),\{f(E):E\in E(H)\})$ 是一个森林, 所以 G 是 2-可染的且 G 的一个 2-染色给出 H 的一个 2-染色 [M. Las Vergnas, L. Lovász; 参见 B].

(b) 令 H_2 是三角形并假设我们已经有一个满足性质的 r-一致超图 H_r. 定义 H_{r+1} 如下: 对每条边 $E\in E(H_r)$ 取一个 $(r+1)$-元集 E'; 令这些 E' 彼此不交且组成 $V(H_r)$. 定义

$$V(H_{r+1})=\bigcup_{E\in E(H_r)}E'\cup V(H_r),$$

$$E(H_{r+1})=\{E':E\in E(H_r)\}\cup\{E\cup\{x\}:E\in E(H_r),x\in E'\}.$$

那么, 显然地, H_{r+1} 是 $(r+1)$-一致的, 更进一步, H_{r+1} 不是 2-可染的. 这是因为如果令 α 是 H_{r+1} 的一个 2-染色, 那么存在一条边 $E\in E(H_r)$ 是单色的, 因为 H_r 不是 2-可染的. 不妨设 E 的所有点都是红色的, 那么对任意 $x\in E'$, $E\cup\{x\}$ 是 H_{r+1} 的一条边, 所以 x 是蓝色的, 但是这样的话, E' 就是 H_{r+1} 的一条单色边, 矛盾.

令 H' 是 H_{r+1} 的一个子超图, 我们断言 $|V(H')|\geq|E(H')|$. 否则, 令 H' 是一个极小反例, 那么 H' 的每个点的度至少是 2, 因为否则的话它可以被移除. 所以,

如果 $x \in E'$ $(E \in E(H_r))$ 是 H' 的一个点, 那么 $E' \in E(H')$, 同时对每个 $y \in E'$, $E \cup \{y\} \in E(H')$.

令 A 表示 H' 中形如 E' 的边集合, $E \in E(H_r)$. 对每个 $E \in E(H') - A$, 令 $E^* = E \cap V(H_r)$. 显然, $E^* \in E(H_r)$. 所以如下定义的超图 H'' 是 H 的一个子超图:

$$V(H'') = V(H') \cap V(H_r),$$
$$E(H'') = \{E^* : E \in E(H') - A\}$$

(每个 E^* 只取一次). 所以,

$$|V(H'')| \geq |E(H'')|.$$

并且我们有

$$|E(H')| = (r+1)|E(H'')|,$$
$$|V(H')| = |V(H'')| + r|E(H'')|,$$

从而

$$|V(H')| \geq (r+1)|E(H'')| = |E(H')|.$$

这证明了 H_{r+1} 具有我们想要的性质. 我们注意到 H_r 的每个子超图 H' 甚至满足

$$|V(H')| \geq |E(H')| + 1,$$

除非 $H' = H_r$. [D. R. Woodall, in: *Combinatorics*, Proc. Conf. Southend-on-Sea, 1972, 322–340.]

(c) 假设 H 的边的关联向量不生成 n 维空间, 那么存在一个非零向量 a 与每条边的关联向量正交. 换言之, 我们可以分配实数 $a(v)$ 到每个点上, 不全为 0, 使得每条边的元素分配的数字之和为 0. 令 V^0, V^+ 和 V^- 分别表示满足 $a(v) = 0$, $a(v) > 0$ 和 $a(v) < 0$ 的点 v 的集合.

令 H' 是 V^0 导出的子超图, 由假设, H' 是 2-可染; 令 $V_1 \cup V_2 = V^0$ 是 H' 的 2-染色, 那么 $(V_1 \cup V^+) \cup (V_2 \cup V^-)$ 是 H 的一个 2-染色. 实际上, 如果一条边 A 包含在 V^0 中, 那么由定义它一定与 V_1 和 V_2 都相交. 如果一条边 A 不包含在 V^0 中, 那么 a 可以把 0 加入 A 中仅当它既包含负的又包含正的项. [P. D. Seymour, *Quart. J. Math. Oxford*, **25** (1974), 303–312.]

46. (a) 令 H_r 是一个非 2-可染的 r-一致超图, 没有重边, 任意两条边相交. 我们构造一个 $(r+1)$-一致超图 H_{r+1} 有相似的性质. 令 $|U| = r+1$, $U \cap V(H_r) = \emptyset$. 定义 H_{r+1}

$$V(H_{r+1}) = V(H_1) \cup U,$$
$$E(H_{r+1}) = \{U\} \cup \{E \cup \{x\} : E \in E(H_r), x \in U\}.$$

易知 H_{r+1} 有我们想要的性质. 同时,

$$|E(H_{r+1})| = (r+1)|E(H_r)| + 1,$$

其中

$$|E(H_r)| = \lfloor (e-1)r! \rfloor > r!.$$

(b) 令 H, H' 是两个超图. 定义 $H[H']$ 如下. 令

$$\begin{aligned} V(H[H']) &= V(H) \times V(H'), \\ E(H[H']) &= \{\{x_1\} \times F_1 \cup \{x_2\} \times F_2 \cup \cdots \cup \{x_r\} \times F_r : \\ &\qquad \{x_1, \cdots, x_r\} \in E(H), F_1, \cdots, F_r \in E(H')\}. \end{aligned}$$

那么, 如果 H 和 H' 的任意两条边相交, 同样在 $H[H']$ 也成立. 实际上, 如果 $\{x_1\} \times F_1 \cup \cdots \cup \{x_r\} \times F_r$ 和 $\{x_1'\} \times F_1' \cup \cdots \cup \{x_r'\} \times F_r'$ 是 $H[H']$ 的两条边, 那么 $\{x_1, \cdots, x_r\}$ 和 $\{x_1', \cdots, x_r'\}$ 相交; 令 $x_i = x_j'$, 那么 F_i 和 F_j' 也相交; 令 $y \in F_i \cap F_j'$, 那么 (x_i, y) 是两条边在 $H[H']$ 上的公共点.

如果 H 和 H' 不是 2-可染的, 那么 $H[H']$ 也不是. 对 $H[H']$ 的点 2-染色, 那么对每个 $x \in V(H)$, $\{x\} \times F$ $(F \in E(H'))$ 中的一个是单色的; 选取这样的一条 H' 的单色边 F_x. 现在用染 $\{x\} \times F_x$ 的颜色染 x, 那么就有一条边 $\{x_1, \cdots, x_r\} \in E(H_r)$ 是单色的. 所以边

$$\{\{x_1\} \times F_{x_1}, \cdots, \{x_r\} \times F_{x_r}\}$$

是单色的.

令 K 表示三角形并令

$$K_m = \underbrace{K[K[K \cdots [K] \cdots]]}_{m\ 次}.$$

那么, 由前面, K_m 的任两条边相交, 但不是 2-可染的. 它是 $r = 2^m$-一致, 有 3^{2^m-1} 条边, 这由归纳假设可知. 所以它有我们想要的性质.

(c) 13.27 解法中构造的超图有我们需要的性质. [P. Erdős–L. Lovász, in: *Infinite and Finite Sets*, Coll. Math. Soc. J. Boylai **10**, Boylai-North-Holland (1974) 609–627.]

47. 考虑 r-一致超图 H 无重边, 不是 2-可染的. 令 x_1 是有最大度的点, 那么它的度数大于 $\frac{m}{r}$. 令 $E \in E(H)$. 每条边与它相交于 r 个点, 于是

$$(m-1) + r \le \sum_{F \in E(H)} |E \cap F| = \sum_{x \in E} d_H(x).$$

所以

$$\max_{x \in E} d_H(x) \ge \frac{m}{r} - \frac{1}{r} + 1 > \frac{m}{r}.$$

现在假设 $x_1,\cdots,x_i$ 已经被选出使得 $\{x_1,\cdots,x_i\}$ 被包含在超过 $\frac{m}{r^i}$ 条边中 $(i<r)$. 试着把 $x_1,\cdots,x_i$ 染成红的, 其余的染成蓝的. 这是行不通的, 即, 存在一条边 E_i, $x_1,\cdots,x_i\notin E_i$. 任一条包含 $\{x_1,\cdots,x_i\}$ 的边与 E_i 相交, 所以, 存在一个点 x_{i+1} 被包含在它们中超过 $\frac{m}{r^i}/r$ 条边中. 所以, $\{x_1,\cdots,x_{i+1}\}$ 被包含在超过 $\frac{m}{r^{i+1}}$ 条边中.

我们有 $\{x_1,\cdots,x_r\}$ 被包含在超过 $\frac{m}{r^r}$ 条边中. 因为 $\{x_1,\cdots,x_r\}$ 显然被包含在至多一条边中 (它们是一条边或不是), 我们有

$$\frac{m}{r^r}<1,$$

$$m<r^r.$$

证毕. [参考文献同上.]

48. 因为每一个覆盖定义一个分数覆盖, 不等式

$$\tau^*(H)\le\tau(H)$$

是平凡的. 类似地,

$$\nu(H)\le\nu^*(H)$$

是显然的.

用提示中的符号, 每一个实向量 $\mathbf{x}$ 使得

$$A\mathbf{x}\le\mathbf{1},\mathbf{x}\ge 0$$

定义了一个分数匹配; 每一个实向量 $\mathbf{y}$ 使得

$$A^T\mathbf{y}\ge\mathbf{1},\mathbf{y}\ge 0$$

定义了一个分数覆盖. 所以

$$\nu^*(H)=\max\{\mathbf{1}^T\mathbf{x}|A\mathbf{x}\le\mathbf{1},\mathbf{x}\ge 0\},$$

$$\tau^*(H)=\min\{\mathbf{1}^T\mathbf{y}|A^T\mathbf{y}\ge\mathbf{1},\mathbf{y}\ge 0\},$$

并且关系 $\nu^*(H)=\tau^*(H)$ 由线性规划的对偶定理可得.

49. (a) 令 t 是图 G 的 k-覆盖. 令

$$A=\{x:t(x)\ge k\},$$

$$B=\{x:t(x)=0\},$$

并且定义

$$t'(x)=\begin{cases}2, & \text{如果 } x\in A,\\ 0, & \text{如果 } x\in B,\\ 1, & \text{其他};\end{cases}$$

$$t''(x) = t(x) - t'(x).$$

我们断言 t' 是 2-覆盖并且 t'' 是 $(k-2)$-覆盖. 令 $(x,y) \in E(G)$. 如果 $x, y \notin B$, 那么 $t'(x) + t'(y) \geq 2$. 如果不妨设 $y \in B$, 那么 $t(x) + t(y) \geq k$ 表明 $t(x) \geq k$, $x \in A$, 并且 $t'(x)+t'(y) \geq 2$. 所以 t' 是 2-覆盖. 另一方面, $t''(x)+t''(y) > (t(x)-1)+t(y)-1 \geq k-2$, 除非 $x \in A$. 但是那样 $t''(x) + t''(y) \geq t''(x) \geq k-2$ 依然成立.

(b) 令 w 是一个 k-匹配, 并假设 k 是偶. 把每条边 E 换成 $w(E)$ 条平行边. 产生的图 G' 度数至多是 k. 通过加新边 (允许自环) 我们得到 k-正则图 G''. 由 7.40, G'' 有 2-因子; 剩下的边组成 $(k-2)$-因子. 把 $E(G'') - E(G')$ 中的边去掉, 我们得到一个 $E(G')$ 的分解, 分解成一个 k-匹配和一个 $(k-2)$-匹配. 这产生一个 w 的分解, 分解成一个 k-匹配和一个 $(k-2)$-匹配.

(c) 令 t 是一个最优分数覆盖, 其中权重是有理数 (由线性规划理论, 这样的最优分数覆盖存在). 令 $2k$ 是 t 的权重的公共分母. 那么 $2kt$ 是一个 $(2k)$-覆盖. 由 (a), $2kt = t_1 + \cdots + t_k$, 其中 $t_1, \cdots, t_k$ 是 2-覆盖. 所以

$$t = \frac{1}{k}\left(\frac{t_1}{2} + \cdots + \frac{t_k}{2}\right),$$

其中 $\frac{t_1}{2}, \cdots, \frac{t_k}{2}$ 是 2-覆盖. 因为 t 是最优的, $\frac{t_1}{2}, \cdots, \frac{t_k}{2}$ 也是最优的. 现在, $\frac{t_1}{2}$ 由半整数组成.

对匹配, 我们的论断也相似地成立. 并且

$$2\tau^*(H) = \sum_{x \in V(H)} t_1(x)$$

是整数.

(d) 令 t 是一个最优 2-覆盖, 令

$$A = \{x : t(x) = 0\}.$$

显然, A 是独立的. 并且对 $\Gamma(A)$ 的任何一个点 y, $t(y) \geq 2$, 因为 A 存在一个点 x 与 y 相邻并且 $t(x) + t(y) \geq 2$. 显然, 对任一个点 y, $t(y) \leq 2$, 所以 $t(y) = 2$.

现在对每个 $z \notin A \cup \Gamma(A)$ 有 $t(z) \geq 1$; 并且令 $t(z) = 1$ 足够把 G 的每条边覆盖两次. 所以由 t 是一个最优 2-覆盖知 $t(z) = 1$. 那么 t 由 A 决定并且

$$\sum_{x \in V(H)} t(x) = 2|\Gamma(A)| + |V(G) - \Gamma(A) - A| = |V(G)| + |\Gamma(A)| - |A|.$$

所以, 利用 (c),

$$2\tau^*(G) = \min_t \sum_x t(x) = |V(G)| + \min_{A\ \text{独立}} \{|\Gamma(A)| - |A|\}.$$

所以 (c) 证明了 7.37,

50. 令 $\{U, v\}$ 是一个 G 的 2-染色, 令 t 是一个 k-覆盖. 对 $1 \le i \le k$, 定义

$$t_i(x) = \begin{cases} 1, & \text{如果 } x \in U \text{ 且 } t(x) \ge i \\ & \text{或者 } x \in V \text{ 且 } t(x) \ge k - i + 1, \\ 0, & \text{其他.} \end{cases}$$

我们断言 $t_1 + \cdots + t_k = t$ 并且每一条边被每一个 t_i 覆盖. 第一个断言是平凡的. 令 $(x, y) \in E(G)$, $1 \le i \le k$. 因为 $t(x) + t(y) \ge k$, 我们有 $t(x) \ge i$ 或 $t(y) \ge k - i + 1$. 对应地, $t_i(x) = 1$ 或 $t_i(y) = 1$. 断言中关于匹配的部分由前面的证明可得, 只需用 7.10 替换 7.40.

51. (a) 令 t, t' 是 G, H 的最小分数覆盖. 定义

$$\bar{t}(x, y) = t(x)t'(y) \quad (x \in V(G), y \in V(H)),$$

易知 t 是 $G \otimes H$ 的分数覆盖. 并且

$$\sum_{(x,y) \in V(G \otimes H)} \bar{t}(x, y) = \left(\sum_x t(x)\right)\left(\sum_y t'(y)\right) = \tau^*(G)\tau^*(H),$$

其中

$$\tau^*(G \otimes H) \le \tau^*(G)\tau^*(H).$$

类似分析分数匹配可得

$$\nu^*(G \otimes H) \ge \nu^*(G)\nu^*(H),$$

所以 13.48 表明了第一个关系式成立.

令 S 是 $G \otimes H$ 的最小点覆盖. 令 $F \in E(H)$ 并且

$$S_F = \{x \in V(G) : (x, y) \in S, y \in F\}.$$

那么显然 S_F 覆盖 G 的所有边, 其中 $|S_F| \ge \tau(G)$. 令 $\tau(G) = k$. 对 $y \in V(H)$, 定义

$$t(y) = |(V(G) \times \{y\}) \cap S|.$$

那么

$$\sum_{y \in F} t(y) \ge |S_F| \ge k,$$

即, t 是 H 的一个 k-覆盖. 那么

$$\tau_k(H) \le \sum_{y \in V(H)} t(y) = |S| = \tau(G \otimes H),$$

并且因此

$$\tau(G \otimes H) \ge \tau_k(H) \ge k\tau^*(H).$$

这证明了第二个论断的上界. 下界由解法的第一步可得. 对匹配的证明相似, 此处略去.

(b) 假定 $\tau(H)=\tau^*(H)$. 那么由 (a),

$$\tau(G)\tau(H)\geq\tau(G\otimes H)\geq\tau(G)\tau^*(H),$$

这证明了 $\tau(G\otimes H)=\tau(G)\tau(H)$. 相反地, 假定 $\tau(H)>\tau^*(H)$. 那么 $\tau_n(H)<n\cdot\tau(H)$ 对某个 n 成立. 令 $N=\tau_n(H)$ 并定义一个超图 G 顶点是 $1,\cdots,N$ 包含了全部 $(N-n+1)$-元子集合. 令 $\{x_1,\cdots,x_N\}$ 是 H 的一个最小 n-覆盖 (同样的点可能出现多次) 并且

$$S=\{(i,x_i):1\leq i\leq N\}.$$

那么 S 代表了 $G\otimes H$ 的所有边; 因为, 如果 $E\times F$ 是 $G\otimes H$ 的一条边 ($E\in E(G)$, $F\in E(H)$), 那么由 G 的定义, 至少有 S 中的 n 个点 (i,x_i), $x_i\in F$, 和其中至多 $n-1$ 个满足 $i\notin E$. 所以

$$\tau(G\otimes H)\leq|S|=N.$$

因为显然 $\tau(G)=n$, 我们有

$$\tau(G\otimes H)=N=\tau_n(H)<n\tau(H)=\tau(G)\tau(H).$$

[C. Berge–M. Simonovits, in: *Hypergraph Seminar*, Lecture Notes in Math. 411, Springer, 1974, 21–33.]

(c) 由 (a),

$$\tau^*(H^p)=\tau^*(H)^p,$$

所以

$$\tau(H^p)\geq\tau^*(H)^p. \tag{1}$$

我们用 13.30 估计 $\tau(H^p)$. 用简单的计算我们有

$$d(H^p)=d(H)^p,$$

并且

$$\tau(H^p)\leq(1+\log d(H^p))\tau^*(H)^p=(1+p\log d(H))\tau^*(H)^p. \tag{2}$$

由 (1) 和 (2),

$$\tau^*(H)<\sqrt[p]{\tau(H)^p}<\sqrt[p]{1+p\log d(H)}\tau^*(H).$$

所以

$$\lim_{p\to\infty}\sqrt[p]{\tau(H)^p}=\tau^*(H).$$

[R. J. McEliece–E. C. Posner, *Ann. Math. Stat.* **42** (1971) 1706–1716.]

52. 假设 H 的两条边 E_1, E_2 有公共点 x. 因为它是 τ-临界的, 存在一个 $H-\{E_i\}$ 的 1-覆盖 t_i 使得

$$\sum_y t_i(y)=\tau(H)-1.$$

定义

$$t(y)=\begin{cases}1/2, & \text{如果 } y=x,\\ (t_1(y)+t_2(y))/2, & \text{其他.}\end{cases}$$

那么, 显然 t 是一个分数覆盖. 进一步, 它的大小是

$$\sum_y t(y)=\frac{1}{2}+\frac{1}{2}\left(\sum_y t_1(y)+\sum_y t_2(y)\right)=\tau(H)-\frac{1}{2}.$$

所以

$$\tau^*(H)<\tau(H)-\frac{1}{2}<\tau(H).$$

[L. Lovász, in: *Hypergraph Seminar*, Lecture Notes in Math. 411, Springer, 1974, 111–126.]

53. 令 $E_0=\{v_1,\cdots,v_k\}\in E(H)$. 显然, $k\geq 2$. 令 w_i 是 $H-v_i$ $(i=1,\cdots,k)$ 的最大匹配; 那么, 因为 H 是 ν-临界的, 所以

$$\sum_w w_i(E)=\nu(H)\quad (i=1,\cdots,k).$$

令

$$w(E)=\begin{cases}\dfrac{1}{k}, & \text{如果 } E=E_0,\\ \dfrac{w_1(E)+\cdots+w_k(E)}{k}, & \text{如果 } E\neq E_0.\end{cases}$$

易知 w 是分数匹配; 实际上, 如果 $x\notin E_0$, 那么

$$\sum_{E\ni x} w(E)=\frac{1}{k}\left(\sum_{E\ni x} w_1(E)+\cdots+\sum_{E\ni x} w_k(E)\right)\leq 1.$$

如果 (比方说) $x=v_1$, 那么

$$\sum_{E\ni v_1} w(E)=\frac{1}{k}\left(1+\sum_{E\ni v_1} w_2(E)+\cdots+\sum_{E\ni v_1} w_k(E)\right)\leq 1.$$

所以 $\nu^*(H)$ 可以被这样估计:

$$\begin{aligned}\nu^*(H)\geq\sum_E w(E)&=\frac{1}{k}\left(1+\sum_{E\neq E_0}(w_1(E)+\cdots+w_k(E))\right)\\ &=\frac{1}{k}(1+k\nu(H))=\nu(H)+\frac{1}{k}>\nu(H).\end{aligned}$$

[参考文献同上.]

54. 假设存在一个平衡超图 H 满足 $\tau(H) > \nu(H)$ 并考虑一个最小反例. 那么

$$\tau(H - \{E\}) = \nu(H - \{E\})$$

对每个 $E \in E(H)$ 成立, 所以,

$$\tau(H - \{E\}) = \nu(H - \{E\}) \leq \nu(H) < \tau(H),$$

即, H 是 τ-临界的. 因为 H 不能由不交的边组成, 所以存在 $E_1, E_2 \in E(H)$, $x \in V(H)$, $x \in E_1 \cap E_2$.

因为 $\tau(H - \{E_i\}) < \tau(H)$, 所以我们在有 $H - \{E_i\}$ 的一个 $(\tau(H) - 1)$-元的点覆盖 T_i. 显然, $E_i \cap T_i = \emptyset$. 令

$$W = (T_1 \triangle T_2) \cup \{x\}.$$

由 13.38, 子超图 H_W 色数是 2 (如果 1-边忽略的话). 令 $\{A, B\}$ 是它的 2-染色, $A \cap B = \emptyset$, $A \cup B = W$, $|A| \leq |B|$. 因为

$$|W| = |T_1 - T_2| + |T_2 - T_1| + 1 = 2\tau(H) - 2|T_1 \cap T_2| - 1.$$

我们有 $|A| \leq \tau(H) - |T_1 \cap T_2| - 1$.

现在 $A \cup (T_1 \cap T_2)$ 覆盖 H 的所有边. 如果边 $E \in E(H)$, $E \neq E_1$,E_2, 不与 $T_1 \cap T_2$ 相交, 那么它与 $T_1 - T_2$ 和 $T_2 - T_1$ 相交, 即, 它有至少两个点在 W 中, 因为 $\{A, B\}$ 是 H_W 的 2-染色, $A \cap E \neq \emptyset$. 类似地, 如果 $E = E_i$, 它有两个点在 W 中, 我们的结论和上面一样. 所以 $A \cup (T_1 \cap T_2)$ 是 H 的点覆盖. 但是

$$|A \cup (T_1 \cap T_2)| \leq \tau(H) - 1,$$

矛盾 [C. Berge; B, LP].

55. 显然, (iii)⇒(i), (iii)⇒(ii). 假定 (i) 成立而 (ii) 不成立, 并考虑一个极小反例. 那么对每个点 x,

$$\tau(H) > \nu(H),$$

$$\tau(H - x) > \nu(H - x),$$

因为

$$\tau(H - x) \geq \tau(H) - 1,$$

我们有

$$\nu(H - x) = \nu(H),$$

即, H 是 ν-临界的. 由 13.53, 有 $\nu(H) < \nu^*(H')$, 矛盾. 所以 (i)⇒(iii).

类似地, 如果 H 是一个极小超图, 满足 (ii) 不满足 (iii), 那么 H 是 τ-临界的 (参见 13.54), 所以, 由 13.52, $\tau(H) > \tau^*(H)$, 矛盾.

所以 (i) ⇔ (iii) ⇔ (ii). [L. Lovász; B, LP.]

56. 我们首先来验证提示中的论断.

只需说明, 如果我们添加一条新的边与 H 的一条边是平行边, 那么产生的超图 H_0 有性质 (iv). 令 E 是这条新边, 与 $E_0 \in E(H)$ 平行.

只需证明 $d(H_0) = q(H_0)$. 因为这对部分超图也成立. $d(H_0) \le q(H_0)$ 是平凡的.

如果 $d(H_0) = d(H) + 1$, 那么

$$q(H_0) \le q(H) + 1 = d(H) + 1 = d(H_0).$$

所以假设 $d(H_0) = d(H)$, 即, E_0 没有点在 H 中是最大度. 因为 H 有性质 (iv), 它的边可以被 $d(H)$-染色. 令 E_0 是红色的, 令 $F_1, \cdots, F_t$ 是其他的红边. 令 $H' = H - \{F_1, \cdots, F_t\}$. 我们计算 $d(H')$. 如果 x 在 H 中的度数小于 $d(H)$, 那么它在 H' 中的度数小于 $d(H)$; 如果 x 在 H' 中有最大度数, 那么它一定与一条红色边相邻, 因为 E_0 中的点度数都小于 $d(H)$, $x \notin E_0$. 所以 x 在 H' 中的度数小于 $d(H)$. 所以 $d(H') < d(H)$, 并且于是 H' 的边可以被 $(d(H) - 1)$-染色. 给 $E, F_1, \cdots, F_t$ 一个新的颜色; 我们得到一个 H_0 的边的 $d(H)$-染色. 这证明了提示中的论断.

现在我们继续证明.

(iv)⇒(i). 假定 $\nu(H) < \nu^*(H)$, 令 w 是一个大小超过 $\nu(H)$ 的 H 的分数覆盖. 我们可以假定 w 是有理数; 令 k 是 $w(E)$ 的公共分母. 把 H 的每条边替换成 $kw(E)$ 条平行边. 由 w 的定义, 产生的超图 H_1 有 $d(H_1) \le k$ 因为由引理它也满足 (iv), 我们有

$$q(H_1) \le k,$$

即 H_1 可以被 k-染色.

因为每一种颜色出现至多 $\nu(H_1) \le \nu(H)$ 次, 有

$$|E(H_1)| \le k\nu(H).$$

因为由 H_1 的构造

$$|E(H_1)| \le k\nu^*(H),$$

故有

$$\nu^*(H) \le \nu(H).$$

因为反过来是平凡的, 故 (i) 成立.

(iii)⇒(iv) 可以从 (iv)⇒(iii) 用构造超图 H^* 来证明. 令 $V(H^*)$ 包含所有 H 的极大 1-匹配; 对每条边 $E \in E(H)$, 令 E^* 是所有 H 的极大 1- 匹配中包含 E 的, 作为 H^* 的边. 我们省略细节.

(iii)⇒(v). 假设 H 是正规的, 即它满足 (iii).

令 $E_1, \cdots, E_k \in E(H)$, $E_i \cap E_j \ne \emptyset$ $(1 \le i, j \le k)$. 那么集合 $H' = (V(H), \{E_1, \cdots, E_k\})$. 我们有

$$\nu(H') = 1,$$

所以

$$\tau(H')=1,$$

即, $E_1,\cdots,E_k$ 有一个公共点. 所以 H 有 Helly 性质.

令 G_1 是 $\overline{L(H)}$ 的导出子图. 那么对 H 的某部分超图 H', $G_1\cong\overline{L(H')}$. 我们有

$$\chi(G_1)=\tau(H');$$

对一个 G_1 的 k-元点覆盖, 它对应 $L(H')$ 的划分成 k 个团的划分, 并且对应 H' 的 k-元点覆盖 (因为 H' 有 Helly 性质). 类似地,

$$\omega(G_1)=\nu(H').$$

因为 H 是正规的, 我们有

$$\chi(G_1)=\tau(H')=\nu(H')=\omega(G_1),$$

即 G 是完美的.

反之类似可得 [L. Lovász, B].

57. 假设 G 是完美的. 令 $C_1,\cdots,C_N$ 是 G 的团. 取出 N 个点 $p_1,\cdots,p_N$, 并且对每个 $x\in V(G)$, 将它与边 E_x 关联使得

$$p_i\in E_x\Leftrightarrow x\in C_i.$$

那么

$$H=(\{p_1,\cdots,p_N\};\{E_x:x\in V(G)\})$$

是一个超图使得 $L(H)\cong G$. 我们断言 H 满足正规超图的性质 (iv). 令 H' 是 H 的一个部分超图. 那么 $L(H')$ 是 G 的导出子图, 所以 $L(H')$ 是完美的. 即

$$\chi(L(H'))=\omega(L(H')).$$

现在观察到 $\chi(L(H'))=q(H')$. 同时 $\omega(L(H'))=d(H')$; 如果 $E_{x_1},\cdots,E_{x_p}$ 是 H' 的包含同一个点的边, 那么 $x_1,\cdots,x_p$ 是 $L(H')$ 的一个完全子图的顶点; 所以 $\omega(L(H'))\geq d(H')$. 另一方面, 如果 $x_1,\cdots,x_p$ 是 $L(H')$ 的一个完全子图的顶点, 那么存在 C_j 使得 $x_1,\cdots,x_p\in C_i$ 并且 p_j 关联于 $E_{x_1},\cdots,E_{x_p}$, 所以 $d(H')\geq\omega(L(H'))$. 于是

$$q(H')=\chi(L(H'))=\omega(L(H'))=d(H').$$

所以 H 在 13.56 满足性质 (iv) 并且 H 是正规的. 这表明 $\overline{L(H)}=\overline{G}$ 是完美的.

如果 $\overline{G}$ 是完美的, 那么把 $\overline{G}$ 和 G 位置互换则可证明 G 是完美的. [参考文献同上.]

§14. Ramsey 理论

1. (a) 对 $k+l$ 作归纳, 该断言对 $k=1$ 或 $l=1$ 显然成立. 假设 $k,l>1$. 令 $x\in V(G)$. 因为

$$d_G(x)+d_{\overline{G}}(x)=|V(G)|-1=\binom{k+l}{k}-1=\binom{k+l-1}{k-1}+\binom{k+l-1}{k}-1,$$

我们有

$$d_G(x)\geq\binom{k+l-1}{k-1}\quad\text{或}\quad d_{\overline{G}}(x)\geq\binom{k+l-1}{k}.$$

不妨假设第一个不等式成立, 且令 G_1 为 x 的邻域导出的子图. 那么由归纳假设, G_1 要么包含一个 k 个顶点的完全图, 要么包含 $l+1$ 个独立点. 若是第二种情形我们就证完了. 如果 G_1 包含一个 k 个顶点的完全图 H, 那么 $V(H)\cup\{x\}$ 生成一个 $(k+1)$ 个顶点的完全图.

(b) 由 (a),

$$R_2(a_1,a_2)\leq\binom{a_1+a_2-2}{a_1-1}.$$

现在假设 $k\geq 3$ 且假设对每个 $b_1,\cdots,b_{k-1}$, 都有 $R_{k-1}(b_1,\cdots,b_{k-1})$. 那么我们断言

$$R_k(a_1,\cdots,a_k)\leq R_{k-1}(a_1,\cdots,a_{k-2},R_2(a_{k-1},a_k)).$$

事实上, 考虑 $R_{k-1}(a_1,\cdots,a_{k-2},R_2(a_{k-1},a_k))$ 个顶点的完全图并给它的边一个 k-染色. 等同第 $(k-1)$ 种颜色和第 k 种颜色; 那么我们知道要么对某个 $1\leq i\leq k-2$, 第 i 种颜色包含一个 a_i 个顶点的完全图 (这种情况下我们就证完了), 要么最后一种颜色包含一个 $R_2(a_{k-1},a_k)$ 个顶点的完全图 K. 用 $k-1$ 色和 k 色给 K 的边进行染色, 从而由定义, 要么 $k-1$ 色包含一个 a_{k-1} 个顶点的完全图, 要么 k 色包含一个 a_k 个顶点的完全图. 这就证完了 [参见 H, B, ES].

2. (a) I. 我们对 k 作归纳. 对 $k=2$, 由 14.1(a) 可知, $R_2(3,3)\leq 6$ (这时等式成立, 五边形就是一个例子).

令 x 为 $\lfloor ek!\rfloor+1$ 个顶点的 k-染色的完全图中任意一点. 存在 $\lfloor ek!\rfloor$ 条边与这个点相邻, 它们被分成 k 类. 因为

$$\lfloor ek!\rfloor=\left\lfloor\sum_{j=0}^{\infty}\frac{k!}{j!}\right\rfloor=\sum_{j=0}^{k}\frac{k!}{j!}=1+k\sum_{j=0}^{k-1}\frac{(k-1)!}{j!}=1+k\lfloor e(k-1)!\rfloor,$$

这 k 种颜色中的一种, 不妨称为红色, 包含至少 $\lfloor e(k-1)!\rfloor+1$ 条边与 x 相邻. 令 S 为通过一条红边与 x 相连的那些点构成的集合.

如果 S 生成一条红边, 它就与 x 一起形成一个红色的三角形, 于是我们就证完了. 如果 S 不生成红边, 它就生成一个有 $\lfloor e(k-1)!\rfloor+1$ 个顶点的完全图, 它的边是

$(k-1)$-可染的; 因此由归纳假设, 这 $k-1$ 种颜色之一包含了一个三角形, 我们再次证完了 [参见 B].

II. 为证明 $R_3(3,3,3) = \lfloor e \cdot 3! \rfloor = 17$, 我们必须给出 16 个顶点的完全图的边的一个 3-染色使得它不包含单色的三角形. 令 x 为任一点, 容易知道 x 一定与每种颜色的 5 条边相邻, 且通过一条红边与 x 相连的那些点一定生成一个绿色和蓝色的五边形 (图 50). 很自然地可以假设旋转 120° 后红色会被映射成绿色, 而绿色被映射成蓝色, 因此我们只需要考虑红边. 同样可以相当自然地假设这三个五边形的每一个旋转 72° 后保持每种颜色不变. 一些实验结果见图 51 (其中点 x 由于显而易见并未画出, 且这三个五边形是用不同的几何方式画出以显示后面的对称性).

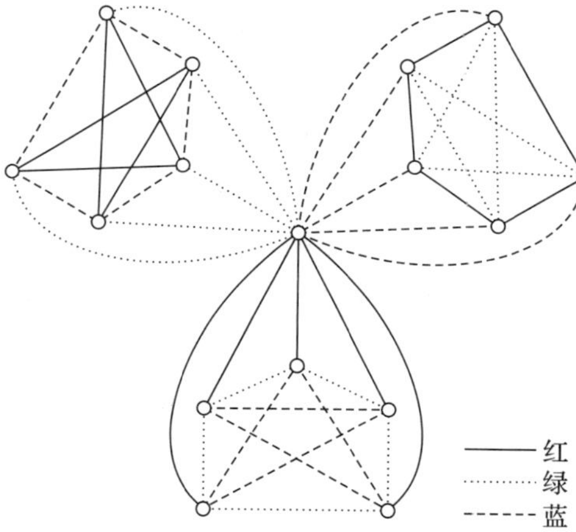

图 50

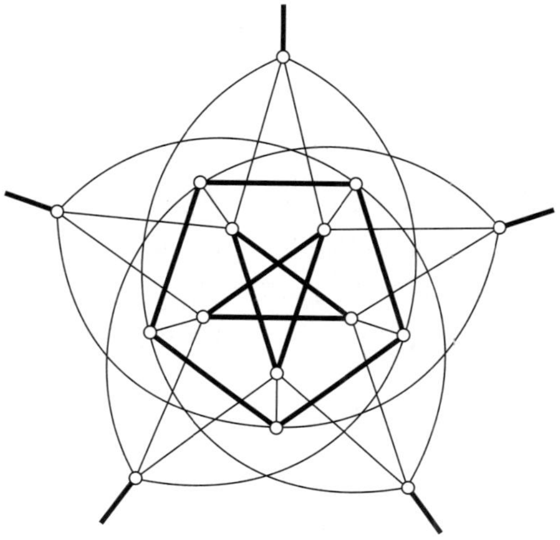

图 51

注: 这个染色可描述如下: 令 P 为一个五边形且 $V(K_{16})$ 为 $V(P)$ 中基数为偶数的子集构成的集合. 对 $A,B\in V(K_{16})$, 令 (A,B) 的染色为

$$\begin{cases}\text{红色}, & \text{如果 } A\Delta B \text{ 是 } P \text{ 的一条边},\\ \text{蓝色}, & \text{如果 } A\Delta B \text{ 是 } \overline{P} \text{ 的一条边},\\ \text{绿色}, & \text{如果 } |A\Delta B|=4.\end{cases}$$

容易看到每条边得到这三种颜色之一. 如果 $A,B,C\in V(K_{16})$, 那么

$$(A\Delta B)\Delta(B\Delta C)=A\Delta C;$$

因此就能发现这三种颜色都不会包含一个三角形.

(b) 根据 14.1(a) 上界是平凡的:

$$R_2(k,k)\le\binom{2k-2}{k-1}<2^{2k}.$$

为证明下界我们可以假设 $k\ge 4$. 令 $n=\lceil 2^{k/2}\rceil$ 并考虑提示中所定义的超图. 显然这个超图是 2-可染的当且仅当 K_n 的边能通过如下方式进行 2-染色: 不会产生 k 个顶点的单色完全图, 即 $n<R_2(k,k)$.

H 的边数显然是 $\binom{n}{k}$ 且 H 是 $\binom{k}{2}$-一致的. 所以由 13.41, 如果

$$\binom{n}{k}<2^{\binom{k}{2}-1},$$

那么 H 就是 2-可染的. 但这确实是成立的, 因为

$$\binom{n}{k}<\frac{n^k}{2^{k-1}}<\frac{2^{\frac{k^2}{2}}}{2^{k-1}}=2^{\binom{k}{2}-\frac{k}{2}+1}\le 2^{\binom{k}{2}-1}$$

[P. Erdős; 参见 ES].

3. (a) 我们对 r 和 $a_1+\cdots+a_k$ 作归纳. 对 $r=2$ 我们已经知道 $R_k^2(a_1,\cdots,a_k)=R_k(a_1,\cdots,a_k)$ 是存在的. 假设 $r>2$ (事实上, $R_k^1(a_1,\cdots,a_k)$ 平凡地存在, 于是我们可从 $r=2$ 开始归纳). 同样地, 如果对任意 i 都有 $a_i=1$, 那么论断是平凡的; 所以我们可以假设 $a_i\ge 2$. 现在令 $x\in V(K_n^r)$. 将 $V(K_n^r)-\{x\}$ 的每个 $(r-1)$-元组 S 用 $S\cup\{x\}$ 的颜色进行染色. 因此 K_{n-1}^{r-1} 的边是 k-可染的. 所以如果

$$n-1\ge R_k^{r-1}(b_1,\cdots,b_k),$$

那么, 对某个 $1\le i\le k$, 存在一个 $V_i\subseteq V(K_n^r)-x$, $|V_i|=b_i$ 使得 $V_i\cup\{x\}$ 的所有包含 x 的 r-元组的颜色都为 i. 现在如果我们选择

$$b_i=R_k^r(a_1,\cdots,a_{i-1},a_i-1,a_{i+1},\cdots,a_k)$$

(由对 $a_1+\cdots+a_k$ 的归纳假设可知, 这个数是存在的), 我们发现要么对某个 $j\neq i$, V_i 有一个 a_j-元子集, 它的所有 k-元组的颜色都为 j (这种情况下我们就证完了), 要么 V_i 包含一个 (a_i-1)-元子集 V', 它的所有 r-元组的颜色都为 i. 因此 $V'\cup\{x\}$ 的所有 k-元子集颜色都为 i, 于是我们再次证完了 [参见 H, B].

(b) 令 $m=R_k^r(a)$, $N=r+k^{\binom{m}{r}}$ 且 $S=\{1,\cdots,N\}$. 除了简单的情形外, 我们平凡地有 $N<k^{m^r}$. 假设 S 的所有 $(r+1)$-元子集构成的集合是 k-可染的. 我们证明存在 S 的一个 a-元子集使得它的所有 $(r+1)$-元子集具有相同颜色. 我们遵循提示所言.

我们递归地定义元素 x_i 以及点的一个 "存储器" U_i 使得

(i) $x_1,\cdots,x_i\notin U_i, x_{i+1},\cdots,x_m\in U_i$,

(ii) 对每个子集 $1\le\nu_1<\cdots<\nu_r\le i$, 满足 $y\in U_i$ 的所有 $(r+1)$-元组 $(x_{\nu_1},\cdots,x_{\nu_r},y)$ 都具有相同颜色, 并且

(iii) $|U_i|\ge k^{\binom{m}{t}-\binom{i}{r}}$ $(i=1,\cdots,m)$.

如果 $x_1=1,\cdots,x_{r-1}=r-1$ 且 $U_i=\{i+1,\cdots,N\}$, 对 $i=1,\cdots,r-1$, 所有这些条件都显然成立. 现在假设 $x_1,\cdots,x_i,U_1,\cdots,U_i$ $(r-1\le i\le m-1)$ 按照 (i), (ii), (iii) 定义. 为 x_{i+1} 选择 U_i 的任一元素, 为定义 U_{i+1}, 称两个元素 $y,y'\in U_i-\{x_{i+1}\}$ 是等价的, 如果

$$(x_{\nu_1},\cdots,x_{\nu_{r-1}},x_{i+1},y) \text{ 和 } (x_{\nu_1},\cdots,x_{\nu_{r-1}},x_{i+1},y')$$

的颜色都相同, 对每个 $1\le\nu_1<\cdots<\nu_{r-1}\le i$. 那么至多存在 $k^{\binom{i}{r-1}}$ 个等价类, 定义 U_{i+1} 为其中最大的一个. (i) 和 (ii) 是平凡满足的, 同时也有

$$|U_{i+1}|\ge\left\lceil\frac{|U_i|-1}{k^{\binom{i}{r-1}}}\right\rceil\ge k^{\binom{m}{r}-\binom{i+1}{r}}.$$

因此 (iii) 也成立.

我们现在定义 $\{x_1,\cdots,x_m\}$ 的 r-元子集的一个 k-染色: 用 $(r+1)$-元集 $(x_{\nu_1},\cdots,x_{\nu_r},y)$ $(y\in U_{\nu_r})$ 的每一种公共颜色对 $(x_{\nu_1},\cdots,x_{\nu_r})$ $(1\le\nu_1<\cdots<\nu_r\le m)$ 进行染色. 根据 m 的选取, 存在 $\{x_1,\cdots,x_m\}$ 的一个 a-元子集 A 使得 A 的所有 r-元组都有相同的颜色, 不妨设为红色. 那么 A 的所有 $(r+1)$-元子集在最初的染色中就都是红色. 事实上, 令 $(x_{\nu_1},\cdots,x_{\nu_{r+1}})$ 为 A 中元素的一个 $(r+1)$-元组, 则由 A 的选取, $(x_{\nu_1},\cdots,x_{\nu_r})$ 是红色的. 但这样的话, 由于 $x_{\nu_{r+1}}\in U_{\nu_r}$, 所以由 r-元组的染色定义, 上述的 $(r+1)$-元组是红色的. 这就证明了 $R_k^{r+1}(a)\le N$. [P. Erdős–R. Rado, *Proc. London Math. Soc.* Series **3**, 2 (1952) 417–439. 关于这个估算的紧性, 参见 P. Erdős–A. Hajnal–R. Rado, *Acta Math. Hung.* **16** (1965) 93–196.]

4. 该论断对 $n=3$ 是平凡的; 假设 $n>3$. 删除一个点 x; 由归纳法, 我们可以在余下的图中找到一个 $(n-1)$ 长圈 C, 这个圈要么是单色的, 要么包含两个点 a, b 使得一条 (a,b)-弧 P 是红色的, 而另一条 (a,b)-弧 Q 是蓝色的. 当 $a=b$ 时第一种情形可以看作是后一种情形的特殊情况.

我们可以假设边 (a,x) 是红色的, 令 u 为 Q 上紧邻 a 的点 (如果 Q 由一个单点构成, u 可以是 a 的任一邻点), 那么

$$P+(a,x)+(x,u)+(Q-a)$$

是 n 个顶点的完全图的一个哈密顿圈, 使得要么两条 (b,x)-弧分别是红色和蓝色的, 要么两条 (b,u)-弧也是这样的情形 [H. Raynaud; 参见 B].

5. 令 P, Q_1, Q_2 如提示中所定义. 对 k 作归纳, 我们可以假设 P 的长度为 $k-1$. 令 a, b; c_1, d_1; c_2, d_2 分别表示 P, Q_1, Q_2 的端点. 间接地假设存在一个点 $x \notin V(P)\cup V(Q_1)\cup V(Q_2)$. 因为由 Q_1 和 Q_2 的结构,

$$|V(Q_i)\cap V(P)|=\frac{1}{2}(|V(Q_i)|-1)=|V(Q_i)-V(P)|-1,$$

所以我们有

$$\begin{aligned}|V(P)-V(Q_1)-V(Q_2)|&=k+2-|V(Q_1)\cup V(Q_2)-V(P)|\\&>k+2-|V(G)-V(P)|\\&=2k+2-\left\lfloor\frac{3k+1}{2}\right\rfloor=\left\lfloor\frac{k}{2}\right\rfloor+2.\end{aligned}$$

因此 $Q_1\cup Q_2$ 不包含 P 的至少 $\lfloor\frac{k}{2}\rfloor+3$ 个点. 这表明存在一条边 $(u,v)\in E(P)$ 使得 $u,v\neq a,b$ 且 $u,v\notin V(Q_1\cup Q_2)$.

边 (x,u), (x,v) 中一定有一条是蓝色的; 否则, 用 (u,x) 和 (x,v) 替换 (u,v), 我们可以增加 P 的长度. 不妨设 (x,u) 是蓝色的, 那么 (c_1,u) 一定是红色的, 否则 (c_1,u) 和 (x,u) 就可以增加到 Q_1 上. 但这样的话, 如上面同样的论证可知, (c_1,v) 一定是蓝色的. 类似地, (c_2,v) 是蓝色的. 现在

$$\begin{aligned}Q_1'&=Q_1+(c_1,v)+(c_2,v)+Q_2,\\Q_2'&=\{x\}\end{aligned}$$

是总长度大于 $|E(Q_1)|+|E(Q_2)|$ 的两条路, 满足与 Q_1 和 Q_2 相同的条件, 矛盾.

因此 $P\cup Q_1\cup Q_2$ 覆盖了所有的点. 我们考虑边 (c_1,a), (c_2,a), (d_1,b), (d_2,b). 由 P 的极大性, 这些边是蓝色的. 因此, 圈

$$C=Q_1+(c_1,a)+(c_2,a)+Q_2+(d_1,b)+(d_2,b)$$

是蓝色的. C 的长度为

$$2|V(G)-V(P)|=2\left\lfloor\frac{k+1}{2}\right\rfloor.$$

如果 k 是奇的, 这个值等于 $k+1$, 从而删除 C 的任一边后, 我们得到一条长度为 k 的蓝色路. 假设 k 是偶的. 如果存在一条蓝边连接 C 到 $V(G)-V(C)$, 我们还是可以找

到这样的一条蓝色路. 所以假设连接 C 到 $V(G)-V(C)$ 的所有边都是红色的, 那么可以平凡地找到一条长度为 $2\lfloor\frac{k+1}{2}\rfloor \geq k$ 的红色路 (图 52) [L. Gerencsér–A. Gyárfás, *Annales Univ. Sci. R. Eötvös* Sectio Math. X. (1967) 167–170].

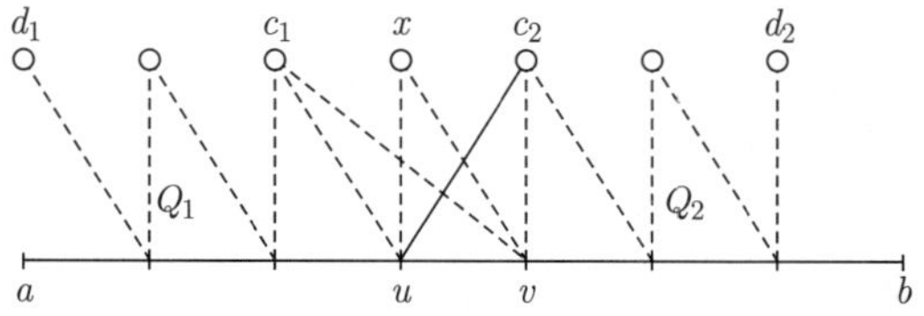

图 52

6. (a) 令 $(x_0,\cdots,x_{2k})$ 为一个红色圈. 如果对某个 $0\leq i\leq 2k$, (x_i,x_{i+2}) 是红色的 (其中 $x_{2k+1}=x_0$, $x_{2k+2}=x_1$, 等等), 那么我们平凡地有一个 $(2k)$ 长的红色圈. 因此我们可以假设对每个 $0\leq i\leq 2k$, (x_i,x_{i+2}) 都是蓝色的.

圈 $(x_0,x_2,\cdots,x_{2k},x_1,\cdots,x_{2k-1})$ 是一个 $(2k+1)$ 长的蓝色圈. 因此如上所述, 我们可以假设对每个 $1\leq i\leq 2k$, (x_i,x_{i+4}) 都是红色的. 现在 $(x_0,x_4,\cdots,x_{2k},x_2,x_1)$ 是一个 $(2k)$ 长的圈, 除了边 (x_{2k},x_2) 可能不是红色外, 它是红色的. 因此我们可以假设 (x_{2k},x_2) 是蓝色的, 且类似地, 也可以假设对每个 $0\leq i\leq 2k$, (x_i,x_{i+3}) 都是蓝色的. 现在圈 $(x_0,x_3,x_6,x_8,\cdots,x_{2k},x_1,x_{2k-1},x_{2k-3},\cdots,x_5,x_2)$ 是一个 $(2k)$ 长的蓝色圈.

(b) 令 $(x_0,\cdots,x_{2k-1})$ 为一个红色圈, 且假设不存在 $(2k-1)$ 长的单色圈. 与之前类似, 对 $1\leq i\leq 2r$, (x_i,x_{i+2}) 是蓝色的 (现在令 $x_{2k+i}=x_i$).

我们断言对每个 $1\leq i\leq 2k$, $1\leq \nu\leq k-1$, $(x_i,x_{i+2\nu})$ 是蓝色的. 不妨假设 $(x_0,x_{2\nu})$ 是红色的, 那么除了 $(x_1,x_{2\nu+2})$ 可能不是红色外, $(x_0,x_{2\nu},x_{2\nu-1},\cdots,x_1,x_{2\nu+2},x_{2\nu+3},\cdots,x_{2k-1})$ 的所有边都是红色的. 因此 $(x_1,x_{2\nu+2})$ 一定是蓝色的. 类似地, 圈

$$(x_0,x_1,\cdots,x_{2\nu-2},x_{2k-1},x_{2k-2},\cdots,x_2)$$

表明 $(x_{2\nu-2},x_{2k-1})$ 是蓝色的. 现在圈

$$(x_{2k-1},x_{2\nu-2},x_{2\nu-4},\cdots,x_0,x_{2k-2},\cdots,x_{2\nu+2},x_1,x_3,\cdots,x_{2k-3})$$

的长度为 $2k-1$ 且是蓝色的, 矛盾. 所以对每个 i 和 ν, $(x_i,x_{i+2\nu})$ 是蓝色的, 因此, $\{x_1,\cdots,x_{2k-1}\}$, $\{x_0,\cdots,x_{2k-2}\}$ 导出蓝色的完全子图.

(c) $m=4$ 的情形可以直接验证; 假设 $m\geq 5$.

对分别由红边和蓝边形成的图 G_1, G_2, 我们有

$$|E(G_1)|+|E(G_2)|=\binom{2m-1}{2},$$

由此,

$$|E(G_1)|\geq\frac{1}{2}\binom{2m-1}{2}=\frac{m-1}{2}(2m-1)>\frac{(m-1)(|V(G_1)|-1)}{2}.$$

因此由 8.26, 对某个 $M \geq m$, G_1 包含一个 M 长圈.

考虑一个单色的 M 长圈 C, 满足 $M \geq m$ 且 M 是极小的; 不妨设 C 是红色的. 如果 $M = m$, 我们就证完了. 间接地假设 $M > m$. 根据 (a) 和 (b), 我们也有一个单色的 $(M-1)$ 长圈 (这与 M 的选取矛盾), 或者 $M = 2k$ 是偶数且我们有两个不交的完全图 K 和 H, 它们都是蓝色的, 且满足 $V(K) \cup V(H) \supseteq V(C)$, $|V(K)| \geq k$, $|V(H)| \geq k$. 这里选取 $|V(K)| + |V(H)|$ 为极大的.

如果存在两条独立的蓝边连接 K 到 H, 那么显然我们将有一个 $(M-1)$ 长的蓝色圈. 因此我们可以假设 K 和 H 之间的所有蓝边都有一个公共点 $x \in V(K)$. 如果 m 是偶的, 我们可以用连接 H 和 K 的边平凡地构造一个 m 长的红色圈, 所以假设 m 是奇的. 令 $v \in V(G) - V(C)$. 如果 v 通过红边连接到 $K - x$ 和 H, 我们可以用这两条红边和红色的 (K, H)-边构造一个 m 长的红色圈. 所以假设对于每个 $v \in V(G) - V(C)$, 要么所有的 $(v, K - x)$-边是蓝色的, 要么所有的 (v, H)-边是蓝色的. 由 $|V(H)| + |V(K)|$ 的极大性, 后一种情形不可能发生, 且相同的论证表明 (v, x) 是红色的.

如果 $|V(H)| \geq m$, 这是平凡的, 所以假设 $|V(H)| \leq m-1$. 考虑集合 $S = V(K-x)$, $T = V(G) - S - V(H)$. 则 $|S| + |T| \geq (2m-1) - (m-1) = m$, $|S| \geq k \geq \frac{m-1}{2}$, 且由 S 生成的所有边或者连接 S 到 T 的所有边都是蓝色的. 这里如果 $|S| > \frac{m-1}{2}$, 我们可以平凡地找到一个 m 长的蓝色圈. 类似地, 如果 $|S| = \frac{m-1}{2}$ 但 T 导出至少一条蓝边, 那我们就证完了. 因此 $|V(H)| = m-1$, $|S| = \frac{m-1}{2}$, $|T| = \frac{m+1}{2}$ 且 T 导出一个红色的完全图. 如果 T 的一个点通过蓝边被连接到 H 的至少两个点, 我们也证完了.

因此我们可以假设至多有一条蓝边连接每个点 $v \in T$ 到 H. 因为 $|V(H)| = m-1$, H 包含 $(m-3)/2$ 个只通过红边被连接到 T 的点, 以及一个通过至多一条蓝边被连接到 T 的点. 如果 M 是这 $\frac{m-1}{2}$ 个点的集合, 我们容易在 $V(T) \cup M$ 中找到一个红色的 m-边形 (图 53). [A. Bondy–P. Erdős, *J. Comb. Theory* **14** (1973) 46–54. 关于圈的其他 Ramsey 结果, 参见 V. Rosta, *J. Comb. Theory* (B) **15** (1973) 94–104 和 105–120.]

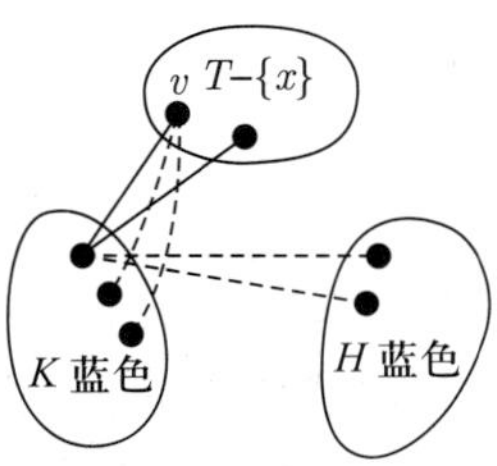

图 53

7. 间接地假设平面上的点可以进行 3-染色使得没有距离为 1 的两个点染相同的颜色. 不妨设提示中图 10 里的 a 点的颜色为红色, 那么 b, c 一定是蓝色和绿色的 (在某种顺序下). 因此, f 一定是红色的. 类似地, g 也一定是红色的. 但这样的话, f, g 构成一对距离为 1 的染相同颜色的点, 矛盾 [H. Hadwiger, *Elemente d. Math.* **16** (1961)

103–104].

8. 假设提示中图 11 的三角形 ABC 包含红色的点. 如果 D, E, F 中任一个是红色的, 那么我们就证完了; 所以假设 D, E 和 F 是蓝色的. 现在, 如果 G 或 H 是蓝色的, 那么 DEG 或 DFH 是一个单色的三角形; 如果 G 和 H 是红色的, 那么 BGH 就是一个单色的三角形 [P. Erdős–R. L. Graham–P. Montgomery–B. L. Rothschild–J. Spencer–E. G. Straus, *J. Comb. Th.* **14** (1973) 341–363].

9. (a) 我们将平面分裂成宽度为 $\frac{\sqrt{3}}{2}$ 的长条, 计算长条的下边缘, 而不是上边缘. 用红蓝两种颜色给这些长条进行交错染色, 很容易发现边长为 1 的任意正三角形一定包含取自两个相邻长条中的点, 因此它一定不是单色的.

(b) 我们也可以考虑边长为 1, $\sqrt{3}$, $\pi/\sqrt{2}$ 的单色三角形, 因为这只是用一个比例因子对单位进行转换. 我们将证明, 如果给平面的点一个 2-染色, 那么存在一个边长为 1 或 $\sqrt{3}$ 的单色正三角形; 无论哪种情形, 前面的问题都将保证边长为 1, $\sqrt{3}$, $\pi/\sqrt{2}$ 的单色三角形的存在性.

如果不是所有的点都染相同的颜色, 那么一定存在距离为 2 的一对点 a, b 染不同的颜色; 这是因为任意染不同颜色的一对点, 都可以通过一个边长为 2 的多边形连接起来, 且多边形的这些边中一定有一条包含不同颜色的端点.

所以我们可以假设提示中图 12 的点 a 是红色的且点 b 是蓝色的. 不失一般性, 我们也可以假设点 c 是红色的. 如果点 d 或点 e 是红色的, 那么我们就有一个边长为 1 的单色正三角形; 如果点 d 和 e 都是蓝色的, 那么我们就有一个边长为 $\sqrt{3}$ 的单色正三角形. [P. Erdős et al. in: *Infinite and Finite Sets*, Coll. Math. Soc. J. Bolyai **10** (1974) 529–583.]

10. (a) 令 a, b 为矩形 R 的边长. 令 $v_0, \cdots, v_N$ 为 N 维空间上一个边长为 a 的正则单纯形的点, 其中 $N = k^{k+1}$; 令 $w_0, \cdots, w_k$ 为 k 维空间上一个边长为 b 的正则单纯形的点. 考虑 $(N+k)$ 维空间上的点 (v_i, w_j) $(0 \le i \le N, 0 \le j \le k)$. 对每个固定的 i, $k+1$ 个点 (v_i, w_j) 可以以 $k^{k+1} = N$ 种方式对其进行染色; 因此, 存在两个下标 $0 \le i_1 < i_2 \le N$, 使得 (v_{i_1}, w_j) 和 (v_{i_2}, w_j) 对每个 $0 \le j \le k$ 都有相同的染色. 同时, 也存在两个下标 $0 \le j_1 < j_2 \le k$, 使得 (v_{i_1}, w_{j_1}) 和 (v_{i_1}, w_{j_2}) 有相同的染色. 因此,

$$(v_{i_1}, w_{j_1}), (v_{i_1}, w_{j_2}), (v_{i_2}, w_{j_1}), (v_{i_2}, w_{j_2})$$

具有相同的染色. 这四个点显然构成一个全等于 R 的矩形.

(b) 令 $\mathbf{a}$, $\mathbf{b}$ 为 R 的两边向量, 由于 R 不是矩形, 则 $\mathbf{ab} \neq 0$. 我们可以假设 $\mathbf{ab} = 1$, 因为这只是用一个比例因子对单位进行转换. 我们断言 $n(4, R)$ 不存在. 对任意 n, 如果 $\lfloor \mathbf{w}^2 \rfloor \equiv i \pmod 4$, 就给 $\mathbf{w}$ 染色为 i $(0 \le i \le 3)$, 以此来构造 n 维欧几里得空间的一个 4-染色. 我们证明不存在全等于 R 的单色集合.

假设 R' 是这样的一个集合, 那么对某个 $\mathbf{w}$, $\mathbf{ab} \in E^n$, 有

$$R' = \{\mathbf{w}, \mathbf{w} + \mathbf{a}', \mathbf{w} + \mathbf{b}', \mathbf{w} + \mathbf{a}' + \mathbf{b}'\}.$$

因为它是单色的, 我们有

$$\lfloor \mathbf{w}^2 \rfloor \equiv \lfloor (\mathbf{w}+\mathbf{a}')^2 \rfloor \equiv \lfloor (\mathbf{w}+\mathbf{b}')^2 \rfloor \equiv \lfloor (\mathbf{w}+\mathbf{a}'+\mathbf{b}')^2 \rfloor \pmod 4,$$

从而

$$\lfloor \mathbf{w}^2 \rfloor - \lfloor (\mathbf{w}+\mathbf{a}')^2 \rfloor - \lfloor (\mathbf{w}+\mathbf{b}')^2 \rfloor + \lfloor (\mathbf{w}+\mathbf{a}'+\mathbf{b}')^2 \rfloor \equiv 0 \pmod 4.$$

但是

$$\begin{aligned}&\lfloor \mathbf{w}^2 \rfloor - \lfloor (\mathbf{w}+\mathbf{a}')^2 \rfloor - \lfloor (\mathbf{w}+\mathbf{b}')^2 \rfloor + \lfloor (\mathbf{w}+\mathbf{a}'+\mathbf{b}')^2 \rfloor\\ =&\mathbf{w}^2 - (\mathbf{w}+\mathbf{a}')^2 - (\mathbf{w}+\mathbf{b}')^2 + (\mathbf{w}+\mathbf{a}'+\mathbf{b}')^2 + \Theta\\ =&2\mathbf{a}'\mathbf{b}' + \Theta = 2+\Theta,\end{aligned}$$

其中 $-2 < \Theta < 2$, 因此, 这个数不能被 4 整除. [P. Erdős et al., 参考文献同上.]

11. 如果 $(n+1)$ 个点的完全图的边是 k-可染的, 那么, 由 14.2(a), 我们找到一个单色的三角形. 因此在以 $\{1,\cdots,n+1\}$ 为顶点集的完全图中, 由提示, 如果 $|i-j| \in A_\nu$, 我们就用颜色 ν 给边 (i,j) 染色, 那么我们可以找到三个点 i, j, k, 使得 $x=|i-j|$, $y=|j-k|$, $z=|i-k|$ 属于同一个类. 不妨设 $i<j<k$, 那么

$$x+y=z,$$

这就证明了论断. [I. Schur, *Jahresb. Deutschen Math.-Ver.* **25** (1916) 114.]

12. *解法一*. 假设 $n_0(k,r-1)$ 存在 ($n_0(k,1)$ 当然也存在), 那么我们证明可以取

$$n_0(k,r) = k^{n_0(k,r-1)} + n_0(k,r-1). \tag{1}$$

假设 $n \ge n_0(k,r)$ 且 $\{1,\cdots,n\}$ 是 k-可染的. 对于每个 $1 \le i \le k^{n_0(k,r-1)}+1$, 考虑 $i,i+1,\cdots,i+n_0(k,r-1)-1$ 的颜色. 存在 $k^{n_0(k,r-1)}$ 个颜色序列, 它们都可以在这里出现, 因此我们有两个数 $i<j$, 满足对每个 $0 \le \nu \le n_0(k,r-1)-1$, $i+\nu$ 和 $j+\nu$ 都有相同的颜色.

由归纳, 我们有一个数 a, $i \le a \le i+n_0(k,r-1)-1$, 以及整数 $d_1,\cdots,d_{r-1}$, 使得所有的数 $a+d_{i_1}+\cdots+d_{i_\nu}, 1 \le i_1 < \cdots < i_\nu \le r-1$ 都有相同的颜色. 令 $d_r = j-i$, 那么, 根据 i 和 j 的选取, 所有的数

$$a+d_{i_1}+\cdots+d_{i_\nu}, \quad 1 \le i_1 < \cdots < i_\nu \le r$$

都有相同的颜色.

解法二. 首先我们证明: 如果 $A \subseteq \{1,\cdots,n\}$, $|A| \ge 2$, 那么存在一个数 $d \ge 1$ 使得集合

$$A_d = \{a \in A : a+d \in A\}$$

满足

$$|A_d| > \frac{|A|^2}{4n}.$$

事实上

$$\sum_{d=1}^{n-1} |A_d| = \binom{|A|}{2} \geq \frac{|A|^2}{4},$$

由此

$$\max_{1\leq d\leq n-1} |A_d| \geq \frac{|A|^2}{4(n-1)} > \frac{|A|^2}{4n}.$$

现在令 A 为 $\{1,\cdots,n\}$ 的一个 k-染色中最大的那个颜色类. 那么我们有一个 $d_1 \geq 1$ 使得

$$|A_{d_1}| > \frac{|A|^2}{4n} \geq \frac{n}{4k^2} = \frac{4n}{(4k)^2} \quad (\text{因为}|A| \geq \frac{n}{k}).$$

类似地, 我们有一个 $d_2 \geq 1$ 使得

$$\begin{aligned} A_{d_1,d_2} &= |\{a \in A_{d_1} : a + d_2 \in A_{d_1}\}| \\ &= |\{a \in A : a + d_1 \in A, a + d_2 \in A, a + d_1 + d_2 \in A\}| \\ &> \frac{n}{64k^4} = \frac{4n}{(4k)^4}, \end{aligned}$$

且将上式重复 r 次后, 我们得到数 $d_1,\cdots,d_r$ 使得

$$|A_{d_1,\cdots,d_r}| = |\{a \in A : a + d_{i_1} + \cdots + d_{i_\nu} \in A, \text{对每个}1 \leq i_1 < \cdots < i_\nu \leq r\}| > \frac{4n}{(4k)^{2^r}}.$$

$A_{d_1,\cdots,d_r}$ 中任意元素都满足我们的要求. 然而, 我们需要有 $|A_{d_1,\cdots,d_i}| \geq 2$ 对每个 $1 \leq i \leq r-1$ 成立. 如果

$$n > \frac{1}{4}(4k)^{2^{r-1}},$$

这个条件是可以满足的.

13. 令 $n = \lfloor ek! \rfloor$. 假设用颜色 $1,\cdots,k$ 来对 $\{1,\cdots,n\}$ 的非空子集进行 k-染色. 现在用区间 $\{i,\cdots,j-1\}$ 的颜色给点对 $\{i,j\}, 1 \leq i < j \leq n+1$ 进行染色. 由 14.2(a), 存在一个单色的三角形. 如果 $1 \leq p < q < r \leq n+1$ 是这个三角形的顶点, 那么 $X = \{p,\cdots,q-1\}$, $Y = \{q,\cdots,r-1\}$ 以及 $X \cup Y = \{p,\cdots,r-1\}$ 都具有相同的染色.

14. (a) 假设对每个 k $(t \geq 1)$, $N(k,t)$ 存在; 我们证明对每个 k, $N(k,t+1)$ 存在. 因为由之前的问题可知 $N(k,1)$ 存在, 这将证明论断成立.

令 $a = N(k^2,t)$ 且 $N(k,t+1) = N(k^{2^a},1) + a$. 假设对 $N(k,t+1)$-元集 S 的所有子集构成的集合已经给定一个染色 α. 令 $T \subseteq S$, $|T| = a$. 首先我们给 $S - T$ 的子集定义一个染色 α^*, 它满足

$$\alpha^*(X) = (\alpha(X \cup Y) : Y \subseteq T).$$

这个染色用了 k^{2^a} 种颜色, 所以根据 $N(k,t+1)$ 的选取, 存在两个不交的集合 $A_1, B_1 \subseteq S-T$, 使得 $\alpha^*(A_1)=\alpha^*(B_1)=\alpha^*(A_1\cup B_1)$, 即对每个 $X\subseteq T$ 有

$$(1) \qquad \alpha(A_1\cup X)=\alpha(B_1\cup X)=\alpha(A_1\cup B_1\cup X).$$

现在定义 T 的子集的一个染色 α^{**} 如下:

$$\alpha^{**}(X)=(\alpha(X),\alpha(x\cup A_1)).$$

这个染色用了 k^2 种颜色, 从而由 a 的定义, 存在 $2t$ 个不交的集合 $A_2,B_2,\cdots,A_{t+1}$, B_{t+1}, 使得对每个序列 $2\le i_1<\cdots<i_\nu\le t+1$, 对任意选取的 $C_j=A_j$ 或 B_j 或 $A_j\cup B_j$,

$$\alpha^{**}(C_{i_1}\cup\cdots\cup C_{i_\nu})$$

都是相同的. 那么 $A_1,B_1,\cdots,A_{t+1},B_{t+1}$ 满足我们题目中的要求.

(b) 我们对 r 进行归纳; 对 $r=2$, 前面的问题包含了解答.

假设 $b=n(k,r)$ 存在; 我们定义 $n(k,r+1)=N(k,b)$ 并证明它具有所求的性质. 令 α 为 $n(k,r+1)$-元集合 S 的所有子集的任一 k-染色. 由 (a), 存在 $2b$ 个不交的集合 $A_1,B_1,\cdots,A_b,B_b$ 使得对每个 $1\le i_1<\cdots<i_\nu\le b$, 所有形如

$$C_{i_1}\cup\cdots\cup C_{i_\nu} \qquad (C_j=A_j \text{ 或者 } B_j \text{ 或者 } A_j\cup B_j)$$

的集合都有相同的染色. 定义集合 $\{1,\cdots,b\}$ 的一个 k-染色 α^* 为

$$\alpha^*(\{i_1,\cdots,i_\nu\})=\alpha(A_{i_1}\cup\cdots\cup A_{i_\nu}).$$

根据 b 的选取, 存在不交的子集 $I_1,\cdots,I_r\subseteq\{1,\cdots,b\}$, 使得它们的任意非空并集的染色都相同, 不妨设为红色. 现在令

$$X_j=\bigcup_{i\in I_j}A_i, \qquad Y_j=\bigcup_{i\in I_j}B_i.$$

则 $X_1,\cdots,X_r,Y_1,\cdots,Y_r$ 是不交的且它们的任意非空并集是红色的. 事实上, 令 $V,W\subseteq\{1,\cdots,r\}$ 且令 $I=\bigcup\limits_{j\in V\cap W}I_j$, $I'=\bigcup\limits_{j\in V-W}I_j$, $I''=\bigcup\limits_{j\in W-V}I_j$, 那么我们有

$$\alpha\left(\left(\bigcup_{j\in V}X_j\right)\cup\left(\bigcup_{j\in W}Y_j\right)\right)=\alpha\left(\left\{\bigcup_{i\in I}(A_i\cup B_i)\right\}\cup\left\{\bigcup_{i\in I'}A_i\right\}\cup\left\{\bigcup_{i\in I''}B_i\right\}\right).$$

根据 A_i 和 B_i 的选择, 这个颜色与

$$\alpha\left(\bigcup_{i\in I\cup I'\cup I''}A_i\right)=\alpha^*(I\cup I'\cup I'')$$

是相同的, 都是红色.

因为集合 $X_1, \cdots, X_r, Y_1, \cdots, Y_r$ 的数目为 $2r \geq r+1$, 这就证明了论断. [R. L. Graham–B. L. Rothschild, *Bull. Amer. Math. Soc.* **75** (1969) 418–422; 也参见 R. L. Graham–K. Leeb–B. L. Rothschild, *Adv. in Math.* **8** (1972) 417–433.]

15. 令 $n = n(k,r)$, 其中 $n(k,r)$ 是上一个问题中的函数. 假设 α 是 $\{1, \cdots, n\}$ 的一个 k-染色, 那么定义 $S = \{1, \cdots, n\}$ 的子集的一个 k-染色 α^* 为

$$\alpha^*(X) = \alpha(|X|) \qquad (X \subseteq S).$$

由 14.14, 存在不交的集合 $X_1, \cdots, X_r \subseteq S$, 使得它们中的任意几个取并构成的所有非空并集具有相同的颜色, 则 $d_i = |X_i|$ 就是一个合适的选择. [J. Folkman–J. Sanders; 也参见 R. L. Graham–K. Leeb–B. L. Rothschild, *Adv. in Math.* **8** (1972) 417–433.]

16. (a) 取 $n_1(k,m) = k$; 令 $S = \{x_1, \cdots, x_k\}$. 考虑 m-向量

$$(m-2) \cdot \{x_1, \cdots, x_k\}; (m-1) \cdot \{x_1\} + (m-2) \cdot \{x_2, \cdots, x_k\};$$

$$\cdots, (m-1) \cdot \{x_1, \cdots, x_{k-1}\} + (m-2) \cdot \{x_k\}; (m-1) \cdot \{x_1, \cdots, x_k\}.$$

这些 m-向量中的某两个, 不妨设为

$$(m-1) \cdot \{x_1, \cdots, x_i\} + (m-2) \cdot \{x_{i+1}, \cdots, x_k\}$$

和

$$(m-1) \cdot \{x_1, \cdots, x_j\} + (m-2) \cdot \{x_{j+1}, \cdots, x_k\}$$

具有相同的染色 $(0 \leq i < j \leq k)$. 令 $X = \{x_{i+1}, \cdots, x_j\}$, $\mathbf{b} = (m-1) \cdot \{x_1, \cdots, x_i\} + (m-2) \cdot \{x_{j+1}, \cdots, x_k\}$, 则满足要求.

(b) 我们对 r 作归纳来证明 $n_r(k,m)$ 的存在性.

设 $a = k^{m^{r-1}}$, $k' = k^{m^a}$, $n_{r+1}(k,m) = n_r(k',m) + a$. 我们证明这个选择是正确的. 令 $T \subset S$, $|T| = a$. 用

$$\alpha^*(\mathbf{a}) = (\alpha(\mathbf{a}+\mathbf{d}) : \mathbf{d} \in m^T)$$

来定义 m^{S-T} 的一个染色.

这里, 我们使用颜色的初始集合的 m^a-元组, 所以我们用到的颜色数不超过 $k^{m^a} = k'$. 因此, 根据 $n_{r+1}(k,m)$ 的选取, 存在 $S-T$ 的 r 个不交的非空子集 $X_1, \cdots, X_r$ 以及一个 m-向量 $\mathbf{b}_1 \in m^{S-X_1-\cdots-X_r}$, 使得

$$\alpha^*\left(\sum_{i=1}^r a_i X_i + \mathbf{b}_1\right) = \alpha^*\left(\sum_{i=1}^r \min(a_i, m-2) X_i + \mathbf{b}_1\right)$$

对每个 $0 \leq a_i \leq m-1$ 都成立; 也就是说, 对每个 $0 \leq a_i \leq m-1$ 以及 $\mathbf{d} \in m^T$, 我们有

$$\alpha\left(\mathbf{d} + \sum_{i=1}^r a_i X_i + \mathbf{b}_1\right) = \alpha\left(\mathbf{d} + \sum_{i=1}^r \min(a_i, m-2) X_i + \mathbf{b}_1\right). \tag{1}$$

现在, 用

$$\alpha^{**}(\mathbf{d}) = \left(\alpha\left(\mathbf{d} + \sum_{i=1}^{r} a_i X_i + \mathbf{b}_1\right) : 0 \le a_i \le m-2\right)$$

来定义 m^T 的一个染色 α^{**}. 用这种方式, 颜色的一个 m^r-元组就是一个新染色, 所以 α^{**} 至多用到 $k^{m^r} = a$ 种颜色. 因为 $|T| = a$, 由 (a) 我们就找到集合 $X_{r+1} \subseteq T$ 以及 m-向量 $\mathbf{b}_2 \in m^{T - X_{r+1}}$, 使得

$$\alpha^{**}(mX_{r+1} + \mathbf{b}_2) = \alpha^{**}((m-2)X_{r+1} + \mathbf{b}_2),$$

即对任意整数 $0 \le a_i \le m-2$, 有

$$(2)\quad \alpha\left((m-1)X_{r+1} + \sum_{i=1}^{r} a_i X_i + \mathbf{b}_1 + \mathbf{b}_2\right) = \alpha\left((m-2)X_{r+1} + \sum_{i=1}^{r} a_i X_i + \mathbf{b}_1 + \mathbf{b}_2\right).$$

现在令 $\mathbf{b} = \mathbf{b}_1 + \mathbf{b}_2$ (这是一个 m-向量, 因为 $\mathbf{b}_1$, $\mathbf{b}_2$ 是不交的), 那么 $X_1, \cdots, X_{r+1}, \mathbf{b}$ 满足要求. 显然 $X_1, \cdots, X_{r+1}$ 是两两不交的且与 $\mathbf{b}$ 互不相交. 令

$$\mathbf{a} = \sum_{i=1}^{r+1} a_i X_i + \mathbf{b},$$

那么, 由 (1) 得

$$\alpha(\mathbf{a}) = \alpha\left(\sum_{i=1}^{r} \min(a_i, m-2) X_i + a_{r+1} X_{r+1} + \mathbf{b}\right),$$

并且由 (2) 得

$$\begin{aligned}
&\alpha\left(a_{r+1} X_{r+1} + \sum_{i=1}^{r} \min(a_i, m-2) X_i + \mathbf{b}\right) \\
&= \alpha\left(\min(a_{r+1}, m-2) X_{r+1} + \sum_{i=1}^{r} \min(a_i, m-2) X_i + \mathbf{b}\right).
\end{aligned}$$

证毕.

17. 我们对 m 作归纳. 对 $m = 1$, 由 14.14(b) 可知结论成立 (我们甚至可以取 $\mathbf{b} = \emptyset$). 假设 $N(k, r, m)$ 存在并定义 $a = N(k, r, m)$,

$$N(k, r, m+1) = n_a(k, m+1),$$

其中 $n_a(k, m+1)$ 与 14.16(b) 中的定义一致. 那么如果 $|S| \ge N(k, r, m+1)$, 我们就能找到不交的集合 $Y_1, \cdots, Y_a \subseteq S$, 以及由 $S - Y_1 - \cdots - Y_a$ 的点构成的 $(m+1)$-向量 $\mathbf{b}_1$, 使得

$$(1)\quad \alpha\left(\sum_{i=1}^{a} a_i Y_i + \mathbf{b}_1\right) = \alpha\left(\sum_{i=1}^{a} \min(a_i, m-1) Y_i + \mathbf{b}_1\right)$$

对每个 $0 \le a_i \le m$ 都成立. 对每个 $\mathbf{j} \in m^{\{1,\cdots,a\}}$, 定义

$$\alpha^*(\mathbf{j}) = \alpha\left(\sum_{i=1}^{a} a_i Y_i + \mathbf{b}_1\right),$$

其中 a_i 是 i 在 $\mathbf{j}$ 中出现的次数. 现在根据 a 的选取, 存在不交的子集 $V_1, \cdots, V_r \subseteq \{1, \cdots, a\}$ 以及由 $\{1, \cdots, a\} - V_1 - \cdots - V_r$ 的元素构成的 m-向量 $\mathbf{k}$, 使得

$$\alpha^*\left(\sum_{j=1}^{r} b_j V_j + \mathbf{k}\right)$$

对 $0 \le b_j \le m-1$ 的每个选择都有相同的颜色, 不妨设为红色. 定义

$$X_j = \bigcup_{i \in V_j} Y_i, \qquad \mathbf{b} = \mathbf{b}_1 + \sum_{i=1}^{a} a_i Y_i,$$

其中 a_i 是 i 在 $\mathbf{k}$ 中出现的次数. 显然 $\sum_{i=1}^{a} a_i Y_i$ 与 X_j 和 $\mathbf{b}_1$ 都是不交的, 从而 $X_1, \cdots, X_r, \mathbf{b}$ 是互不相交的. 更进一步, 如果 $0 \le a_i \le m$, 那么由 (1),

$$\alpha\left(\sum_{i=1}^{r} a_i X_i + \mathbf{b}\right) = \alpha\left(\sum_{i=1}^{r} \min(a_i, m-1) X_i + \mathbf{b}\right);$$

更进一步, 上式等于

$$\alpha^*\left(\sum_{i=1}^{r} \min(a_i, m-1) V_i + \mathbf{k}\right),$$

是红色的. 这就证明了 $N(k, r, m+1)$ 满足所求的性质. [A. Hales–R. I. Jewett, *Trans. Amer. Math. Soc.* **106** (1963) 222–229.]

18. 令 $w = (m-1)N(k, 1, m)$, $|S| = N(k, 1, m)$. 令 α 为 $\{0, \cdots, w\}$ 的任一 k-染色. 我们通过设

$$\alpha^*(\mathbf{a}) = \alpha(|\mathbf{a}|)$$

来定义 m^S 的一个 k-染色 (这里 $|\mathbf{a}|$ 表示 $\mathbf{a}$ 的元素之和). 因为 $0 \le |\mathbf{a}| \le (m-1)|S| = w$, 这个染色的定义是有意义的. 由 $|S|$ 的选取可知, 存在集合 $X \subseteq S$ 以及 $S - X$ 上的 m-向量 $\mathbf{b}$ 使得

$$\alpha^*(\mathbf{b}) = \alpha^*(\mathbf{b} + X) = \alpha^*(\mathbf{b} + 2X) = \cdots = \alpha^*(\mathbf{b} + (m-1)X),$$

即

$$\alpha(|\mathbf{b}|) = \alpha(|\mathbf{b}| + |X|) = \cdots = \alpha(|\mathbf{b}| + (m-1)|X|).$$

因此, $(|\mathbf{b}|, |\mathbf{b}| + |X|, \cdots, |\mathbf{b}| + (m-1)|X|)$ 是一个单色的等差数列 [参见 R. L. Graham–B. L. Rothschild, *Proc. Amer. Math. Soc.* **42** (1974) 385–386].

19. 假设 $\{1,\cdots,N\}$ 有一个 k-染色 α_N, 满足没有子集具有性质 P. 考虑颜色 $\alpha_N(1)$. 因为我们仅用了 k 种颜色, 将存在一种颜色出现无限多次, 不妨设

$$\alpha_{N_1^1}(1)=\alpha_{N_2^1}(1)=\cdots .$$

用 $\alpha(1)$ 表示这种共同的颜色. 现在考虑颜色 $\alpha_{N_i^1}(2)$. 再次我们将找到 $N_1^1, N_2^1,\cdots$ 的一个无限子列 $N_1^2, N_2^2,\cdots$, 使得

$$\alpha_{N_1^2}(2)=\alpha_{N_2^2}(2)=\cdots=\alpha(2).$$

现在假设我们已经定义了颜色 $\alpha(1),\cdots,\alpha(n)$, 使得仍然存在无限多个下标 $N_1^n, N_2^n,\cdots$ 满足

$$\alpha_{N_i^n}(m)=\alpha(m)\quad \text{对于 } 1\le m\le n \text{ 以及 } i=1,2,\cdots \text{ 成立.}$$

那么在颜色 $\alpha_{N^n}(n+1)$ 中有一种颜色出现无限次; 用 $\alpha(n+1)$ 来表示这种颜色.

我们断言所有自然数的染色 α 满足: 没有有限子集具有性质 P. 假设子集 $S\subseteq\{1,\cdots,n\}$ 具有性质 P, 那么对每个 $m\in S$ 有

$$\alpha_{N^n}(m)=\alpha(m),$$

从而 S 在染色 $\alpha_{N_1^n}$ 下也具有性质 P, 矛盾.

20. (a) 将每个自然数 m 写成 $m=5^{\alpha_m}(5\beta_m+\gamma_m)$ 的形式, $1\le\gamma_m\le4$ 且用 γ_m 来给 m 进行染色. 这样所有自然数构成的集合是 4-可染的. 我们断言 $x+y=3z$ 没有单色解. 假设它在第 γ 个类中有一个单色解, 那么

$$5^{\alpha_x}(5\beta_x+\gamma)+5^{\alpha_y}(5\beta_y+\gamma)=3\cdot5^{\alpha_z}(5\beta_z+\gamma).$$

上式两边除以 5^α, 其中 $\alpha=\min(\alpha_x,\alpha_y,\alpha_z)$, 并考虑模 5 后的等式, 那么我们得到

$$\xi_x\gamma+\xi_y\gamma\equiv3\xi_z\gamma\pmod 5,$$

其中 $\xi_x=1$, 如果 $\alpha=\alpha_x$; 而 $\xi_x=0$, 如果 $\alpha<\alpha_x$ (ξ_y, ξ_z 类似). 那么

$$\xi_x+\xi_y\equiv3\xi_z\pmod 5,$$

显然, 在 $\xi_x,\xi_y,\xi_z=0,1$ 时上式有唯一一个解: $\xi_x=\xi_y=\xi_z=0$. 但这是一个矛盾, 因为 α 一定与 α_x, α_y, α_z 中的某一个相等.

(b) 我们对 k 进行归纳来证明 $x+2y=z$ 有一个单色解. 对 $k=1$, 这显然成立. 假设这对 $k-1$ 种颜色是成立的.

正如 14.19 中那样, 存在自然数 N 满足以下性质: 如果我们给数集 $\{1,\cdots,N\}$ 一个 $(k-1)$-染色, 那么这些颜色类中将有一个类包含 $x+2y=z$ 的一个解.

现在假设自然数是 k-可染的, 根据 Van der Waerden 定理 14.18, 这些类中的一个, 不妨设为"红色"类, 将包含一个等差数列

$$\{a, a+d, a+2d, \cdots, a+2Nd\}.$$

我们寻找 (b) 的一个形如 $x=a$, $y=\kappa d$, $z=a+2\kappa d$ 的单色解. 现在对每个 $1\le\kappa\le N$, x 和 z 是红色的, 所以如果对任意 $1\le \mathbf{x}\le N$ κd 是红色的, 那我们就证完了. 假设不是这种情形, 那么我们知道数 $d, 2d, \cdots, Nd$ 是用 $k-1$ 种颜色染色的. 通过给 κ 一个颜色 κd, 我们给 $\{1,\cdots,N\}$ 定义一个新染色. 这里我们用了 $k-1$ 种颜色, 因此根据 N 的定义, 存在 x_1, y_1, z_1 有相同的颜色且满足 $x_1+2y_1=z$. 现在 $(dx_1)+2(dy_1)=(dz_1)$ 且 dx_1, dy_1, dz_1 在原来的 k-染色中具有相同的染色, 这就证明了论断.

21. I. (i)⇒(ii). 考虑 $(*)$ 的一个 $(0,1)$-解; 我们可以假设它形如

$$\sum_{i=1}^{r} a_i\cdot 1+\sum_{i=r+1}^{m} a_i\cdot 0=0.$$

现在因为等式

$$(**)\qquad a_1\cdot x-a_1\cdot y+\left(\sum_{i=r+1}^{m} a_i\right)\cdot z=0$$

也满足 (i), $(**)$ 式的任一单色解导出 $(*)$ 的满足 $x_1=x, x_2=\cdots=x_r=y, x_{r+1}=\cdots=x_m=z$ 的一个单色解, 我们可以假设 $(*)$ 形如

$$(***)\qquad Ax-Ay+Bz=0.$$

我们对 k 进行归纳. $k=1$ 的情形是平凡的, 所以假设 $k>1$ 且 (ii) 对 $k-1$ 种颜色成立. 正如 14.19, 我们可以找到一个自然数 N, 使得如果 $\{1,\cdots,N\}$ 是 $(k-1)$-可染的, 那么 $(***)$ 在这些颜色类的一个中有解. 现在假设所有的自然数是 k-可染的, 根据 Van der Waerden 定理, 我们找到一个单色的 (不妨设为红色) 等差数列

$$a, a+d, \cdots, a+BNd.$$

那么由

$$A(a+B\kappa d)-Aa+B(\kappa Ad)=0$$

可知, 如果对某个 $1\le\kappa\le N$ κAd 是红色的, 我们就证完了. 所以假设 κAd 不是红色的; 则根据 N 的选取, 我们找到数 x_1, y_1, z_1 使得 x_1Ad, y_1Ad, z_1Ad 具有相同的染色, 于是

$$A(x_1Ad)-A(y_1Ad)+B(z_1Ad)=0.$$

II. (ii)⇒(i). 令 p 为一个非常大的素数, 并记 $t=p^{\alpha_t}(\beta_t p+\gamma_t)$ $(1\le\gamma_t\le p-1)$. 我们用 γ_t 给 t 进行染色. 则由 (ii), $(*)$ 有一个单色解; 即, 存在非负整数 $\alpha^{(1)},\cdots,\alpha^{(m)}$,

$\beta^{(1)},\cdots,\beta^{(m)},\gamma\ (1\le\gamma\le p-1)$, 使得

$$\sum_{i=1}^{m}a_ip^{\alpha^{(i)}}(\beta^{(i)}+\gamma)=0. \tag{1}$$

设 $\alpha=\min(\alpha^{(1)},\cdots,\alpha^{(m)})$ 且上式两边除以 p^α, 然后考虑 (1) 式 mod p. 我们得到

$$\sum_{i=1}^{m}a_i\xi_i\gamma\equiv 0\pmod p,$$

其中 $\xi_i=1$ 或 0, 根据 $\alpha_i=\alpha$ 或 $\alpha_i>\alpha$ 而定. 因此

$$\sum_{i=1}^{m}a_i\xi_i\equiv 0\pmod p.$$

因为 p 很大 (例如, 只需要取 $p>|a_1|+\cdots+|a_m|$ 即可), 我们得到

$$\sum_{i=1}^{m}a_i\xi_i=0.$$

又因为对至少一个 i, 有 $\alpha=\alpha_i$, 故 $\xi_1,\cdots,\xi_m$ 是 $(*)$ 的一个非平凡的 $(0,1)$-解. 这就证明了 (i). [R. Rado, *Math. Zeitschr.* **36** (1933) 424–480.]

22. 我们稍后会详细说明 $f(k)$. 令 $1,\cdots,k$ 为 k 种颜色, 用它们随机地、彼此独立地给整数进行染色, 并以概率 $1/k$ 给每个整数一种颜色. 令 A_j 表示 $S+j$ 不会染这些颜色中的任一种这样一个事件, 那么

$$\mathsf{P}(A_j)\le\sum_{i=1}^{k}\mathsf{P}(S+j\ \text{不染颜色}\ i)=k\left(1-\frac{1}{k}\right)^{f(k)}.$$

现在构造 Z 上的图 G, Z 表示整数集, 如果 $(S+j_1)\cap(S+j_2)\ne\emptyset$, 就连接 j_1 和 j_2, 那么 A_j 与

$$\{A_\nu:(j,\nu)\notin E(G)\}$$

是独立的. 最后, 观察到 G 中每个点的度为

$$d=|\{\nu:(0,\nu)\in E(G)\}|=|\{\nu:(S+\nu)\cap S\ne 0\}|=|\{s-s':s,s'\in S\}|\le f(k)^2.$$

因此, 如果

$$k\left(1-\frac{1}{k}\right)^{f(k)}\le\frac{1}{4f(k)^2}, \tag{1}$$

我们就有

$$\mathsf{P}(A_j)\le\frac{1}{4d},$$

于是, 根据 2.18, 对任意 N,

$$\mathsf{P}(\overline{A}_0 \cdots \overline{A}_N) > 0. \tag{2}$$

当然, 我们不能断言 $\mathsf{P}\left(\prod_{-\infty}^{\infty} \overline{A}_j\right) > 0$, 但仍可以保证如下染色的存在性: 使得 S 的所有平移的拷贝染到所有颜色. 有一种可能的方法是应用紧性定理 (参见 14.19), 但这里我们可以直接构造这个染色.

令 r 为 S 的直径 ($r = \max S - \min S$) 且 $N > k^{r+1}$. 考虑使得 $\overline{A}_0 \ldots \overline{A}_N$ 成立的一个 k-染色, 即 $S+1, \cdots, S+N$ 染到所有的颜色. 因为 $N > k^{r+1}$, 所以存在两条线段 $\{\nu, \nu+_1, \cdots, \nu+r\}$ 和 $\{\mu, \mu+1, \cdots, \mu+r\}(\nu < \mu)$ 有类似的颜色. 现在, 如果我们保持 $\nu, \nu+1, \cdots, \mu-1$ 的颜色不变, 但以周期 $\mu-\nu$ 向两端扩展这个染色, 那么很容易验证 $S+j$ 对每个整数 j 将染到所有的颜色.

现在只剩下找到一个使得 (1) 式成立的 $f(k)$. 当然, $f(k) = \lfloor ck \log k \rfloor$ 对足够大的 c 是合适的, 因为

$$\left(1-\frac{1}{k}\right)^{f(k)} \approx \left(1-\frac{1}{k}\right)^{cl \log k} < e^{-c \log k} = \frac{1}{k^c},$$

而

$$\frac{1}{4f(k)^2} = \frac{1}{4c^2k^2\log^2 k} > \frac{1}{k^{c-1}}.$$

[P. Erdős–L. Lovász, in: *Infinite and Finite Sets*, Coll. Math. Soc. J. Bolyai **10**, Bolyai–North–Holland, (1974) 609–627.]

23. (a) 我们用 $0, 1, \cdots, q-1$ 来表示 $GF(q)$ 上的元素 (它们之间的运算不会起任何作用). $GF(q)$ 上 n 维仿射空间的每个元素都能被表示为一个向量 $(a_1, \cdots, a_n)$, $0 \le a_i \le q-1$, 这个向量反过来也可以被看作 $\{1, \cdots, n\}$ 中元素的一个 $(q-1)$-向量. 因此如果这些元素是 k-可染的且 $n > N(k, r, q-1)$, 其中 $N(k, r, q-1)$ 正如 14.17 中所定义, 那么将存在不交的非空集合 $V_1, \cdots, V_r \subseteq \{1, \cdots, n\}$ 以及 $\{1, \cdots, n\} - V_1 - \cdots - V_r$ 中点构成的一个 q-向量 $\mathbf{b}$, 使得所有向量 $\sum_{i=1}^r a_i V_i + \mathbf{b}$ $(0 \le a_i \le a-1)$ 都有相同的染色; 不妨设

$$V_i = \{k_i+1, \cdots, k_{i+1}\} \quad (i = 1, \cdots, r; \quad 0 = k_1 < k_2 < \cdots < k_{r+1} = m),$$

且设 j 在 $\mathbf{b}$ 中出现了 b_j 次 (显然对 $1 \le j \le m$, 有 $b_j = 0$), 那么所有形如

$$(\overset{1}{\smile}a_1, \cdots, \overset{k_2}{\smile}a_1, a_2, \cdots, \overset{k_3}{\smile}a_2, a_3, \cdots, \overset{k_{r+1}}{\smile}a_r, b_{m+1}, \cdots, b_n)$$

的向量都有相同的染色. 但这些向量构成一个 r 维子空间.

(b) 我们通过同时对 $r_1, \cdots, r_k$ 和 k 进行归纳来证明提示中表述的 (正式的) 更一般的论断. 对 $k=1$, 我们显然可以取

$$\overline{N}(1; r_1; q-1) = r_1. \tag{1}$$

另外, 如果对某个 $1 \le i \le k$ 有 $r_i = 0$, 不妨设 $r_k = 0$, 那么

$$\overline{N}(k; r_1, \cdots, r_{k-1}, 0; q-1) = \overline{N}(k-1; r_1, \cdots, r_{k-1}; q-1) \tag{2}$$

将会是一个合适的选择. 这是因为如果任意点染色为 k, 那我们就证完了; 如果颜色 k 没有出现, 那就是 $k-1$ 种颜色的情形. 所以我们可以假设对 $1 \le i \le k$, 有 $r_i > 0$. 然后令

$$\overline{N}(k; r_1, \cdots, r_{k-1}; q-1) = N(k; m; q-1), \tag{3}$$

其中

$$m = 1 + \max_{1 \le i \le k} \overline{N}(k; r_1, \cdots, r_{i-1}, r_i - 1, r_{i+1}, \cdots, r_k; q-1)$$

且 $N(k, m, q-1)$ 如 (a) 部分中所定义. 为证明 (3) 式是一个合适的选择, 令 $n \ge \overline{N}(k; r_1, \cdots, r_k; q-1)$ 并假设 $GF(q)$ 上 n 维射影空间的点是 k-可染的. 令 Σ_0 为一个超平面 ("无穷远" 超平面). 删除 Σ_0, 则根据 (3) 和 (a) 可知剩下的仿射空间包含一个维数为 m 的单色子空间 Φ. 不妨设 Φ 的颜色为 1, 令 Φ_1 表示由 Φ 生成的射影空间的子空间, 并设 $\Psi = \Phi_1 \cap \Sigma$, 那么 Ψ 是一个 $(m-1)$ 维射影空间, 它是 k-可染的. 因此, 根据 m 的选取, Ψ 在第一个颜色类中有一个维数为 $r_1 - 1$ 的单色子空间 Δ, 或在第 i $(2 \le i \le k)$ 个颜色类中有一个维数为 r_i 的单色子空间 Δ. 若是后一种情形我们就证完了. 如果 Δ 是 $(r_1 - 1)$ 维的且颜色为 1, 我们可以取 Φ_1 的任意 r_1 维子空间 Δ_1 使得 $\Delta_1 \cap \Sigma = \Delta$, 于是 Δ_1 是颜色为 1 的 r_1 维子空间. [R. L. Graham–B. L. Rothschild, *Trans. Amer. Math. Soc.* **159** (1971) 257–292.]

24. *解法一*: 令 $n \ge R_{k+1}^{r-1}(r, \cdots, r)$, 其中 R 是如 14.3 中所示的 Ramsey 数. 令 $S = \{1, \cdots, n\}$, 并用 V 表示 S 所有的 $(r-1)$-元子集构成的集合. 通过令 S 的每个 r 元子集的 r 个 $(r-1)$-元组构成 H 的一条边来定义 V 上的一个超图 H, 那么显然 H 是 r-一致的, H 的任意两条边至多有一个公共点, 且 H 不是 k-可染的这一事实恰好是 Ramsey 定理的结论.

解法二: 令 $n \ge N(k; 1, q-1)$, 其中 q 是一个素数幂. 令 $V(H)$ 为 $GF(q)$ 上 n 维仿射空间的点构成的集合, 并令 $E(H)$ 由这个仿射空间的线构成. 那么 H 的任意两条边至多有一个公共点, 并且它是 q-一致的. 14.23(a) 的论断恰好表明 H 不是 k-可染的. 这就解决了 r 是一个素数幂的情形.

现在令 r 为任意一个数, 并选择一个素数幂 $q \ge r$. 对 q 执行上述的构造, 然后选择所得超图的每条边的任一 r-元子集, 这些 r-元集合构成一个具有所求性质的超图.

25. 对每个 a_i, 令 $t(i)$ 表示满足

$$i < j_1 < \cdots < j_{t-1}$$

的子列

$$a_i \le a_{j_1} \le \cdots \le a_{j_{t-1}}$$

的最大长度. 假设 $\max t(i) \le k$ (否则我们就证完了), 那么存在一个 τ 使得 $t(i) = \tau$ 对至少 $k+1$ 个指标 i 成立. 令

$$t(i_1) = \cdots = t(i_{k+1}) = \tau, \quad i_1 < \cdots < i_{k+1},$$

则我们断言

$$a_{i_1} > a_{i_2} > \cdots > a_{i_{k+1}}.$$

假设

$$a_{i_\nu} \le a_{i_\mu} \ (\nu < \mu).$$

那么, 因为 $t(a_{i_\mu}) = \tau$, 我们就有一个序列

$$i_\mu < j_1 < \cdots < j_{\tau-1}$$

满足

$$a_{i_\mu} \le a_{j_1} \le \cdots \le a_{j_{\tau-1}}.$$

于是

$$a_{i_\nu} \le a_{i_\mu} \le a_{j_1} \le \cdots \le a_{j_{\tau-1}},$$

这与 $t(a_{i_\nu}) = \tau$ 矛盾.

注: 如果 $i < j$ 且 $a_i \le a_j$, 就定义 $i \prec j$, 我们就有集合 $\{1, \cdots, n^2+1\}$ 上的一个偏序. 因此由 9.32 可知结论成立.

26. (a) 考虑提示中定义的 $t(x)$, 观察到 $\max t(x) = t(1)$, 我们对 n 进行归纳.

首先我们证明提示中的断言. 假设 $f(x) > 2^k$ 且 $t(x) \ge t(1) - k$, 那么 $x > 2^k$ 且 $k < n-1$. 令

$$x = a_1 < \cdots < a_{t(x)},$$

$$f(a_1) \le \cdots \le f(a_{t(x)}).$$

由归纳假设, 存在

$$1 \le b_0 < b_1 < \cdots < b_k \le 2^k$$

满足

$$f(b_0) \le f(b_1) \le \cdots \le f(b_k).$$

则

$$f(b_0) \le f(b_1) \le \cdots \le f(b_k) \le b_k \le 2^k < f(a_1) \le \cdots \le f(a_{t(x)}),$$

由此

$$t(1) \ge t(x) + k + 1,$$

矛盾.

现在观察到如果 $t(x) = t(y)$, 那么 $f(x) \ne f(y)$ (否则, 从 y $(x < y)$ 开始的链就可以扩展到 x), 从而

$$|\{x : t(x) = t(1) - k\}| \le 2^k \qquad (0 \le k \le t(1) - 1).$$

因此,

$$2^{n-1} = \sum_{k=0}^{t(1)-1} |\{x : t(x) = t(1) - k\}| \le \sum_{k=0}^{t(1)-1} 2^k = 2^{t(1)} - 1.$$

所以

$$t(1) \ge n,$$

这就是要证明的.

(b) 令

$$\varphi_0(2^k + l) = 2^k - l \qquad (k = 0, \cdots, n-2; 0 \le l \le 2^k - 1),$$

那么 $\varphi_0(i) \le i$ $(i = 1, \cdots, 2^{n-1} - 1)$ 且 φ_0 由 $n-1$ 个单调递减的区间构成; 任意满足

$$f(a_1) \le \cdots \le f(a_t)$$

的序列

$$1 \le a_1 < \cdots < a_t \le 2^{n-1} - 1$$

在这些区间中的每个都至多取一个数. 因此 $t \le n - 1$. [E. Harzheim, *Publ. Math. Debrecen* **14** (1967) 45–51.]

27. (a) 令 $\eta(x, y)$ 为满足

$$f(x, y_1) \le f(y_1, y_2) \le \cdots \le f(y_{\eta-1}, y_\eta)$$

的路 $(x, y = y_1, y_2, \cdots, y_\eta)$ 的最大长度, 同时, 令 $\varphi(x, y)$ 为满足

$$f(x, y_1) > f(y_1, y_2) > \cdots > f(y_{\varphi-1}, y_\varphi)$$

的路 $(x, y = y_1, y_2, \cdots, y_\varphi)$ 的最大长度. 注意

$(*)$ 对任意两条 (相邻的) 边 (x, y) 和 (y, z), 要么有 $\eta(x, y) > \eta(y, z)$, 要么有 $\varphi(x, y) > \varphi(y, z)$. 事实上, 例如, 令 $f(x, y) \le f(y, z)$ 且 $(y, z = z_1, z_2, \cdots, z_{\eta(y,z)})$ 为满足

$$f(y, z_1) \le f(z_1, z_2) \le \cdots \le f(z_{\eta(y,z)-1}, z_{\eta(y,z)})$$

的一条路. 那么路 $(x,y,z_1,\cdots,z_{\eta(y,z)})$ 表明 $\eta(x,y)\ge\eta(y,z_1)+1$.

对 $w\in V(T_n)$, 令

$$p_w=\{(\eta(w,x),\varphi(w,x)):(w,x)\in E(T_n)\}$$

且令 $\overline{P}_w$ 为由 P_w 的所有最大元构成 (就偏序 $(\eta,\varphi)\le(\eta',\varphi')$ 当且仅当 $\eta\le\eta'$ 且 $\varphi\le\varphi'$ 而言), 那么我们断言

$$(**)\qquad \text{如果 } w\ne v, \text{ 那么 } \overline{P}_w\ne\overline{P}_v.$$

这是因为, 假设 $(v,w)\in E(T_n)$. 根据 $\overline{P}_v$ 的定义, 存在一对 $(\eta_0,\varphi_0)\in\overline{P}_v=\overline{P}_w$, 其中 $\eta(v,w)\le\eta_0$ 且 $\varphi(v,w)\le\varphi_0$. 令 $\eta_0=\eta(w,x)$ 且 $\varphi_0=\varphi(w,x)$, 那么 $\eta(v,w)\le\eta(w,x)$ 且 $\varphi(v,w)\le\varphi(w,x)$, 这与 $(*)$ 矛盾.

剩下的是去计算有多少集合被考虑成集合 $\overline{P}_w$. 如果 $\overline{P}_w=\{(\eta_1,\varphi_1),\cdots,(\eta_k,\varphi_k)\}$, 那么 $\eta_1,\cdots,\eta_k$ 是不同的 ($\varphi_1,\cdots,\varphi_k$ 也如此), 并且如果假设 $\eta_1<\cdots<\eta_k$, 则 $\varphi_1>\cdots>\varphi_k$. 因此, 这两个集合 $\{\eta_1,\cdots,\eta_k\}$ 以及 $\{\varphi_1,\cdots,\varphi_k\}$ 唯一地确定了 $\overline{P}_w$. 对一个固定的 k, 存在至多 $\binom{p'}{k}$ 种方式来选择 $\eta_1,\cdots,\eta_k$, 以及 $\binom{q'}{k}$ 种方式来选择 $\varphi_1,\cdots,\varphi_k$, 其中 $p'=\max\eta(x,y)$ 且 $q'=\max\varphi(x,y)$. 从而不同的集合 $\overline{P}_w$ 的数目

$$\le\sum_{k=0}^{p'}\binom{p'}{k}\binom{q'}{k}=\sum_{k=0}^{p'}\binom{p'}{k}\binom{q'}{q'-k}=\binom{p'+q'}{p'}.$$

因此

$$\binom{p'+q'}{p'}\ge n>\binom{p+q-2}{p-1},$$

由此, 要么 $p'\ge p$, 要么 $q'\ge q$. 这就证明了论断成立.

(b) 在符号上稍作改变, 我们将构造一个有 $n=\binom{p+q}{p}$ 个点的传递竞赛图 T_n 以及函数

$$f:E(T_n)\to\mathbf{Z}$$

(这将是一个单射), 使得一条单调递增路的最大长度是 p, 且一条单调递减路的最大长度是 q. $p=1$ 或者 $q=1$ 的情形是平凡的; 所以假设 $p,q\ge 2$.

我们有

$$\binom{p+q}{p}=\binom{p+q-1}{p}+\binom{p+q-1}{p-1}.$$

对 $p+q$ 进行归纳, 我们构造一个有 $m=\binom{p+q-1}{p}$ 个点的传递竞赛图 T_m 和一个有 $l=\binom{p+q-1}{p-1}$ 个点的竞赛图 T_l, 以及两个函数 $g:E(T_m)\to\mathbf{Z}$, $h:E(T_l)\to\mathbf{Z}$, 使得 T_m 和 T_l 中单调递增 (递减) 路的最大长度分别是 p 和 $p-1$ [$q-1$ 和 q]. 令 $V(T_n)=V(T_m)\cup V(T_l)$,

$$E(T_n)=E(T_m)\cup E(T_l)\cup(V(T_m)\times V(T_l))$$

以及

$$f(x,y)=\begin{cases}2g(x,y), & \text{如果 } (x,y)\in E(T_m),\\ 2h(x,y)+1, & \text{如果 } (x,y)\in E(T_l),\\ -M(x,y), & \text{其他},\end{cases}$$

其中 $M:E(T_n)\to \mathbf{Z}$ 是使得 $M(x,y)>\max(|g(x,y)|,|h(x,y)|)$ 的一个单射. 很容易证明 T_n 和 f 具有所求的性质. [V. Chvátal–J. Komlós, *Canad. Math. Bull.* **14** (1971) 151–157.]

28. (a) 如果 $0\le i\le m-1$, 令 x_{i+1} 为

$$S-\{f(S-\{x_1,\cdots,x_\nu\}):0\le \nu\le i\}$$

的任一元素 (这个集合显然是非空的), 并令

$$T=S-\{x_1,\cdots,x_m\}.$$

那么根据 x_i 的选择可知

$$f(S-\{x_1,\cdots,x_\nu\})\in T(\nu=0,\cdots,m-1)$$

且这对 $\nu=m$ 也是平凡成立的.

(b) 我们递归地选取 $x_{2^n},x_{2^n-1},\cdots$. 如果 $x_{2^n},\cdots,x_{\mu+1}$ 已经选好, 那么令 x_μ 为 $S-\{x_{2^n},\cdots,x_{\mu+1}\}$ 中以 $f(S-\{x_{2^n},\cdots,x_{\nu+1}\})$ 这种形式出现的次数最少的一个元素, $\mu\le\nu\le 2^n$.

为了处理接下来的步骤, 令 $\varphi(m)$ 表示使得

$$f(\{x_1,\cdots,x_\nu\})\in\{x_1,\cdots,x_m\}$$

成立的指标 $\nu\ge m+1$ 的数目, 那么我们有

$$\varphi(m)-\varphi(m-1)\le\frac{1}{m}\varphi(m)-1, \tag{1}$$

这是因为计数在 $\varphi(m)$ 中但不在 $\varphi(m-1)$ 中的指标 ν 是满足 $\nu\ge m+1$ 和

$$f(\{x_1,\cdots,x_\nu\})=x_m$$

的那些指标, 且根据 x_m 的选取, 这样的指标 ν 的数目至多为 $\varphi(m)/m$; 且 m 计数在 $\varphi(m-1)$ 中, 但不计数在 $\varphi(m)$ 中.

我们想要证明 $\varphi(2^k)\ge(n-k)2^k$; 更一般地, 我们证明

$$\varphi(2^k+l)\ge(n-k)2^k+(n-k-2)l\qquad(0\le l\le 2^k). \tag{2}$$

注意对 $l = 2^k$, 这个不等式与

$$\varphi(2^{k+1}) \geq (n-k-1)2^{k+1}$$

是一样的. 通过对 $n - 2^k - l$ 进行归纳很容易证明不等式 (2). 如果 $n - 2^k - l = 0$, 这显然是成立的. 假设 $2^k + l < n$. 我们可以假设 $l < 2^k$, 因为否则我们就可以考虑分解 $2^k + 0 = 2^{k-1} + 2^{k-1}$. 由 (1),

$$\varphi(m-1) \geq 1 + \frac{m-1}{m}\varphi(m),$$

由此

$$\varphi(2^k + l) \geq 1 + \frac{2^k + l}{2^k + l + 1}\varphi(2^k + l + 1).$$

由归纳假设,

$$\begin{aligned}\varphi(m) = \varphi(2^k + l + 1) &\geq (n-k)2^k + (n-k-2)(l+1) \\ &= (n-k)(2^k + l + 1) - 2(l+1).\end{aligned}$$

因此

$$\begin{aligned}\varphi(2^k + l) &\geq 1 + (2^k + l)(n-k) - \frac{2(l+1)(2^k+l)}{2^k + l + 1} \\ &= (2^k + l)(n-k) + 1 - 2l - 2 + \frac{2l+2}{2^k + l + 1},\end{aligned}$$

并且因为不等式左边是一个整数, 就有

$$\varphi(2^k + l) \geq (2^k + l)(n-k) + 1 - 2l - 2 + 1 = (n-k)2^k + (n-k-2)l,$$

正如上文所述. 因此, $\varphi(0) = \varphi(1) + 1 \geq n + 1$.

(c) 令 φ_0 为 14.26(b) 中所定义的 $\{1, \cdots, 2^n\}$ 到它自身的映射. 我们定义一个映射 f, 使得 $\{1, \cdots, 2^n - 1\}$ 的每个 k-元子集 X 与 X 中的第 $\varphi_0(k)$ 个最大元对应. 这是可能的, 因为 $1 \leq \varphi_0(k) \leq k$.

现在假设 $X_0 \subset X_1 \subset \cdots \subset X_n$ 是满足 $f(X_0) = \cdots = f(X_n) = y$ 的一个子集链 (我们可以假设 $X_0 = \{y\}$, 但这没有什么意义). 令 $k_i = |X_i|$, 那么, 根据 f 的定义可知

$$\varphi_0(k_i) = |X_i \cap \{y, \cdots, 2^n - 1\}|,$$

因此 $\varphi_0(k_0) \leq \varphi_0(k_1) \leq \cdots \leq \varphi_0(k_n)$. 但由 14.26 知这是不可能的.

注: 当然, (b) 部分给出了 14.26 中 (a) 部分的一个新证明; 但这里给出的证明要简单得多. [E. Harzheim, *Publ. Math. Debrecen* **15** (1968) 19–22.]

29. 考虑给定点上的完全图 K_N; 定向它的边朝上, 并且如果一条边和 x 轴的正半轴形成的角介于 $\frac{i}{n}\pi$ 和 $\frac{i+1}{n}\pi$ $(i = 0, \cdots, n-1)$ 之间 (我们可以假设这些角本身永远不会出

现, 否则我们就进行旋转), 就给这条边染色为 i. 假设不存在点的序列 $a_0, \cdots, a_n$, 使得对 $i=1,\cdots,k-1$ 有 $\sphericalangle a_{i-1}a_ia_{i+1} > (1-\frac{1}{n})\pi$ 成立, 那么由颜色 i 的边导出的图不包含长度为 k 的有向路; 这样的一条路将恰好是一条几乎垂直的折线. 因此根据 9.9 可知由染色为 i 的边导出的图是 k-可染的. 因为 K_N 是 n 个这样的图的并, 则由 9.3 可知 $\chi(K_N) \le k^n$, 矛盾 [P. Erdős–G. Szekeres, *Compositio Math.* **2** (1965) 463–470].

30. (a) 定义 S 上的一个竞赛图并如提示中那样将数值与边结合起来. 根据 14.27(a) 可知存在一条长为 $p+1$ 的单调递增路, 或者一条长为 $q+1$ 的单调递减路. 不妨设是第一种情形出现, 那么存在点 $(x_0,y_0),\cdots,(x_{p+1},y_{p+1})$, 使得 $x_0 < x_1 < \cdots < x_{p+1}$ 且

$$\frac{y_0-y_1}{x_0-x_1} < \cdots < \frac{y_{p+1}-y_p}{x_{p+1}-x_p}.$$

显然这些点构成一个下凸的 $(p+2)$ 边形.

(b) 我们通过对 $p+q$ 进行归纳来构造一个有 $\binom{p+q}{p}$ 个点的集合 S, 使得它不会生成下凸的 $(p+2)$ 边形, 也不会生成上凸的 $(q+2)$ 边形. $p=1$ 或 $q=1$ 的情形是平凡成立的, 所以令 $p,q\ge 2$. 令 S_1 是有 $\binom{p+q-1}{p-1}$ 个点的集合, 它不会生成下凸的 $(p+1)$ 边形, 也不会生成上凸的 $(q+2)$ 边形. 同时令 S_2 是有 $\binom{p+q-1}{p}$ 个点的集合, 它不会生成下凸的 $(p+2)$ 边形, 也不会生成上凸的 $(q+1)$ 边形; S_1 和 S_2 都是由处于一般位置的点构成的.

我们按如下方式将 S_1, S_2 置于平面上: 使得连接它们的某两个点的向量是 (M, M^2), 其中 M 非常大 (图 54). 我们考虑任意下凸的多边形 P; 令 $(x_1,y_1),\cdots,(x_t,y_t)$ 为它的点, $x_1 < \cdots < x_t$. 如果所有这些点都属于 S_1 或 S_2, 那么由定义知 $t \le p+1$. 所以假设 $(x_1,y_1),\cdots,(x_i,y_i)\in S_1$, $(x_{i+1},y_{i+1}),\cdots,(x_t,y_t)\in S_2$ (显然如果 M 足够大, 则 S_1 的任意点处于 S_2 的任意点的左边). 那么

$$\frac{y_{i+1}-y_i}{x_{i+1}-x_i} \approx M,$$

所以如果 M 大于

$$\max\left\{\frac{y'-y}{x'-x} : (x,y),(x',y')\in S_2\right\},$$

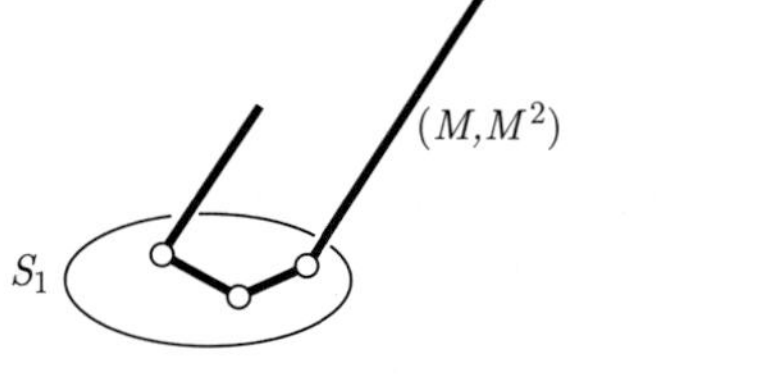

图 54

则我们的多边形不可能是凸的, 除非 $i+1=t$. 因为 $i\le p$, 根据 S_1 的选取可知 $t\le p+1$. 类似地, 我们断定由 S 生成的任意上凸的多边形至多有 $q+1$ 个点 [P. Erdős–G. Szekeres; 参考文献同上].

31. (a) 我们首先证明 5 个点总能确定一个凸四边形. 如果它们的凸包是一个四边形, 那我们就证完了, 所以假设这个凸包是一个三角形 abc, 另外还包含两个点 d, e. 假设线 de 与三角形的边 ab 和 ac 相交, 那么 $bcde$ 是一个凸四边形 (图 55).

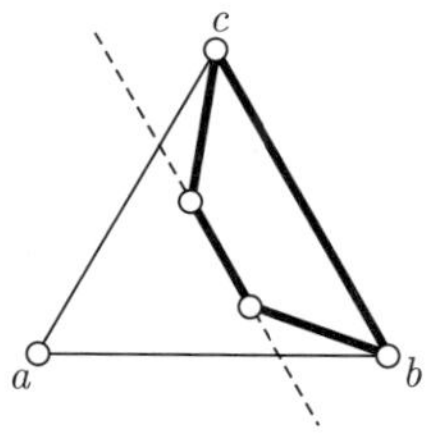

图 55

现在我们对给定的 n 个点的所有四元组进行 2-染色: 如果一个四元组由凸四边形的点构成, 就令这个四元组为红色的, 否则就是蓝色的. 如果

(1) $$n\ge R_2^4(m,5),$$

那么我们要么有 m 个点满足所有的四元组是红色的, 要么有 5 个点满足所有的四元组是蓝色的. 后一种情形综上可知不可能发生, 所以我们有 m 个点满足它们中任意四个构成一个凸四边形. 因此这 m 个点构成一个凸的 m 边形.

(b) I. 我们证明 (1) 式可以用

$$n\ge\binom{2m-4}{m-2}+1$$

替换. 事实上, 给定任意处于一般位置的 $\binom{2m-4}{m-2}+1$ 个点, 由 14.30(a) 可知它们总能生成一个下凸或上凸的 m 边形; 这是一个凸的 m 边形.

II. 我们构造 2^{m-2} 个点的集合, 它不会生成凸的 m 边形. 令 T_i 为处于一般位置的点的集合, 使得 $|T_i|=\binom{n-2}{i}$ 且 T_i 既不会生成上凸的 $(i+2)$ 边形, 也不会生成下凸的 $(n-i)$ 边形. 令 T_i 的直径小于 1 $(i=0,1,\cdots,n-2)$. 同时我们也可以假设由 T_i 的两个点形成的任意一条线与 x 轴形成一个小于 45° 的角 (必要时可以对 x 轴应用放射性垂线).

令 P 为一个中心在原点的大的正 $(4n-4)$ 边形, 并令 $v_0,\cdots,v_{n-2}$ 是它位于 x 轴的正半轴 ±45° 范围内的点 (图 56). 我们将 T_i 置于 v_i 的周围 (即我们将 T_i 的一个点转化为 v_i), 所得的集合 T 有

$$|T|=\sum_{i=0}^{n-2}|T_i|=\sum_{i=0}^{n-2}\binom{n-2}{i}=2^{n-2}$$

个元素. 我们断言它不包含凸的 n 边形. 令 P 为 T 生成的任意凸多边形. 如果 P 包含在某个 T_i $(0 \le i \le n-2)$ 中, 令 a 和 b 分别是 P 中 x 坐标最小和最大的点. 对角线 ab 将 P 分成两个多边形, 分别是上凸和下凸的. 因此由 T_i 的定义可知, 这些多边形的点数分别 $\le i+1$ 和 $\le n-i-1$, 所以 P 的点数 $\le (i+1)+(n-i-1)-2=n-2$.

现在假设 P 与 T_i 和 T_j 相交, $i<j$. 令 i 是使得这个条件成立的最小指标, j 是使得这个条件成立的最大指标. 现在 P 能与 T_μ 相交于至多一个点, $i<\mu<j$, 且它在 T_i 和 T_j 中的部分分别是上凸和下凸的 (图 57). 因此 P 至多有

$$(i+1)+(j-i-1)+(n-j-1)=n-1$$

个点.

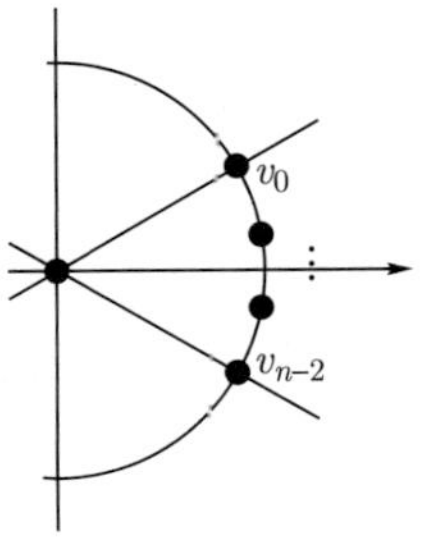

图 56

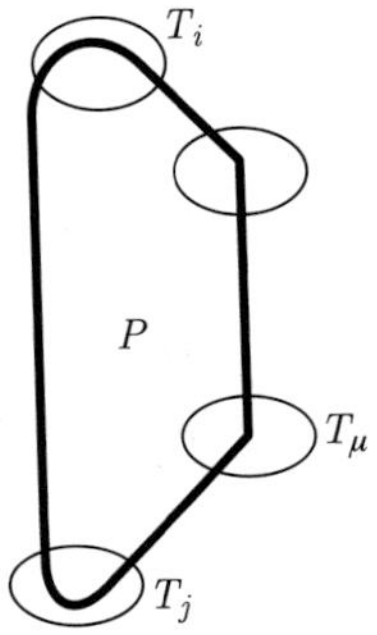

图 57

(c) $K(4) \ge 5$ 平凡成立; $K(4) \le 5$ 根据解答的第一段可得. 因此 $K(4)=5$.

$K(5) \ge 9$ 由 (b) 可得. 所以我们还需要证明的是任意 9 个点 (处于一般位置) 包含一个凸五边形. 如果这 9 个点的凸包是一个五边形, 那我们就证完了. 所以我们可以假设它是一个四边形或一个三角形.

1° 假设这个凸包是四边形 $xyzu$. 考虑剩下的 5 个点. 如果它们形成一个凸五边形, 那我们就证完了. 否则, 它们当中存在 4 个点不会形成一个凸四边形; 令点 v 包含在一个三角形 abc 中 (图 58). 考虑角 avb, bvc, cva. 这些角当中有一个包含 x 和 y, 则 $xyavb$ 是一个凸五边形.

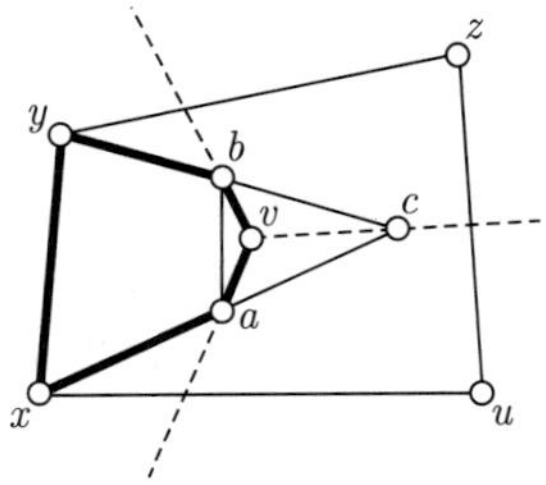

图 58

2° 假设这个凸包是三角形 abc. 我们还有两种子情形:

I. 剩下 6 个点的凸包是四边形 $xyzu$. 令 p, q 为另外两个点 (在 $xyzu$ 的内部). 如果线 pq 与 $xyzu$ 的两条相邻的边相交, 我们就平凡地有一个五边形 (图 59). 所以假设 pq 与边 xy 和 uv 相交. 我们可以假设与 xy 的交点离 p 比 q 更近 (图 59). 现在考虑射线 px, py, qz, qu. 它们将 $xyzu$ 的外部分成 4 个区域. 如果 $ypqz$ 区域包含 a, b, c 中的一个, 那我们就证完了. 类似地, 如果 $xpqu$ 包含 a, b, c 中的一个我们也证完了.

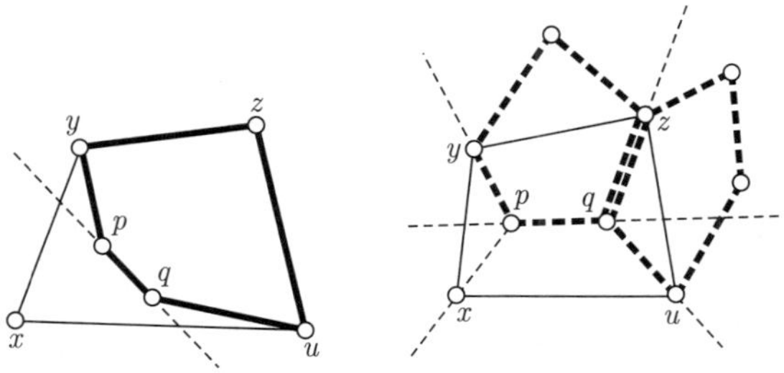

图 59

如果 $ypqz$ 和 $xpqu$ 不包含 a, b, c 中的任意一个, 则要么 xpy 包含它们中的两个, 要么 zqu 包含它们中的两个; 于是我们还是找到了一个凸五边形.

II. 最后, 假设在 abc 内部的 6 个点的凸包是另一个三角形 xyz. 还是令 p, q 为 xyz 内部的两个点. 我们可以假设线 pq 与边 xy 和 xz 相交. 考虑角 xpy, xqz. 这些角的每一个能包含 a, b, c 中的至多一个, 否则我们就能找到一个凸五边形. 因此 a, b, c 中有一个位于由射线 py, qz 以及线段 pq 确定的区域之内; 但这又导出了一个凸五边形 (图 60)[参考文献同上].

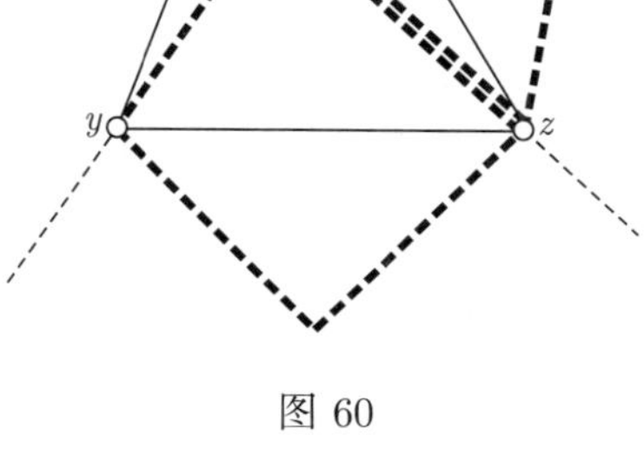

图 60

§15. 重　　构

1. (a) 令 $e_1, \cdots, e_k$ ($k \geq 4$) 是与给定点 $x \in V(G)$ 相邻的边, 那么 $e_1, \cdots, e_k$ 形成 $L(G)$ 的一个完全子图. 更进一步, 它们形成 $L(G)$ 的一个极大的完全子图 (团); 这是因为如果 $e \in E(G)$ 是任一其他边, 那么它不含有 x, 从而它至多与 $e_1, \cdots, e_k$ 中的两个相交.

相反地, 令 $e_1, \cdots, e_k$ 形成 $L(G)$ 的一个团, $k \geq 4$, 我们断言它们是与 G 中的一个点相邻的边. 这是因为令 x 是 e_1 和 e_2 的公共顶点, 如果 $e_3, \cdots, e_k$ 也含有 x, 那么我们就证完了, 这是因为由 $e_1, \cdots, e_k$ 所形成的 G 的完全子图的极大性, 没有其他边可以包含 x.

假设 e_3 不包含 x, 那么 e_1, e_2, e_3 形成一个三角形. 由于 $k \geq 4$, 我们也有一个 e_4; 明显地, e_4 不能与 e_1, e_2, e_3 都相交, 矛盾.

以上论断表明, 若 G 中点的度都至少为 4, 那么我们以如下方式由 $L(G)$ 得到 G: 令 $C_1, \cdots, C_n$ 是 $L(G)$ 中点数至少为 4 的团; 将点 x_i 与 C_i 相联系, 且连接 x_i 与 x_j 当且仅当 C_i 和 C_j 有一个公共点. 这样得到的图 G' 将同构于 G.

因此, 如果 G_1, G_2 是所有点的度至少为 4 的图且 $L(G_1) \cong L(G_2)$, 那么以如上方式 "重构" G_1 和 G_2, 我们可得到同构的图.

(b) 令 $S_1, \cdots, S_k$ 为 G_1 中顶点的星, 且令 $S'_1, \cdots, S'_m$ 为 G_2 中顶点的星. 考虑同构 $\sigma: L(G_1) \to L(G_2)$. 我们可以假设 $n \geq m$.

对每个 $i = 1, \cdots, n$, $\sigma(S_i)$ 不是星. 这是因为如果 $\sigma(S_i)$ 是星图, 那么 $\sigma(S_i)$, $\sigma(S_j)$ ($i \neq j$) 是不同的星图 (因为除了我们可以忽略的平凡情形 $G_1 \cong G_2$ 外, $S_i \neq S_j$), 从而适当地选取指标, 我们可得 $m = n$, $\sigma(S_i) = S'_i$ ($i = 1, \cdots, n$). 但是这样的话, 将 S_i 的中心映射到 S'_i ($i = 1, \cdots, n$) 的中心上, 我们得到 G_1 和 G_2 之间的一个同构.

因此 (不妨设) $\sigma(S_1)$ 不是星. 我们断言, 存在 G_1 中的三条边 e_1, e_2, e_3 和 G_2 中对应的边 e'_1, e'_2, e'_3, 它们在一个图中形成三角形, 在另一个图中形成星图.

1° 如果 $|S_1| = 1$, 即 $S_1 = \{e_1\}$, 那么 $e'_1 = \varrho(e_1)$ 的端点的度不为 1. 所以存在从 e'_1 的两个端点出发的两条边 e'_2, $e'_3 \neq e'_1$. $e_2 = \sigma^{-1}(e'_1)$, $e_3 = \sigma^{-1}(e'_3)$, 只有 e_2 和 e_3 从 e_1 的同一个端点出发时, 它们才与 e_1 相交. 但是 e'_2 和 e'_3 也相交, 即 e'_1, e'_2, e'_3 形成一个三角形.

2° 如果 $S_1 = \{e_1, e_2\}$, 那么 $e'_1 = \sigma(e_1)$, $e'_2 = \sigma(e_2)$ 有一个公共点 x'. 必然存在另一条从 x' 出发的边 e'_3. $e_3 = \sigma^{-1}(e'_3)$ 与 e_1 和 e_2 都相交, 因此它们形成一个三角形.

3° 如果 $S_1 = \{e_1, e_2, e_3\}$, 那么 e'_1, e'_2, e'_3 必定形成一个三角形; 否则, 它们将从相同的点出发, 且因为 $\sigma(S_i)$ 不是星图, 将存在另一个与它们都相交的边, 这显然是不可能的.

所以我们有三条边 e_1, e_2, e_3 形成三角形, 因此对应的边 e'_1, e'_2, e'_3 从相同的点 x 出发. $e_1 = (u_2, u_3)$, $e_2 = (u_1, u_3)$, $e_3 = (u_1, u_2)$, $e'_i = (x, y_i)$ ($i = 1, 2, 3$).

以上对得到一个解: $G_1 = (\{u_1, u_2, u_3\}, \{e_1, e_2, e_3\}) \ncong G_2 = (\{x, y_1, y_2, y_3\}, \{e'_1, e'_2, e'_3\})$,

但 $L(G_1)\cong L(G_2)$, 我们断言不存在更多这样的对. 如果存在, 我们可得 $|E(G_i)|\geq 4$.

令 $e_4\in E(G_1)$, $e_4\neq e_1$, e_2, e_3. 我们可以假设 $e_4=(u_1,v)$, 那么 $e_4'=\sigma(e_4)$ 与 e_1 和 e_3 相交, 因此 $e_4'=(y_2,y_3)$. 因为 $G_1\ncong G_2$, 我们可得到另一条边 $e_5\in E(G)$. 再次, 我们可以假设它与 e_1, e_2, e_3, e_4 中的一条边相交. 显然地, $u_1\notin e_5$.

若 e_5 与 e_4 不相交, 那么 (不妨设) 它与 e_1 和 e_2 相交. $e_5'=\sigma(e_5)$ 一定与 e_1' 和 e_2' 相交, 但与 e_3' 和 e_4' 不相交, 这是不可能的. 若 e_5 与 e_4 相交, 但与 e_1 不相交, 那么 e_5' 与 e_4' 相交, 但与 e_1', e_2', e_3' 不相交, 这也是不可能的. 因此 $e_5=(u_2,v)$ 或 (u_3,v); 不妨设 $e_5=(u_2,v)$, 则 $\sigma(e_5)=e_5'=(y_1,y_3)$. 因为 $G_1\ncong G_2$, 所以必存在第六条边 e_6. 如上, 我们可得 $e_6=(u_3,v)$, $\sigma(e_6)=(y_1,y_2)$. 现在 $G_1\ncong G_2$ 意味着存在第七条边, 但是与上面相同的讨论, 可以证明这是不可能的 (图 61).

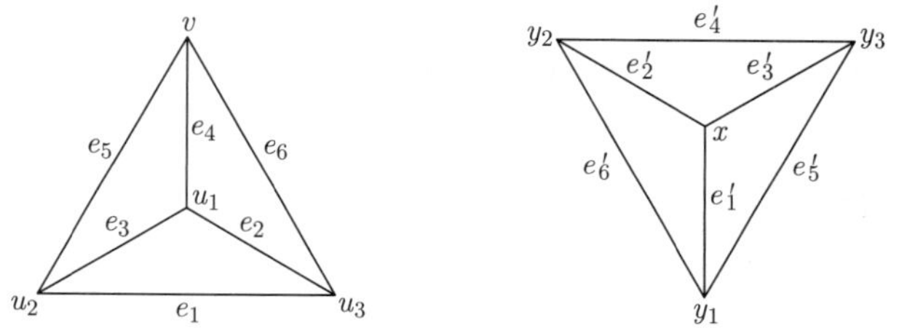

图 61

(c) 令 $\sigma:L(G_1)\to L(G_2)$ 是一个非平凡的同构. 再次令 $S_1,\cdots,S_n$ 和 $S_1',\cdots,S_m'$ 分别是 G_1 和 G_2 中点的星图. 如果对每个 $1\leq i\leq n$, $\sigma(S_i)$ 是一个星, 那么如前所述, σ 是一个平凡的同构. 否则, 我们可以遵循前面的解答, 但是每当我们论证 "因为 $G_1\ncong G_2$, 我们可得到一条另外的边" 时, 我们将停止, 并举出一个例子. 所以我们可得到如图 62 所示的对. [H. Whitney, *Amer. J. Math.* **54** (1932) 160–168.]

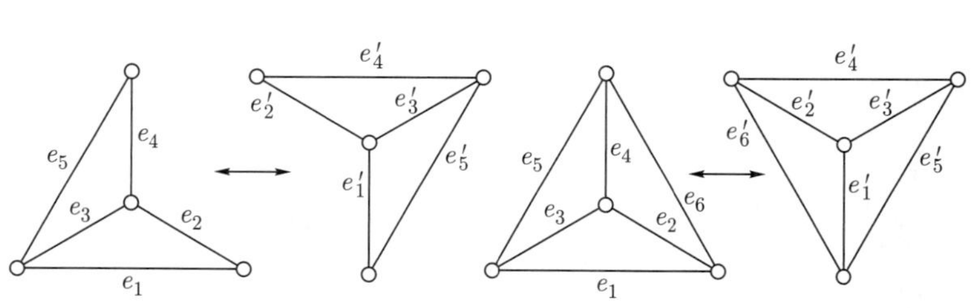

图 62

2. (a) 令 $E, F \in E(K_n^r)$. 那么 K_n^r 中与 E 和 F 都不相交的边的数目为

$$\binom{n-|E\cup F|}{r}=\binom{n-2r+|E\cap F|}{r}.$$

类似地, K_n^r 中与 $\alpha(E)$ 和 $\alpha(F)$ 都不相交的边的数目为

$$\binom{n-2r+|\alpha(E)\cap\alpha(F)|}{r}.$$

因此

$$\binom{n-2r+|E\cap F|}{r}=\binom{n-2r+|\alpha(E)\cap\alpha(F)|}{r}.$$

因为 $n-2r\ge r$, 这就意味着 $|E\cap F|=|\alpha(E)\cap\alpha(F)|$.

与 15.1 中一样, 我们想要证明, 含有给定点 x 的所有 r-元组的集合被映射到含有 $\beta(x)$ 的 r-元组的集合. 那么这就定义了 $V(K_n^r)$ 的一个置换 β, 它诱导出 α.

所以令 $x\in V(K_n^r)$, 且令 E, F 为满足 $E\cap F=\{x\}$ 的两条边. 那么由上可知, $\alpha(E)$ 和 $\alpha(F)$ 有唯一的公共点 $\beta(x)$. 我们断言, 如果任一边 $A\in E(K_n^r)$ 包含 x, 那么 $\alpha(A)$ 包含 $\beta(x)$ (反之亦然).

令 $A\in E(K_n^r)$, $x\in A$, 且令 B 是一个 r-元组使得 $B\cap A=A-E-F$. 那么

$$(1)\qquad \begin{aligned}|B\cap A|&=|A-E-F|=|A|-|A\cap E|-|A\cap F|+|A\cap E\cap F|\\&=r+1-|A\cap E|-|A\cap F|.\end{aligned}$$

因为

$$|\alpha(B)\cap\alpha(E)|=|B\cap E|=0,$$

$$|\alpha(B)\cap\alpha(F)|=|B\cap F|=0,$$

所以我们可得

$$\begin{aligned}|\alpha(B)\cap\alpha(A)|&\le|\alpha(A)-\alpha(E)-\alpha(F)|\\&=r-|\alpha(A)\cap\alpha(E)|-|\alpha(A)\cap\alpha(F)|+|\alpha(A)\cap\alpha(E)\cap\alpha(F)|.\end{aligned}$$

这里 $|\alpha(B)\cap\alpha(A)|=|B\cap A|$, $|\alpha(A)\cap\alpha(E)|=|A\cap E|$, $|\alpha(A)\cap\alpha(F)|=|A\cap F|$, 因此 (1) 表明

$$|\alpha(A)\cap\alpha(E)\cap\alpha(F)|\ge 1,$$

即 $\beta(x)\in\alpha(A)$.

(b) 我们加强前面的论述. 与给定的两个 r-元组 E 和 F (其中 $|E\cap F|=r-1$) 不相交的 r-元组的数目为

$$\binom{n-r-1}{r}>0,$$

并且如果 $|E \cap F| < r-1$, 数目小于这个值. 因此, $|E \cap F| = r-1$ 当且仅当 $|\alpha(E) \cap \alpha(F)| = r-1$.

现在假设我们已经知道, 对 $k = 0, 1, \cdots, k_0$, $|E \cap F| = k \Leftrightarrow |\alpha(E) \cap \alpha(F)| = k$ (对 $k = 0$, 我们当然知道这是成立的). 那么 $|E \cap F| = k_0 + 1 \Leftrightarrow |E \cap F| > k_0$, 并且存在一个 r-元组 A 满足 $|E \cap A| = r-1$; $|F \cap A| = k_0 \Leftrightarrow |\alpha(E) \cap \alpha(F)| > k_0$, 并且存在一个 r-元组 A 满足 $|\alpha(E) \cap \alpha(A)| = r-1$; $|\alpha(F) \cap \alpha(A)| = k_0 \Leftrightarrow |\alpha(E) \cap \alpha(F)| = k_0 + 1$.

这就证明了对任意两个 r-元组 E 和 F, $|E \cap F| = |\alpha(E) \cap \alpha(F)|$.

现在令 x 是 K_n^r 的一个顶点, 并且 E, F 是 K_n^r 中满足 $E \cap F = \{x\}$ 的两个 r-元组. 令 $\alpha(E) \cap \alpha(F) = \{\beta(x)\}$, 我们证明 $x \in A$ 蕴含着 $\beta(x) \in \alpha(A)$, 或者等价地, $x \notin A$ 蕴含着 $\beta(x) \notin \alpha(A)$.

令 $x \notin A$, 并且间接地假设 $\beta(x) \in \alpha(A)$. 设 $|A \cap E| = i$, $|A \cap F| = j$, $d = |V(K_n^r) - A - E - F|$. 那么

$$d = n - (3r - 1 - i - j) \leq i + j + 1 \leq r.$$

并且,

$$|V(K_n^r) - A - \{x\}| = n - r - 1 \geq r.$$

所以我们可以找到一个 r-元组 B 使得

$$V(K_n^r) - A - E - F \subseteq B \subseteq V(K_n^r) - A - \{x\}.$$

考虑 $\alpha(B)$. 显然地, $\alpha(B) \cap \alpha(A) = \emptyset$, 故 $\beta(x) \notin \alpha(B)$. 更进一步,

$$|\alpha(B) \cap \alpha(E)| = |B \cap E|,$$
$$|\alpha(B) \cap \alpha(F)| = |B \cap F|,$$

因此

$$|\alpha(B) - \alpha(E) - \alpha(F)| = |B| - |B \cap E| - |B \cap F| = d.$$

故

$$|V(K_n^r) - \alpha(A) - \alpha(E) - \alpha(F)| \geq |\alpha(B) - \alpha(E) - \alpha(F)| = d.$$

但是

$$\begin{aligned} &|V(K_n^r) - \alpha(A) - \alpha(E) - \alpha(F)| \\ = &\, n - 3r + |\alpha(A) \cap \alpha(E)| + |\alpha(A) \cap \alpha(F)| + |\alpha(E) \cap \alpha(F)| - |\alpha(A) \cap \alpha(E) \cap \alpha(F)| \\ = &\, n - 3r + i + j + 1 - 1 = d - 1, \end{aligned}$$

矛盾. [C. Berge, *Hypergraph Seminar,* Lecture Notes in Math. 411, Springer, 1974, 1–12.]

3. 令 E, F 为两个 r-元组, $|E\cap F|=j$. 让我们计数与 E 和 F 都相邻的 r-元组的数目. 我们得到

(1) 若 $j<2i-r$, 则不存在这样的 r-元组,

(2) 若 $2i-r\le j$, 则与 E 和 F 都相邻的 r-元组的数目为

$$\sum_{\nu=2i-r}^{\min(i,j)}\binom{j}{\nu}\binom{r-j}{i-\nu}^2\binom{n-2r+j}{r-2i+\nu}=f_j(n)$$

(我们考虑 i 和 j 固定的情形).

对 $j=2i-r, 2i-r+1,\cdots,r-1$, 多项式 $f_j(n)$ 是不同的, 因为它们的首项是

$$\binom{r-j}{i-j}^2\frac{n^{r-2i+j}}{(r-2i+j)!}\qquad 若\ 2i-r\le j\le i,$$

$$\binom{j}{i}\frac{n^{r-i}}{(r-i)!}\qquad 若\ i\le j<r.$$

因此, 若 n 足够大, 那么对 $j=2i-r,\cdots,r-1$, 数 $f_j(n)$ 是不同的. 这就蕴含着我们有如下刻画:

$$|E\cap F|=j\ 当且仅当与\ E\ 和\ F\ 都相邻的\ r\text{-元组的数目等于}\ f_j(r).$$

因此, 如果我们在 $L_i(K_n^r)$ 的顶点上定义一个图: 当两个顶点的公共邻点的数目为 $f_{i-1}(n)$ 时, 就将这两个点连接起来 (注意到, $2i-r\le i-1$), 我们可得到 $L_{i-1}(K_n^r)$. 故 α 是 $L_{i-1}(K_n^r)$ 的一个自同构. 类似地进行下去, 我们可得 α 是 $L_0(K_n^r)$ 上的一个自同构. 但 $L_0(K_n^r)=\overline{L(K_n^r)}$, 所以 α 是 $L(K_n)$ 上的一个自同构. 由 15.2 可知, 这意味着 α 是由 $V(K_n^r)$ 的一个置换所诱导的 [C. Berge; 参考文献同上].

4. (a) 令 $S_1,\cdots,S_n$ 为 G 的顶点的星, 并且考虑超图

$$H=(E(G),\{S_1,\cdots,S_n\}).$$

显然有 $L(H)\cong G$.

更一般地, 令 $C_1,\cdots,C_m$ 为完全图使得 $C_1\cup\cdots\cup C_m=G$. 对每个 $x\in V(G)$, 令 U_x 为所有包含 x 的那些 C_i 的集合, 并且设

$$H=(\{C_1,\cdots,C_m\};\{U_x:x\in V(G)\}).$$

那么 $L(H)\cong G$. 一个自然的对应是 $\sigma(U_x)=x$, 且平凡的验证它是一个同构.

相反地, 假设对超图 H, 有 $L(H)\cong G$, 且令 $\sigma:L(H)\to G$ 是一个同构. 对每个 $v\in V(H)$, 设 C_v 是 G 的由点 $\sigma(E)$ 张成的子图, 其中 $v\in E\in E(H)$. 显然地, C_v 是一个完全子图, $\bigcup\limits_{v\in V(H)}C_v=G$ 且如果 U_x 表示包含 x 的完全图 C_v 的集合, 那么我们可得

$$H\cong(\{C_v:v\in V(H)\};\{U_x:x\in V(G)\}).$$

(b) 对 n 进行归纳, 我们证明 G 是 $\frac{n^2}{4}$ 个完全图的并. 对 $n=2$, 这是显然的. 设 $n>2$, 且设 x, y 为两个相邻的点. $G-x-y$ 是 $t=\left[\frac{(n-2)^2}{4}\right]=\left[\frac{n^2}{4}\right]-n+1$ 个完全图 $C_1, \cdots, C_t$ 和某些孤立点的并.

令 $z\in V(G)-x-y$. 若 z 与 x 和 y 都相邻, 那么令 C_z 为三角形 xyz. 若 z 只与 x 或 y 相邻, 那么定义 C_z 为连接 z 到 x, y 的边. 否则, 令 $C_z=\{z\}$. 另外, 设 C_0 为边 (x, y). 现在添加新的完全图 C_0 和 C_z $(z\in V(G)-x-y)$, 我们得到

$$t+n-2+1=\left[\frac{n^2}{4}\right]$$

个完全图, 它们的并为 G.

因此我们可以用 $\left[\frac{n^2}{4}\right]$ 个完全图覆盖 G 的边, 这就得到一个超图, 它的线图为 $\frac{n^2}{4}$ 个点的图 G.

从完全二部图 $K_{[\frac{n}{2}]\cdot[\frac{n+1}{2}]}$ 可以看出, 这个结果是紧的 [P. Erdős–A. W. Goodman–L. Pósa, *Canad. J. Math.* **18** (1966) 106–112].

5. (a) 令 x, y, z 为 G 的三个顶点, 满足去掉它们的任一组合 G 仍是连通的 (即 x, y, z 是 G 的一棵生成树的三个端点; 若 G 的唯一的生成树是一条路, 那么 G 是一条路或圈, 因此也是一个线图).

令 $G-x\cong L(H_x), G-y\cong L(H_y), \cdots, G-x-y\cong L(H_{xy}), \cdots, G-x-y-z\cong L(H_{xyz})$. 那么对与 z 对应的边 e_z, $L(H_{xyz})\cong L(H_{xy}-e_z)$. 因为 $|E(H_{xyz})|>6$, 这就意味着 $L(H_{xyz})$ 和 $L(H_{xy}-e_z)$ 之间的这个同构是由 H_{xyz} 到 H_{xy} 上的一个嵌入所导出的. 类似地, 我们得到很多嵌入 (如图 63 中所示), 这些嵌入与 $L(H_{xy})$ 和 G 的对应导出子图之间的同构是交换的 (图 63).

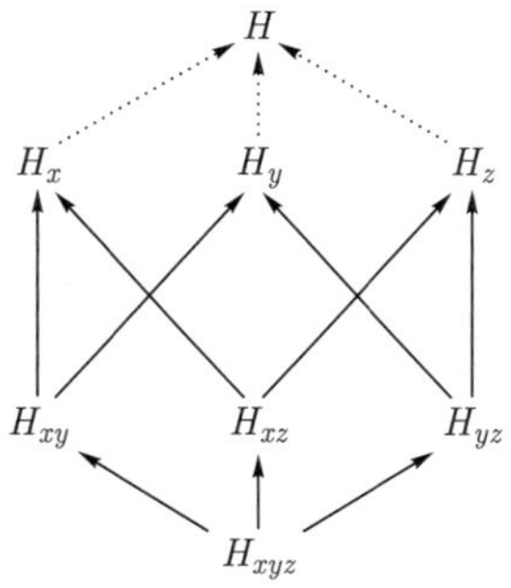

图 63

因为我们也知道 H_{xyz} 到 H_x, H_y, H_z 上的嵌入是唯一的, 所以这个图表是交换的. 因此我们可以通过嵌入将所有的点映射到彼此, 并且形成并 H. H 的边以自然的方式对应于 G 的点, 容易验证, 这个对应是 $L(H)$ 和 G 之间的一个同构.

(b) 令 $G_1, \cdots, G_k$ 为这样一些简单图, 它们不是线图, 但是它们的每个真导出子图都是线图. 由前面的问题可知, 它们至多含有九个点, 因此它们的个数是有限的.

现在, 如果 G 是任意一个非线图的简单图, 那么它包含一个极小的导出子图, 它也不是一个线图, 并且它是 $G_1, \cdots, G_k$ 中的一个. 相反地, 如果 G 包含 $G_1, \cdots, G_k$ 中的一个, 那么显然地, 它不可能是一个线图.

6. (a) 假设 $G = L(H)$ 的点 a, b, c 和 d 形成一个以 a 为中心的 3-星, 那么边 a 与 b, c 和 d 相邻; 它们中的两个, 不妨设为 b 和 c, 出发于相同的端点 a. 但这样的话, b 和 c 是相邻的.

现在令 abc, bcd 为奇三角形, 我们断言 a, b, c 从 H 中相同的端点出发. 假设 a, b, c 形成 H 的一个三角形. 由定义可知, 存在一条边 x 与 a, b, c 中的一个或三个相邻. 但这是不可能的, 因为 x 一定从 H 的由 a, b, c 所形成的三角形的一点出发. 所以 x 与 a, b, c 中的两个相邻. 因此 a 从 b, c 的公共点出发. 类似地, d 从 b, c 的公共点出发, 这就意味着 a 和 d 是相邻的.

(b) 我们可以假设 G 是连通的, 因为它的每个连通分支满足 (i) 和 (ii), 并且如果它们是线图, 那么 G 也是线图. 令 $(a,b) \sim (c,d)$ 如提示中所示. 假设 $(a,b) \sim (c,d) \sim (e,f)$ 是 G 中不同的边, 我们证明 $(a,b) \sim (e,f)$ (等价关系的另一个准则是平凡满足的). 观察到 $\{a,b,c,d\}$ 张成一个完全图. 考虑 a 和 e (不妨假设), $a \neq e$. 如果 $a = c$ 或 d, 那么 a, e 是平凡相邻的, 所以假设 $a \neq c$, d; 类似地, $e \neq c$, d. 那么 acd 是一个奇三角形 (若 $b = c$ 或 d, 这可由等价的定义直接得到, 否则 b 与它的三个点相邻), 类似地, cde 是一个奇三角形, 因此由 (ii) 可得, a 和 e 是相邻的. 现在, 如果 (a,b) 和 (e,f) 没有公共端点, 那么我们可以直接得到 $(a,b) \sim (e,f)$. 假设 $a = e$. 若 c 或 d 不同于 a, b, f, 那么它与三角形 abf 的三个点相邻, 所以这个三角形是奇的; 若 (c,d) 也是这个三角形的一条边, 那么它肯定也是奇的, 所以再次得到 $(a,b) \sim (e,f)$.

令 $C_1, \cdots, C_N$ 为关系 $\sim$ 的等价类. 显然地, 它们形成完全图. 我们证明 G 的每个点至多包含在这些完全图的两个图中, 除非 G 是图 64 (a), (b), (c) 所示的例外图中的一个.

假设 $x \in V(G)$ 包含在三个完全图中, 即存在三个非等价的边 (x,y), $(x,z)(x,u)$ 与 x 相邻. 由 (i) 可知, y, z, u 中的两个是相邻的; 不妨设 $(y,z) \in E(G)$. 因为 xyz 不是奇三角形, u 一定与 y, x 中的一个相邻. 不妨设 $(u,y) \in E(G)$, 那么 $(u,z) \notin E(G)$. 如果 $|V(G)| = 4$, 那么我们得到图 64 中的 (a).

如果 G 很大, 那么存在点 v 与 x, y, z, u 中的一个相邻. 它必然与三角形 xyz 和 xyu 的偶数个点相邻, 因此它一定与 x, y 中的一个相邻. 不妨设 $(v,x) \in E(G)$(显然地, (y,x), (y,z) 和 (y,u) 是非等价的, 因此 x 和 y 的地位是对称的). 由 (i), v 与 z 和 u 中的一个相邻, 不妨设 $(u,v) \in E(G)$. 另外, 因为 xyz 和 xyu 都不是奇三角形, 所以 $(v,y) \in E(G)$, $(v,z) \in E(G)$. 若 G 只有五个顶点, 那么我们可得到图 64 中的 (b).

显然地, (v,x) 与 (x,z) 和 (x,u) 中的至少一个不等价, 不妨设 (v,x) 与 (x,u) 不等价, 即 vxu 不可能是奇三角形; 这是因为如果它是, 那么容易验证, 与 vxu 中奇数个点相邻的点也与三角形 vxz, xyz, xyu 中的一个三角形的奇数个点相邻. 因此, y, z, u,

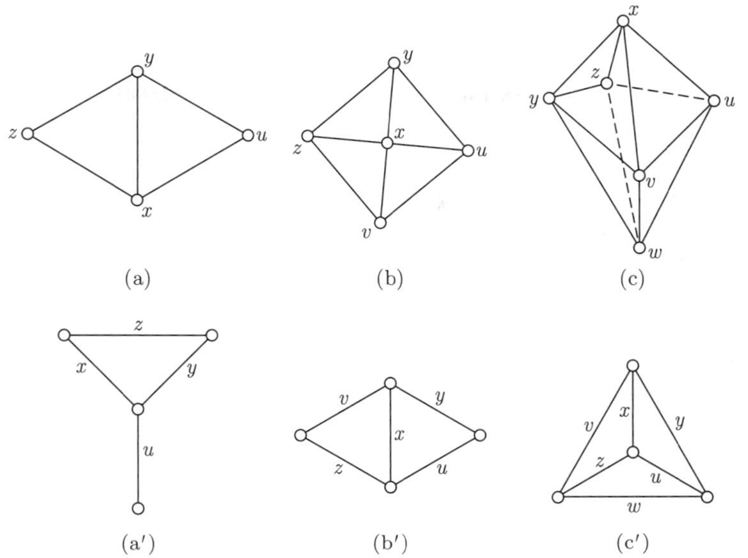

图 64

v 的地位是对称的.

现在假设 G 存在另一个点 w, 与 x, y, z, u, v 中的一个相邻. w 不能与 x 相邻; 因为若它与 x 相邻, 那么 (y, v) 中的一个以及 z, u 中的一个应该是 w 的一个邻点; 不妨设 $(y, w), (z, w) \in E(G)$, 那么 xyz 是奇的, 矛盾. 所以 w 与 (假设) y 相邻, 但与 x 不相邻. 那么它也与 u, v, z 相邻. 因此如果 G 有 6 个顶点, 我们就得到图 64 中的 (c).

观察到, 由 $x, \cdots, w$ 张成的边中, 没有两条边是等价的, 所以 $x, \cdots, w$ 的地位是对称的. 因此, 最后一段的论述表明没有其他边可以与 $x, \cdots, w$ 中的任意一点相邻, 即我们的确只得到图 64 的三个图.

现在很容易完成本题的证明. 如果 G 是图 64 中的一个图, 那么它是图 64 (a′), (b′), (c′) 中对应图的一个线图. 否则, G 可以被边不交的完全子图所覆盖使得每个点恰好包含在它们中的两个 (如果需要, 我们增加单点图). 如 15.40(a) 中所述, 这就蕴含着 G 是一个线图. [A. M. van Roof–H. S. Wilf, *Acta Math. Hung.* **16** (1965) 263–269.]

(c) 我们断言 G 是一个简单图的线图当且仅当它不包含图 65 中的任一图作为导出子图.

很明显地, 因为这些图违反了 (a) 中的 (i) 或 (ii), 所以它们不是线图. 相反地, 假设 G 不是一个线图. 那么它包含 3-星作为导出子图或它违反 (ii), 即存在点 a, b, c, d 使得 abc, bcd 是奇三角形, 且 a 和 d 是不相邻的. 令 e 和 f 是分别与 abc 和 bcd 的奇数个点相邻的点. 那么存在几种情形需要分析: $e = f$ 或 $e \neq f$; 其中对应的三角形的点与 e, f 相邻. 这些情形的考虑是直接但冗长的; 它们得到图 65 所示的图. 我们将细节留给读者 [L. W. Beineke; 参见 B, H].

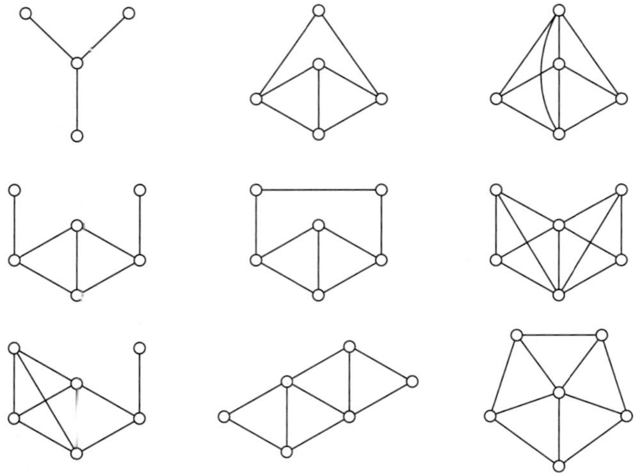

图 65

7. 由 15.4, 我们知道一个图是不含重边的 3-一致超图的线图当且仅当它的边可以被完全子图所覆盖使得每个点包含在它们中的三个, 每条边至多包含在它们中的两个.

现在假设提示中的图 (如图 13 所示) 是一个线图, 即它有一个分解为完全图的分解. 显然, (x_0, z_1) 和 (y_0, z_1) 一定是完全图. 因为 z_1 只包含在三个完全图中, z_1, x_1, y_1 一定是其中之一. 类似地, u_1, x_1, y_1 一定是覆盖完全子图中的一个. 因此 (x_1, y_1) 已经包含在两个覆盖完全子图中, 故 (x_1, z_2) 和 (y_1, z_2) 一定是通过自身得到的覆盖完全图. 从这以后, 本题的论述将会定期地重复直到我们得到 (x_n, z_{n+1}) 和 (y_n, z_{n+1}) 是通过它们自身得到的覆盖完全图. 因为显然地, (x_{n+1}, z_{n+1}) 和 (y_{n+1}, z_{n+1}) 也是通过它们自身得到的覆盖完全图, 所以 z_{n+1} 包含在这四个图中, 矛盾.

现在从 G 中除去一个点. 本质上存在四种点: x_i (或 y_i), z_i, u_i, v_i (或 w_i). 当 $t = x_i$, z_i, u_i, v_i 时, 图 66 表示的是如何将 $G - t$ 分解为完全子图 [L. Nickel].

8. (a) 参见图 67.

(b) 这仅仅是推论的一种重新表达, 已经在 6.69 中被画出.

9. (a) 令 $e_1 = (x, y)$, $e_2 = (x, z)$ 为 G_1 中两条相邻的边; 我们证明 $\psi(e_1)$ 与 $\psi(e_2)$ 也是相邻的. 若 e_1 和 e_2 是平行的, 则显然地, $\psi(e_1)$ 和 $\psi(e_2)$ 也是平行的. 因为 $G_1 - x$ 是 2-连通的, 所以当 $y \neq z$ 时, 它包含一个通过 y 和 z 的圈 C_x. 那么 $\psi(C)$ 是 G_2 的一个圈. 因为 $C + e_1$ 不包含其他的圈, 所以 $\psi(C) + \psi(e_1)$ 也不含有其他的圈. 因此, $\psi(e_1)$ 不是 $\psi(C)$ 的一条弦, 即它有一个端点 u 不在 $\psi(C)$ 上. 但是 $C + e_1 + e_2$ 包含一个通过 e_1 和 e_2 的圈 C'. 那么 $\psi(C') \subseteq \psi(C) + \psi(e_1) + \psi(e_2)$ 是 G_2 中的一个包含 $\psi(e_1)$ 和 $\psi(e_2)$ 的圈. 因此存在 $\psi(C')$ 的一条与 u 相邻的边 $\neq \psi(e_1)$. 这条边一定是 $\psi(e_2)$. 故 $\psi(e_1)$ 和 $\psi(e_2)$ 是相邻的.

(b) 现在令 $x \in V(G_1)$, 且令 $e_1, \cdots, e_k$ 是所有与 x 相邻的边, 那么 $\psi(e_1), \cdots, \psi(e_k)$

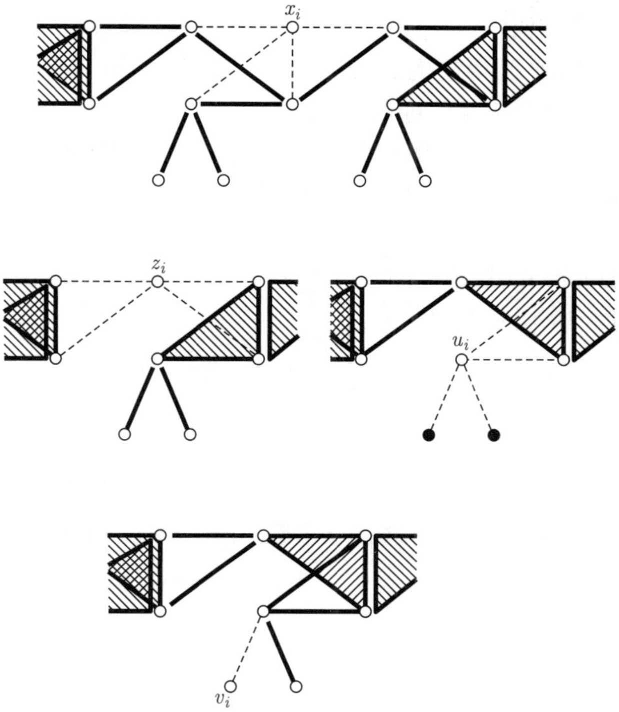

图 66

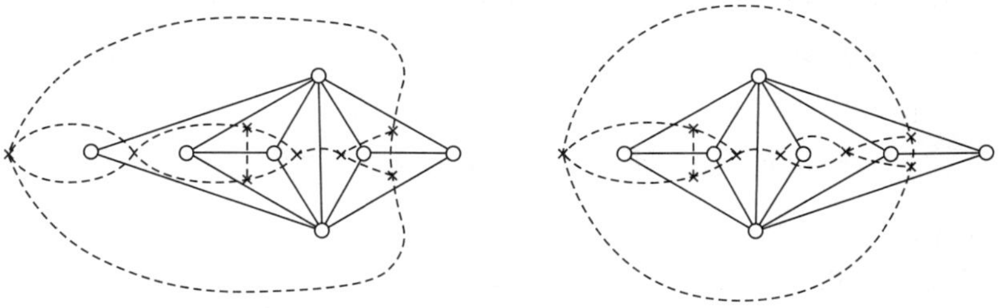

图 67

两两相交, 且任意三个不形成一个三角形, 因此存在点 $\eta(x)$ 包含在所有的 $\psi(e_1),\cdots,\psi(e_k)$ 中. 点 $\eta(x)$ 是唯一的; 这是因为如果点 $u\neq\eta(x)$ 也属于 $\psi(e_1),\cdots,\psi(e_k)$, 那么 $\psi(e_1),\cdots,\psi(e_k)$ 将会是平行的; 因此 $e_1,\cdots,e_k$ 也将是平行的, 即 x 有一个唯一的邻点, 这是不可能的, 因为 G_1 是 3-连通的. 故 η 的定义是有意义的. 令 $u\in V(G_2)$, 且 $f_1,\cdots,f_k$ 是与 u 相邻的所有边. 如上, 存在唯一的点 $x\in V(G_1)$ 包含在 $\psi^{-1}(f_1),\cdots,\psi^{-1}(f_k)$ 中, 那么 $\eta(x)$ 包含在 $f_1,\cdots,f_k$ 中, 从而 $u=\eta(x)$. 故 $\eta(x)$ 是满射. 类似地, 可以验证它是一一映射. 另外, 如果 $(x,y)=e\in E(G)$, 那么 $\eta(x)$, $\eta(y)$ 是 $\psi(e)$ 的两个端点. 因此 η 是一个同构. [H. Whitney, *Amer. J. Math.* **54** (1932) 160–168.]

10. 如果 $r=2$, 断言是平凡的. 假设 $r>2$. 令 v (v') 为紧邻 x_r (x'_r) 的点, 且它的度至少为 3. 移除 x_r 以及 T 中连接 x_r 到 v 的路上的所有内点, 并且移除 x'_r 和 T' 中 (x'_r, v')-路的内点. 这样我们就得到端点分别为 $x_1, \cdots, x_{r-1}$ 和 $x'_1, \cdots, x'_{r-1}$ 的两棵树 T_1 和 T'_1. 显然地, x_i 和 x_j 在 T 中的距离等于它们在 T_1 中的距离 $(1 \le i < j \le r-1)$, 对于 T' 和 T'_1, 结论是类似的. 因此, 由归纳假设可知, $T_1 \cong T'_1$, 实际上, 存在一个同构 ψ 使得 $\varphi(x_i) = x'_i$.

我们证明 $\varphi(v) = v'$. 考虑唯一的 $(\varphi(v), v')$-路, 并将它扩展成连接 x'_i 到 x' $(1 \le i < j \le r-1)$ 的一条路. 那么

$$d(x'_i, x'_j) + d(x'_i, x'_r) - d(x'_j, x'_r) = 2d(x'_i, v'),$$

而

$$d(x_i, x_j) + d(x_i, x_r) - d(x_j, x_r) = 2d(x_i, v).$$

因此由假设, $d(x_i, v) = d(x'_i, v')$, 这就意味着 $v' = \varphi(v)$. 由此也可得到 $d(x_r, v) = d(x'_r, v')$; 这是因为

$$d(x_r, x_i) + d(x_r, x_j) - d(x_i, x_j) = 2d(x_r, v),$$
$$d(x'_r, x'_i) + d(x'_r, x'_j) - d(x'_i, x'_j) = 2d(x'_r, v'),$$

由假设两个等式的左边是相等的. 现在显然地, φ 可扩展成 T 到 T' 上的一个同构. [E. A. Smolenskii, *Zhurnal Vychisl. Mat. i Matem. Fiz.* (1962) 371–372.]

11. (a) 令 P_{ij} 为 T 中 (唯一) 的 (x_i, x_j)-路. 令 Q 为 (唯一)(P_{ij}, x_k)-路, v 是它的起始点. 那么显然地,

$$d(x_i, x_j) + d(x_j, x_k) - d(x_i, x_k) = 2d(x_j, v),$$

这就证明了 (a).

现在考虑 P_{ij} 和 P_{kl} 这两条路. 它们可能有 0, 1 或者至少 2 个公共点. 首先假设它们不相交, 那么设 Q 是端点为 $u \in V(P_{ij}), v \in V(P_{kl})$ 的 (P_{ij}, P_{kl})-路. 令 R_i, R_j 为 T 中的 (x_i, u), (x_j, u)-路, 且令 R_k, R_l 为 T 中的 (x_k, v), (x_l, v)-路. 那么

$$P_{ik} = R_i \cup Q \cup R_k, \quad P_{jl} = R_j \cup Q \cup R_l,$$
$$P_{jk} = R_j \cup Q \cup R_k, \quad P_{il} = R_i \cup Q \cup R_l.$$

因此

$$d_{ik} + d_{jl} = d_{il} + d_{jk} = d_{ij} + d_{kl} + 2d(u, v),$$

在这种情形下, 这就证明了 (b).

现在假设 P_{ij} 和 P_{kl} 恰有一个公共点 v, 那么考虑连接 v 到 x_i, x_j, x_k, x_l 的路的形式, 利用上述同样的方式, 我们可得到

$$d_{ij} + d_{kl} = d_{ik} + d_{jl} = d_{il} + d_{jk}.$$

最后, 如果 P_{ij} 和 P_{kl} 的公共点多于一个, 那么 P_{ik} 与 P_{jl} 或 P_{il} 与 P_{jk} 不相交, 并且通过交换指标, 我们可得到第一种情形.

(c) 假设端点为 $x_1, \cdots, x_{r-1}$ 的树 T' 已经被构造满足对每个 $1 \le i < j \le r-1$, 在 T' 中都有 $d(x_i, x_j) = d_{ij}$ 成立.

令 x_i, x_j 为 T' 中的两个点, 使得

$$d_{ri} + d_{rj} - d_{ij}$$

极小. 令 v 为 T' 中 (x_i, x_j)-路上的一个端点, 其中

$$d(v, x_i) = \frac{1}{2}(d_{ri} + d_{ij} - d_{rj})$$

并且用一条长为 $\frac{1}{2}(d_{ri} + d_{rj} - d_{ij})$ 的路连接 x_r 到 v (由 (a) 可知, 这些数都是自然数, 所以这是可能的). 我们断言, 对任意的 $1 \le k < l \le r$, 得到的树 T 满足 $d(x_k, x_l) = d_{kl}$. 这个结论是平凡的除非 $l = r$. 另外, 由 u 的定义, 我们容易得出, 当 $k = i$ 或 $k = j$ 时, 结论也是平凡的, 所以假设 $k \ne i, j$.

由 (b) 知, $d_{ij} + d_{rk}$, $d_{ir} + d_{jk}$, $d_{jr} + d_{ik}$ 中有两个是相等的, 并且不小于第三个. 我们断言 $d_{ij} + d_{rk}$ 不小于另外两个. 这是因为假设

$$d_{ij} + d_{rk} < d_{ir} + d_{jk}.$$

那么

$$d_{rk} + d_{rj} - d_{jk} < d_{ri} + d_{rj} - d_{ij},$$

这与 i 和 j 的选取相矛盾. 所以, 对指标 i 和 j 的一个合适的选择,

$$d_{ij} + d_{kr} = d_{ir} + d_{jk} \ge d_{jr} + d_{ik}. \tag{1}$$

现在 T 本身满足 (b), 并且事实上, T 中的 (x_r, x_k)-路和 (x_i, x_j)-路一定相交. 因此, 由上一题的解可知

$$d(x_i, x_j) + d(x_k, x_r) = d(x_{i_0}, x_r) + d(x_{j_0}, x_k) \ge d(x_{j_0}, x_r) + d(i_0, x_k), \tag{2}$$

其中 (i_0, j_0) 是 (i, j) 的一个置换. 因为我们有 $d(x_i, x_j) = d_{ij}$, $d(x_{i_0}, x_r) = d_{i_0 r}$, 等等, (1) 和 (2) 表明, 我们可以假设 $i_0 = i$, $j_0 = j$, 那么 (1) 和 (2) 蕴涵着

$$d(x_k, x_r) = d_{kr}.$$

[K. A. Zaretskii, *Usp. Matem. Nauk.* **20** (1965) 6, 94–96.]

12. (a) 若 l 是奇数, 则 $2l$ 在 $\{a_i + a_j : 1 \le i < j \le n\}$ 中恰好出现

$$\sum_{\nu=0}^{l} \binom{k+1}{2\nu} \binom{k+1}{2l-2\nu}$$

次; 若 l 是偶数, 则恰好出现

$$\sum_{\nu=0}^{l}\binom{k+1}{2\nu}\binom{k+1}{2l-2\nu}-\frac{1}{2}\left[\binom{k+1}{l}^2+\binom{k+1}{l}\right]$$

次. 若 l 是奇数, 则它在 $\{b_i+b_j:1\le i<j\le n\}$ 中恰好出现

$$\sum_{\nu=0}^{l-1}\binom{k+1}{2\nu+1}\binom{k+1}{2l-2\nu-1}-\frac{1}{2}\left[\binom{k+1}{l}^2+\binom{k+1}{l}\right]$$

次; 若 l 是偶数, 则它恰好出现

$$\sum_{\nu=0}^{l-1}\binom{k+1}{2\nu}\binom{k+1}{2l-2\nu-1}$$

次. 假设 l 是偶数, 那么需要验证

$$\sum_{\nu=0}^{l}\binom{k+1}{2\nu}\binom{k+1}{2l-2\nu}=\sum_{\nu=0}^{l-1}\binom{k+1}{2\nu+1}\binom{k+1}{2l-2\nu-1}-\frac{1}{2}\left[\binom{k+1}{l}^2+\binom{k+1}{l}\right]$$

或等价地,

$$\sum_{\mu=0}^{2l}(-1)^{\mu}\binom{k+1}{\mu}\binom{k+1}{2l-\mu}=-\frac{1}{2}\left[\binom{k+1}{l}^2+\binom{k+1}{l}\right],$$

这可由 1.42 中的等式 (d) 得到.

(b) 假设 $\{a_i+a_j:1\le i<j\le n\}=\{b_i+b_j:1\le i<j\le n\}$, 但 $\{a_i:1\le i\le n\}\ne\{b_i:1\le i\le n\}$. 我们证明 n 是 2 的幂. 由于增加任一常数到所有 a_i 和 b_i 中, 条件仍然满足, 因此我们可以假设 $a_i, b_i\ge 0$. 设

$$f(x)=\sum_{i=1}^{n}x^{a_i},\quad g(x)=\sum_{i=1}^{n}x^{b_i}.$$

那么

$$f^2(x)=\sum_{i=1}^{n}x^{2a_i}+2\sum_{1\le i<j\le n}x^{a_i+a_j}=f(x^2)+2\sum_{1\le i<j\le n}x^{a_i+a_j},$$

$$g^2(x)=g(x^2)+2\sum_{1\le i<j\le n}x^{b_i+b_j},$$

从而,

$$f^2(x)-g^2(x)=f(x^2)-g(x^2),\quad f(x)+g(x)=\frac{f(x^2)-g(x^2)}{f(x)-g(x)}.$$

我们想在最后的等式中代入 $x=1$, 因为这样的话, 我们可以在左边得到 $2n$. 但是 $x=1$ 是 $f(x)-g(x)$ 的一个根; 所以记

$$f(x)-g(x)=(1-x)^{k+1}p(x)\qquad(k\ge 0, p(1)\ne 0).$$

那么

$$\frac{f(x^2)-g(x^2)}{f(x)-g(x)}=(1+x)^{k+1}\frac{p(x^2)}{p(x)}$$

并且

$$2n=f(1)+g(1)=(1+1)^{k+1}\frac{p(1)}{p(1)}=2^{k+1},$$

这就证明了论断. [J. Selfridge–E. G. Straus, *Pac. J. Math.* **8** (1958) 847–856.]

13. 更一般地, 我们证明, 对 $s_1,\cdots,s_k\geq 0$ 的任一选择, 如果

$$h(s_1,\cdots,s_k)=\sum_{i=1}^{M}\alpha_i\binom{c_{i1}}{s_1}\cdots\binom{c_{ik}}{s_k}$$

(其中, 对 $i\neq j$, $(c_{i1},\cdots,c_{ik})\neq(c_{j1},\cdots,c_{jk})$) 等于 0, 那么 $\alpha_1=\cdots=\alpha_M=0$. 通过考虑 $h=f-g$, 可得出本题的论断.

令 $c_1,\cdots,c_p$ 为 c_{ik} $(1\leq i\leq N)$ 的不同值, 那么

$$h(s_1,\cdots,s_k)=\sum_{i=1}^{p}h_i(s_1,\cdots,s_{k-1})\binom{c_i}{s_k},$$

其中 h_i 与 h 的形式相同. 设 $x_i=h_i(s_1,\cdots,s_{k-1})$, 我们得到

$$\begin{aligned}x_1+\cdots+x_p&=0,\\ \binom{c_1}{1}x_1+\cdots+\binom{c_p}{1}x_p&=0,\\ &\ \vdots\\ \binom{c_1}{p-1}x_1+\cdots+\binom{c_p}{p-1}x_p&=0.\end{aligned}\tag{1}$$

我们断言这个方程组的行列式是非零的. 我们利用公式

$$\sum_{k=0}^{n}S(n,k)k!\binom{x}{k}=x^n,$$

其中 $S(n,k)$ 是第二类 Stirling 数 (见 1.7). 用 $i!$ 去乘 (1) 的行列式的第 $i+1$ 行, 并且将第 $i+1$ 行的 $S(j,i)$ 倍加到第 $j+1$ 行上 $(j=1,\cdots,p-1; i=j-1,\cdots,0)$, 那么我们可得

$$\begin{vmatrix}\binom{c_1}{0}&\cdots&\binom{c_p}{0}\\ \vdots&&\vdots\\ \binom{c_1}{p-1}&\cdots&\binom{c_p}{p-1}\end{vmatrix}=\frac{1}{0!1!\cdots(p-1)!}\begin{vmatrix}1&\cdots&1\\ c_1&\cdots&c_p\\ \vdots&&\vdots\\ c_1^{p-1}&\cdots&c_p^{p-1}\end{vmatrix}$$

$$=\prod_{1\leq i<j\leq p}\frac{c_i-c_j}{i-j}\neq 0.$$

因此, 对 $x_1, \cdots, x_p$, (1) 有唯一的平凡解, 即对非负整数 $s_1, \cdots, s_{k-1}$ 的任一选择, 都有 $h_i(s_1, \cdots, s_{k-1}) = 0$. 对 k 进行归纳 ($k = 0$ 时, 可以认为是成立的), 我们可以发现 $h_i(s_1, \cdots, s_{k-1})$ 的所有系数都为 0. 因此 $h(s_1, \cdots, s_k)$ 的所有系数也为 0.

14. 形成

$$\sum_{x \neq y} |E(G_i - x - y)|.$$

这里, 每条边在不同于它的端点的每个点对 (x, y) 上被计数, 因此

$$\sum_{x \neq y} |E(G_i - x - y)| = \binom{|V| - 2}{2} |E(G_i)|.$$

这就表明 $|E(G_1)| = |E(G_2)|$. 现在形成

$$\sum_{y \neq x_0} |E(G_i - x_0 - y)|,$$

其中 x_0 是固定的. 若 e 是与 x_0 相邻的一条边, 那么 e 在这里不被计数; 否则, 它被计数了 $|V| - 3$ 次. 因此

$$|E(G_i)| - \frac{1}{|V| - 3} \sum_{y \neq x_0} |E(G_i - x_0 - y)|$$

是 x_0 在 G_i 中的度. 因为对 $i = 1$ 和 2, 这个值是相等的, 所以 $d_{G_1}(x_0) = d_{G_2}(x_0)$.

最后, 我们可得

$$|E(G_i)| - |E(G_i - x - y)| = d_{G_i}(x) + d_{G_i}(y) - \varepsilon_i(x, y),$$

其中 $\varepsilon_i(x, y)$ 是 G_i 的 (x, y)-边的数目. 由于其他项不依赖于 i, 我们有 $\varepsilon_1(x, y) \neq \varepsilon_2(x, y)$, 即 G_1, G_2 是恒等的.

15. (a) 令 H_1, H_2 是满足 $V(H_1) = V(H_2) = V$ 的两个圈, 那么 $H_1 - x$ 是一条长为 $|V| - 2$ 的路, 且 $H_2 - x$ 也是一条长为 $|V| - 2$ 的路. 所以对所有的 $x \in V$, 都有 $H_1 - x \cong H_2 - x$, 但是, H_1 和 H_2 不必是恒等的. 因此这个论断是错的.

(b) 令 $G_i - x$ 具有 $f(H, G_i - x)$ 个同构于 H 的子图. 形成

$$\sum_{x \in V} f(H, G_i - x).$$

那么 G_i 的每个同构于 H 的子图在这里都被计数了 $|V| - |V(H)|$ 次, 所以

$$\sum_{x \in V} f(H, G_i - x) = (|V| - |V(H)|) f(H, G_i).$$

由假设知 $|V| > |V(H)|$, 且对 $i = 1$, 2, 左边是相等的, 因此我们可得到如上所述的

$$f(H, G_1) = f(H, G_2).$$

同样的论述对于导出子图也是成立的.

(c) 首先假设 G_1 是由一个孤立点和一个具有 $|V|-1$ 个顶点的连通分支 H 构成的. 那么由前面的论断可知, G_2 有一个导出子图 H' 同构于 H. 由前面的论断我们还可以得到 $|E(G_1)|=|E(G_2)|$, 因此 G_2 除了 H' 中的边外, 不含有其他的边, 即 G_2 是由 H' 和一个孤立点构成的. 因此 $G_1\cong G_2$.

相反地, 如果 G_2 含有一个具有 $|V|-1$ 个顶点的连通分支, 那么类似可得 $G_1\cong G_2$. 因此, 在每种情形中, G_1 中同构于 H 的连通分支的数目等于 G_2 中同构于 H 的连通分支的数目, 其中 $|V(H)|=|V|-1$.

假设对每个连通的图 H, $|V(H)|=|V|-1,\cdots,k+1$, 结论成立. 令 $|V(H)|=k$. 为了得到 G_i 中同构于 H 的连通分支的数目, 我们计数 G_i 中所有同构于 H 的导出子图, 并且减去 G_i 的更大的连通分支中同构于 H 的导出子图的数目. 由前面的问题和归纳假设知, 这个数对 $i=1$ 和 2 是相等的.

故 G_1, G_2 中同构于给定图 H 的连通分支的数目是相等的, 因此 $G_1\cong G_2$. [P. J. Kelly, *Pacific J. Math.* **7** (1957) 961–968; 关于重构问题的综述, 参见 J. A. Bondy–R. Hemminger, *J. Graph Theory* **1** (1977) 227–268.]

16. (a) 首先我们注意到, 由于

$$d_{T_1}(x)=|V|-1-|E(T_1-x)|=|V|-1-|E(T_2-x)|=d_{T_2}(x),$$

T_1 和 T_2 具有相同的端点. 令 W 为这些端点的集合.

如果 $|W|=2$, 那么 T_1 和 T_2 都是路, 从而 $T_1\cong T_2$. 在后面的论述中, 我们将假设 $|W|\geq 3$.

令 P 为 T_1 中任意一条最长路, 且令 x 是不在 P 上的端点, 那么由 $T_2-x\cong T_1-x\supseteq P$ 知, T_2 也含有相同长度的一条路. 因此 T_2 的直径至少与 T_1 的直径一样大. 反之也成立, 由此它们具有相同的直径 d.

(b) 我们讨论 d 是偶数的情形, 奇数的情形比较简单. 令 c_i 为 T_i 的中心. 我们可以假设 $d>2$, 这是因为如果 T_i 是星图, 那么它包含一个 $n-1$ 度点, 从而, 另外一棵树也是星图.

1° 首先假设, 对每个端点 x, T_i-x 的直径为 d.

让我们确定 T_i 中粘贴在 c_i 上的分支数 $m_i(D)$, 其中, 分支是同构于具有特定"根"的特定树 D 的 (即有一个特定的点粘贴在 c_i 上). 我们通过"向后"归纳法来证明 $m_1(D)=m_2(D)$. 若 $|V(D)|\geq|V|$, 结论是平凡的.

我们计数粘贴在 T_i-x 的中心的分支 D 的所有出现的次数, 其中 $x\in W$. 那么由 $T_1-x\cong T_2-x$, 我们可得到相同的数目. T_i-x 中与 D 同构的分支以两种方式产生; 它们要么自身是 T_i 的分支, 要么产生于去掉点 x 后 T_i 的一个较大的分支. 因为 T_1 和 T_2 具有相同的大分支, 所以对 $i=1$, 2, T_i-x 的由 T_i 中较大的分支所产生的分支 D 的数目是相同的. 因此, 对 $i=1$, 2, T_i-x 中分支 D 的数目是相同的, D 也是 T_i 的分支. 因为 T_i 的每个分支 D 被计数了 $|W|-l$ 次, 其中 l 是 D 的端点数, 这就证明了

$m_1(D)=m_2(D)$. 因此对任一有根树 D, $m_1(D)=m_2(D)$. 这就蕴含着 $T_1\cong T_2$.

2° 我们假设恰好存在一个点 x_0 使得 $T_1-x_0=T_2-x_0$ 的直径小于 d, 那么在 T_i 中一定恰好存在两个粘贴在 c_i 上的分支 B_1^i, B_2^i, 它们都包含一条 $(d/2)$-路; 也可能存在任意数目的其他分支. B_1^i 恰好包含一个与 c_i 距离 $d/2$ 的点; B_2^i 包含至少两个这样的点.

(a) 首先假设 B_1^1, B_1^2 都不是一条单路, 那么 B_2^i 是树 T_i-x $(x\in W-\{x_0\})$ 中相对于中心的最大的一个分支, 它至少含有两个与根距离为 $d/2$ 的点. 所以 B_2^1 和 B_2^2 是同构的有根树. 因此如 1° 可得, T_1, T_2 粘贴在中心上的分支是相同的.

(b) 假设 B_1^1 是一条单路, 那么 T_1-x_0 中与 x_0 相邻的点 x_1 具有如下性质: 它包含在 T_1-x_0 的所有 $(d-1)$-路中. 因此, T_2-x_0 也包含一个端点 x_2, 这个端点出现在所有的 $(d-1)$-路中. 现在, x_0 在 T_2 中必定与 x_2 相邻; 因为否则的话, x_2 和 x_0 将是 T_2 中包含在所有 d-路上的端点, 矛盾. x_0 被连接到 $T_1-x_0\cong T_2-x_0$ 的对应点上, 即 $T_1\cong T_2$.

3° 对两个点 x, $T_1-x\cong T_2-x$ 的直径为 $d-1$ 的情形 (明显地, 对超过两个端点的情形, 直径不可能为 $d-1$) 可以类似地处理 [15.15; 参考文献同上].

17. (a) 令 H 是任一具有 n 个顶点的图, $|G\to H|$ 表示映射 $\varphi: V(G)\to V(H)$ 的数目, 其中的映射是一一映射, 且将相邻的顶点映射到相邻的顶点, 那么 $|G\to H|$ 可以用容斥公式表达如下. 对每个 $S\subseteq E(G)$, 令 G_S 表示图 $(V(G),S)$. 那么用类似于 5.18 中的方法可得

$$|G\to H|=\sum_{S\subseteq E(G)}(-1)^{|S|}|G_S\to \overline{H}|.$$

特别地,

$$(1)\qquad |G_1\to G_2|=\sum_{S\subseteq E(G_1)}(-1)^{|S|}|G_{1,S}\to \overline{G}_2|,$$

$$(2)\qquad |G_2\to G_2|=\sum_{S\subseteq E(G_2)}(-1)^{|S|}|G_{2,S}\to \overline{G}_2|.$$

这里图 $G_{1,S}$ $(S\subset E(G_1))$ 和 $G_{2,S}$ $(S\subset E(G_2))$ 是两两同构的; 这就和题 15.14(b) 是一样的. 更进一步, 由于 G_1 的边数多于 $\overline{G}_2$, 故有

$$|G_{1,E(G_1)}\to \overline{G}_2|=|G_1\to \overline{G}_2|=0.$$

类似地,

$$|G_{2,E(G_2)}\to \overline{G}_2|=0.$$

因此, (1) 和 (2) 的右边具有相同的项. 这就蕴含着

$$|G_1\to G_2|=|G_2\to G_2|>0.$$

因此 G_1 到 G_2 有一个一一映射. 由于它们具有相等的边数, 故有 $G_1 \cong G_2$. [L. Lovász, *J. Comb. Theory* **13** (1972) 309–310.]

(b) 我们可以假设 $V(G_1) = V(G_2) = V$. 考虑 V 上的一个随机置换 π. 用 A_i (B_i) 表示事件 "e_i 映射到 G_1 (到 G_2) 的一对不相邻的点上". 如题 2.2(a) 那样, 定义

$$A_I = \prod_{i \in I} A_i, \quad B_I = \prod_{i \in I} B_i,$$

$$\sigma_j = \sum_{|I|=j} \mathsf{P}(A_I), \quad \sigma'_j = \sum_{|I|=j} \mathsf{P}(B_I).$$

注意到正如 15.14(b) 或 (a) 部分那样, 我们有对于 $j = 0, 1, \cdots, m-1$,

$$\sigma_j = \sigma'_j.$$

用 η 和 ξ 分别表示事件 A_i 和 B_i 出现的次数, 那么由 2.7(b) 可知

$$\mathsf{E}(x^\eta) = \sum_{j=0}^{m} (x-1)^j \sigma_j, \quad \mathsf{E}(x^\xi) = \sum_{j=0}^{m} (x-1)^j \sigma'_j.$$

因此

$$\mathsf{E}(x^\eta) - \mathsf{E}(x^\xi) = (x-1)^m (\sigma_m - \sigma'_m). \tag{1}$$

在这里设 $x = -1$, 并利用平凡的关系

$$|\mathsf{E}((-1)^\eta)| \le 1 \quad 和 \quad |\mathsf{E}((-1)^\xi)| \le 1.$$

由 (1) 和假设, 我们可得

$$|\sigma_m - \sigma'_m| \le \frac{1}{2^{m-1}} < \frac{1}{n!}.$$

但是由概率场的定义知, σ_m 和 σ'_m 是分母为 $n!$ 的有理数. 因此, 它们是相等的.

现在, 取出 (1) 的常数项, 我们得到

$$\mathsf{P}(\eta = 0) = \mathsf{P}(\xi = 0).$$

但是, 若 π 是恒等的, 则 $\xi = 0$. 因此

$$\mathsf{P}(\eta = 0) = \mathsf{P}(\xi = 0) > 0,$$

即存在一个置换, 它将每个 e_i 映射到一条边. 那么这就是 G_1 和 G_2 之间的一个同构. [W. Müller, *J. Comb. Theory* [B] **22** (1977) 281–283.]

18. 我们将证明, 如果 $|Y| = k-1$, 那么

$$|E(H_1 - X)| = |E(H_2 - X)|.$$

令 $X_1,\cdots,X_t$ 为包含 Y 的 k-元组 $(t=|V|-k+1)$, 那么通过简单的计算, 我们可得

$$(1)\qquad \sum_{i=1}^{t}|E(H_1-X_i)|=(|V|-k-r+1)|E(H_1-X)|.$$

类似地,

$$(2)\qquad \sum_{i=1}^{t}|E(H_2-X_i)|=(|V|-k-r+1)|E(H_2-X)|.$$

因为 (1) 和 (2) 的左边是相等的, 并且 $|V|-k-r+1>0$, 所以 (1) 和 (2) 蕴含着 $|E(H_1-Y)|=|E(H_2-Y)|$. 对每个满足 $|Y|\le k$ 的 Y, 也可类似地得到上述结论.

令 $T\subseteq V$, $|T|=r$. 我们想要计算 T 作为 H_i 的一条边的重数; 即我们想要确定, 对任意的 $t\in H$, H_i 中不属于 H_i-t 的那些边的数目. 由容斥公式, 这个数目为

$$\sum_{X\subseteq T}(-1)^{|X|}E(H_i-X)|.$$

因为 $k\ge r$, 所以对 $i=1,\ 2$, 这个数目是相等的. 因此 H_1 和 H_2 是恒等的 [V. Faber, *Hypergraph Seminar*, Lecture Notes in Math. 411, Springer, 1974, 85–94].

19. 令 $\nu_i(X)$ 表示 $X\subseteq V$ 作为 H_i $(i=1,2)$ 的一条边的重数. 因为 $\nu_i(X-\{x\})+\nu_i(X)$ 是边 $X-\{x\}$ 在 $H_i\backslash x$ 中的重数, 所以这个假设意味着

$$(1)\qquad \nu_1(X-\{x\})+\nu_1(X)=\nu_2(X)=\nu_2(X-\{x\})+\nu_2(X).$$

现在假设 $H_1\ne H_2$, 那么存在集合 $X\subseteq V$, $\nu_1(X)\ne\nu_2(X)$. 令 X 为这样的一个极小集合, 那么由 (1) 知, 对任意 $x\in X$, 都有 $\nu_1(X-\{x\})\ne\nu_2(X-\{x\})$. 如果 $X=\emptyset$, 那么这是唯一的可能. 所以我们可以假设 $\nu_1(\emptyset)>\nu_2(\emptyset)$.

对 $|X|$ 进行归纳, 我们证明

$$\nu_1(X)>\nu_2(X),\quad 若\ |X|\ 是偶数,$$

$$\nu_1(X)<\nu_2(X),\quad 若\ |X|\ 是奇数.$$

这可以容易地由 (1) 得到. 特别地,

$$\nu_1(X)>\nu_2(X)\ge 0,\quad 若\ |X|\ 是偶数,$$

即 V 的每个偶子集都是 H_1 的一条边. 类似地, V 的每个奇子集都是 H_2 的一条边 [参见 C. Berger, *Hypergraph Seminar*, Lecture Notes in Math. 411, Springer, 1974, 1–12].

20. (a) 令 $\hom(A,B)$ 和 $\mathrm{epi}(A,B)$ 分别表示 A 到 B 上的同态以及 A 到 B 上的满态射的数目. 首先注意到:

(∗) 若对每个 H, 都有 $\mathrm{epi}(G_1,H)=\mathrm{epi}(G_2,H)$, 那么 $G_1\cong G_2$.

事实上, 我们可得 $\mathrm{epi}(G_1,G_2)=\mathrm{epi}(G_2,G_2)>0$, $\mathrm{epi}(G_2,G_1)=\mathrm{epi}(G_1,G_1)>0$, 即 G_1, G_2 互为满态射像. 因为它们是有限的, 所以它们一定是同构的.

所以我们想将 $\mathrm{hom}(G_i,H)$ 和 $\mathrm{epi}(G_i,H)$ 联系起来. 显然地, 每个满射是一个同态并且每个同态是一个满态射当且仅当 H 的每条边都在像中. 所以我们可利用容斥公式得到

$$\begin{aligned}\mathrm{epi}(G_i,H)&=\mathrm{hom}(G_i,H)-\sum_{e\in E(H)}\mathrm{hom}(G_i,H-e)\\&\quad+\sum_{\{e_1,e_2\}\subseteq E(H)}\mathrm{hom}(G_i,H-e_1-e_2)-\dots\\&=\sum_{S\subseteq E(H)}(-1)^{|S|}\,\mathrm{hom}(G_i,H-S).\end{aligned}$$

对于 $i=1,2$ 和任意固定的 H, 式子右边是相同的, 因此我们可推断出

$$\mathrm{epi}(G_1,H)=\mathrm{epi}(G_2,H)$$

对每个图 H 都成立. 由 $(*)$, 这就表明 $G_1\cong G_2$.

(b) 令 $\mathrm{mon}(A,B)$ 表示 A 到 B 上的单态射 (= 一对一同态) 的数目. 再次, $(*)$ 若对每个 H, 都有 $\mathrm{mon}(H,G_1)=\mathrm{mon}(H,G_2)$, 那么 $G_1=G_2$.

事实上, $\mathrm{mon}(G_2,G_1)=\mathrm{mon}(G_1,G_1)>0$, $\mathrm{mon}(G_1,G_2)=\mathrm{mon}(G_2,G_2)>0$, 即 G_1, G_2 有映射到彼此的单态射. 又因为它们都是有限的, 所以 $G_1\cong G_2$.

将 $\mathrm{mon}(H,G_i)$ 与 $\mathrm{hom}(H,G_i)$ 相联系, 观察到一个同态是单态射当且仅当它不会等同任意一对顶点. 令 $\Theta((x_1,y_1),\cdots,(x_k,y_k))$ 为最小等价关系使得 x_i, y_i 属于相同的类 $(i=1,\cdots,k)$. 对任意简单图 H 和 $V(H)$ 上的等价关系 Θ, 用 H/Θ 表示等同 Θ 的给定类的顶点后所得到的图, 并且不考虑得到的图中边的重数. 那么我们可以用容斥来表达 $\mathrm{mon}(H,G_i)$.

$$\begin{aligned}\mathrm{mon}(H,G_i)&=\mathrm{hom}(H,G_i)-\sum_{\{x_1,y_1\}\subseteq V(H)}\mathrm{hom}(H/_{\Theta(x_1,y_1)},G_i)\\&\quad+\sum_{\{x_1,y_1\}\neq\{x_2,y_2\}\subseteq V(H)}\mathrm{hom}(H/_{\Theta((x_1,y_1),(x_2,y_2))},G_i)-\dots\\&=\sum_{k=0}^{\binom{|V(H)|}{2}}(-1)^k\sum_{\{x_1,y_1\}\neq\cdots\neq\{x_k,y_k\}\subseteq V(H)}\mathrm{hom}(H/_{\Theta((x_1,y_1),\cdots,(x_k,y_k))},G_i).\end{aligned}$$

再次, 对 $i=1$ 和 2, 上式右边是相同的, 因此 $\mathrm{mon}(H,G_1)=\mathrm{mon}(H,G_2)$ 和 $(*)$ 就证明了本题的论断. [L. Lovász, *Periodica Math. Hung.* **1** (1971) 145–156.]

21. 令 $\varphi,\psi:H\to G_1$ 为一个同态, 并且设

$$\xi(v)=(\varphi(v),\psi(v))\qquad(v\in V(H)).$$

那么, 简单的验证可知, ξ 是 H 到 $G_1 \times G_2$ 上的一个同态; 相反地, H 到 $G_1 \times G_2$ 上的每个同态也都以这种方式唯一产生. 因此

$$\text{(1)} \qquad \hom(H, G_1 \times G_1) = (\hom(H, G_1))^2.$$

现在我们有

$$(\hom(H, G_1))^2 = \hom(H, G_1 \times G_1) = \hom(H, G_2 \times G_2) = (\hom(H, G_2))^2,$$

又因为 $\hom(H, G_i) \geq 0$, 所以

$$\hom(H, G_1) = \hom(H, G_2).$$

这对任意 H 都是成立的, 故由 15.19(b), 我们可得 $G_1 \cong G_2$. [参考文献同上]

22. (a) 我们尝试 $F = K_2$. 可以观察到, 如果 $v \in V(G_1)$, 那么 $(v, x) \in V(G_1 \times F)$ 和 v 具有相同的度. 因此, G_1 和 G_2 一定具有相同的度序列. 一个具有相同度序列的非同构简单图对的例子如图 68 所示. 与 K_2 (我们设 $V(K_2) = \{1, 2\}$) 形成直积, 如图 69 所示, 在每种情形下, 我们都可得到两个不交的 6-圈.

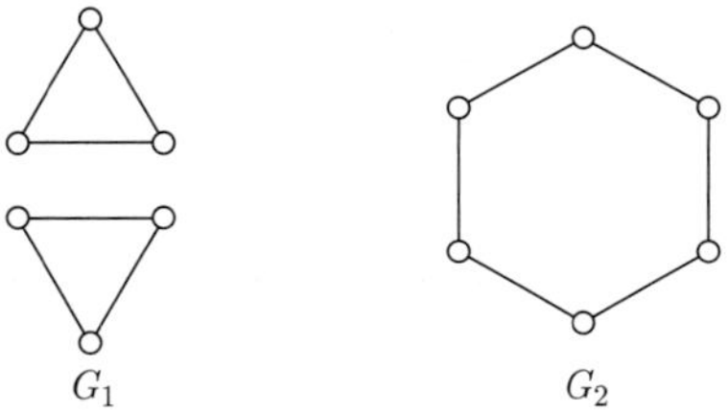

图 68

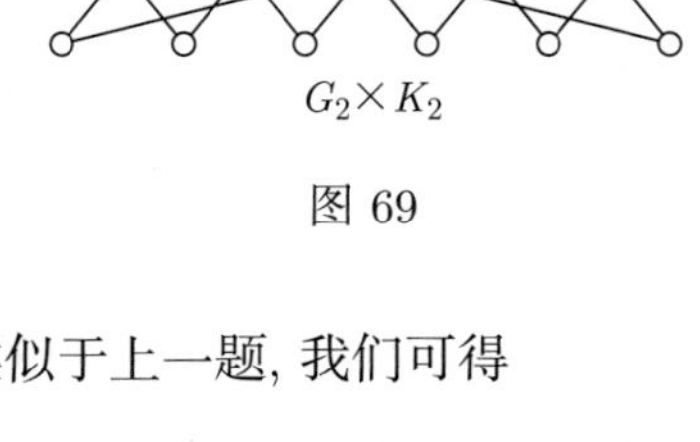

图 69

(b) 令 H 为任意图. 类似于上一题, 我们可得

$$\text{(1)} \qquad \begin{aligned} \hom(H, G_1)\hom(H, F) &= \hom(H, G_1 \times F) \\ &= \hom(H, G_2 \times F) = \hom(H, G_2)\hom(H, F). \end{aligned}$$

我们想要证明

$$\text{(2)}\qquad \hom(H,G_1)\hom(H,F') = \hom(H,G_2)\hom(H,F').$$

如果 $\hom(H,F') = 0$, 那么 (2) 是平凡满足的. 如果 $\hom(H,F') > 0$, 那么显然地 $\hom(H,F) > 0$, 所以 (1) 就蕴含着 $\hom(H,G_1) = \hom(H,G_2)$, 因此 (2) 也是成立的.

(c) 提示中所构造出的关系 $(G\cdot H)^0 = G^0 \times H^0$ 很容易被验证. 那么

$$G_1^0 \times H^0 = (G_1\cdot H)^0 \cong (G_2\cdot H)^0 = G_2^0 \times H^0.$$

令 E^0 表示一个具有一个点和一个自环的图, 那么 E^0 是 H^0 的一个子图, 从而由 (b) 可知

$$G_1^0 \cong G_1^0 \times E^0 \cong G_2^0 \times E^0 \cong G_2^0.$$

(d) 除了 $\Theta((x_1,y_1),\cdots,(x_k,y_k))$ 必须理解为含有对 $(x_1,y_1),\cdots,(x_k,y_k)$ 的最小同余关系外, 提示中产生的断言可通过类似于 15.20(b) 中的论述进行论证.

现在假设 G_1, G_2, F 是有限群, 并且

$$G_1 \times F \cong G_2 \times F.$$

将群 H 到群 G 上的同态的数目表示为 $\hom(H,G)$. 对每个有限群 H, 我们有

$$\hom(H,G_1)\hom(H,F) = \hom(H,G_2)\hom(H,F).$$

因为 $\hom(H,F) \neq 0$, 所以这就得出

$$\hom(H,G_1) = \hom(H,G_2),$$

因此 $G_1 \cong G_2$.

对有限环, 证明也是相同的. 事实上, 对任意三个代数 G_1, G_2, F 满足 F 具有一个 1-元子代数, 那么证明也是一样的. [对于到范畴上的推广, 参见 L. Lovász, *Acta Sci. Math.* **33** (1972) 319–322.]

字　　典

(用到的组合短语和概念)

阿贝尔恒等式 (Abel identities): 参见 1.44.

到达时间 (Access time): 参见随机游走.

顶点集为 $\{v_1, \ldots, v_n\}$ 的图 G 的**邻接矩阵 (Adjacency matrix):** 矩阵 $A_G = (a_{ij})_{i,j=1}^n$, 其中 A_{ij} 是 (v_i, v_j)-边的数目.

邻接 (Adjacent): 参见图.

树形结构 (Arborescence): 给定一个有向图 G 以及一个特殊的点 a, 这个点称作根点, 满足每个点 $x \neq a$ 的入度为 1 且对每个点 x, 存在唯一一条 (a, x)-路. 树形结构可以通过在树中选定一个点 a 然后对每条边 e 定向使得连接 a 到 e 的唯一的路终止于 e 的尾. 逆 ~ 指的是由一个树形结构通过将其所有边反向而得到的有向图.

[有向] 图的**自同构 (Automorphism):** $V(G)$ 上满足 (x, y)-边的数目等于 $(\alpha(x), \alpha(y))$-边的数目 $(x, y \in V(G))$ 的置换 α. 我们也常谈论具有染色边的图 G 的自同构, 指的是对任意给定的颜色, 满足 (x, y)-边的数目等于 $(\alpha(x), \alpha(y))$-边的数目的置换 α. 一个 [有向] 图的所有自同构形成一个自同构群 $A(G)$.

超图的**平衡回路 (balanced circuit):** 回路 $(x_1, E_1, \ldots, x_k, E_k)$ 满足, 要么 $k = 2$, 要么存在一个关联 $x_i \in E_j$, 其中 $j \neq i$, $i - 1$ 并且 $(i, j) \neq (1, k)$.

　　~ 超图 (~ hypergraph): 满足每个奇长的回路都是平衡的超图.

　　完全 ~ 超图 (totally ~ hypergraph): 每个回路都是平衡的.

Bell 数 (Bell number): 参见划分.

二项式系数 (Binomial coefficien) $\binom{n}{k}$: 从 n 个元素中选取 k 个的方式数. 有

$$(1) \qquad \binom{n}{k} = \frac{n!}{k!\,(n-k)!} = \frac{n(n-1)\cdots(n-k+1)}{k!}, \quad (0 \leq k \leq n),$$

并由定义

$$\binom{k}{0} = 1, \quad (k = 0, 1, \cdots).$$

(1) 式对所有实的 (或复的) n 定义了 $\binom{n}{k}$.

二部 (Bipartite)(色数为 2 的) 图: 图 G 的顶点集有一个二部划分或 2-可染划分$\{A,B\}$ 满足每条边连接 A 的一个点到 B 的一个点 (参见色数).

图 G 的**块 (Block)**: 一条割边或一个极大 2-连通子图. 每条边都包含在唯一一个块中. 块也可以用 $E(G)$ 上的等价关系定义, 即 "e 和 f 在一个圈上或 $e=f$". 图的块给出一个 "仙人掌" 结构; 属于超过一个块的点都是割点, 与一个点关联的分支数和包含这个点的块数相等 (图 70). 包含一个割点的块称为端点块.

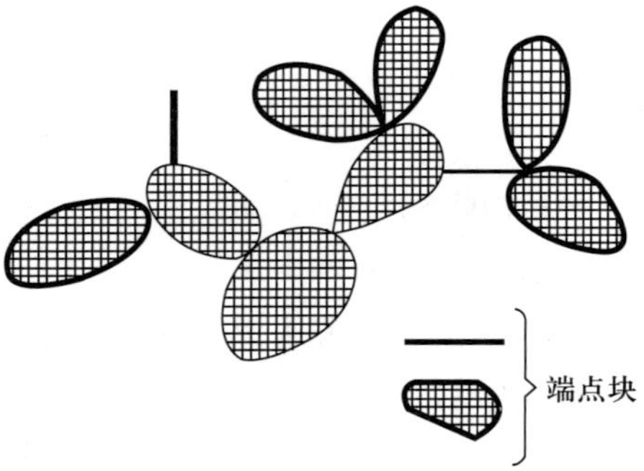

图 70

瓶颈定理 (Bottleneck Theorem): 参见 6.71.

图 G 的关于点 x 的**分支 (Branch)**: 一个由 $G-x$ 的分支 G_1、点 x 以及连接 x 到 G_1 的所有边构成的子图.

子图 G_1 的**桥 (Bridge)**: 一个 (连通) 子图 B 满足要么 B 由一条两个端点都在 G_1 中的单边构成; 要么 B 由 $G-V(G_1)$ 的一个连通分支和所有连接这个分支到 G_1 的边及其在 G_1 中的端点构成. G_1 的桥划分了 $E(G)-E(G_1)$; 即, 它们可以用如下等价关系的等价类来定义, "$e_1 \sim e_2$ 当且仅当 $e_1=e_2$ 或存在一条与 G_1 不交的路连接 e_1 和 e_2."

Brook 定理 (Brooks' Theorem): 参见 9.13.

Brun 筛法 (Brun's Sieve): 参见 2.13.

Burnside 引理 (Burnside Lemma): 参见 3.24.

Catalan 数 (Catalan numbers): 参见 1.33, 1.37–40.

Cayley 公式 (Cayley Formula): 参见 4.2.

图 G 的**特征多项式 (Characteristic polynomial)**: 多项式 $p_G(\lambda)=\det(\lambda I-A_G)$, 其中 A_G 是 G 的邻接矩阵, 显然这与点的标号无关. 特征多项式的根, 即 A_G 的特征值, 称作图 G 的特征值.

子图 $G_1 \subseteq G$ 的**弦 (Chord)**: 连接 G_1 中两个点的边 $e \in E(G)-E(G_1)$.

[超] 图 G 的**色指标 (Chromatic index)**: 最小的整数 k 使得 G 的边可以被 k-染色, 满足相邻的边有不同的颜色. 我们记为 $q(G)$, 显然 $q(G)=\chi(L(G))$.

[有向, 超] 图 G 的**色数 (Chromatic number):** 最小的整数 k 使得 G 有一个 "好的 k-染色" (见下面), 我们记为 $\chi(G)$. 显然, $\chi(G) > 0$, 如果 G 是非空的; $\chi(G) > 1$, 如果 $E(G)$ 是非空的. $\chi(G) = \infty$, 如果 G 有一个自环 (或者, 当 G 是超图时, 它有一条具有至多一个端点的边).

图 G 的**色多项式 (Chromatic polynomial)** $P_G(\lambda)$**:** G 的好的 λ-染色的数目 ($\lambda = 0, 1, \ldots$). 可以证明它是 λ 的一个多项式 (对固定的 G), 从而这个定义可以推广到所有实值 (或复) 的 λ. 值得注意的是如果两个 λ-染色的颜色标号是不同的, 也是按照不同的染色来计数的.

图中的**圈 (Circuit):** 一个满足如下条件的途径 $(x_1, e_1, \ldots, x_k, e_k, x_{k+1})$: $x_1, \ldots, x_k$ 是不同的点, $e_1, \ldots, e_k$ 是不同的边并且 $x_1 = x_{k+1}$. 如果图是简单的, 那么我们将它表示成 $(x_1, \ldots, x_k)$.

有向图中的 ~: 由 G 做如下操作得到的图的圈, 通过把每条有向边变成具有相同端点的无向边. 参见圈.

超图中的 ~: 序列 $(x_1, E_1, \ldots, x_k, E_k)$, 其中 $x_1, \ldots, x_k$ 是不同的点, $e_1, \ldots, e_k$ 是不同的边并且 $x_i \in E_i$ $(i = 1, \ldots, k)$, $x_{i+1} \in E_i$ $(i = 1, \ldots, k-1)$, $x_1 \in E_k$. k 是这个圈的长度.

团 (Clique): 图的一个极大完全子图.

混乱系统 (Clutter): 一个超图, 没有边包含其他边.

集族 (Collection): 一个集合以及一个称作 S 中元素的重数的正整数的分配; 任何不在 S 中的元素的重数是 0.

可染 (Coloration): [有向, 超] 图的一个 (合法的, 好的) k-染色是 "颜色" (通常是 $1, \ldots, k$ 之一的整数) 到点的分配使得每条边至少有两种 "颜色".

k-**可染 (k-colorable)** [有向, 超] 图: 有一个好的 k-染色.

路途时间 (Commute time): 参见随机游走.

简单图 G 的**补图 (Complement):** 简单图 $\overline{G}$ 定义如下

$$V(\bar{G}) = V(G), \quad E(\bar{G}) = \{(x, y) : x, y \in V(G), x \neq y, (x, y) \notin E(G)\}.$$

显然, $\overline{\overline{G}} = G$.

简单有向图 G 的 ~: 简单有向图 $\overline{G}$ 定义如下

$$V(\bar{G}) = V(G), \quad E(\bar{G}) = V(G) \times V(G) - E(G).$$

完全 (Complete) 图: 满足每个不同点都相邻的简单图. n 个点的完全图记作 K_n.

~ 有根 d-叉树: 参见树.

完全二部图 (Complete bipartite graph): 一个简单图, 它的顶点可以被划分成两个部分 U, W 使得两个点相邻当且仅当其中一个属于 U, 另一个属于 W. 如果

$|U| = n$ 且 $|W| = m$, 那么完全二部图记作 $K_{n,m}$.

图 G 的 (连通) **分支 (Component):** G 的一个极大连通子图. G 的任意两个连通分支是点不交的且每个点 (以及边) 属于其中一个. 它们的数目记作 $c(G)$; $c_1(G)$ 表示有奇数个点的连通分支的数目.

(有向图的) **强 ~ (strong ~):** 极大的强连通子图.

图 G 的**传导 (Conductance):** 所有满足 $|S| \leq |V|/2$ 的非空集合 $S \subseteq V$ 上, $\delta_G(S)/|S|$ 的最小值, 其中 $\delta_G(S)$ 表示连接 S 和它的补 $V \setminus S$ 的边的总数.

连通 (Connected) 图**:** 不能表示成形如 $G_1 \cup G_2$ 的图, 其中 G_1, G_2 是点不交的非空图. 等价地: 任意两个点有一条路连接它们.

弱 ~ (weakly ~) 有向图**:** 不能表示成形如 $G_1 \cup G_2$ 的有向图, 其中 G_1, G_2 是点不交的非空有向图.

强 ~ (strongly ~) 有向图**:** 任意两个顶点都有一条 (有向) 路连接它们的有向图.

~ 超图 (~ hypergraph): 不能表示成形如 $H_1 \cup H_2$ 的超图, 其中 H_1, H_2 是点不交的非空超图. 注意到如果 $\emptyset \in E(H)$, 那么 H 不是连通的.

a 与 b 之间 k-**连通 (k-connected):** 如果去掉少于 k 个点 ($\neq a, b$) 和/或边, 仍存在 [有向] 图上的一条 (a, b) 路 (仅当 a, b 相邻时才去掉边).

~ [有向] 图 G: 至少 $k+1$ 个点的 (有向) 图上, 任意两点之间是 k-连通的. 等价地: 对任意集合 $X \subset V(G)$, $|X| \leq k-1$, 有 $|V(G)| \geq k+1$ 且 $G - X$ 是 [强] 连通的. 或者, 对图 G: $|V(G)| \geq k+1$ 且 G 不能表示成 $G_1 \cup G_2$, 其中 $V(G_1), V(G_2) \neq V(G)$ 并且 $|V(G_1) \cap V(G_2)| \leq k-1$. 因此, 完全图 K_n 是 $(n-1)$-连通的但不是 n-连通的. 对具有至少两个点的图, 连通和 1-连通是等价的.

[有向] 图中边 e 的**收缩 (Contraction):** 删掉这条边并等同它的两个端点. 收缩一个子图就是收缩其中所有的边 (收缩的顺序是无关的). 注意到可能会出现重边.

[超] 图 G 的 k-**覆盖 (k-cover):** 一个顶点的集合使得每条边包含其中至少 k 个点. (点) 覆盖就是 1-覆盖; 最小的点覆盖记作 $\tau(G)$. 一个 k-覆盖也可看作一个映射 $t: V(G) \to \{0, 1, \dots\}$ 使得 $\sum\limits_{x \in E} t(x) \geq k$ 对每条边 E 成立.

[超] 图 G 的**分数覆盖 (fractional cover):** 一个非负实权 $t(x)$ 到每个点 x 的分配, 使得 $\sum\limits_{x \in E} t(x) \geq 1$ 对每条边 E 成立. 一个分数覆盖的大小是 $\sum\limits_{x \in V(G)} t(x)$, 最小的分数覆盖记为 $\tau^*(G)$.

覆盖时间 (Cover time): 参见随机游走.

临界 (Critical): 对性质 P, 图 G 称为 (边) 临界的, 或者临界有性质 P, 如果 G 有性质 P, 但去掉任一条边后, 剩下的图没有性质 P. 可以类似地定义点临界.

α-临界: $\alpha(G - \{e\}) > \alpha(G)$, 对每条边 e.

χ-临界: $\chi(G-\{e\})<\chi(G)$, 对每条边 e.

τ-临界: $\tau(G-\{e\})<\tau(G)$, 对每条边 e.

ν-临界超图: $\nu(H-x)=\nu(H)$, 对每个 $x\in V(G)$ (参见问题 7.26 对这个名称的解释).

分数临界图: 对每个点 x, G 没有 1-因子但 $G-x$ 有 1-因子.

(a,b)-**割** (**(a,b)-cut**): 一个表示 (覆盖) 所有 (a,b)-路的边集 F. 由 $S\subseteq V(G)$ 确定的割是连接 S 到 $V(G)-S$ 的边集. 如果 C 是由 S' 确定的有向图 G 的割, 那么 C^* 是由 $V(G)-S$ 确定的割.

割集 (**Cutset**) (分离集): 连通图的一个点 [边] 集, 删掉它们会产生一个不连通的图. 一个割点 [割边或地峡] 是一个自身构成割集的点 [边].

有向图的**圈** (**Cycle**): 一个途径 $(x_1,e_1,\ldots,x_k,e_k,x_{k+1})$, 其中 $x_1,\ldots,x_k$ 是不同的点且 $x_{k+1}=x_1$.

置换群 Γ 的**圈指标** (**Cycle index**): 多项式

$$\frac{1}{|\Gamma|}p_\Gamma\left(x_1,\ldots,x_n\right)=\sum_{\pi\in\Gamma}{x_1}^{k_1(\pi)}\ldots{x_n}^{k_n(\pi)},$$

其中 n 是 Γ 作用的项的数目, $k_i(\pi)$ 是置换 π 的圈分解中 i-圈的数目.

[超] 图 G 中点 x 的**度** (**Degree**): 包含 x 的边数 (自环算两次). x 的度记为 $d_G(x)$, $d(G)$ 表示 G 的最大度. 一个图是k-正则的如果每个点的度都是 k. 有向图 G 的点 x 的入度 [出度] 是所有以 x 为头 [尾] 的边数; 分别记为 ${d^-}_G(x)$ 和 ${d^+}_G(x)$.

图 G 的**直径** (**Diameter**): G 中点之间的最大距离.

有向图 (**Digraph**): (项) 点集 $V(G)$, 边集 $E(G)$, 以及给有序点对分配条边; 这个有序对的第一和第二个元素称为这条边的头和尾. 两条边是平行的, 如果它们具有相同的头和尾. 有向图称为简单的, 如果它不含平行边. 在这种情况下, $E(G)$ 可以看作 $V(G)\times V(G)$ 的一个子集. 如果 G 是一个图, 且对每条边, 我们令其中一个端点是头, 另一个是尾, 那么我们得到的有向图称为 G 的一个定向. 定向图也是简单有向图, 即一个没有自环的有向图, 且任意两点间至多连一条边. 如果 $e=(x,y)\in E(G)$. 我们用下面任一种说法: e 由 x 指向 y; y 可以从 x 经过 e 到达; e 离开 x, 进入 y; e 有尾 x 头 y. 也可参见图.

图 G 中两个点 x, y 之间的**距离** (**Distance**): (x,y)-路的最小长度; 如果 G 中没有连接 x 和 y 的路, 那么它们的距离是 ∞. 记作 $d_G(x,y)$ 或简记为 $d(x,y)$, 如果考虑的图 G 是确定的.

连通平面图 G 的**对偶图** (**Dual map**): 对偶图 G^* 构造如下. 我们在 G 的每一个面 F 中选择一个点 x_F; 这些将是 G^* 的顶点. 我们在 G 的每条边 e 上选择一个点 p_e, 分别用内部是 F, F' 的 Jordan 曲线 J_e, J_e' 连接每个点 p_e 到 x_F, x_F', 其中 F 和 F' 是两个与 e 关联的面. 如果 $F=F'$ (即 G 的同一个面从两边界住 e), 那么 J_e, J_e' 连接

p_e 到 x_F 使得它们从 e 的两端离开 p_e (这是可能的, 如果 e 是割边). 进一步, 我们选择 J_e, J'_e 使得在 F 的边界上连接 p_e 到 x_F 的那些弧 J_e 没有除了 x_F 之外的公共点. 令 $e^* = J_e \cup J'_e$ 且 $E(G^*) = \{e^* : e \in E(G)\}$, 那么 G^* 也是一个平面图. 如果我们考虑嵌入在球面上的 G 和 G^*, 那么对偶图是唯一确定的, 即如果 $\hat{G}^*$ 是 G 的另一个对偶图, 那么存在球面到其自身的一个同态映射 φ, 使得对每个 $x \in V(G)$ 有 $\varphi(x) = x$; 对每条边 $e \in E(G)$ 有 $\varphi(e) = e$; $\varphi(V(G^*)) = V(\hat{G}^*)$, 且如果 $\hat{e^*}$ 是 $\hat{G}^*$ 中对应 e^* 的边, 那么 $\varphi(e^*) = \hat{e^*}$. G^* 的对偶图是 G. 以上构造和最后的断言包含很多平面拓扑的知识, 这里我们不加证明地接受它们 (图 71).

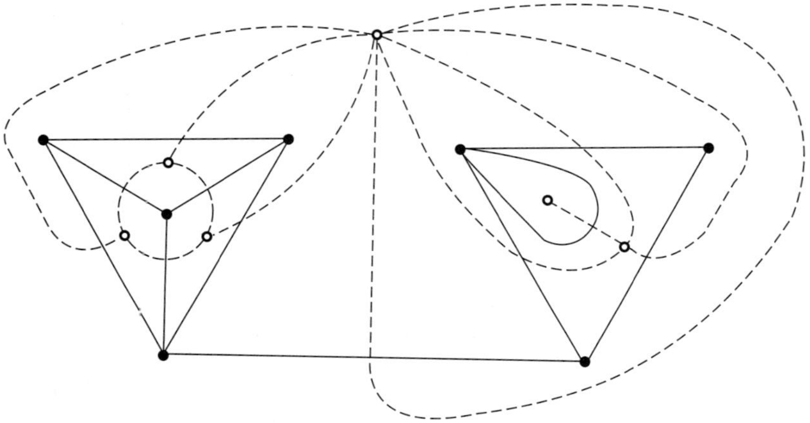

图 71

耳分解 (Ear-decomposition): 参见 6.28.

边 (Edge): 参见图, 有向图, 超图.

[超] 图的**边覆盖 (Edge-cover):** 包含所有点的边集合.

a 和 b 之间的 **k-边-连通 (k-edge-connected):** 删掉不超过 $k-1$ 条边后, 得到一个含有 (a,b)-路的 [有向] 图.

$\sim$ [有向] 图: 任两个点都是 k-边-连通的. 等价地: 删掉不超过 $k-1$ 条边后得到一个 [强] 连通 [有向] 图.

Edmond 匹配算法 (Edmonds' Matching Algoritlun): 参见 7.34.

初等二部图 (Elementary bipartite graph): 参见 7.7.

空 (Empty) [超] 图**:** 没有点并且没有边.

[有向] 图 G 的**自同态 (Endomorphism):** G 到自身的一个同态. G 的所有自同态连同它们分解的重数构成一个半群, 表示成 End(G).

图 G 的**端点 (Endpoint):** 度为 1 的点.

边的 $\sim$: 参见图.

Erdős-de Bruijn 定理 (Erdős-de Bruijn Theorem): 参见 9.14.

Erdős-Ko-Rado 定理 (Erdős-Ko-Rado Theorem): 参见 13.28.

Erdős-Stone 定理 (Erdős-Stone Theorem): 参见 10.38.

欧拉迹 (Euler trail): [有向] 图中包含所有边的迹.

欧拉 (Eulerian) [有向] 图: 有欧拉迹的图.

欧拉公式 (Euler's Formula): 参见 5.24.

扩张速率 (Expansion rate): 参见传导.

面 (Face): 参见平面图.

图的 **f-因子 (f-factor):** 给定 $V(G)$ 上的一个函数 f, f-因子是一个子图 G', $V(G') = V(G)$ 满足 $d_{G'}(x) = f(x)$ 对每个点 x 成立. 因此, 1-因子是一个包含所有点的独立边的系统.

Ferrer 图表 (Ferrer's diagram): 参见 1.16.

(a,b)-**流** (((a,b)-**flow**): 有向图边集上定义的一个非负实值函数 f, 满足对每个点 $x_0 \neq a, b$ 有

$$\sum_{e=(x_0,y)\in E(G)} f(e) = \sum_{e=(y,x_0)\in E(G)} f(e)$$

(即进入 x_0 的水量等于流出的水量; "Kirchhoff 法则"). (a,b)-流 f 的值为源点 a 的 "净收入", 即

$$w(f) = \sum_{e=(a,x)} f(e) - \sum_{e=(x,a)} f(e).$$

森林 (Forest): 无圈图. 森林的分支是树.

Frucht 定理 (Frucht's Theorem): 参见 12.5.

Gallai-Edmonds 结构定理 (Gallai-Edmonds Structure Theorem): 参见 7.32.

序列 $\{a_n\}_{n=0}^{\infty}$ 的**生成函数 (Generating function):** 函数

$$f(x) = \sum_{n=0}^{\infty} a_n x^n.$$

指数 $\sim$ (exponential $\sim$):

$$f(x) = \sum_{n=0}^{\infty} \frac{a_n}{n!} x^n.$$

几何格 (Geometric lattice): 一个格 L, 满足 L 是由它的元素生成且只要 x 覆盖 $x \wedge y$, $x \vee y$ 就覆盖 y. 秩 $r(x)$ 定义为 $(0,x)$-链的最大长度减去 1. 这个函数满足: $r(x) \geq 0$, $x > x' \longrightarrow r(x) \geq r(x')$, 如果 x 覆盖 y, 那么 $r(y) \leq r(x) \leq r(y)+1$, 并且

$r(x \vee y) + r(x \wedge y) \leq r(x) + r(y)$. 这样格的例子有射影或仿射平面的子集的子空间上的格.

图 G 的**围长 (Girth):** 最短圈的长度. 围长是 1 当且仅当 G 有一个自环, 围长是 2 当且仅当 G 有重边.

图 (Graph): 图 G 包含一个有限点集 $V(G)$ 和一个边集 $E(G)$, 以及由 $V(G)$ 上的无序对到 $E(G)$ 每条边 e 的一个分配, 称为 e 的*端点*. 我们写作 $G = (V(G), E(G))$. 一条边称作连接它的两个端点. 如果 e 连接 x 到 y, 那么称 e 为 (x, y)-边. 两个端点相同的边称为*自环*. 两条边有相同的端点则称它们是*平行边*或*重边*. 图是*简单的*, 如果它没有自环和重边, 在这种情况下, $E(G)$ 是 $V(G)$ 的 2-子集的集合. 一条边和一个点*关联*, 如果这个点是这条边的一个端点. 两条边*邻接*, 如果它们有一个公共端点. 两个点*邻接* (*邻居*) , 如果它们被一条边连接. 与一个点关联的边集称为*星*. 与 $X \subseteq V(G)$ 关联的点集记为 $\Gamma_G(X)$ 或如果图在上下文中很清楚的话, 简记为 $\Gamma(X)$. 没有自环的图是特殊的超图 (也可参见有向图).

Hajós 构造 (Hajós' Construction): 参见 8.16.

哈密顿环路 (Hamiltonian circuit) [圈, 路]**:** [有向] 图中包含所有点的环路 [圈, 路].

哈密顿 (Hamiltonian) [有向] 图**:** 有一个哈密顿环路 [圈].

[有向] 图 G_1 到 [有向] 图 G_2 的**同态 (Homomorphism):** 映射 $\varphi : V(G_1) \to V(G_2)$ 满足如果 $(x, y) \in E(G_1)$, 那么 $(\varphi(x), \varphi(y)) \in E(G_2)$.

超图 (Hypergraph)(集合–系统)**:** 超图 H 由有限点集 $V(H)$ 和边集 $E(H)$, 以及 $V(H)$ 的子集到每条边 E 的一个分配, 称为 E 的*端点* (*元素*). 所以我们写作 $H = (V(H), E(H))$. 两条具有相同端点的边称为*平行的*. 超图是*简单的*, 如果它没有平行边. 在这种情况下, $E(H)$ 可以看作是 $V(H)$ 的子集的集合. 一条边和一个点*关联*, 如果这个点是这条边的端点. 超图是r-*一致的*, 如果每条边有 r 个端点. 2-一致超图是没有自环的图. n 个点的*完全 r-一致超图*是一个简单超图, 包含顶点集合的所有 r-元子集作为它的边, 记作 ${K_n}^r$.

[有向] 图 G 上两个点 x, y 的**等同 (Identification)** 可以产生一个 [有向] 图 G', $V(G') = V(G) - \{x, y\} \cup \{\overline{xy}\}$, 其中 $z = \overline{xy}$ 表示一个新的点, $E(G') = E(G)$, 每条边 $e \in E(G)$ 在 G' 中与 G 中具有相同端点, 除非它有 x 或 y 作为端点, 那用 $\overline{xy}$ 代替. 所以每条 (x, y) 边变成 $\overline{xy}$ 上的一个自环.

顶点为 $v_1, \ldots, v_n$ 且边为 $e_1, \ldots, e_m$ 的图 G 的**关联矩阵 (Incidence matrix):** 矩阵 $B_G = (b_{ij})_{i=1}^{n}{}_{j=1}^{m}$, 其中 $b_{ij} = 1$ 如果 v_i 和 e_j 关联, 否则为 0.

关联 (Incident): 参见图, 超图.

容斥公式 (Inclusion-exclusion Formula): 参见 §2.

[有向] 图的**独立 (Independent) 点:** 任意两个都不相邻, G 中独立点的最大数目

记作 $\alpha(G)$.

[超, 有向] 图的 ~ **边:** 没有两条边有公共端点. G 中独立边的最大数目记作 $\nu(G)$. 独立边形成一个匹配.

[有向] 图的 ~ **路:** 这些路都没有公共点, (可能) 除了它们的端点.

导出子图 (Induced subgraph): 参见子图.

区间图 (Interval graph): 一个简单图, 它的点是线上的区间, 两个点相邻当且仅当作为区间它们是相交的.

图的**孤立点 (Isolated point):** 不与任何边关联的点.

G_1 到 G_2 的**同构 (Isomorphism):** $V(G_1)$ 到 $V(G_2)$ 的一个一一映射 φ 和 $E(G_1)$ 到 $E(G_2)$ 的一个一一映射 $\widetilde{\varphi}$, 满足如果 x 是 e 的端点 [头, 尾], 那么 $\varphi(x)$ 是 $\widetilde{\varphi}(e)$ 的端点 [头, 尾]. 如果 G_1, G_2 是简单的, 那么 $\widetilde{\varphi}$ 不会起到重要作用, 我们定义一个同构为 $V(G_1)$ 到 $V(G_2)$ 的一一映射满足 $(x,y)\in E(G_1)\leftrightarrow(\varphi(x),\varphi(y))\in E(G_2)$.

地峡 (Isthmus): 见割边.

核 (Kernel): 一个有向图的点的独立集 S 满足, 对每个 $x\in V(G)-S$, 存在一个 $y\in S$ 使得 $(y,x)\in E(G)$.

König 定理 (König's Theorem): 参见 7.2.

Kuratowski 定理 (Kuratowski's Theorem): 参见 5.38.

顶点为 $v_1,\dots,v_n$ 上的图 G 的**拉普拉斯 (Laplacian):** 矩阵 $L_G=(\ell_{ij})_{i,j=1}^n$, 其中如果 $i\neq j$, ℓ_{ij} 是 (v_i,v_j)-边的数目的相反数; ℓ_{ii} 是 v_i 的度数. 对 d-正则图, $L_G=dI-A_G$.

格 (Lattice): 满足如下条件的偏序集: 任意两个元素 x,y 有唯一的最小上界 $x\vee y$ (称为它们的交) 和唯一的最大下界 $x\wedge y$ (称为它们的并). 我们考虑的所有格都是有限的. 每个有限格都有唯一的最小元 0 和唯一的最大元 1. 一个最小的非零元称为原子.

[超] 图 G 的**线图 (Line-graph):** 简单图 $L(G)$ 定义如下

$$V(L(G))=E(G),$$

$$E(L(G))=\{(e,f):e,f\in E(G),\ e\text{ 和 }f\text{ 有一个公共端点}\}.$$

有向图 G 的 ~: 简单有向图 $L(G)$ 定义如下

$$V(L(G))=E(G),$$

$$E(L(G))=\{(e,f):e,f\in E(G),\ e\text{ 的头是 }f\text{ 的尾}\}.$$

自环 (Loop): 参见图.

匹配 (Matching): [超] 图 G 的 k-匹配是一个边集合满足每个点至多属于 k 条边 (注意到重边是允许的). 1-匹配也称为匹配. G 的最大匹配的边数记作 $\nu(G)$; 我们令 $\nu(G)=\infty$ 如果 $\emptyset\in G$. 一个 k-匹配可以看作是一个映射 $w:E(G)\to\{0,1,\dots\}$ 满足对每个点 x 有 $\sum\limits_{E\ni x}w(E)\le k$ ($w(E)$ 是 E 在匹配中的重数). 一个完美 k-匹配是一个

k-匹配满足每个点恰好属于 k 个元素 (注意到这与 k-因子的区别: G 的边至多出现一次). 一个分数匹配是一个从非负实权 $w(e)$ 到每条边 e 的分配使得 $\sum_{E\ni x} w(e) \leq 1$. 分数匹配 w 的大小是 $\sum_{e\in E(G)} w(e)$ 的值; 最小分数匹配的大小记为 $\nu^*(G)$.

最大流最小割定理 (Max-Flow-Min-Cut Theorem): 参见 6.74.

最大 [最小] (Maximum [minimum]) 就是基数的最大 [最小].

极大 [极小] (Maximal [minimal]) 就是包含关系下的极大 [极小].

Menger 定理 (Menger's Theorem): 参见 6.39.

最小路最大势定理 (Min-Path-Max-Potential Theorem): 参见 6.72.

Möbius 函数 (Möbius function): 参见 2.22.

Möbius 反演公式 (Möbius Inversion Formula): 参见 2.26.

定向 (Orientation): 参见有向图.

平行边 (Parallel edges): 参见图, 有向图, 超图.

超图 H 的**部分超图 (Partial hypergraph):** 超图 H', 其中 $V(H') \subseteq V(H)$, $E(H') \subseteq E(H)$.

集合 S 的**划分 (Partition):** S 的不交非空子集系统 $\{A_1, \ldots, A_k\}$ (称作划分的部分) 满足 $A_1 \cup \cdots \cup A_k = S$. n 元集的划分个数 B_n 称为 Bell 数.

数字 n 的 ~: 一个正整数的集合 $\{a_1, \ldots, a_k\}$ $(a_1 \geq \cdots \geq a_k)$ 使得 $a_1 + \cdots + a_k = n$.

[有向] 图的**路 (Path):** 一个途径 $(x_1, e_1, \ldots, e_k, x_{k+1})$, 其中 $x_1, \ldots, x_{k+1}$ 是不同的点, 也可记为 $(x_1, \ldots, x_{k+1})$, 如果 [有向] 图是简单的,

(X, Y)-**路:** [有向] 图的路, 连接 X 中的点到 Y 中的点并且与在 $X \cup Y$ 没有其他公共点.

完美图 (Perfect graph): 简单图 G 满足每个导出子图 G' 有

$$\omega(G') = \chi(G').$$

完美图定理 (Perfect Graph Theorem): 参见 13.57.

矩阵 $(a_{ij})_{i=1}^{n}{}_{j=1}^{n}$ 的**积和式 (Permanent):**

$$\mathrm{per}A = \sum_{\pi} a_{1,\pi(1)} \ldots a_{n,\pi(n)},$$

其中 π 遍历 $\{1, \ldots, n\}$ 的所有置换.

集合 Ω 的**置换 (Permutation):** Ω 到其自身的一个一一映射. n-元集合上的置换数是 $n! = 1 \cdot 2 \cdot \cdots \cdot n$. 恒等置换记为 1. 如果 γ 是 Ω 的置换, $x \in \Omega$ 并且 $\gamma(x) = x$, 那么 x 称为 γ 的一个不动点.

循环 ~ (cyclic ~): 等同同一集合 S 上的两个排序 $(x_1,\ldots,x_n)$, $(y_1,\ldots,y_n)$, 其中 $y_1=x_{k+1},\ldots,y_{n-k}=x_n,y_{n-k+1}=x_1,\ldots,y_n=x_k$ 对某个 $1\le k\le n$. 用这样的方法等同的排序的集合就是一个循环置换.

~ 群 (~ group): 满足如下条件的群 Γ, 为每个 $\gamma\in\Gamma$ 分配有限集合 Ω 上的一个置换 $\tilde\gamma\in\Gamma$ 使得 $\widetilde{\gamma\delta}(x)=\tilde\delta(\tilde\gamma(x))$ $(\gamma,\delta\in\Gamma)$. 如果没有混淆的话, 我们也可以假定 Γ 上的元素本身就是置换, 同一个置换可能出现多次. 如果 $\tilde\gamma=\tilde\delta$ 蕴含着 $\gamma=\delta$, 或等价地, 对 $\gamma\ne1$ 有 $\tilde\gamma\ne1$, 那么这个置换群称为*有效的*. 如果对任意对 $x,y\in\Omega$, 都存在至多一个 $\gamma\in\Gamma$ 满足 $\gamma(x)=y$, 则这个群是*传递的*. 如果对任意对 $x,y\in\Omega$, 都存在至多一个 $\gamma\in\Gamma$ 满足 $\gamma(x)=y$, 或, 等价地, 没有 $\gamma\in\Gamma$, $\gamma\ne1$ 有不动点, 那么这个置换群称为*半正则的*. 如果它既是半正则的又是传递的, 则称为*正则的*. 这种情况下, $|\Gamma|=|\Omega|$ 并且 Ω 的元素可以与 Γ 的元素等同满足对所有 $\gamma,\delta\in\Gamma$, $\gamma(\delta)=\delta\gamma$.

Petersen 图 (Petersen graph): 参见问题 11.2 中的图.

反对称矩阵 $(a_{ij})_{i=1}^{2n}\,{}_{j=1}^{2n}=A$ (即 $a_{ii}=0$, $a_{ij}=-a_{ji}$) 的 **Pfaffian:**

$$\operatorname{Pf}A=\sum\varepsilon_{i_1j_1,\ldots,i_nj_n}a_{i_1j_1},\ldots,a_{i_nj_n},$$

其中 $\varepsilon_{i_1j_1,\ldots,i_nj_n}$ 是下面置换的符号

$$\begin{pmatrix}1 & 2 & \cdots & 2n-1 & 2n\\ i_1 & j_1 & \cdots & i_n & j_n\end{pmatrix}$$

且求和遍历所有 $\{1,\ldots,2n\}$ 的形式是 $\{\{i_1,j_1\},\ldots,\{i_n,j_n\}\}$ 的划分. 易知对应于划分 $\{\{i_1,j_1\},\ldots,\{i_n,j_n\}\}$ 项不依赖于划分中部分的顺序和/或一个部分中两个元素的顺序.

平面 (Planar) *地图*: 满足如下条件的图: 顶点是平面上的点, 边是平面上的除了端点之外没有其他公共点的 Jordan 曲线 (在对应的端点处结束). 从平面上的平面地图中去掉边和点得到的集合的连通分支称作是*面* (领域, 区域). 面的边界总是某些边的并; 如果映射 G 作为一个图是 2-连通的, 那么每个面的边界是一条闭的 Jordan 曲线, 由 G 的一个圈的边组成.

~ *图*: 同构于一个平面地图的图 G. 这样的一个平面地图称为 G 在平面上的一个*嵌入*.

问题 (Problem): 参见*图*, *有向图*, *超图*.

Pólya 计数方法 (Pólya's Enumeration Method): 参见 3.26–30.

两个简单 [有向] 图的积 **(Product):** 我们考虑下面三种积.

G_1 *和* G_2 *的* **(弱) 直 ~ ((weak) direct ~)** $G_1\times G_2$**:** 定义如下

$V(G_1\times G_2)=V(G_1)\times V(G_2)$,

$E(G_1\times G_2)=\{((x_1,x_2),(y_1,y_2)):(x_1,y_1)\in E(G_1),(x_2,y_2)\in E(G_2)\}$.

G_1 和 G_2 的**强直** $\sim$ **(strong direct** $\sim$**)** $G_1 \cdot G_2$**:** 定义如下

$V(G_1 \cdot G_2) = V(G_1) \times V(G_2)$,

$E(G_1 \cdot G_2) = \{((x_1, x_2), (y_1, y_2)) : (x_1, y_1) \in E(G_1)$ 且 $(x_2, y_2) \in E(G_2)$, 或者 $x_1 = y_1$ 且 $(x_2, y_2) \in E(G_2)$, 或者 $(x_1, y_1) \in E(G_1)$ 且 $x_2 = y_2\}$.

卡氏 $\sim$ **(Cartesian** $\sim$**)** $G_1 \otimes G_2$**:** 定义如下

$V(G_1 \otimes G_2) = V(G_1) \times V(G_2)$,

$E(G_1 \otimes G_2) = \{((x_1, x_2), (y_1, y_2)) : x_1 = y_1$ 且 $(x_2, y_2) \in E(G_2)$, 或者 $(x_1, y_1) \in E(G_1)$ 且 $x_2 = y_2\}$.

这样 $G_1 \cdot G_2 = (G_1 \times G_2) \cup (G_1 \otimes G_2)$ (参见图 72).

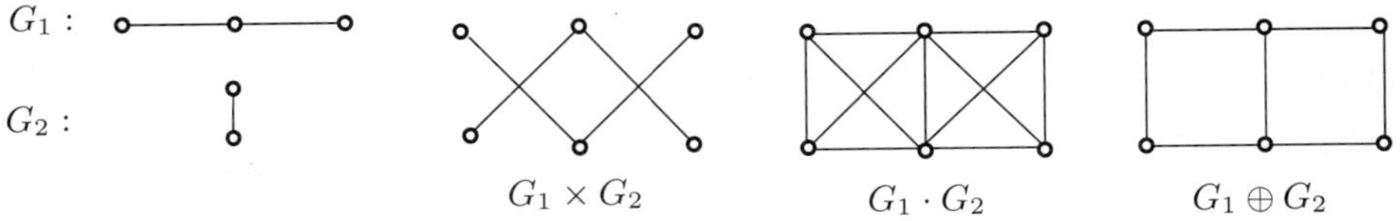

图 72

两个超图 H_1, H_2 的 $\sim$: 超图 $H_1 \times H_2$ 定义如下

$$V(H_1 \times H_2) = V(H_1) \times V(H_2),$$
$$E(H_1 \times H_2) = \{E_1 \times E_2 : E_1 \in E(H_1), E_2 \in E(H_2)\}.$$

Prüfer 码 (Prüfer code): 参见 4.5.

伪对称 (Pseudosymmetric) 有向图**:** 参见对称.

Ramsey 定理 (Ramsey's Theorem): 参见 §14.

图 G 上的**随机游走 (Random walk):** 随机点的 (无限) 序列 $v_0, v_1, \ldots$, 其中 v_0 是从某个给定的初始分布中选出的 (经常限制在一个点上), 且对每个 $i \geq 0$, v_{i+1} 从 v_i 的邻点中均匀选取. (点 u 的) 返回时间是随机游走上从 u 出发到返回 u 之前的步数 (这是一个随机变量). (从 u 到 v 的) 到达时间是随机游走上从 u 出发到访问 v 之前的步数. (从 u 到 v 的) 路途时间是随机游走上从 u 出发在访问 v 之前返回 u 的步数. (从 u 出发的) 覆盖时间是随机游走上从 u 出发到每个点都被访问之前的步数. u 的平均返回时间、u 到 v 的平均到达时间、u 到 v 的平均路途时间、始于 u 的平均覆盖时间都是对应随机变量的期望. 所以, 从 u 到 v 的平均到达时间是从 u 到 v 的到达时间与从 v 到 u 的到达时间之和.

正则 (Regular) 图**:** 参见度.

$\sim$ 群**:** 参见置换群.

从 [超, 有向] 图 G 中**删去 (Removal)** 集合 $X \subseteq V(G)$**:** 删去 X 中的点以及与它们关联的所有边. 得到的 [超, 有向] 图记为 $G - X$; 如果 $X = \{x\}$, 我们简记为 $G - x$.

返回时间 (Return time): 参见随机游走.

超图 H 在 $X \subseteq V(H)$ 上的**限制 (Restriction):** 超图 H_X, 点集是 X 且 $E(H_X)$ 是 $E \cap X (E \in E(H))$ 的集合. 如果 $X = V(H) - Y$, 那么我们用符号 $H_X = H \setminus Y$, $H_X = H - y$ 如果 $Y = \{y\}$.

严格 (Rigid) 图: 没有真的自同构.

Selberg 筛选 (Selberg Sieve): 参见 2.14-17.

半对称 (Semiregular) 群: 参见置换群.

分离 (Separate): 称点和边的集合 X 分离 A 和 B $(A, B \subseteq V(G))$, 如果它代表 (覆盖) 所有的 (A, B)-路 (也可参见割集).

筛法公式 (Sieve Formula): 参见 §2.

简单 (Simple) 图, **简单**有向图, **简单**超图: 参见图, 有向图, 超图.

G 的**生成子图 (Spanning subgraph):** 满足 $V(G') = V(G)$ 的子图 G'.

图 G 的**谱 (Spectrum):** G 的邻接矩阵 A_G 的谱 (特征值的集合). 因为 A_G 是对称的, G 的特征值 (谱中的元素) 都是实的.

Sperner 引理 (Sperner's Lemma): 参见 5.29.

Sperner 定理 (Sperner's Theorem): 参见 13.21.

分裂 (Splitting) 图 G 的一个点 x 为点 $x_1, \ldots, x_k$: 我们删去 x, 加上新点 $x_1, \ldots, x_k$, 并把每一条 (x, y)-边 $(y \in V(G) - \{x\})$ 恰好替换成一条 (x_i, y)-边, 对某个 i, $1 \le i \le k$.

星 (Star): 有一个点连接其他所有点的树.

图 G 中的一个点的 $\sim$: 参见图.

图上随机游走的**平稳分布 (Stationary distribution):** 参见 11.35.

Stirling 圈数 (Stirling cycle number) $\left[{n \atop k}\right]$: n 个元素的具有 k 个圈的置换数目, $(-1)^{n-k}\left[{n \atop k}\right]$ 也被称为第一类的 Stirling 数, 记为 $s(n, k)$.

Stirling 划分数 (Stirling partition number)$\left\{{n \atop k}\right\}$: 把 n 个元素分成恰好 k 个部分的划分数, 这些数也被称作第二类的 Stirling 数, 表示成 $S(n, k)$.

图 G 的**剖分 (Subdivision):** 由 G 通过如下操作得到的 G': 把图 G 的每条边 e 换成一条 (长度 ≥ 1 的) 路 P_e, 连接 e 的端点, 且在 G 中没有其他点满足路 p_e $(e \in E(G))$ 是独立的. 我们称 G 的点是 G' 的关键点.

G 的**子图 (Subgraph):** 满足 $V(G') \subseteq V(G)$ 且 $E(G') \subseteq E(G)$ 的图 G', 记作 $G' \subseteq G$.

集合 $X \subseteq V(G)$ 导出的 G 的 $\sim$: 满足 $V(G[X]) = X$, $E(G[X]) = \{e \in E(G) : e \subseteq X\}$ 的图 $G[X]$.

用图 G **代替 (Substitution)** 图 H 中的一个点 x (假设 G 和 H 点不交): 我们从

H 中删去点 x, 把每条 (x,y)-边 $(y \in V(G)-\{x\})$ 用 $|V(G)|$ 条连接 y 到 G 中的点的边代替.

对称 (Symmetric) 有向图: 简单有向图满足当 $(x,y) \in E(G)$ 时, 有 $(y,x) \in E(G)$. 伪对称: 对每个点有 $d^+(x) = d^-(x)$.

超图 H 的**不同代表系统 (System of distinct representatives):** 一个一一映射 $\varrho: E(H) \to V(H)$ 满足对每个 $E \in E(H)$, 有 $\varrho(E) \in E$. 如果没有混淆的话, 我们也称 $\varrho(E(H))$ 是超图 H 的不同代表系统.

竞赛图 (Tournament): 一个没有自环的 (简单) 有向图 T, 满足对每对 $x \neq y$, $x,y \in V(T)$, 有 (x,y) 和 (y,x) 中恰有一条边.

迹 (Trail): 参见途径.

传递 (Transitive) 竞赛图: 竞赛图 T 满足 $(x,y) \in E(T)$ 且 $(y,z) \in E(T)$ 蕴含着 $(x,z) \in E(T)$. 传递竞赛图的顶点有一排序 $(x_1,\ldots,x_n)$ 满足 $(x_i,x_j) \in E(T) \leftrightarrow i<j$.

$\sim$ 置换群: 参见置换群.

树 (Tree): 一个没有圈的连通图. 它也可以定义成连通图满足去掉任一条边后都不连通; 或一个无圈图, 加上任一条新边都会产生一个圈. n 个点的树有 $n-1$ 条边并且通常至少有两个点度为 1, 即 $|V(G)| \geq 2$. 一棵有根树是一棵有特定点的树, 这个点称为根. 有根 d-叉树是一棵有根树满足根的度是 d 且每个非根点度为 $d+1$ 或 1. 有根 d-叉树是完全的, 如果它的所有端点与根的距离相同.

三角剖分 (Triangulation)(平面)**:** 每个面都是三角形的平面图.

圈 C 的 $\sim$: 由这个圈和 $n-3$ 个 “内部” 不交的对角线组成 (n 是 C 的长度) 的图.

Turán 定理 (Torán's Theorem): 参见 10.34.

Tutte 定理 (Tutte's Theorem): 参见 7.27.

一致 (Uniform): 参见超图.

顶点 (Vertex): 参见图, 有向图, 超图.

[有向] 图上的**途径 (Walk):** 满足 $x_1,\ldots,x_k$ 是点且 e_i 是 (x_i,x_{i+1})-边 $(i=1,\ldots,k)$ 的序列 $(x_1,e_1,\ldots,x_k,e_k,x_{k+1})$. 如果 [有向] 图是简单的, 我们可以记为 $(x_1,\ldots,x_{k+1})$. 途径是开 [闭] 的当且仅当 $x_{k+1} \neq x_1 [x_{k+1} = x_1]$. 上面定义的途径的长度是 k. 如果没有边使用两次, 途径是迹.

轮 (wheel): 将一个圈上的所有点都连接到一个新的点 (轮的 “中心” 点) 所构成的图.

Θ-图 (Θ-graph): 由连接两个点的三条独立路组成的图.

符　　号

A_G: G 的邻接矩阵.

$A(G)$: G 的自同构群.

B_G: G 的关联矩阵.

B_n: Bell 数.

$c(G)$: G 的分支数.

$c_1(G)$: G 的奇分支数 (即具有奇数个点的分支).

$d_G(x)$: G 中的点 x 的度.

$d(G)$: G 的最大度.

$d_G(x,y)$: G 中 x,y 之间的距离.

$d^+(x)$: G 中 x 的出度.

$d^-(x)$: G 中 x 的入度.

$E(G)$: G 的边集.

$\mathrm{End}(G)$: G 的自同构半群.

$\exp(x)$: e^x.

$n!!$: n 的双阶乘:

$$n!! = n(n-2)\cdots = \prod_{1\le k\le n,\ k\cong n(\bmod 2)} k.$$

I: 单位矩阵.

$\mathbf{j}[J]$: 所有元素都为 1 的向量 [矩阵].

$k_i(\pi)$: 置换 π 中 i-圈的数目.

K_n^r: n 个点的完全 r-一致超图. 对 $r=2$, 省去上角标.

$L(G)$: G 的线图.

$\left[{n \atop k}\right]$: Stirling 圈数.

$\left\{{n \atop k}\right\}$: Stirling 划分数.

$O(f(n))$: 满足 $g(n)/f(n)$ 有界的函数 $g(n)$.

$o(f(n))$: 满足当 $n \to \infty$ 时, $g(n)/f(n) \to 0$ 的函数 $g(n)$.

$p_G(\lambda)$: G 的特征多项式.

$P_G(\lambda)$: G 的色多项式.

$p_\Gamma(x_1, \ldots, x_n)$: 置换群 Γ 的圈指标.

per$A$: 矩阵 A 的积和式.

PfA: 矩阵 A 的 Pfaffian.

$q(G)$: G 的色指标.

$V(G)$: G 的点集.

$\mathbf{Z}$: 整数集.

$\delta_G(X)$: G 中 $(X, V(G) - X)$-边的数目.

$\alpha(G)$: G 中最大独立点数.

$\Gamma_G(X)$: G 中至少与 $X \subseteq V(G)$ 中一个点相邻的点集.

$\nu(G)$: G 的最大独立边数 (匹配数).

$\nu^*(G)$: G 的最大分数匹配的大小.

$\varrho(G)$: G 中覆盖所有点的最小边数.

$\tau(G)$: G 中表示所有边的最小点数.

$\tau^*(G)$: G 中最小分数覆盖的大小.

$\chi(G)$: G 的色数.

$\omega(G)$: G 中团 (或者在一个完全子图中) 的最大点数.

$d(x), d^+(x), \Gamma(x)$ 等: $d_G(x), {d_G}^+(x), \Gamma_G(x)$ 等在 G 已知时的简写.

$\lfloor x \rfloor$: x 的整数部分: 不大于 x 的最大整数.

$\lceil x \rceil$: 不小于 x 的最小整数.

$G - F$: 删掉 F 中的所有边 (但不删掉点) [其中 G 是一个图 (有向图, 超图) 且 $F \subseteq E(G)$].

$G - f$: 在没有产生混淆时, $G - \{f\}$ 的简写 (其中 $f \in E(G)$).

$\overline{G}$: [有向] 图 G 的补图.

$G_1 \cup G_2$: 由 $V(G_1 \cup G_2) = V(G_1) \cup V(G_2)$, $E(G_1 \cup G_2) = E(G_1) \cup E(G_2)$ 定义的 [有向] 图 (这里 G_1 和 G_2 可能有公共点和边).

$G - X$: 删掉 X 中的所有点以及与它们关联的边 [其中 G 是一个图 (有向图, 超图) 且 $X \subseteq V(G)$].

$G - x$: 在没有产生混淆时, $G - \{x\}$ 的简写 (其中 $x \in V(G)$).

$H \backslash X$: H 在 $V(H) - X$ 上的限制 (其中 H 是超图且 $X \subseteq V(H)$).

$H\backslash x$: $H-\{x\}$ 的简写 (其中 $x \in V(H)$).

$G[X]$: $X \subseteq V(G)$ 的导出子图.

H_X: 超图 H 在 $X \subseteq V(H)$ 上的限制.

G/F: 由 G 收缩 F 中所有边得到的图 (其中 $F \subseteq E(G)$).

G/f: $G/\{f\}$ 的简写 (其中 $f \in E(G)$).

$G_1 \times G_2$: [有向] 图 G_1, G_2 的 (弱) 直积.

$G_1 \cdot G_2$: 强直积.

$G_1 \oplus G_2$: 卡氏积.

$H_1 \times H_2$: 超图 H_1, H_2 的直积.

参考文献

(教材和专著的缩写)

[B] C. Berge, *Graphs and Hypergraphs*, North-Holland-American Elsevier, 1973.

[Biggs] N. Biggs, *Algebraic Graph Theory*, Cambridge Univ. Press, 1974.

[ES] P. Erdős, J. Spencer, *Probabilistic Methods in Combinatorics*, Akadémiai Kiadó, Budapest, 1974.

[Fe] W. Feller, *An Introduction to Probability Theory and its Applications*, 2nd ed., Wiley, New York-Chapman Hall, London, 1957.

[FF] R. L. Ford, D. R. Fulkerson, *Flows in Networks*, Princeton Univ. Press, 1962.

[H] F . Harary, *Graph Theory*, Addison-Wesley, 1969.

[Hall] M. Hall, *Combinatorial Theory*, Blaisdell, 1967.

[Hu] T. C. Hu, *Integer Programming and Network Flows*, Addison-Wesley, 1969.

[K] D. König, *Theorie der endlichen und unendlichen Graphen*, Leipzig, 1936.

[LP] L. Lovász, M. D. Plummer, *Matching Theory*, Akadémiai Kiadó-North Holland, 1986.

[M] J. W. Moon, *Topics on Tournaments*, Holt, Rinehart and Wilson, 1968.

[Mi] L. Mirsky, *Transversal Theory*, Academic Press, 1971.

[O] O. Ore, *Theory of Graphs*, Amer. Math. Soc. Coll. Publ., 1962.

[OF] O. Ore, *The Four Color Problem*, Academic Press, 1967.

[R] J. Riordan, *An Introduction to Combinatorial Analysis*, Wiley, 1958.

[Ré] A. Rényi, *Foundations of Probability*, Holden-Day, San Francisco-Cambridge-London-Amsterdam, 1970.

[S] H. Sachs, *Einführung in die Theorie der endlichen Graphen*, Teil I-II., Teubner, 1970-1972.

[St] R. P. Stanley, *Enumerative Combinatorics*, vol. 1, Wadworth & Brooks/Cole, Monterey. 1982.

[W] K. Wagner, *Graphentheorie*, Biblographisches Inst. AG. 1970.

[Wi] R. J. Wilson, *Introduction to Graph Theory*, Oliver & Boyd, 1972.

[WV] H. Walther, H.-J. Voß, *Über Kreise in Graphen*, VEB Deutscher Verlag der Wiss., 1974.

名 词 索 引

样例:	解释:
5.18, 20, 22 – 26	§5, 问题 18, 20, 22 – 26, 和/或这些问题的提示或解答
5.0	§5 的导引部分
§7	§7 的大部分内容都是相关的, 黑体表示主要事件

Bell 数 (B_n) 1.9, 10, 12
Bernstein 定理 13.6
Binet-Cauchy 公式 4.9, 10
Bondy 条件 10.21
Bonferoni 不等式 2.9
Borsuk 定理 9.27
Bruck 定理 9.13
Brun 筛法 2.13
Burnside 引理 3.24 – 29
Catalan 数 1.33, 1.37 – 40
Chebyshev 不等式 2.19
Chvátal 条件 10.21
Cramer 引理 1.27, 28; 4.33; 7.20
Dilworth 定理 9.32
Dirac 条件 10.21, 23
Dirichlet 定理 11.32
Edmonds 匹配算法 7.34
Erdös-de Bruijn 定理 9.14, 27
Erdös-Ko-Rado 定理 13.28, 31
Erdös-Stone 定理 10.38
Fano 平面 13.35
Ferrer 图表 1.16, 19, 23
Fisher 不等式 13.15
Frobenius-Perron 理论 11.0
Frucht 定理 12.5
Gallai-Edmonds 结构定理 7.32
Galois 域 (GF(q)) 5.31, 36; 10.15, 36; 11.26; 13.37; 14.23, 24
Hajós 构造 9.16, 20
Hall 定理 13.5
Helly 性质 13.56
Hoffmann-Kruskal 定理 4.64
Jensen 不等式 10.36, 37, 40, 41
K. Jordán 公式 2.7
König-Hall 准则 7.20
König 定理 7.2 – 4; 9.21
Kempe 链 9.0, 54
Kirchhoff 等式 4.0
Kruskal 算法 6.25
Kuratowski 定理 10.4, 5
Kuratowski 准则 5.0, 37
Labyrinth 问题 5.12
Lefschetz 不动点定理 6.15
Möbius 反演公式 2.26, 35
Möbius 函数
    偏序集的 – 2.22 – 24
    数论的 – 2.23
MacLane 准则 5.35, 36

Menger 定理 6.0, 39 – 44, 58, 77; 7.2
Pólya-Redfield 方法 3.26, 29, 31; 4.19
Pósa 条件 10.21, 24
Petersen 定理 7.29
Petersen 图 10.10; 11.2; 12.1, 17, 22
Pfaffian 4.24 – 29
Platonic 体 8.15; 12.2, 19
Prüfer 码 4.5
Ramsey 定理 10.32; 14.1 – 3, 24
Ramsey 数 14.1 – 4
Shoenflies 定理 6.69
Sperner 定理 13.21, 22
Sperner 引理 5.0, 29
Stirling 公式 4.20
Stirling 数 1.2, 6 – 9, 15; 2.4; 3.12, 17; 4.31, 35, 36; 9.23
Sylvester 行列式 4.29
Tarry 算法 5.12
Taylor 级数 1.0; 3.11, 31
Tihonov 引理 9.14
Turán 定理 10.30, 34, 38; 15.4
Tutte 定理 7.27, 28, 32; 12.16
Van der Waerden 定理 (参见自然数的染色) 14.18
Vandermonde 行列式 1.28
Whitney 准则 5.0, 36
Zarankiewitz 问题 10.37

阿贝尔恒等式 1.44, 4.6

半径 3.24 – 28; 12.7, 10, 12
半群 12.24, 25

策略 3.18
  取胜的 – 3.18; 8.8, 9
超图 §18
  平衡 – 13.39, 40, 54
  完全平衡 – 13.2 – 4
  一致 – 13.3, 12, 13, 25 – 32, 36, 41 – 47; 14.24; 15.18
  正规 – 13.55 – 57

单调映射 1.32, 33; 3.19
  – 子序列 14.25 – 27
电网中的电阻 11.52 – 54
顶点独立集 2.12; 7.37; §8; 11.23
  – 路 4.31; 5.19; 6.39 – 46; 8.2 – 4; 9.24; 10.5
  – 事件 2.0, 18, 20; 3.16; 11.36, 37
丢番图
  – 方程 14.20, 21
  – 近似 11.32
独异点 12.24, 25
度
  最大 – 2.18; 7.10, 17, 18, 25; 8.1, 23; 10.6, 16, 38; 11.14; 12.6; 13.17, 30, 56
  最小 – 6.61 – 65; 7.10, 12, 24; 9.1; 10.3, 8, 35; 11.14, 20; 13.17, 44
度序列 4.1; 5.1; 6.3; 7.47 – 53; 10.24; 12.9
断裂木棍 1.37

耳分解 6.28, 29, 33; 7.31; 10.1
二部图 4.11, 21, 31; 5.1, 3, 22; 6.5; 7.1 – 21, 40; 8.16; 9.30; 10.15; 11.11, 19, 22, 35; 13.1, 10, 50
  – 基础图 7.7 – 9, 15
二阶矩量法 2.19

反原子 2.37
仿射空间 14.23
斐波那契数 1.27; 4.22, 28, 32
分裂一个集合 1.2, 35 – 37
覆盖 7.1 – 5, 12; 8.2 – 4; 10.18, 31; 13.25, 26, 30, 48 – 55
  k-覆盖 13.26, 49, 50
  分数 – 13.30, 48 – 55

概率 2.2, 6, 11, 14, 16, 18, 20; 3.3 – 5, 18
刚性图 12.23, 25

割 5.33; 6.50, 71 – 74; 8.18; 9.29; 10.5; 12.5, 15
格 2.23, 27 – 31, 34 – 36
几何 – 2.37

哈密顿
– 环游 5.7, 21, 22; 9.29, 53; 10.21 – 27; 12.17; 14.4; 15.15
– 路 5.19, 20; 10.21 – 24, 42, 43
– 圈 6.12, 13; 10.25
横截序列 11.56
通用的 – 11.56
划分
集合的 – 1.2, 6, 10, 12, 14, 16 – 19, 24, 35, 36; 2.29, 30, 36; 3.8, 14, 22, 31; 4.8, 12, 14, 24; 9.23, 36
– 成偶数个类 (Q_n) 1.14
环 15.22
黄金分割定理 9.49

积
超图的 – 13.51
笛卡儿 – 6.4; 9.6; 11.7, 9; 12.17, 20; 14.10
矩阵的 Kronecker – 11.7
强直 – 9.31 – 22; 11.7; 13.51; 15.21, 22
(群的) 圈 – 3.8
拓扑 – 9.14
直 – 6.4; 9. 7; 15.21, 22
字典 – 12.11
计数 §1 – 4
交错
– 路 7.3, 8, 26, 34
– 圈 4.24 – 29; 7.28, 31
阶梯拆线 1.32
结式 4.29
解析函数 4.2
解析函数的奇性 1.15; 4.20
紧性 14.19
竞赛图 5.20; 6.12, 13; 8.6; 10.41 – 44; 12.7, 12
传递 – 4.31; 5.20; 9.27; 10.40 – 43; 14.27
传递子 – 10.44
– 中圈的数目 10.41, 42
矩阵
– 的积和式 4.21, 33, 36
对称 – 11.16; 15.11, 18
对角 – 4.16; 11.16
反对称 – 4.24, 26
复 – 15.13
关联 – 4.9; 11.15; 13.37 – 39
邻接 – 11.7, 14
幺模 – 13.37 – 39
与一个偏序相容的 – 2.21, 22
正交 – 11.16, 21
均值 2.7; 3.5, 17; 11.37, 38, 48

柯西定理 12.7
柯西公式 1.15; 4.2 – 9, 14, 18
柯西整数公式 1.15; 4.7
可平面准则
Kuratowski – 5.37
MacLane – 5.36
Whitney – 5.36
刻画, 好的刻画 5.0
块 5.35; 6.0; 9.40, 55; 10.1, 5

拉格朗日方法 2.15
类
划分成大小为偶数的 – (R_n) 1.14
顶点的 – 4.31; 5.17; 9.2, 8, 23
数的 – (π_n) 1.20, 21, 23, 25; 3.1
链 2.25, 34 – 37; 13.20 – 24; 14.28
临界
α-临界 8.12 – 27; 9.0
ν-临界 13.29, 53
τ-临界 13.32, 52
χ-临界 9.17 – 24
因子 – 7.26, 31, 32, 38
– k-连通 6.36 – 38, 54, 59 – 65

– k-边连通 6.49, 63
流 6.71 – 78
轮 9.39; 10.4, 18

马尔可夫不等式 11.56

牛顿公式 1.4

欧几里得空间 14.1
欧拉公式 4.27; 5.24, 34; 12.18
欧拉迹 5.0, 6, 9 – 11, 14; 7.39
欧拉图 5.7; 6.51, 53, 56

陪集 3.24
匹配 4.12, 31; 5.18; 6.67; §7; 11.4 – 6; 13.48 – 55
f-匹配 7.43
k-匹配 7.37; 13.49. 50
分数 – 13.48 – 55
偏序集 2.21 – 24, 31, 32; 9.32; 13.22
平均方法 13.0, 12, 41
平面
– 图 5.23 – 30, 34 – 38; 6.69; 9.49 – 57; 12.18, 19; 15.8
– 地图 5.15, 23 – 30, 34 – 48; 6.57, 69
– 树 4.13
剖分 5.37; 6.52; 10.0, 3 – 6, 9; 12.18
谱 §11

桥 6.69, 70
区间图 9.28, 41
圈的覆盖数 10.16 – 18
圈匹配数 (不交圈的数目) 10.17, 18
群 (也参见置换群)
对称 – 3.1, 7, 15; 4.19; 12.19
交错 – 3.10
可交换 – 3.9; 5.4; 11.8, 9, 17; 12.13, 17
循环 – 11.3, 10, 13, 19
群特征 11.8, 10, 17
边传递 – 12.12, 18
自同构的 – 11.8 – 10, 16, 17; §12; 13.22; 15.2

染色
图的 – 3.23; 4.21; 5.26; 6.8; 7.3 – 7; §9; 10.35; 11.19 – 22; 12.11, 20, 22; 13.12, 33 – 47; 14.4 – 6
幂集的 – 14.13 – 17
平面的 – 14.7 – 10
自然数的 – 14.11, 12, 15, 18 – 22
容斥原理 (也参见筛法) 2.0, 2, 4; 3.2; 4.12, 23, 35; 9.37; 15.17, 20.

三角形的数目 10.32, 33
三角剖分图 1.41; 5.38; 9.49, 52, 54, 55
凸 n-边形的三角剖分图 1.39, 40
色多项式的根 9.44 – 48
色指数 7.10; 13.56
– 的根 9.44 – 48
– 多项式 9.0, 36 – 49
– 数 (也参见染色) §9; 10.35, 38, 39; 11.20, 21; 13.33 – 47
森林 4.14; 6.37; 7.3; 11.3, 4; 13.5
最大 – 7.34, 37
筛法
Brun – 2.13
Eratosthenes – 2.0
Selberg – 2.14, 20
– 公式 §2; 4.23, 35; 9.37; 15.17
射影
– 平面 10.15; 11.25
– 空间 10.36; 13.17; 14.23
生成函数 §1; 3.14, 19, 29
指数型 – §1; 3.13 – 15, 31; 4.7
生成
– 树状 4.15, 16; 5.10, 11
– 子图 7.41, 42, 46; 9.54; 10.5; 11.13
– 树 4.9 – 16; 5.23, 24, 33, 36; 6.7, 8, 25; 11.55
事件 2.2, 6, 8, 11, 17, 18, 20; 3.18

势 5.4; 9.10, 11, 56
收敛半径 4.20
收缩 4.17, 27; 9.38; 10.3, 6 – 8; 12.12, 20
树 §4; 6.20 – 26; 7.46, 47; 9.29, 39; 11.6, 14; 13.1; 15.10, 11, 16
– 的重心 6.22
– 的双中心 4.17; 6.21
– 的中心 3.8; 4.17; 6.21; 15.16
平面 – 4.13
最优 – 6.25, 26
树状 2.23, 33; 4.15 – 17
生成 – 4.15, 16; 5.10, 11
四色定理 9.0
随机变量 2.7; 3.5, 16
随机游走的存取时间 11.39, 40, 44 – 46, 48, 49, 51
随机游走的覆盖时间 11.47, 49
随机游走的交换时间 11.41, 43, 46, 53
随机游走的平稳分布 11.35, 36, 44

特征 11.8, 10, 17
特征多项式 1.29 §11
特征向量 1.30; 11.1 – 5, 8, 13, 14, 18 – 24
特征值 1.29, 30; 4.29; §11
同构 3.9; 4.13, 18; 10.0; 11.10; 12.13, 25; 15.1 – 3, 9, 10; 15.15 – 22
群 – 15.9
同胚
图的 – 9.15; §12; 15.20, 22
群和环的 – 15.22
同胚图 (参见剖分)
凸多面体 1.39, 41; 3.23; 14.30, 31
– 壳 6.65; 14.31
图的电导 11.30 – 33
图的定向 3.13; 4.10, 17, 24, 26, 27, 29; 5.13; 6.29, 34, 54, 56; 7.45, 46; 9.11, 46; 12.10
图的对偶 5.23, 36; 15.8
图的连通度 §6; 12.15
边 – 9.21; 12.14, 16
强连通有向图 5.3, 5, 7 – 9; 6.6, 9 – 13, 29; 8.8; 10.41 – 44
图的直径 6.22; 10.13; 11.23, 32; 15.16
(图上) 博弈 8.8, 9
图上的调和函数 11.52, 53
图上的随机游走 11.34 – 59
团 9.2; 11.18; 12.1

完美图 9.28 – 35; 13.56, 57
完美图定理 13.57
完全子图, 完全子图数 10.4
网络 6.0, 25
网络流问题 7.16
围长 9.25 – 27; 10.10 – 17; 12.25
稳定性 3.25
无三角形的图 9.25; 10.30, 31
五角数定理 1.19
五色定理 9.50

弦 5.37; 6.35, 70; 8.17; 9.24, 28, 29; 10.2
线图 9.25, 26, 52; 11.2, 15, 25; 12.1, 18; 13.43, 56, 57; 15.1 – 7
线性规划的对偶定理 13.48
线性空间 5.0, 31, 38; 10.15
消去律 15.22
匈牙利方法 7.3
选择函数 14.28
循环指数 (也参见置换群) 3.7 – 12, 15.26, 30; 4.19

鞅 11.38
因子
1-因子 4.0, 21 – 28, 32; 5.18, 21; §7; 9.55; 11.11, 33; 12.16
f-因子 7.16, 39 – 45
因子临界图 7.26, 31, 32, 38
有根图 4.13 – 19; 5.10; 7.34
有向图 3.14; 4.10, 15 – 17; 5.3 – 13, 19; 6.6, 9 – 13, 39, 45, 71; 7.44, 49, 51;

8.4 – 8; 9.9 – 11, 26; 12.4, 5, 24; 13.7
对称 – 8.5
强连通 –, 参见连通度
无圈 – 4.15; 6.11; 8.5
有向图的核 8.5
元素
布尔代数的 – 2.2, 6
格的 – 2.28, 37
圆锥曲线 10.15, 36

正则图 3.13, 14; 5.2, 21, 22, 27; 6.52; 7.10, 28, 30, 39; 7.40; 8.15, 24; 10.10 – 15, 23, 32; 11.2, 12, 24, 29 – 33, 40, 44 – 46, 50, 56; 12.8, 15
指数 (参见圈指数) 3.8
置换 1.3; §3; 4.17, 32 – 36; 11.11; 12.2; 13.9, 21, 27, 28, 32; 15.17
– 的共轭 3.1
– 的圈 3.2 – 6, 13, 22, 27 – 29; 4.17, 26; 12.7
– 矩阵 11.16
置换的反演 3.20
置换的圈 3.1 – 13, 22, 26 – 29; 4.17, 24, 25
置换群 3.0 – 2, 7 – 10, 15, 24 – 29; 12.0, 13, 19, 21
半正则 – 12.10, 12, 20
传递 – 11.10; 11.2; 12.13 – 17
– 的圈指数 3.7 – 12, 15, 26, 30; 4.19
正则 – 3.9; 11.8, 9, 17; 12.7, 13, 17
重构猜想 15.15 – 17
自同构群 4.17; 8.15; 11.8 – 10, 16, 17, 32; §12; 13.22; 15.2
自同态 12.22, 24, 25
最长路 5.37; 6.6, 14, 17, 19, 21, 75; 10.2, 20, 27; 14.5
最大流最小割定理 6.0, 74, 77

作者索引

(* 表示参考图书的作者)

AARDENE, EHRENFEST, T. VAN 5.11
AARTS, J. M. 9.54
ÁDÁM, A. 6.34
* AHO, A. V. p.viii
ALELIUNAS, R. 11.59
ANDERSON, W. N. 8.9
ANDRÁSFAI, B. 8.25
APPEL, K. 9.0

BABAI, L. 11.32, 12.6 – 9, 11, 12, 19, 20, 25
BEINEKE, L. W. 7.24; 8.17; 15.6
*BERGE, C. [B] 4.1, 2, 4, 12, 14, 16, 24, 25, 27; 5.11, 12, 19 – 22; 6.3, 10, 12, 29, 54, 66; 7.4, 5, 10, 11, 27, 47 – 49, 51, 52; 8.4, 5, 10, 17, 20, 21, 23; 9.6, 9, 16, 21, 29, 32, 36; 10.21, 22, 24, 25, 26, 34; 13.1, 5 – 7, 32, 37 – 40, 45, 54, 56, 57; 14.1 – 4; 15.6
BERGE, C. 7.27; 8.17; 9.29; 13.38, 40, 51, 54; 15.2, 3, 19
BERNSTEIN, F. 13.6
* BIGGS, N. L. [Biggs] 4.9
BIGGS, N. L. 4.9; 11.2, 20, 23, 26
*BOGNÁR, J. 3.6, 18
BOLLOBÁS, B. 10.18; 13.10, 32
BONDY, A. 6.3, 8; 10.21; 13.10; 14.6; 15.15, 16
BONFERONI, 2.9
BORSUK, K. 9.27
BOSÁK, J. 5,22
BOUWER, I. Z. 12.21
BRODER, A. 11.55
BROOKS, R. L. 9.13
BRUIJN, N. G. DE 3.7, 27; 5.11; 9.14; 13.20, 21

CALCZYNSKA-KARLOWICZ, M. 13.27
CAMION, P. 6.12
CAYLEY, A. 4.2, 14
CHANDRA, A.K. 11.53
CHAO, C. Y. 11.16, 17; 12.13
CHEN, W. K. 5.17, 32
CHVÁTAL, V. 8.7; 10.21, 26; 14.27
COOK, S. A. p.viii; 8.0
CORRÁDI, K. 13.13
CRAWLEY, G. P. 13.14
CSIMA, J. 7.9, 14
CVETKOVIČ, D. M. 11.17
CzIPSZER, J. 10.2

DAMBIT, J. J. 6.11
DANIELS, H. E. 1, 34
DAYKIN, D. E. 13.8, 18, 31
DEZA, M. 13.17
DILWORTH, R. P. 9.32; 13.14, 22
DIRAC, G. A. 6.33, 41, 66; 9.17, 21, 22, 29, 54; 10.3, 4, 21, 27, 29
DJOKOVIČ, D. Z. 11.10
DZIOBEK, O. 46.

EDMONDS, J. p.viii; 6.71, 75; 7.20, 32, 34
EHRENFEST, P. 5.11
ELSPAS, B. 11.10
* ERDŐS, P. [Es] p.ix; 9.27 13.41, 42; 14.1, 2
ERDŐS, P. 2.18; 7.51, 52; 8.20; 9.14, 27; 10.0, 10 – 13, 18, 26, 28, 35, 38; 13.9, 23, 24, 28, 41 – 44, 46, 47; 14.2, 3, 6, 8 – 10, 22, 29 – 31; 15.4
EULER, L. 1.19, 23; 5.6, 24

FABER, V. 15.18
FÁRY, I. 5.38
* FORD, L. R. [FF] 6.72 – 78
FISHER, R. A. 13.15
FOLKMAN, J. 14.15
FORD, L. R. 6.74
FRANK, A. 6.11
FRÉCHET, M. 2.10
FRUCHT, R. 12.1, 3 – 5, 8
*FULKERSON, D. R. [FF] 6.71; 7.35; 7.51
FULKERSON, D. R. 6.71, 74; 7.35, 51

GADDUM, J. W. 9.5
GALE, D. 6.76; 7.16
GALLAI, T. 5.17, 28, 32; 6.11, 17; 7.1, 26, 32, 51, 52; 8.4, 19, 20; 9.4, 9; 10.28
* GANTMACHER, F. R. 11.0
GERENCSÉR, L. 14.5
GHOUILA-HOURI, A. 13.37
GOODMAN, A. W. 10.32, 33; 15.4
GRAHAM, R. L. 2.33; 11.22; 14.8 – 10, 14, 16, 18, 23
GREENWELL, D. 9.7, 19
GRINBERG, E.-J. 6.11
GROOT, J. DE 9.54
GUPTA, R. P. 7.12; 9.5
GYÁRFÁS, A. 14.5

HADWIGER, H. 14.7
HAJNAL, A. 8.10, 21, 23; 9.26, 27, 29; 13.29; 14.3
HAJÓS, GY. 6.43, 44; 9.16, 28
HAKEN, W. 9.0
* HALBERSTAM, H. 2.13
HALES, A. 14.17
HALIN, R. 6.60
* HALL, M. [Hall] 3.0; 7.15; 13.15
HALL, P. 7.4; 12.5; 13.5
* HARARY, F. [H] 14.1, 3; 15.6
HARARY, F. 8.17
HARZHEIM, E. 14.26, 28
HAVEL, V. 7.50
HAEWOOD, P. J. 9.52
HEDRLIN, Z. 12.21, 23, 24
HEMMINGER, R. 15.15, 16
HERCZOG, J. 13.9
HETYEI, G. 7.7 – 9, 24, 28
HOFFMANN, A. J. 7.35, 51; 11.15, 21, 24, 25
* HOPCROFT, J. E. p.viii
* HU, T. C. [Hu] 6.56, 72 – 78

IMRICH, W. 12.13

JAEGER, F. 13.32
JENSEN, J. 10.36, 10.37, 10.40, 10.41
JERRUM, M. 11.31
JEWETT, R. I. 14.17
JORDÁN, J. 2.7
JUNG, H. A. 6.57

KARP, R. M. p.viii; 6.75; 8.0; 11.59
KASTELEYN, P. W. 4.24, 25, 27
KATONA, G. O. H. 13.28, 31, 32
KELLY, J. B. 6.20; 13.16
KELLY, P. J. 15.15, 16
KIRCHHOFF, G. 4.9
KLARNER, D. A. 4.13
KLEITMAN, D. 6.25; 13.11, 18
KO, CHAO 13.28

KOMLÓS, J. 14.27
* KÖNIG, D. [K] 6.21, 22; 7.29
KÖNIG, D. 7.2
KOTZIG, A. 6.47, 52; 7.24
KÖVÁRI, T. 10.37
KRUIJSWIJK, T. 13.20, 21
KRUSKAL, J. B. 13.31
KUNDU, S. 7.53

LAMBEK, J. 12.24
LAS VERGNAS, M. 13.45
LEEFB, K. 14.14
LEHMER, D. H. 4.33
LEVIN, L. A. p.viii; 8.0
LIPTON, R. J. 11.59
LOVÁSZ, L. [LP] 4.21, 25 – 27, 29; 6.72; 7.1; 8.11, 17, 21 – 23, 25; 11.54, 59; 13.40, 54, 55
LOVÁSZ, L. 2.18; 6.8, 58; 7.6, 15, 28, 31, 46, 53; 8.7, 22, 25; 9.7, 19, 35; 10.4; 11.3 – 5, 8, 11.23, 54, 56; 12.9; 13.4, 5, 8; 13.18, 30, 36, 43 – 47, 52, 53, 55 – 57; 14.22; 15.17, 20 – 22
LUBELL, D. 13.21
LUBOTZKY, A. 11.33

MACLANE, S. 5.35
MADER, W. 6.49, 60, 63; 10.7, 8; 12.15
MANI, P. 6.57
MANTEL, W. 10.30
MARGULIS, G. A. 11.33
MARICA, J. 13.8
MATHEWS, P. 11.49
MCANREW, M. H. 7.35, 51
MCELLIECE, R. J. 13.51
MELINKOV, L. S. 8.26
MENGER, K. 6.39
MINTY, G. J. 6.10; 9.11
* MIRSKY, L. [Mi] 13.5, 6, 7
* MOGYORÓDI, J. 3.6, 18
MONTGOMERY, P. 14.8 – 10
* MONTROLL, E. W. 4.0, 29
*MOON, J. W. [M] 10.41 – 44
MOON, J. W. 4.4; 10.40; 12.7
MOSER, L. 1.9; 10.40
MOWSHOWITZ, A. 11.3 – 5, 16, 17
MÜLLER, W. 15.17
* MULLIN, R. 1.45
MYCIELSKY, J. 9.18

NASH-WILLIAMS, C. ST. J. A. 6.54, 56; 10.23, 25; 11.53
NEŠETŘIL, J. 12.10, 25
NICKEL, L. 15.7
NORDHAUS, E. A. 9.5
NOWITZ, L. A. 12.13

* ORE, O. [O] 7.2, 4 – 5, 16; 9.36
* ORE, O. [OF] 9.51, 52, 54, 56
ORE, O. 7.5, 16
O'NEIL, P. V. 4.12

PAYAN, C. 13.32
PELIKÁN, J. 11.3 – 5; 12.17
PERFECT, H. 6.42
PETERSDORF, M. 11.16, 17
PETERSEN, J. 7.29, 9.55, 10.10, 11.2, 12.1, 12.17, 12.22
PHILLIPS, R. 11.33
PINSKER, M. 11.33
PLESNIK, J. 7.30
PLUMMER, M. D. [LP] 4.21, 25 – 27, 29; 6.72; 7.1; 8.11, 17, 21 – 23, 25; 13.40, 54, 55
PLUMMER, M.D. 6.35 – 37, 68; 7.15, 24; 8.17, 19
POLLAK, 0. 2.33; 11.22
PÓLYA, G. 3.7 – 9, 29; 4.7, 13
* PONTRYAGIN, L. 8. 5.29

Pósa, L. 5.17; 8.3; 9.14; 10.2, 5, 18, 20, 21; 15.4
Posner, E. C. 13.51
* Prékopa, A. 3.6, 18
Prüfer, A. 4.5
Pultr, A. 12.21, 23, 24

Rackoff, C. W. 11.59
Rado, E. 13.7, 28; 14.3, 21
* Rademacher, H. 1.22
Raghavan, P. 11.53
Raleigh, W. 11.54
Raynaud, H. 14.4
* Read, R. C. 4.0
Read, R. C. 9.36
Redel, L. 5.20
Reiman, I. 10.36
* Rényi, A. 3.6, 18
* Rényi, A. [Ré] 2.6 – 8, 10, 11
Rényi, A. 1.14; 2.12; 3.16, 17; 4. 3, 8
Rényi, C. 3.16, 17
* Riordan, J. [R] 1.24
Robbins, H. E. 6.29
* Rota, G. C. 1.45; 2.0
Rota, G. C. 2.21 – 29
* Roth, K. F. 2.13
Rothschil D, B. L. 13.29; 14.8 – 10, 14, 16, 18, 23
Roy, B. 9.9
Ruzzo, W. L. 11.53
Ryser, H. J. 7.16

Sabidussi, G. 12.8, 12, 13
* Sachs, H. [S] 5.37, 38; 6.25; 7.4, 29; 9.16, 18, 25, 51, 52, 54; 10.11 – 13, 34, 41
Sachs, H. 7.21; 9.57; 10.11 – 13; 11.2, 12, 16, 17
Sanders, J. 14.15
Sarnak, P. 11.33
Sauer, N. 13.10
Schäuble, M. 9.55
Schönheim, J. 13.8, 9, 18
Schur, I. 14.11
Schutzenberger, M. P. 2.30
Schwenk, A. J. 11.6
Selfridge, J. 15.12
* Seshu 4.0
Shannon, C. E. 7.10
Shrikhande, S. S. 11.26
Simmons, G. J. 6.52
Simonovits, M. 10.16 – 18, 38, 39; 13.51
Sinclair, A. 11.31
Smith, C. A. B. 5.21
Smolenski, E. A. 5.10
Smolenski, R. 11.53
Sós, V. T. 10.37
* Spanier, E. 6.15
* Spencer, J. [ES] p. ix; 9.27; 13.41, 42; 14.1, 2
Spencer, J. 14.8 – 10
Sperner, E. 5.29; 13.21
Spitzer, F. 3.22
Stanley, R. [St] 9.46
Stone, A. H. 10.38
Strauss, E. G. 14.8 – 10; 15.1
Surányi, J. 9.29
Surányi, L. 8.22
* Szász, D. 3.6, 18
Szekeres, G. 14.29 – 31
Szele, T. 5.19
Szemerédi, E. 8.27

Tait, P. G. 9.51
Tarry, G. 5.12
Temperley, H. N. V. 4.12, 30
Tengbergen, C. A. Van E. 13.20, 21
Tetali 11.42
Tiwari, P. 11.53
Toft, B. 9.17

Turán, P. 10.34, 37
Turner, J. 11.10
* Tutte, W. T. 6.64
Tutte, W. T. 6.70; 7.27, 37, 43; 9.25, 36; 10.11

* Ullman, J. D. p.viii

Vesztergombi, K. 4.36
Vizing, V. G. 7 10; 8.26; 9.6
* Voss, H.-J. [WV] 6.17; 10.7, 8, 12, 13, 16, 17, 29
Voss, H.-J. 10.16 – 18, 29

Waerden, V. L. Van Der 14.48
* Wagner, K. [W] 5.35
Wagner, K. 5.38
Walther, H. J. 6.17
Watkins, M. E. 6.60; 12.13, 15
Weinberg, L. 4.12
Werra, W. de 7.11
Wessel, W. 8.13, 19
Whitney, H. 5.36; 6.33, 69; 9.56; 15.1, 9
* Wielandt, H. 3.0
Wilf, H. S. 2.31, 11.20
* Wilson, R. J. [Wi] 5.36; 6.29; 9.36, 51, 56
Winkler, P. 11.42, 54
Woopall, D. R. 13.45
* Walther, H. J. [WV] 6. 17; 10,7, 8, 12, 13, 16, 17, 29
Wyman, M. 1.9

Zaks, J. 7.36
Zarankiewicz, K. 10.37
Zaretskii, K. A. 15.11